国家科学技术学术著作出版基金资助出版

三自由度永磁球形电动机

主　编　王群京　李国丽
参　编　周　睿　文　彦　鞠鲁峰　周嗣理　高世豪

机械工业出版社

本书从结构设计、磁场与力矩建模、转子姿态检测、运动控制等多个层面，系统介绍了三自由度永磁球形电动机的统一理论、研究体系与方法，是编者团队十多年研究成果的提炼和总结。

球形电动机面世几十年来，由于研究工作者遵循各自的研究对象与方法，导致球形电动机理论研究缺乏系统性。本书在回顾球形电动机主要研究内容及基础核心问题的基础上，以几种规格、拓扑结构样机的研究内容为主线，按照理论分析、仿真对比、实验验证的思路，论述了球形电动机研究的理论体系及方法。

本书适用于从事电机设计、电机电磁场分析、特种电机及电机控制等研究方向的博士与硕士研究生，以及电机工程和相关领域的科研人员。

图书在版编目（CIP）数据

三自由度永磁球形电动机/王群京，李国丽主编．—北京：机械工业出版社，2022.12

ISBN 978-7-111-72307-3

Ⅰ.①三… Ⅱ.①王… ②李… Ⅲ.①球形-永磁电动机 Ⅳ.①TM351

中国版本图书馆 CIP 数据核字（2022）第 252931 号

机械工业出版社（北京市百万庄大街 22 号 邮政编码 100037）
策划编辑：王玉鑫 刘琴琴 责任编辑：王玉鑫 刘琴琴 周海越
责任校对：李 杉 李 婷 封面设计：张 静
责任印制：单爱军
北京虎彩文化传播有限公司印刷
2023 年 4 月第 1 版第 1 次印刷
184mm×260mm · 16.5 印张 · 409 千字
标准书号：ISBN 978-7-111-72307-3
定价：79.00 元

电话服务 网络服务
客服电话：010-88361066 机 工 官 网：www.cmpbook.com
010-88379833 机 工 官 博：weibo.com/cmp1952
010-68326294 金 书 网：www.golden-book.com
封底无防伪标均为盗版 机工教育服务网：www.cmpedu.com

前 言

三自由度球形电动机是一种结构紧凑、可单关节实现三维空间内三自由度运动的新型特种电机，因其具有结构紧凑、体积小、系统刚度高且无冗余机械传动机构等优点，得到了科研工作者的广泛关注，在仿生机器人、军工等领域有着广泛的应用前景。

但是，球形电动机面世几十年来，虽然取得了很多研究成果，但由于其结构的多样性，研究工作者面对各自的研究对象、遵循各自的研究方法，导致球形电动机的研究缺乏系统性的理论基础，相关专著出版也很少。

本书编者所在的科研团队自2002年起，开展三自由度球形电动机的研究，共承担了包括国家自然科学基金重点项目、国家863计划等十多项国家级、省部级科研项目，得到资助的项目如下：

1）复杂电机系统关键基础问题研究，国家自然科学基金重点项目（51637001），2017—2021年，主持人：王群京。

2）新型低成本高精度关节电机及其伺服驱动技术，国家863计划专题（2007AA04Z214），2007—2009年，主持人：王群京。

3）三自由度永磁球形电动机若干关键问题的深入研究，国家自然科学基金项目（51177001），2012—2015年，主持人：王群京。

4）基于机器视觉和支持向量机理论的复杂运动电机的设计理论与实验研究，国家自然科学基金项目（50677013），2007—2009年，主持人：王群京。

5）永磁多维机器人关节用球形电动机的研究，国家自然科学基金项目（50377010），2004—2006年，主持人：王群京。

6）基于分布多极磁场模型的三自由度永磁球形电动机位置检测研究，国家自然科学基金青年科学基金项目（51407002），2014—2016年，主持人：钱喆。

7）基于虚拟样机建模的永磁球形电机自适应反演协同控制，国家自然科学基金青年科学基金项目（51307001），2013—2015年，主持人：过希文。

8）基于多物理场耦合建模的永磁球形电机控制系统研究，安徽省自然科学基金项目（2008085ME156），2020—2021年，主持人：过希文。

9）基于电感模型的永磁球形电机无传感器姿态检测，安徽省自然科学基金项目（1908085QE236），2019—2020年，主持人：周睿。

10）一种磁阻式多自由度球形电机结构设计及优化研究，安徽省自然科学基金项目（1908085ME168），2019—2020年，主持人：鞠鲁峰。

11）新型仿人机器人关节电机的建模与系统研究，安徽省自然科学基金项目（03044103），2002—2003年，主持人：王群京。

12）基于复杂轨迹规划的永磁球形电机协同建模及其控制研究，安徽省教育厅项目（KJ2017A001），2017—2018年，主持人：过希文。

13）基于 SVM 的新型永磁球形电机设计及优化研究，安徽省教育厅项目（KJ2016A021），2016—2017 年，主持人：鞠鲁峰。

在近 20 年的研究过程中，本书编者所在团队在球形电动机拓扑结构设计、电磁建模、姿态检测及运动控制等方面开展了积极的研究工作。2008 年，在国家科技部 863 计划项目的支持和中国电子科技集团公司第二十一研究所的协助下，团队的第一台永磁结构的球形电动机样机（也是国内早期的永磁球形电动机样机）诞生。此后，团队又在永磁体结构的优化、球形电动机拓扑设计、磁阻式球形电动机和感应式球形电动机等方面开展了大量研究工作。团队的 30 多名博士、硕士研究生在球形电动机的研究上做出了贡献，已经获得学位的研究生有：

1）李争，仿人机器人关节用永磁球形步进电动机的基础研究，2006 年，博士。

2）夏鲲，新型仿人机器人关节用永磁球形步进电机控制算法及驱动器研究，2007 年，博士。

3）雍爱霞，仿人机器人关节用永磁球形步进电机的转子位置检测及控制策略，2007 年，博士。

4）钱喆，三自由度永磁球形电动机及其位置检测研究，2011 年，博士。

5）过希文，多自由度新型永磁球形电机控制策略的研究，2011 年，博士。

6）鞠鲁峰，基于支持向量机建模的永磁球形电机的优化设计研究，2015 年，博士。

7）陆寅，永磁球形电动机转子位置检测及其驱动控制研究，2019 年，博士。

8）文彦，永磁球形电动机高斯预测建模与自适应运动控制研究，2020 年，博士。

9）周睿，永磁球形电机解析建模和基于粒子群算法的优化控制研究，2020 年，博士。

10）李姜姜，基于机器视觉的永磁球形电动机位置检测方法研究，2009 年，硕士。

11）鲍文超，三自由度永磁球形电动机步进运动控制研究，2014 年，硕士。

12）唐李，基于旋转编码器的永磁球形电动机三自由度位置检测方法研究，2014 年，硕士。

13）赵双双，基于 ADAMS 的永磁球形电机动力学建模与控制，2014 年，硕士。

14）王妍，基于光学传感器的永磁球形电机转子位置检测研究，2015 年，硕士。

15）马姗，永磁球形电动机位置检测以及力矩计算等相关问题的研究，2015 年，硕士。

16）赵元，永磁球形电机的虚拟样机建模与跟踪控制研究，2016 年，硕士。

17）储立，永磁球形电机涡流损耗分析及结构优化，2016 年，硕士。

18）李绅，基于轨迹规划的永磁球形电机通电控制方法研究，2018 年，硕士。

19）荣怡平，基于 MEMS 器件的球形电机姿态检测方法研究，2018 年，硕士。

20）赵丽娟，永磁球形电机的多目标轨迹规划研究，2018 年，硕士。

21）汤润宇，球形电机输出转矩检测方法的研究，2019 年，硕士。

22）陶文强，新型磁阻型球形电机的设计与优化研究，2019 年，硕士。

23）程高梅，永磁球形电机电磁分析与结构参数的优化设计，2019 年，硕士。

24）李建，基于光学传感器的永磁球形电机转子姿态检测方法研究，2019 年，硕士。

25）李雪逸，基于三维霍尔传感器的球形电机位置检测方法研究，2019 年，硕士。

26）宫能伟，基于智能算法的永磁球形电机建模与优化通电策略研究，2020 年，硕士。

27）薛蕾，基于机器视觉多目标跟踪方法的球形电机姿态检测研究，2020 年，硕士。

28）乔元忠，磁阻型球形电机的电感建模与磁场分析，2020 年，硕士。

29）何竟雄，一种台阶式磁极永磁球形电机的磁场建模与转矩分析，2020 年，硕士。

30）李浩霖，永磁式球形电机的摩擦转矩建模与分析，2021 年，硕士。

31）郝春生，单相感应式球形电机设计与有限元分析，2021 年，硕士。

32）李耀，基于 openmv 的球形电机转子输出轴姿态检测，2021 年，硕士。

33）王婷婷，圆柱台阶式永磁体的球形电机转矩建模与驱动电流优化，2021 年，硕士。

34）潘凯达，球形电机的轨迹跟踪控制与轨迹再规划研究，2021 年，硕士。

35）吴涛，基于自抗扰技术的永磁球形电机轨迹跟踪控制系统研究，2021 年，硕士。

本书在对编者团队十多年研究成果总结、提炼的基础上，针对永磁结构的球形电动机，在结构设计、磁场与力矩建模、转子姿态检测、运动控制等方面展开叙述，旨在建立球形电动机研究的统一理论、研究体系及方法，为球形电动机相关研究人员开展研究提供参考，也为球形电动机的发展、未来走向工程应用提供基础。

本书的主要内容如下：

1）从球形电动机的拓扑结构设计、转子姿态检测、运动控制 3 个方面对国内外研究现状进行了综述。

2）给出了本书研究的永磁球形电动机的基本拓扑结构与参数，针对单定转子磁极对矩角特性进行了建模，介绍了两种永磁球形电动机的结构参数优化方法。

3）通过建模、仿真、实验验证的方法，对永磁球形电动机的磁场和力矩建模方法进行介绍。

4）针对永磁球形电动机的转子姿态检测方法展开叙述，主要介绍几种非接触式球形电动机姿态检测方法，并设计了对比实验，分析它们的优缺点，为球形电动机的闭环运动控制提供基础。

5）针对永磁球形电动机的运动控制展开叙述，首先建立动力学模型，介绍由转矩模型求解驱动电流的方法，然后介绍几种运动控制策略，用仿真和实验说明了控制策略的有效性。

本书由王群京、李国丽主编，周睿、文彦、鞠鲁峰、周嗣理、高世豪参编。其中，第 1 章由周嗣理、文彦、鞠鲁峰、李国丽编写，第 2 章由鞠鲁峰编写，第 3 章由周睿编写，第 4 章由李国丽、高世豪编写，第 5 章由文彦编写，王群京、李国丽对全书进行了统稿。

本书在编写过程中，参考了有关文献内容，在此一并表示谢意！

由于编者的水平有限，书中难免存在不妥之处，欢迎读者批评指正。

本书的研究工作得到国家自然科学基金重点项目“复杂电机系统关键基础问题研究”（51637001，2017—2021 年）和团队自 2002 年以来承担的国家 863 计划项目（2007AA04Z214）等十多个国家自然科学基金面上项目、青年基金项目、安徽省自然基金项目的共同资助。

编　者

2022 年 2 月

目 录

第1章　绪　　论

电动机作为工业领域的主要动力来源，以其能源传输的便利性、控制的准确性等优点，在推动工业进步的同时也不断适应着工业应用提出的新要求。随着产业自动化对工业机器人特别是多自由度运动机械臂等现实需求的不断提升，多自由度运动装置的发展已成为必然趋势。在产业转型大潮中，能够实现空间内多自由度运动的机器人、机械臂等智能化柔性制造装备扮演了关键角色，也是产业革命全球竞争中的核心技术之一。

三自由度球形电动机是一种结构紧凑、可单关节实现三维空间内三自由度运动的新型特种电动机。在过去的几十年里，球形电动机因其结构紧凑、体积小、系统刚度高且无冗余机械传动机构等优点，受到科研工作者的广泛关注，其在仿生机器人、国防军工、智能制造、航空航天、医疗器械等领域都具有广泛的应用价值和发展前景。

本章在对球形电动机进行概述的基础上，对球形电动机的发展现状进行综述。

1.1　球形电动机概述

在多自由度装备系统中，执行机构的性能好坏是影响系统正常运行的主要因素。目前，单轴（单自由度）伺服电动机是系统中常见的执行元件，多自由度装备系统通常采用多台单轴伺服电动机串联或并联方式，结合减速器以及复杂传动机构来实现三维工作空间中平稳、复杂的多自由度运动，进而达到驱动机器人关节、手臂等重要部件的目的。然而，由于采用大量减速齿轮，一方面导致系统体积增大、刚度降低，另一方面受衍生的非线性摩擦、死区等不确定性因素影响，控制系统响应迟缓，动态性能较差，严重时甚至影响整个运动控制系统的稳定性。为了改善上述缺点与问题，研究人员提出了多自由度电动机的概念。与单自由度电动机只能执行一个维度的运动方式不同，多自由度电动机能够以单台电动机执行多自由度运动，并且由于其紧凑的结构，整个装置不存在运动误差积累。

球形电动机通常指转子为球体的多自由度电动机，运动方式灵活，特别适用于安装在运动空间狭小的场合。球形电动机作为多自由度电动机的一个重要分支，以其本身在电气和机械结构方面的特殊性，具有一些先天优势，被海内外研究学者广泛关注。球形电动机不仅能降低多自由度系统的重量、体积和成本，而且可以提高系统刚度。同时，球形电动机因为取消了传动机构，避免了传动链上间隙、回差等影响，也降低了末端执行器轨迹规划和控制的复杂程度，实现了一定意义上的直接驱动。凭借以上优势，球形电动机在多自由度运动领域具有巨大的应用潜能。图 1.1 是三自由度球形电动机的典型应用。

三自由度球形电动机因为将电磁拓扑扩展到三维，其电磁结构设计、加工都较为复杂，控制难度大，力能指标低，还存在许多亟待解决的理论和实际问题：一方面，多样化的三维电磁结构使球形电动机电磁分析与转矩建模变得更为复杂；另一方面，由于球形电动机三维空间运动特点，为其控制与应用带来新的挑战；此外，由于三自由度电动机结构特点，传统用于单自由度的位置检测方式不能简单应用于三自由度电动机。因此，三自由度球形电动机在拓扑结构设计、转子姿态检测和运动控制这3个关键技术上存在难题，这些问题使得球形电动机在设计加工和控制上遇到很大困难，这也是目前三自由度运动球形电动机没有广泛应用的主要原因之一。因此，围绕三自由度球形电动机的拓扑结构设计、电磁计算、转子姿态检测及运动控制等方向展开研究，具有重要的科学意义和工程实用价值。

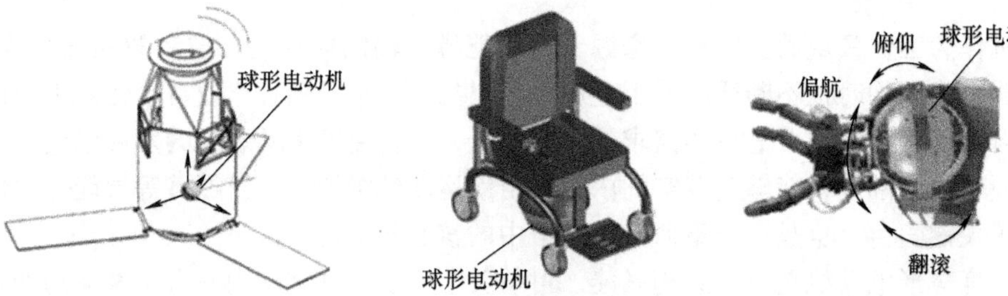

a) 卫星姿态控制　　b) 智能医疗器械　　c) 机器人关节

图 1.1　三自由度球形电动机的典型应用

1.2　国内外关于球形电动机的研究发展

三自由度球形电动机的概念最早可以追溯到20世纪50年代，但限于当时的工业技术水平，在后来的几十年中没有得到快速的发展。直到20世纪80年代末、90年代初，得益于科技水平的快速发展以及日益增长的工业需求，三自由度球形电动机才重新进入人们的视野。近年来，随着材料科学、计算机辅助设计以及电动机理论及设计水平的提升，国内外专家学者对三自由度球形电动机又开始关注并进行研究，成功设计制造出多种三自由度球形电动机的样机，主要有变磁阻式球形步进电动机、超声波球形电动机、永磁球形电动机（Permanent Magnet Spherical Motor，PMSM）、感应式球形电动机等。本节将从拓扑结构研究、转子姿态检测和运动控制3个方面综述球形电动机的发展状况。

1.2.1　球形电动机拓扑结构的研究发展

1. 国外球形电动机拓扑结构的研究发展状况

国外多自由度电动机的研究始于20世纪50年代，期间出现过几次研究高潮。20世纪50年代初，苏联乌克兰科学院的学者A. H. Миля对多自由度电动机进行过相关的基础研究工作，研制了一种基于自整角机原理的三自由度球形电动机，并从基本电磁关系出发，结合转子在空间绕定点运动的基本规律，通过坐标变换建立了球形电动机电磁关系数学模型，分析了球形电动机在外加恒定电压下基波旋转磁场的运动轨迹。

1957年，英国曼彻斯特大学的F. C. Williams设计了一种具有部分覆盖球壳式定子的感应式多自由度电动机，如图1.2a所示。1959年，在之前研究的基础上，F. C. Williams提出了一种全覆盖球壳式定子的感应式球形电动机，如图1.2b所示，该电动机的定子由两个环形壳铁心组成，可以绕与转子输出轴垂直的轴线转动，当定子壳转动时，定子壳和转子轴的夹角改变，则定子的旋转磁场相对于转子表面的线速度也会发生变化，通过这种方式达到调速的目的。为了使定子壳可以顺畅地转动，该电动机转子采用球形桶结构。该电动机相较于传统感应式异步电动机多了一个自由度，即定子壳的转动自由度，但由于该自由度需要人为控制，不能自主进行，所以其本质上仍是单自由度电动机。但该电动机在球形结构的设计上为后续研究打下了基础。

a) 部分覆盖球壳式定子的感应式球形电动机

b) 全覆盖球壳式定子的感应式球形电动机

图 1.2 感应式多自由度电动机

在此后的 20 年间，多自由度电动机的研究发展放缓，鲜有成果发表。直到 20 世纪 80 年代末，多自由度电动机再次进入人们的视野。1984 年，日本学者反町诚宏等人首次根据平面步进电动机的原理研制了一种球面电动机。电动机定子球面上刻有纵横交错的线槽，外转子由两台索耶原理直线电动机构成，可以分别绕定子两正交轴旋转，从而实现二自由度运动。1986 年，波兰什切青工业大学的 J. Purczynski 和 L. Kaszycki 采用解析法分析了一种球形对称感应电动机的磁场，电动机模型的转子为镀铜的铁磁体制成的球体，定子球壳上分布有绕组。根据气隙磁场分布和转子面电流密度推导出了电动机电磁转矩和转子损耗表达式，并分析了气隙尺寸、转子表面镀层厚度、定子绕组相带宽度和转差率等参数变化对电动机性能的影响。1987 年，美国佐治亚理工学院的 K. Davey 和 G. Vachtsevanos 等人也对感应式球形电动机进行了磁场分析，旨在预测各种条件下的转矩和电动机损耗。1988 年，法国学者 A. Foggia 等人研制了一台外转子三自由度感应电动机，内定子上放置 3 套绕组，每套独立的绕组通电后可产生相应的选择磁场，球形外转子内表面采用铁磁材料制造，表面镀铜以增大涡流，这种电动机相当于 3 台异步电动机结合在一起，产生的合成转矩驱动外转子做三自由度运动，电动机输出轴能在锥体内实现 ±30°的运动。

1988 年，美国佐治亚理工学院的 K. M. Lee、G. Vachtsevanos 和 C. Kwan 提出了一种能实现三自由度运动的手腕式球形步进电动机的设计概念，如图 1.3 所示。该电动机根据变磁阻式步进电动机的原理开发，在后来的文献中被称为变磁阻式球形电动机（Variable-Reluctance Spherical Motor，VRSM）。该电动机采用了球形转子结构，定子为半球壳状，永磁体和线圈分别镶嵌在转子球和定子壳上。作者在 *Development Of A Spherical Stepper Wrist*

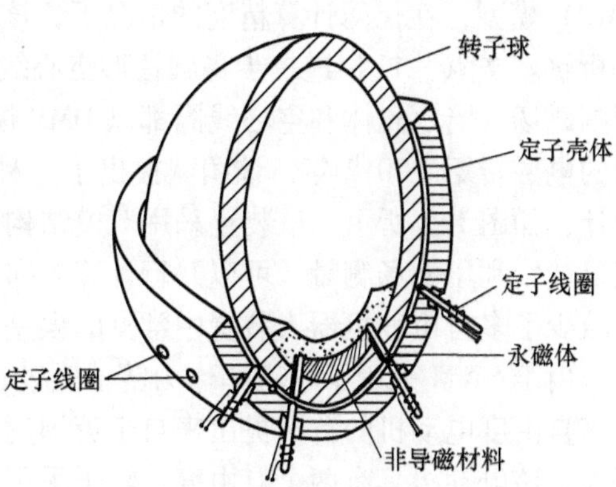

图 1.3 手腕式球形步进电动机的设计概念图

Motor 一文中分析了该电动机的运动学和动力学模型，推导了三维空间中电磁转矩矢量的表达式，并根据空间模型对静态转矩进行了预测。这篇文章为这一类球形电动机的原型开发和性能预测建立了较为坚实的理论基础，对球形电动机之后的发展具有重要借鉴意义。

K. M. Lee 团队随后对 VRSM 做了深入的研究。文献［7］研究了一对永磁体和空心线圈的转矩模型，并根据空间关系推广到 VRSM 的整体转矩模型，这种方法在后续研究中被广泛采用。文献［8］分析了 VRSM 磁极的几何分布对热场和转矩性能的影响，为 VRSM 结构的优化设计提供了参考。

2004 年，K. M. Lee、H. Son 和 J. Joni 提出一种球形轮式电动机（Spherical Wheel Motor，SWM），如图 1.4 所示。SWM 本质上是一种特殊结构的 VRSM，它和 VRSM 的不同之处在于：①SWM 采用永磁体代替铁磁材料作为转子磁极，线圈的铁心采用铝制成，因此作用于转子上的电磁转矩可以被近似为定子电流的线性组合，利用文献［7］的研究结果，则可以得到 SWM 的近似转矩模型的表达式；②VRSM 的定、转子磁极分布在正多边形的顶点，而 SWM 的磁极等间距地放置在圆周上；③SWM 的转子上有 16 个大小形状相同的永磁体，均匀分布在上下两层，定子球壳上安装了 20 个相同的空心线圈，同样均匀分布在上下两层。

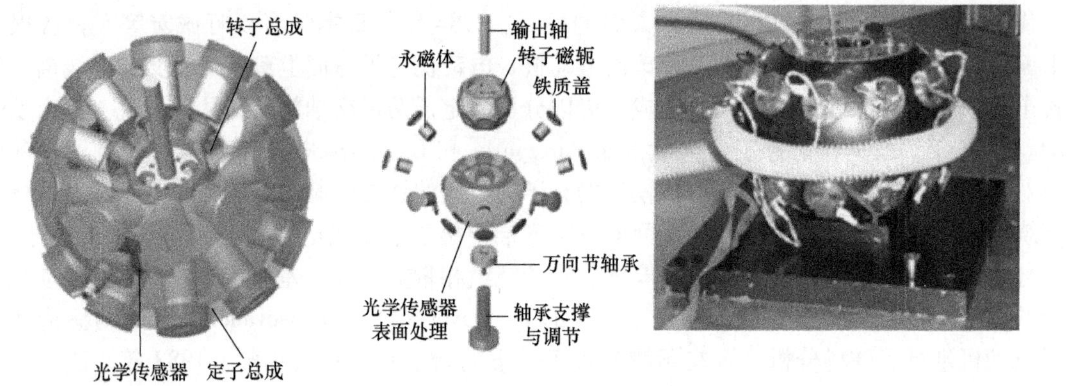

图 1.4　球形轮式电动机结构示意图

在此基础上，K. M. Lee 等人对该电动机的磁场分析进行了深入研究。文献［10］对于含有永磁结构的球形电动机给出了一种用于磁场分析的分布式多级（Distributed Multi-Pole，DMP）模型，在保障计算精度的情况下，该模型为球形电动机磁场分析提供了一个简单的解析解。文献［11］进一步将圆柱形空心线圈等效为永磁体，使其可以通过 DMP 模型计算周围磁场，当永磁体和空心线圈都以 DMP 模型表示后，即可使用偶极子力模型推导它们之间的电磁转矩。2012 年，该团队提出了一种球关节永磁球形电动机，作为触觉应用的替代设计，如图 1.5 所示。该装置采用双模结构作为操纵杆操作六自由度目标，并提供实时的力矩反馈。利用磁场测量，可以并行计算方向和转矩–电流系数。这种方案大大提高了采样率，并减少了多自由度机器人装置中常见的误差累积。

由于 SWM 采用了永磁体作为转子磁极，在一些文献中也被称作永磁球形电动机。永磁式多自由度电动机的首次提出来自于英国谢菲尔德大学的 J. Wang、G. W. Jewell、D. Howe 等人，该电动机具有两个自由度，转子采用稀土永磁体，定子绕组结构简单，能产生较高的输出转矩，如图 1.6a 所示。在此基础上，他们研发了一种三自由度永磁球形电动机，该电

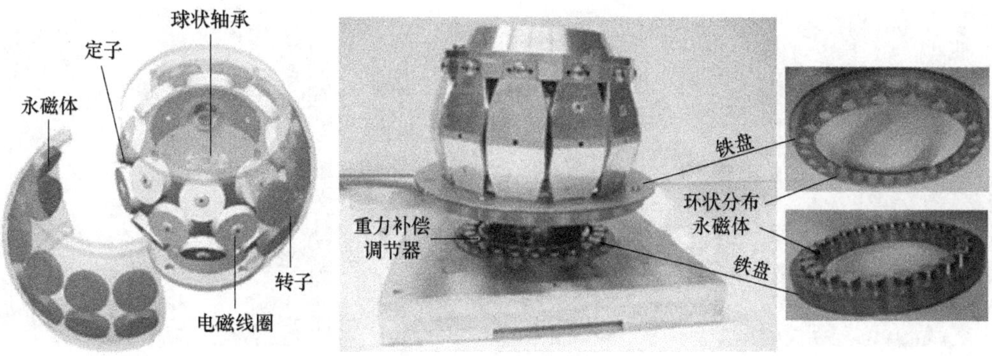

图 1.5 球关节永磁球形电动机

动机的球形转子由 4 极永磁体构成，每对永磁体采用平行充磁的方式，定子上具有 4 组绕组，3 组可以独立控制，用于提供各方向上的转矩分量，如图 1.6b、c 所示。该团队采用解析法对磁场分布进行了分析，并推导出电磁转矩的表达式。文献［14］还对铁磁材料为定子的二自由度永磁球形电动机进行计算和实验研究，通过三维静磁场的有限元分析（Finite Element Analysis，FEA）确定了定子绕组磁场分布、不平衡径向力以及产生的磁阻转矩，通过实验验证了预测的磁阻转矩，并评估了它对球形电动机性能的影响。

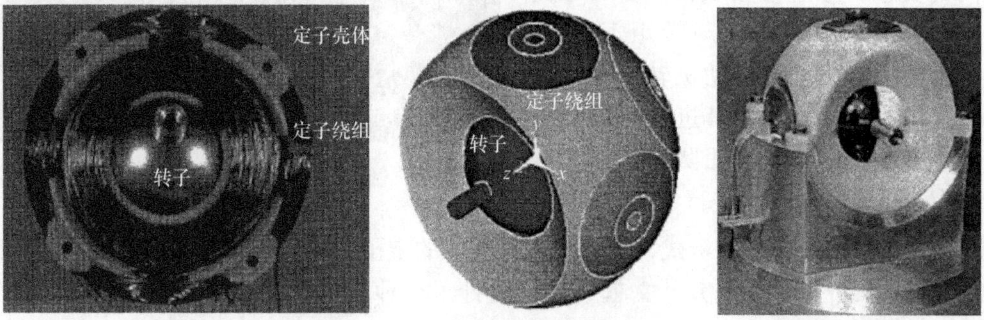

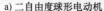

a) 二自由度球形电动机 b) 三自由度球形电动机拓扑原理 c) 三自由度球形电动机样机

图 1.6 谢菲尔德大学研发的永磁球形电动机及其姿态检测系统

1999 年，美国约翰斯·霍普金斯大学的 G. S. Chirikjian 和 D. Stein 提出了一种永磁球形步进电动机，其中定子磁极为绕组，球形转子的磁极为永磁体，如图 1.7 所示。在数量有限的情况下（对应于正多面体），球体上的点只能等间距排列，因此具有细微旋转增量的球形步进电动机的设计本质上是几何问题，该团队提出了磁极排布的方案，解决了如何布置转子磁极和定子磁极以便它们相互作用产生运动的问题。与同时期其他球形步进电动机设计相比，该方案设计具有更大的无阻碍运动范围。

2000 年，德国亚琛工业大学的 K. Kahlen 和 R. W. De Doncker 设计了一种三自由度永磁球形电动机，该电动机的设计思路沿用了多级平面电动机的概念，转子表面按 N、S 极交替分布了 7 层共 112 块 NdFeB 永磁体，定子上分布了 96 个定子线圈，分别由 96 个电流调节器控制。该团队建立了静态转矩模型，电动机最高可以产生 40N·m 的转矩，如图 1.8 所示。

2005 年，新加坡南洋理工大学的 I. M. Chen 等人对永磁球形电动机展开了基础性研究，随后该团队与 K. M. Lee 合作，提出了一种类关节永磁球形电动机，如图 1.9 所示。该电动

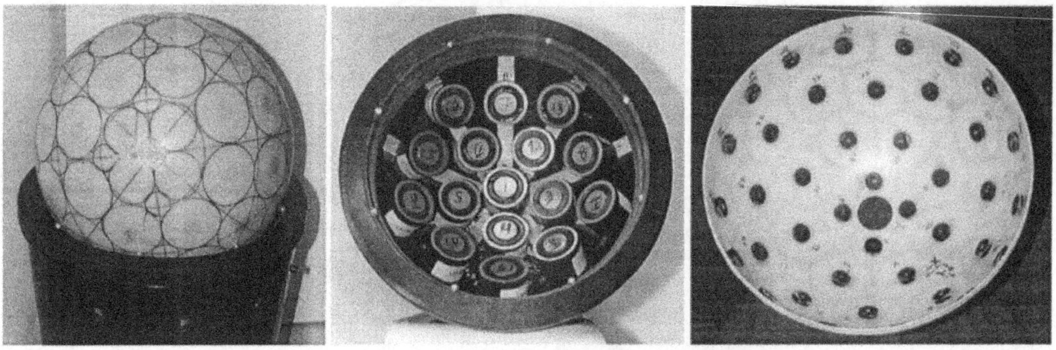

图 1.7　约翰斯·霍普金斯大学研发的永磁球形步进电动机

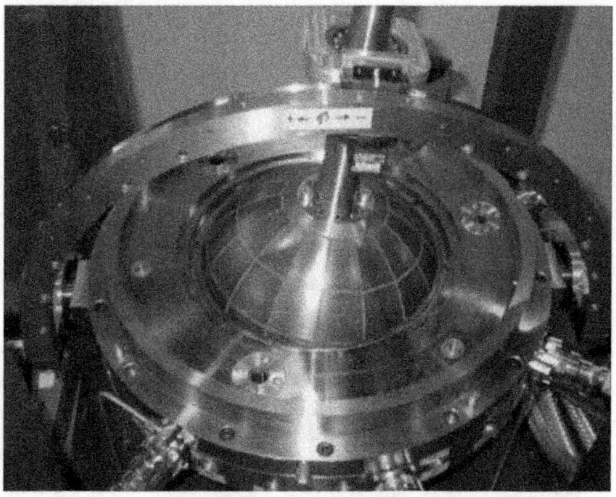

图 1.8　亚琛工业大学研发的永磁球形电动机

机定子采用双层空心线圈结构，每层均匀分布 12 个线圈；转子上均匀分布了一层共 8 个永磁体，永磁体采用球面瓦形体结构。该团队根据拉普拉斯方程推导出转子磁场的解析表达式，借助空心线圈的特性，采用洛伦兹力法研究转子转矩和线圈输入电流之间的关系，通过使用线性叠加，最终获得矩阵形式的线圈电流与转矩表达式。在此基础上，该团队将电动机转子的永磁体排布扩展到双层，并对其进行了磁场分析与转矩建模。随后，该团队对定子为铁磁材料的永磁球形电动机进行了磁场分析，推导出了转子磁场分布的解析式，评估了铁磁材料的定子对磁场的影响。同时，该团队还对永磁体的形状展开了讨论研究，文献［18］设计了一种低成本的圆柱形永磁体结构，经过实验验证，与球面瓦形永磁体相比，圆柱形永磁体能够将转子的惯性矩减小 60%，这有利于获得更好的动态性能。文献［19］讨论了一种采用磁偶极矩原理的永磁球形电动机转矩建模方法，该方法避免了对气隙磁场分析的需要，提供了转矩的直接计算方法。文献［20］提供了一种永磁球形电动机磁极配置的通用方案，将前期研究的磁场和转矩建模方法推广到多层磁极，为分析具有各种磁极配置的球形电动机的磁场分布和转矩性能提供了一种便捷的方法。

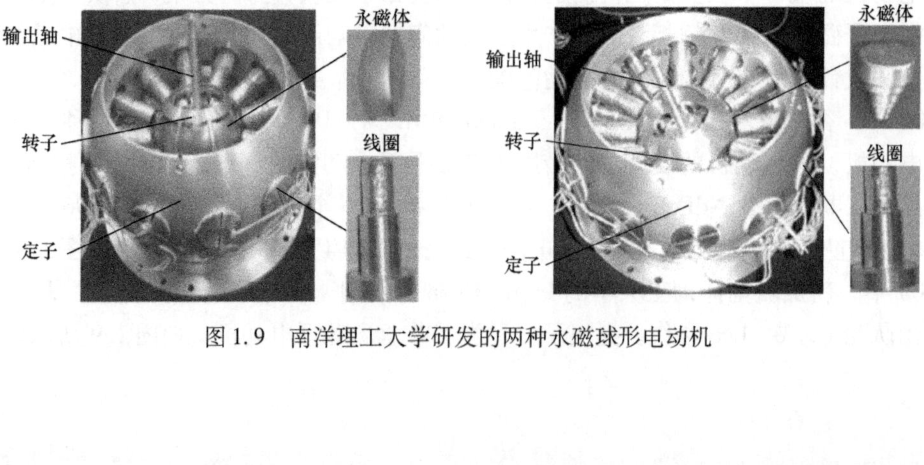

图 1.9　南洋理工大学研发的两种永磁球形电动机

2009 年，韩国汉阳大学的 J. Lee 等人提出了三自由度永磁球形轮式电动机，该电动机的转子上有 4 个永磁体，定子上线圈分为两层，每层均匀分布 6 个线圈，如图 1.10 所示。该团队采用逼近函数近似获取单个线圈与单个永磁体的转矩曲线，在保证精度的前提下很好地代替了三维有限元法（Finite Element Method，FEM）。在该方法中，转矩曲线逼近函数的选取十分重要，该团队给出了采用 Sigmoid 函数的转矩曲线近似方法，并通过解析计算结果与三维有限元法得到的转矩比较证明了该方法的有效性。

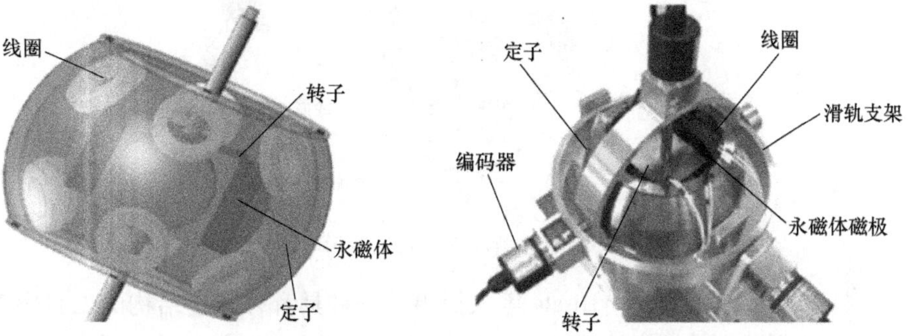

图 1.10 汉阳大学研发的三自由度永磁球形轮式电动机

2012 年，汉阳大学团队又提出了一种双气隙永磁球形电动机，其基本的结构如图 1.11 所示。该电动机具有单个定子，外转子和内转子分别与定子之间存在气隙，所以称其为双气隙电动机。

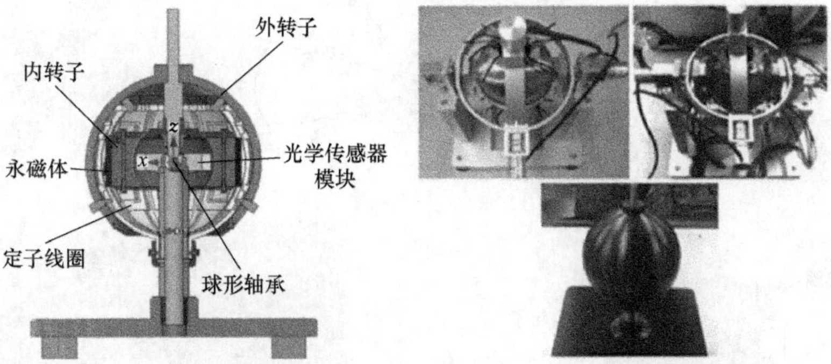

图 1.11 双气隙永磁球形电动机

同年，汉阳大学团队对定子线圈的结构进行了创新设计，他们设计了两种不同形式的线圈，分别进行定位运动和旋转运动，并将其安装在一块定子壳上，如图 1.12 所示，因此不会出现线圈复用的复杂情况。

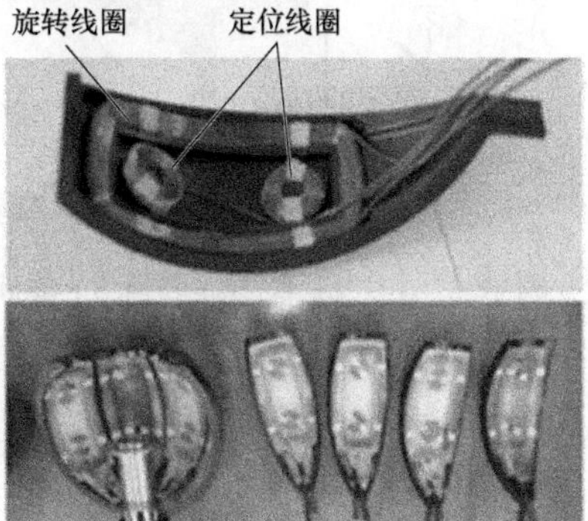

图 1.12 双结构线圈设计

2013 年，汉阳大学团队又结合了双气隙永磁球形电动机和双结构线圈的设计思路，提出了图 1.13 所示的改进型双气隙永磁球形电动机，并提出了与轴角度相关的电流函数，最后根据不同的轴角和转速计算出输出转矩并通过实验验证。文献［24］采用插值法拟合转矩函数，以达到快速计算电磁转矩的目的。

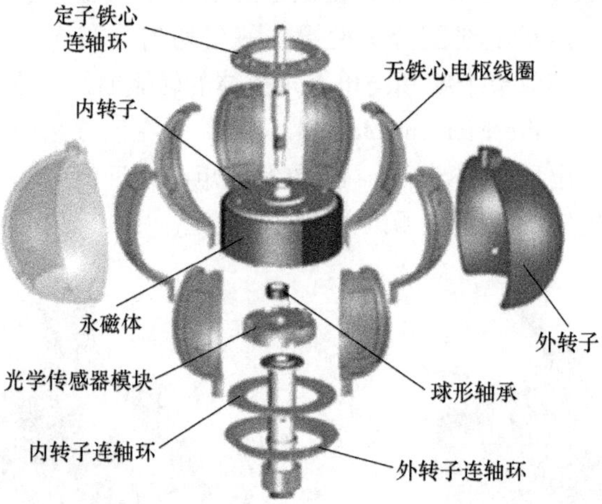

图 1.13 改进型双气隙永磁球形电动机

2013 年，日本大阪大学的 K. Hirata 等人提出了一种具有外转子结构的二自由度永磁球形电动机，并描述了开环控制方法。该电动机的转子内侧绕 z 轴分布了 4 层壳型永磁体；定子上装有 24 个线圈，绕 z 轴均匀间隔排列。与相同尺寸的内转子电动机相比，外转子电动机可产生更高的转矩。采用这种结构，尽管电动机尺寸小，但仍可实现高输出转矩，如图 1.14所示。

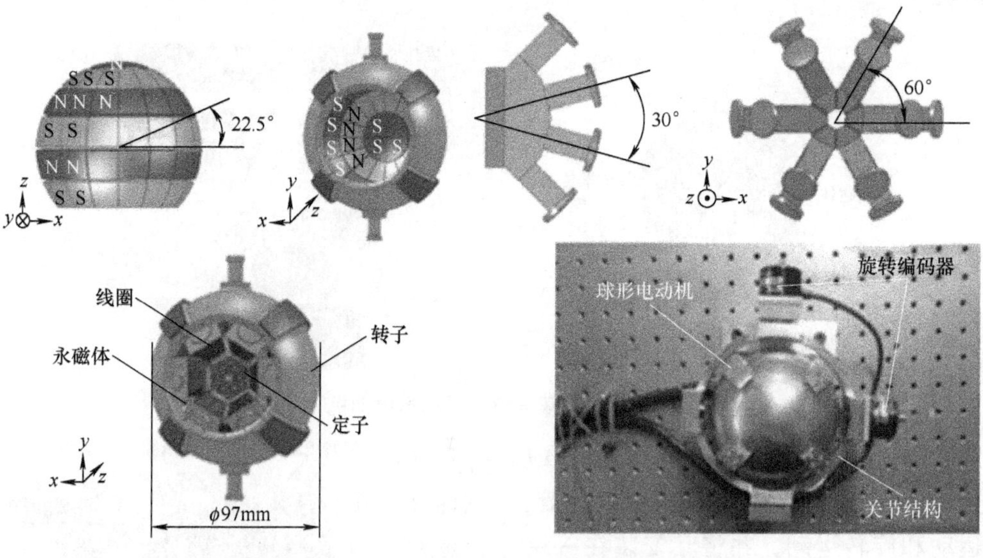

图 1.14 具有外转子结构的二自由度永磁球形电动机

除此之外，日本产业技术综合研究所 T. Yano 一直致力于研究基于多面体的永磁球形步进电动机的设计思路，并按照该思路先后设计了基于六面体-八面体、截断八面体-十二面体的永磁球形步进电动机，如图 1.15所示。

不同于永磁球形电动机近 20 年的快速发展，感应式球形电动机受到的关注相对较少。2005 年，比利时天主教鲁汶大学的 B. Dehez 等人设计了一种二自由度感应式球形电动机，如图 1.16 所示。该电动机的转子为双层设计，内层用于磁场的循环，故采用具有良好的磁

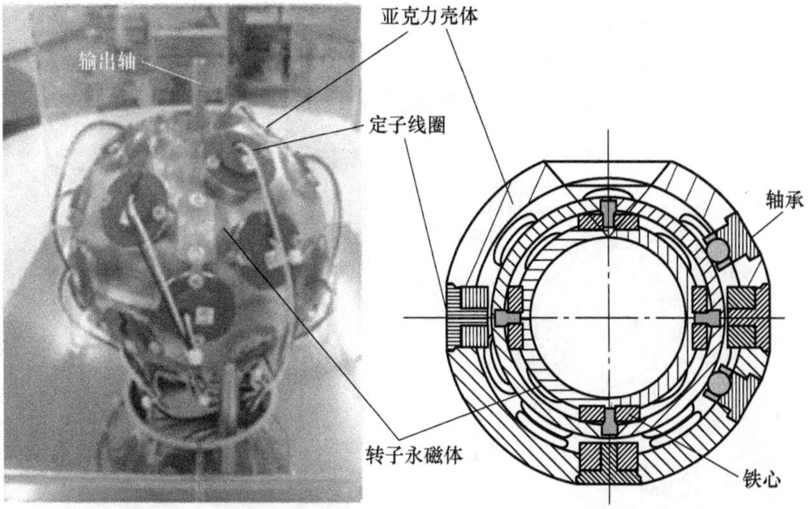

图 1.15 日本产业技术综合研究所研发的六面体-八面体永磁球形步进电动机

导率和高电阻率的材料制成；外层用于感应电流的流动，故采用具有良好电导率但具有低磁导率的材料制成。

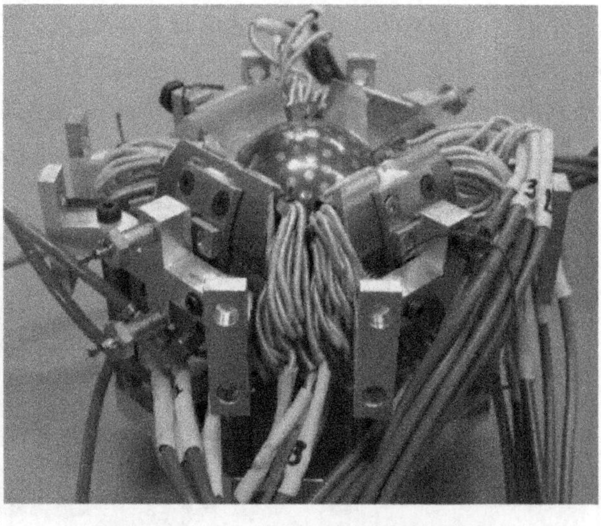

图 1.16 二自由度感应式球形电动机

2013 年，美国卡内基梅隆大学的 R. L. Hollis 等人研制了图 1.17 所示的三自由度感应式球形电动机，该电动机的转子也是双层结构，定子由 4 个独立的感应器组成。随后，该团队开发了一台六定子感应式球形电动机，并将其应用于平衡移动机器人。

2016 年，葡萄牙里斯本大学的 J. F. P. Fernandes 等人提出了一种壳型感应式球形电动机。该电机的定子

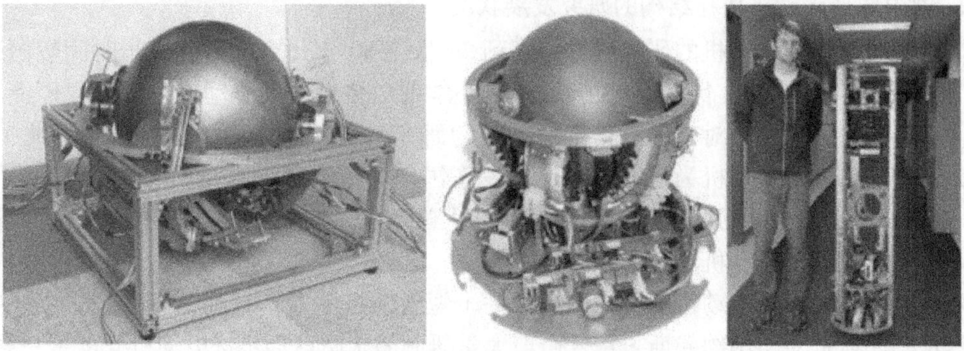

图 1.17 用于平衡机器人的感应式球形电动机

为半球壳装，转子为空心球形，如图 1.18 所示。该团队采用 N 谐波分析模型对该壳型感应式球形电动机的机电特性进行评估，并建立了一个小型原型来验证分析模型。随后，该团队对电动机进行了磁场分析，并以应用于智能轮椅为目的，对电动机进行了进一步优化设计。

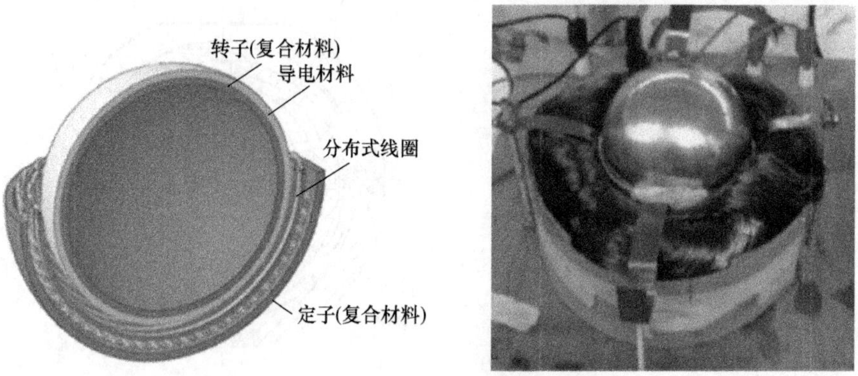

图 1.18 壳型感应式球形电动机

不同于永磁球形电动机和感应球形电动机，2008 年，韩国汉阳大学的 J. Lee 和 B. Kwon 等人设计了一种用于监控摄像机的双激励二自由度磁阻式球形电动机，并采用等效磁路法对静态转矩特性进行了分析。电动机拓扑结构如图 1.19 所示。

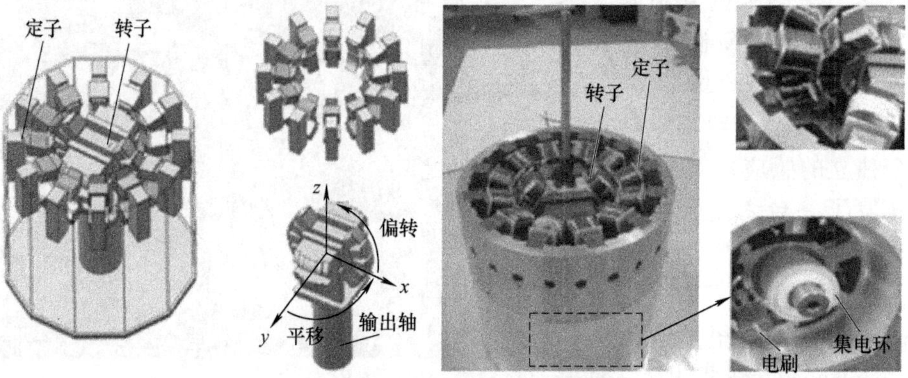

图 1.19 汉阳大学研发的双激励二自由度磁阻式球形电动机

2. 国内球形电动机拓扑结构的研究发展状况

国内对多自由度电动机的研究可以追溯到 20 世纪 80 年代末，虽然起步时间较国外晚，但 20 世纪 50 年代到 80 年代末的 30 年间，国外学者对多自由度电动机的研究也停滞不前，从这个角度来看，国内外对于多自由度电动机的研究基础差距并不大。1989 年西北工业大学以无刷直流型球形电动机为研究方向，开发了国内第一台球形电动机原型机，如图 1.20 所示。从 20 世纪 90 年代到 21 世纪初期，浙江大学、华中科技大学、哈尔滨工业大学等高校均对多自由度球形电动机展开了基础性研究。

随后，国内对球形电动机的研究进入了一个短暂的沉默期，直到 21 世纪 00 年代中期，王群京及其团队针对美国约翰斯 · 霍普金斯大学研制的永磁球形步进电动机开展了一系列研究分析，包括磁场分析、转矩特性分析、步进运动控制、动力学分析、转子姿态检测等。2007 年，该团队设计了一种类似 SWM 的新型永磁球形电动机，如图 1.21 所示，并采用文

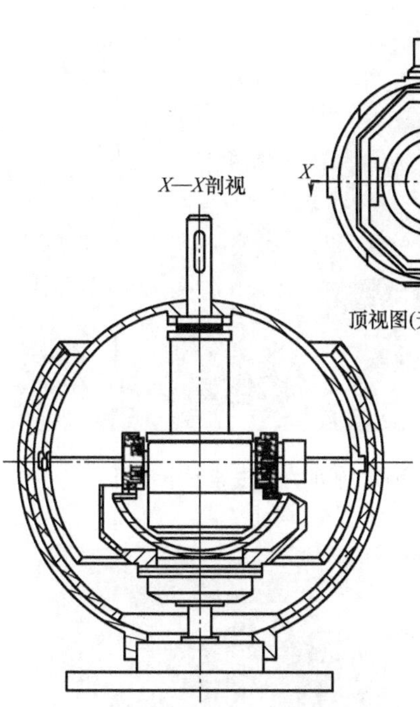

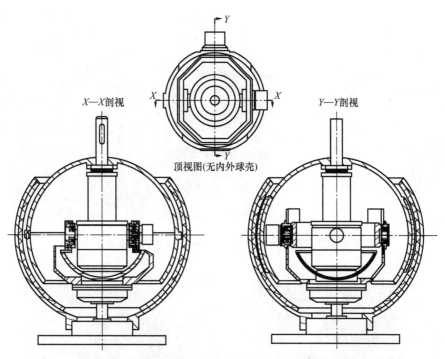

图 1.20 西北工业大学研发的无刷直流型球形电动机

献［7］描述的方法对其转矩模型进行了推导。该电动机的转子上分布了 4 层圆柱形永磁体，每层均匀排列 10 个；定子上分布了 2 层空心线圈，每层排列 12 个。该电动机相较于 SWM，其运动范围更大，输出转矩更大。

2020 年，该团队设计了一台基于 Halbach 阵列的永磁球形电动机，并提出了一种基于永磁体表面电流模型和洛伦兹力的转矩计算方法。该电动机转子的赤道面均匀分布了 16 个永磁体，它们的充磁方向基于 Halbach 阵列，定子上分布了两层共 24 个空心线圈，如图 1.22 所示。

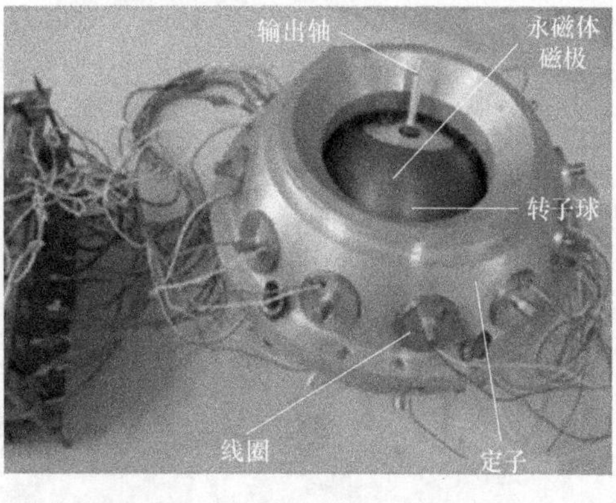

图 1.21 王群京团队研制的新型永磁球形电动机

同年，该团队设计了一台凸极式磁阻型球形电动机，如图 1.23 所示，并分析了它的电感曲线和矩角特性。

2007 年天津大学的夏长亮团队首次将 Halbach 阵列应用于永磁球形电动机永磁体排列的设计上，旨在改善气隙磁场的分布，提高电动机的输出转矩和运行性能，如图 1.24 所示，并采用球谐函数的方法对该电动机的三维磁场解析分析、并建立转矩模型。

2007 年，夏长亮团队还设计了一种非 Halbach 阵列的新型永磁球形电动机。该电动机转子的赤道面分布了 6 个永磁体，N、S 极交替排布，定子上装有 3 层共 54 个线圈，如图 1.25 所示。该团队首先对所提电动机的转矩模型进行分析，然后提出了一种计算永磁体端效应系数的方法，用来修正从二维有限元模型获得的反电动势波形，以达到代替三维有限元模型的

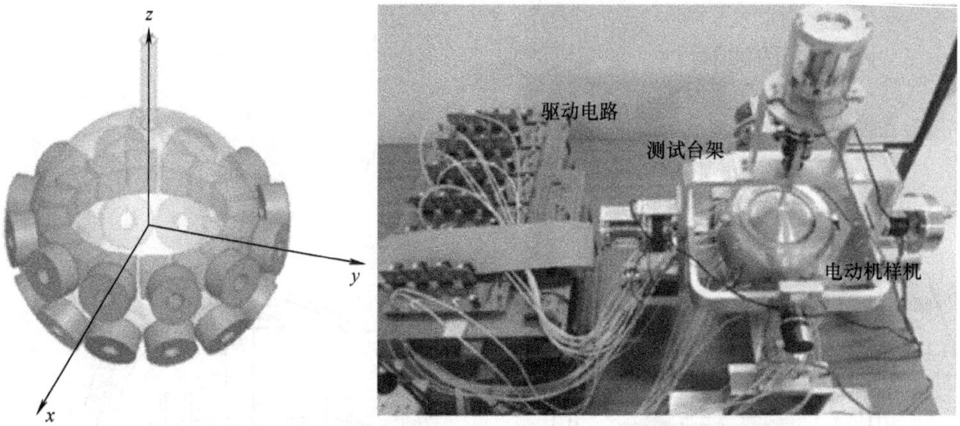

图 1.22　王群京团队研制的基于 Halbach 阵列的永磁球形电动机

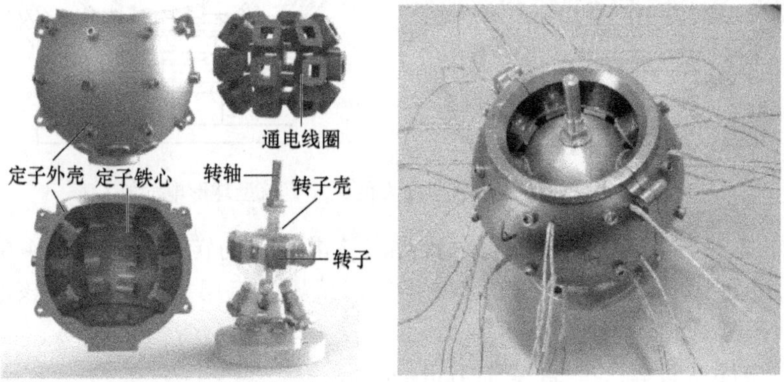

图 1.23　王群京团队研制的凸极式磁阻型球形电动机

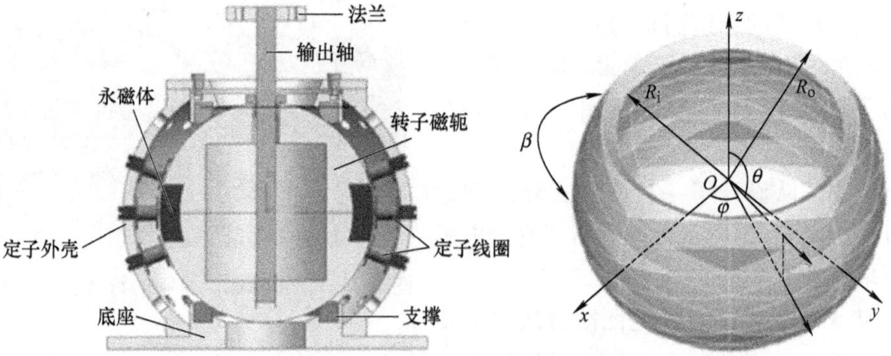

图 1.24　天津大学设计的基于 Halbach 阵列的永磁球形电动机

目的。

在前期研究的基础上，天津大学团队对永磁球形电动机开展了进一步研究。他们针对 Halbach 阵列永磁球形电动机，分析了电动机结构参数对端部漏磁的影响，并初步探讨了端部漏磁对涡流损耗的影响，并对圆柱形线圈的磁场分布进行了分析。2014 年，天津大学团队提出了一种考虑球谐函数的永磁球形电动机设计方法，并运用该思路制作了样机，建立了

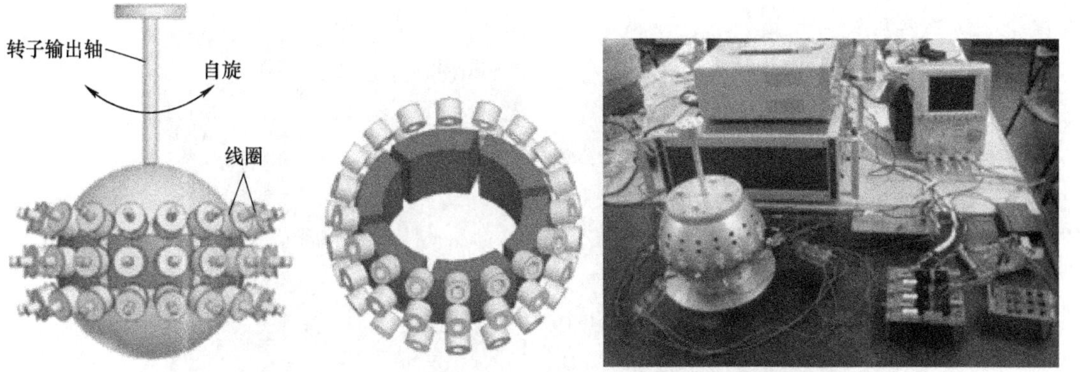

图 1.25　天津大学设计的非 Halbach 阵列永磁球形电动机

基于虚功法的转矩模型，如图 1.26 所示。

2017 年，天津大学的李斌等人提出了一种用于卫星动量球的永磁球形电动机，如图 1.27 所示。该电动机借鉴了日本学者 T. Yano 基于多面体的永磁球形电动机设计思路，采用了六面体-八面体结构，即转子上永磁体分布在六面体的顶点上，定子上线圈分布在八面体的顶点上。这种设计可以得到均匀的磁场分布和无限制的运动范围。随后，团队对该电动机的磁场分布和转矩建模进行了分析研究。

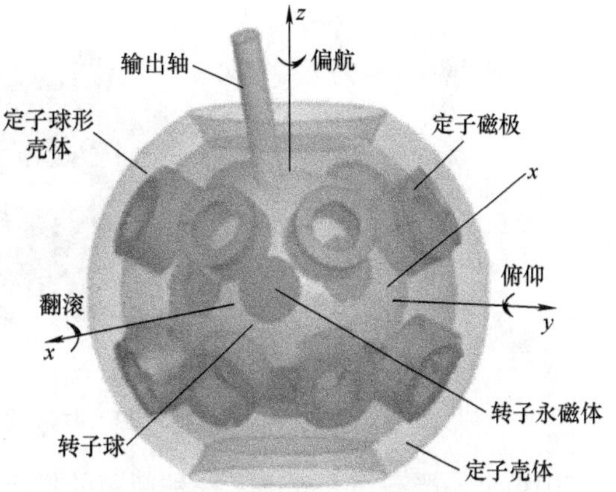

图 1.26　基于球谐函数设计方法的永磁球形电动机

北京航空航天大学的陈伟海等人于 2012 年开始对永磁球形电动机展开研究，该团队设计了一台集成姿态检测装置的永磁球形电动机，如图 1.28 所示。该电动机的电磁结构与南洋理工大学的永磁球形电动机类似，其创新之处在于设计了安装于转子内部的姿态检测装置，解决了球形电动机姿态检测不易且需要外部辅助的问题。

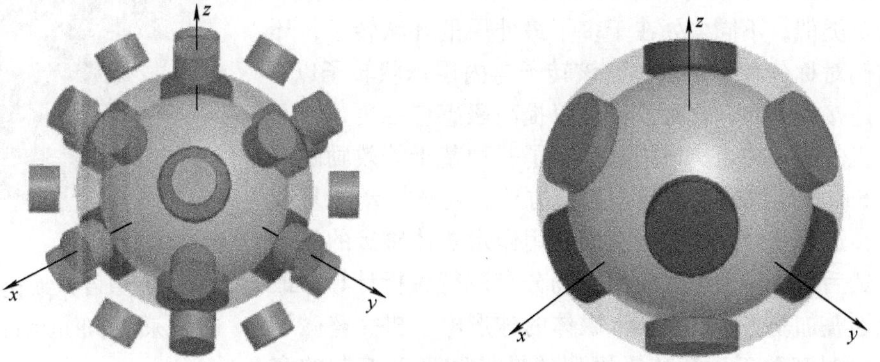

图 1.27　双多面体永磁球形电动机

2020 年，该团队改进了原来球形电动机的转子结构，设计了一台具有双层永磁体、3 层定子线圈的永磁球形电动机，如图 1.29 所示，并随后对其进行了磁场分析。

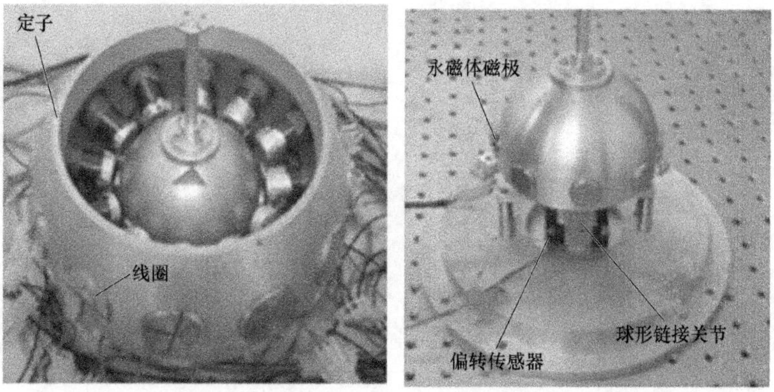

图 1.28　集成姿态检测装置的永磁球形电动机

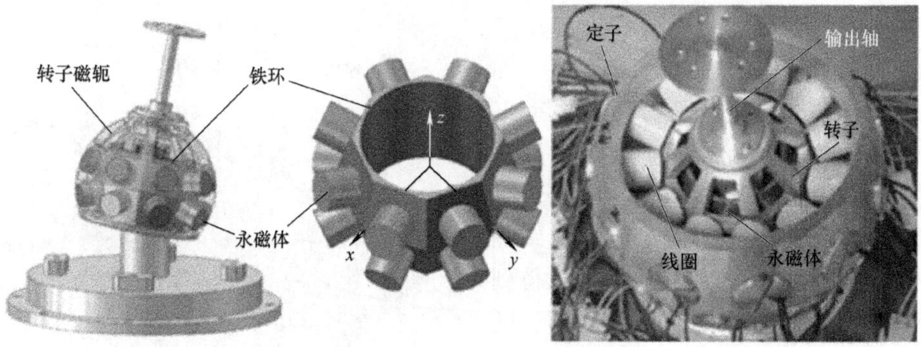

图 1.29　改进的永磁球形电动机

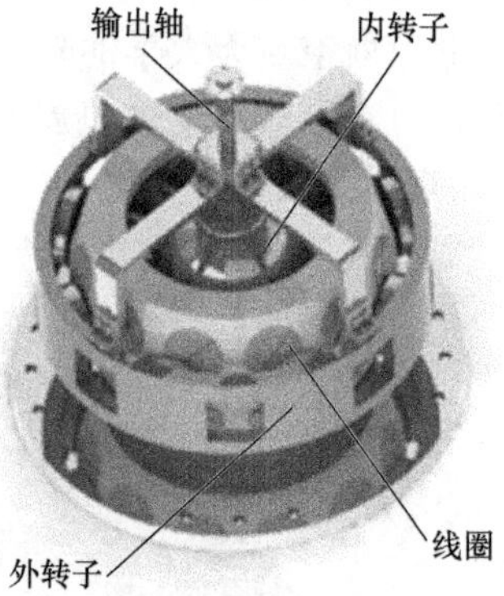

图 1.30　具有外转子结构的永磁球形电动机

2014 年，严亮等人提出了一种新颖的具有外转子结构的永磁球形电动机，如图 1.30 所示。该电动机最内层的转子球和中间层的定子球壳与南洋理工大学 2005 年提出的永磁球形电动机类似，不同之处在于多了最外层的环状转子，环状转子内侧对称分布了永磁体，该转子与内层球状转子以 L 形连接件连接在一起，这种设计可以提高磁感应强度，从而增加电动机的输出转矩。该团队提出了一种基于等效励磁线圈和 Biot-Savart 定律的新型数学建模方法，对该电动机复杂的磁场分布进行建模；励磁线圈模型用作永磁体磁极的等效替代物，然后对单个通电线圈的磁场分布进行解析计算；最后通过线性叠加获得具有多个永磁体的球形电动机完整磁场模型，该模型有助于后续转矩模型的推导和运动控制的实现。随后，针对该电动机提出了一种基于拉普拉斯方程和球谐函数的磁场分析方法，以及一种基于几何当量原理的磁场分析方法。

河北科技大学李争研究球形电动机结构优化设计以及磁场、热场分析，先后提出了采用柱形转子的永磁球形电动机、采用空气轴承的永磁球形电动机、三自由度偏转型永磁球形电动机（见图 1.31）、混合驱动式三自由度电动机、多自由度永磁同步发电机等。

华中科技大学白坤提出一种集成了球关节六自由度球形电动机运动平台（Spherical

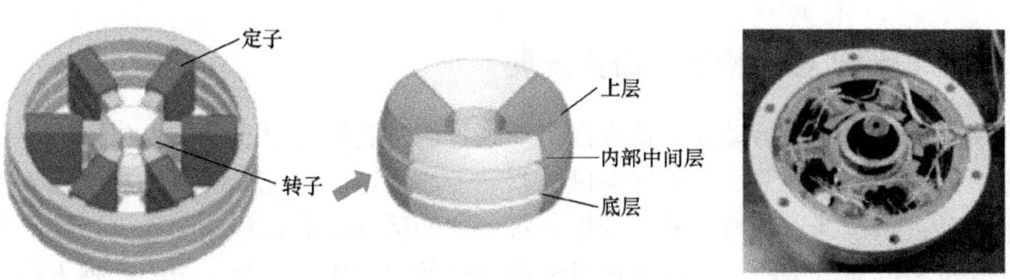

图 1.31 三自由度偏转式永磁球形电动机

Motor-based Motion Platform，SMP）的概念（见图 1.32），建立了 SMP 的运动学和动力学模型，并应用于曲面共形打印。与传统五轴结构相比，SMP 能提供无奇异性的运动，并能有效地减小运动位移。

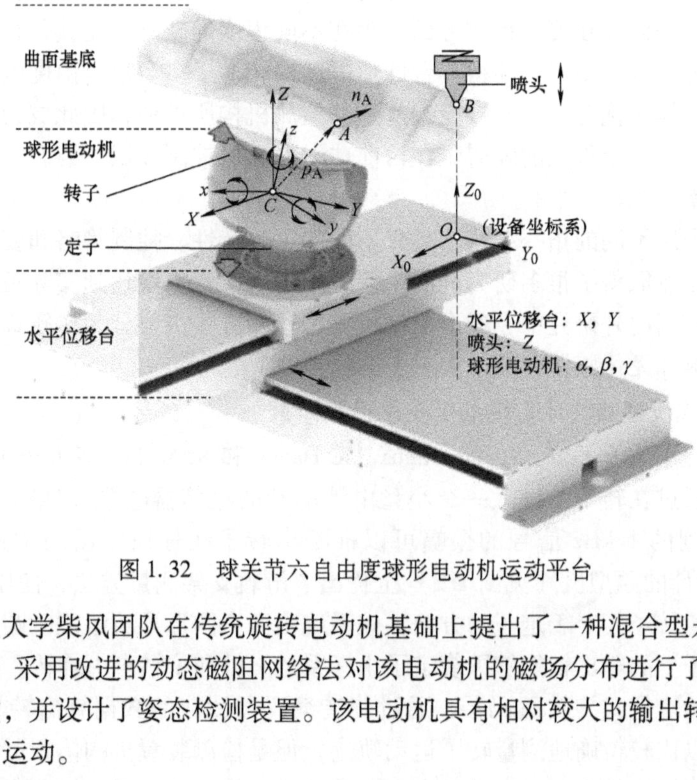

图 1.32 球关节六自由度球形电动机运动平台

哈尔滨工业大学柴凤团队在传统旋转电动机基础上提出了一种混合型永磁球形电动机，如图 1.33 所示，采用改进的动态磁阻网络法对该电动机的磁场分布进行了分析，推导了倾斜转矩的表达式，并设计了姿态检测装置。该电动机具有相对较大的输出转矩，能够实现连续旋转、倾斜的运动。

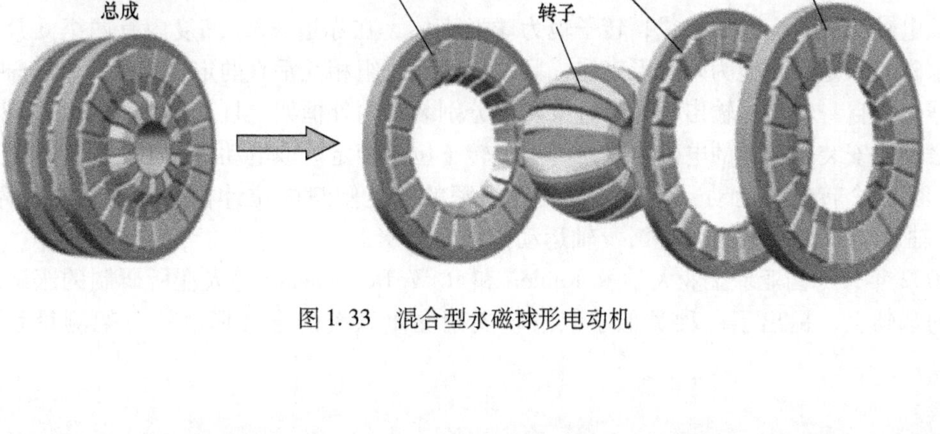

图 1.33 混合型永磁球形电动机

1.2.2 球形电动机姿态检测的研究发展

三自由度球形电动机运动控制精准性与姿态检测的精准度息息相关，姿态检测是实现闭环控制不可或缺的一个环节，球形电动机的驱动控制要建立在准确的姿态检测基础上。

球形电动机由于其运动轨迹的多变性，每一次的运动都必须根据起始点、终止点的坐标规划出一套特定的通电策略。又由于球形滚动运动的三维刚性，某一个坐标轴方向上电动机定子和转子的相对位置、电气参数都会被另外两个方向上的运动所影响，从而使得每一次的通电策略规划都要基于一个与当前和目标位置相关的动态模型。因此，球形电动机实际上不能采用开环方式去驱动，它的任意运动都要建立在准确的姿态检测基础上，也可以说没有姿态检测的球形电动机寸步难行。

迄今为止国内外学者在球形电动机的姿态检测方面进行了广泛的探索，取得了许多成果。但是已见报道的研究在姿态检测方面仍存在不同程度的缺陷，尤其是在无传感器的球形电动机姿态检测方面方法不多，使得一台球形电动机相对于多台单自由度电动机组合而成多自由度运动机构的体积优势，完全被庞大复杂的检测机构所抵消，因此成为球形电动机进入实际工业应用道路上一个很大的障碍。在目前球形电动机控制领域，姿态检测仍是制约其快速发展的重要因素。

球形电动机采用不同的拓扑结构，具有不同的电气特性，控制策略和姿态检测方法也不尽相同，近年来虽然取得了很多研究进展，但距离走出实验室、达到实际工程应用还有很长的道路要走。目前国内外研究中，球形电动机姿态检测方法主要分为接触式传感器检测、非接触式传感器检测和无传感器检测三大类。

1. 采用接触式传感器的球形电动机姿态检测研究

美国佐治亚理工大学 G. J. Vachtsevanos、K. Davey 和 K. M. Lee 等人于 1987 年应用的位置反馈环节，是通过在转子上植入一个小型电池驱动的振荡器电路（1kHz）来实现的。通过定子齿上感应到的 1 kHz 信号的振幅可以推断出转子在任何时候的位置。1991 年，在 K. M. Lee 等人设计的原型机（见图 1.3）上提出了滑轨支架测量方法，使用如图 1.34 所示的测量系统来测量转子相对于定子的方向。该系统由两个圆形导轨组成。圆形导轨相互垂直布置，使附在转子上的输出轴能够围绕定子坐标系的 x 轴和 y 轴自由旋转。在转子支架上安装 3 个正交独立的增量式旋转编码器，通过旋转编码器读取的数据算出转子运动的空间位置。这类方法可以比较精确地测量转子运动轨迹，但是检测装置机构体积过于庞大，与转子的接触面积导致摩擦力较大，对电动机本身运动造成干扰，增加了力矩输出负担。

1989 年，西北工业大学研制了稀土永磁无刷三自由度力矩电动机，其结构如图 1.20 所示。该电动机转子为内框架式，转子轭为球形壳体，在赤道 ±30°纬度内有两组 6 片球面形稀土永磁体；定子磁轭为外球形壳体，紧贴内壁有三组相互垂直的定子绕组；转子轴连带转子内球壳绕自身转动，输出轴外套可绕两个分别装在内外框架上且互相垂直的轴实现两个方向的摆动，安装在轴上的电磁制动器可实现转子位置锁定。该电动机输出轴可实现旋转、俯仰和倾斜 3 个转角的运动。各轴上安装有精密的导电塑料电位计检测转轴的转动角度，x 轴、y 轴运动范围为 $-45° \sim 45°$，z 轴运动范围为 360°。

2002 年，德国亚琛工业大学 K. Kahlen 和 R. W. De Doncker 等人在所研制的永磁球形电动机的基础上，提出了一种类似于双滑轨支架测量系统的半圆形滑轨支架测量系统，如

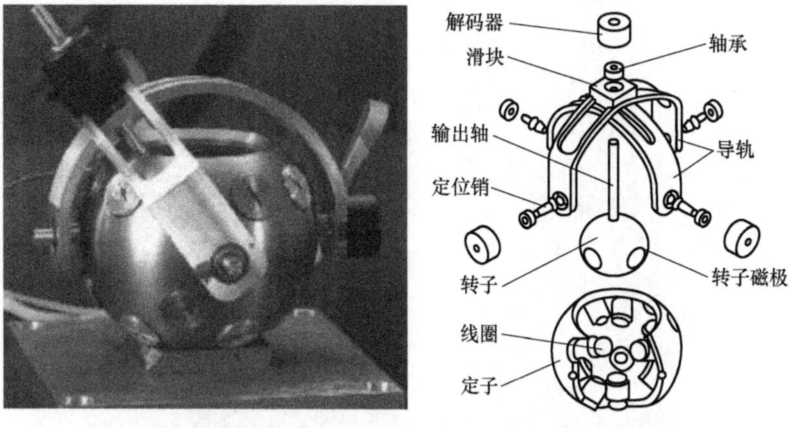

a)　　b)

图 1.34　滑轨支架旋转编码器姿态检测系统

图 1.8所示。通过一个半圆形滑轨支架构成的线性增量系统来测量转子倾斜角度，安放在支架上的旋转编码器测量转子偏转角，输出轴上的旋转编码器测量转子自旋角。该接触式测量系统的最小分辨率为 0.001°，最大工作范围为 -60° ~60°。

2007 年，浙江大学傅平等人通过调心轴承结构和平面结合关系将转子的空间位置通过两个编码器来表达，如图 1.35 所示。这种结构比三轴检测转子空间位置节省了一个传感器，但仍然会增加电动机运行摩擦转矩，运动范围仍然受限。

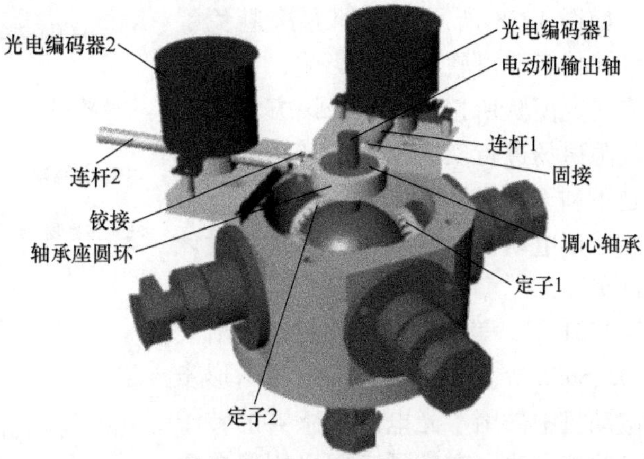

图 1.35　调心轴承与连杆机构检测系统结构图

北京航空航天大学陈伟海团队在 2012 年设计的集成了姿态检测装置的永磁球形电动机，其结构如图 1.28所示。在文献［40］中，该电动机设计了一个球形链接关节来连接转子和底座，其结构如图 1.36 所示。当转子在电磁力作用下产生运动时，球形链接关节将被驱动产生相应的运动。而在球形链接关节上安装有旋转编码器（OME - 500 - 2MCA）和二轴倾斜传感器（SANG1000），来分别测量旋转角度和倾斜角度。与传统的三编码器系统相比，该测量系统产生的惯性矩要小得多。

2019 年，安徽大学王群京团队提出了一种可同时检测球形电动机转子姿态和转矩的接触式测量系统，如图 1.37 所示。该系统通过采用 3 个静态转矩传感器和 3 个旋转编码器实时检测每个自由度上的位置和电磁转矩，但电磁转矩的测量必须通过电磁制动器抱闸后才能进行。

2. 采用非接触式传感器的球形电动机姿态检测研究

1997 年，英国谢非尔德大学的 J. Wang、G. W. Jewell 和 D. Howe 等人开发的永磁球形电动机如图 1.6 所示。文献［48］中，该研究团队在球形电动机的定子内壁设置了 6 个霍尔

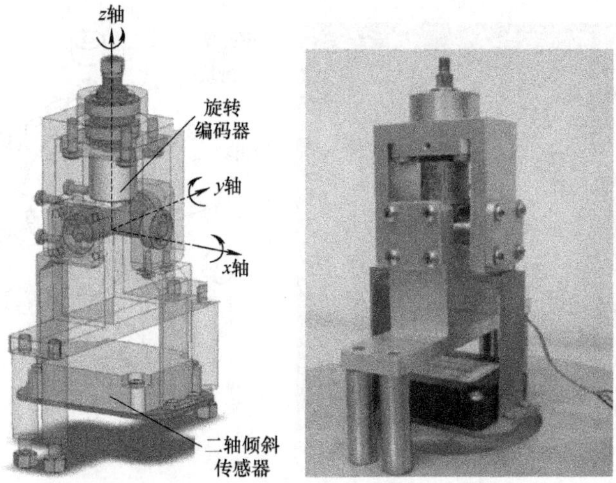

a) b)

图 1.36 球形链接关节姿态检测系统结构图

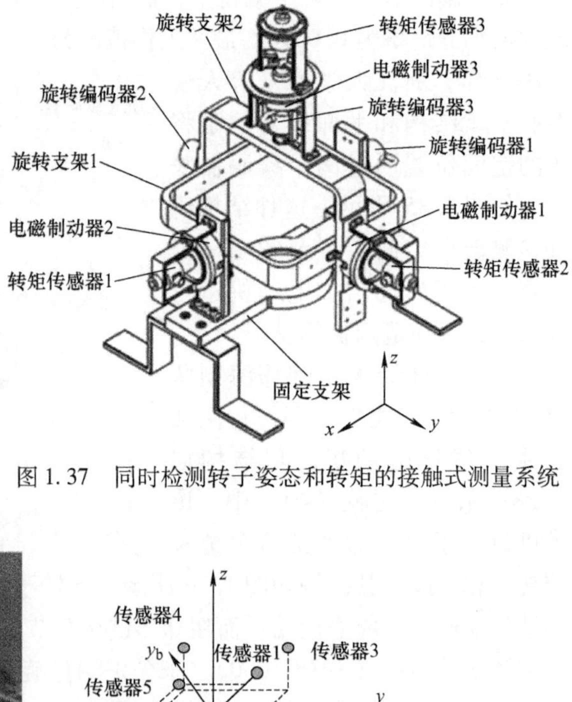

图 1.37 同时检测转子姿态和转矩的接触式测量系统

式传感器，用于检测转子磁极轴线位置，为定子电流闭环控制提供反馈信号，如图 1.38 所示。这种方法避免了接触式传感器滑轨结构的影响，后来被很多研究团队所接受。由于该方法需要对气隙磁场进行实时求解，转子磁极越多越不利于在线测量的进行，这一点与永磁球形电动机通常采用的多磁极设计相冲突。

2001 年，美国约翰斯·霍普金斯大学 D. Stein 等人在所设计的永磁球形步进电动机中采用了光电式传感器的转子姿态检测方法，在转子表面采用黑白两种颜色喷涂，定子的每个线圈被图 1.39 所示的环形光电式传感器环绕，用于对转子表面颜色进行检测。这种检测方法对球形转子表面粗糙度等非常敏感，稳定性、重复性较低，但为

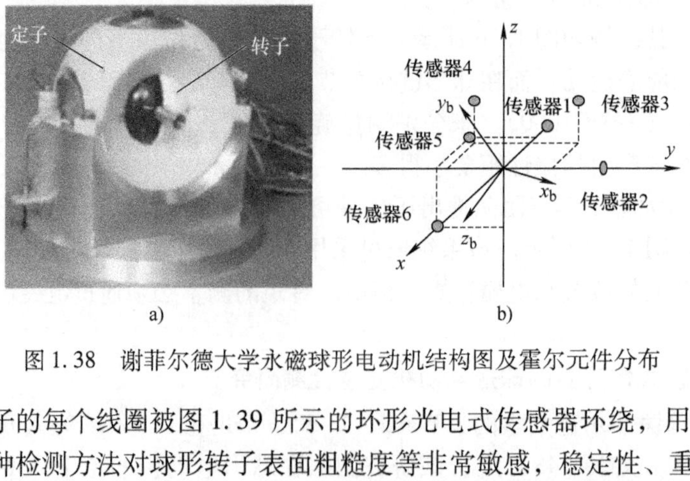

a) b)

图 1.38 谢菲尔德大学永磁球形电动机结构图及霍尔元件分布

采用机器视觉图像识别进行球形电动机姿态检测的方法提供了一条新思路。

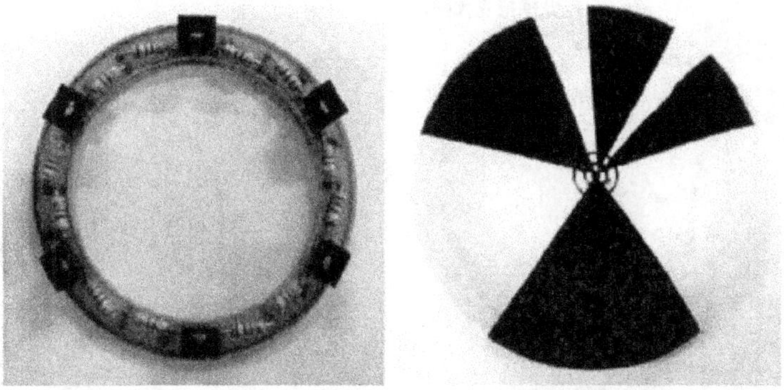

图 1.39 环形光电式传感器及转子体表面喷涂

Tomoaki Mashimo 等人提出了一种基于激光传感器传导的姿态检测系统，如图 1.40 所示，检测采用一个超声波球形电动机，该电动机由 3 个环形结构和一个球形转子构成。在转子表面放置一个反射镜，通过激光传感器捕获反射光线强度，经过神经网络处理转换为球形转子姿态信息。该系统在检测中无须接触电动机本体，可实现无接触测量，但安装精度要求较高。

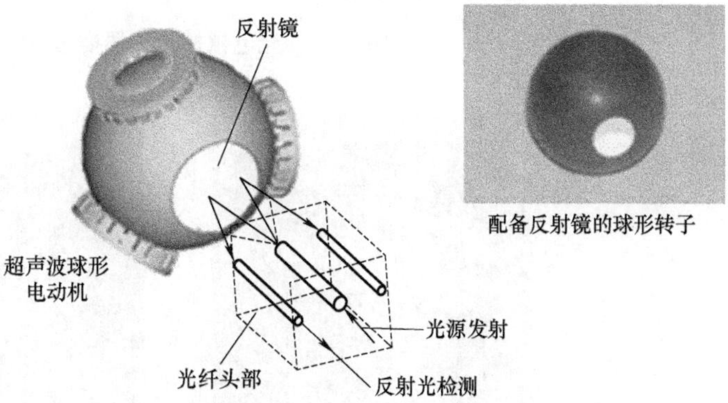

图 1.40 激光传感器姿态检测系统

2015 年，美国卡内基梅隆大学 Ankit Bhatia 和 Masakki Kumagai 团队提出一种实时检测感应式球形电动机转子姿态的装置，如图 1.17 所示，该装置通过在转子表面安装的 3 个正交光电鼠标传感器（Avago ADNS－9800）测量转子表面速度，传感器在赤道上以 120°间隔排布，如图 1.41 所示。利用该转子姿态检测装置，可以确定转子空间位置，从而实现电动机的闭环控制。

国内非接触式传感器的姿态检测方法研究起步稍晚，但过去 20 年国内学者提出了很多新的研究方法。

2006 年，安徽大学王群京团队提出了基于光电式传感器的永磁球形步进电动机的转子姿态检测方法。该方法在文献［49］的基础上，对转子表面喷涂黑白两色随机编码，如图 1.42 所示，通过 96 个光电式传感器进行识别，进而计算出转子的当前位置。该方法的转子仍然易受环境影响，同时传感器的数量限制了姿态检测精度的进一步提高。

2007 年，天津大学夏长亮团队提出采用霍尔式传感器进行球形电动机姿态检测的方法。2021 年，该团队在该方法基础上进一步提出霍尔式传感器阵列编码的球形转子姿态检测方法，如图 1.43 所示。该方法利用有限元法确定阵列传感器布置与阈值计算，进而绕开解析模型计算。

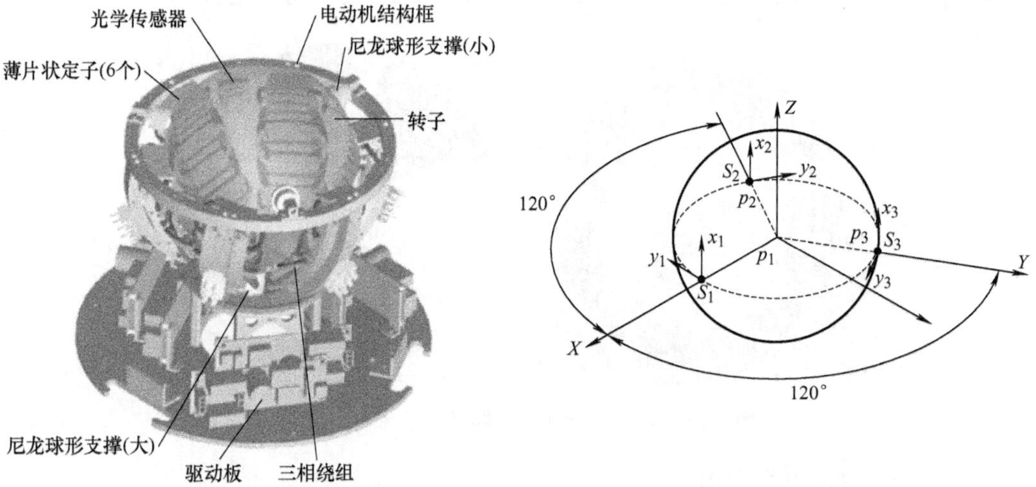

图 1.41　光电鼠标传感器姿态检测系统

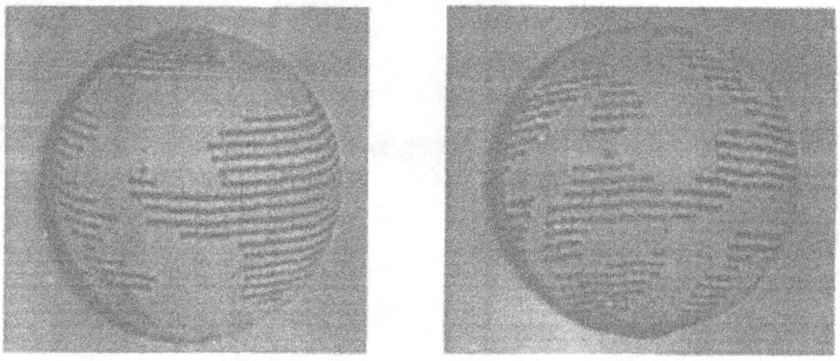

图 1.42　转子喷涂伪随机码检测方法

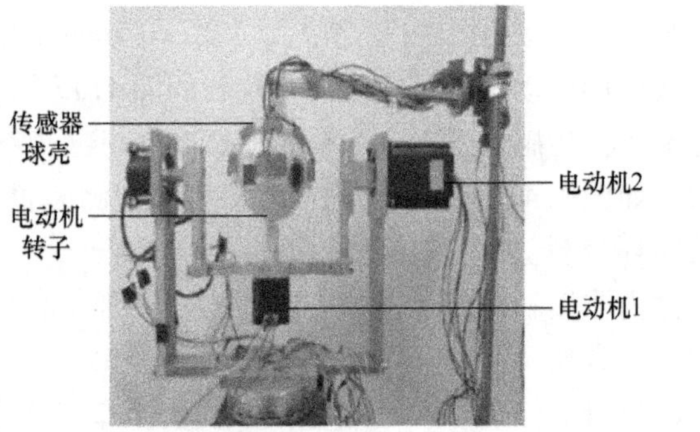

图 1.43　采用霍尔式传感器的球形电动机转子姿态检测方法

2008 年，王群京等人提出了基于单视觉传感器的永磁球形电动机转子姿态检测方法。利用视觉传感器矩阵，采用基于伪随机阵列的彩色方格图案编码方法，在转子表面喷涂含有特征的特殊图案，通过处理获取的图像得到特征点在 *xyz* 坐标系下的坐标；再根据特定的标记获取特征点在 *dpq* 坐标系下的坐标；然后根据特征点在两个坐标系间的位置关系来确定转子在电动机坐标系上的位置，从而计算出转子空间位置，如图 1.44 所示。在转子绕多单轴和多轴运动时，对姿态检测系统的检测进行了仿真分析，结果表明该测量系统的检测精度大约在 0.08°，相当于 4500 线旋转编码器的检测精度。但是由于机械结构加工精度、图案喷涂精度及视觉检测系统检测速度的限制，目前该测量系统还不能应用到实际的位置测量系统中。

2009 年，天津理工大学吴凤英等人提出了单目视觉姿态检测方法。该方法在转子 N 极

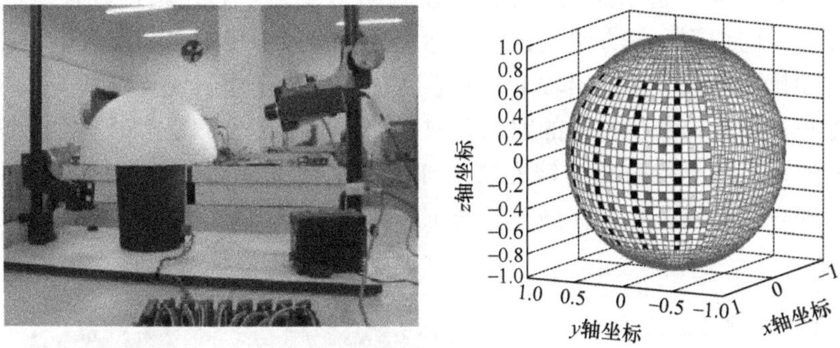

图 1.44 基于单视觉传感器的球形电动机转子姿态检测

喷涂圆形标记，然后采用工业相机实时拍摄跟踪该标记，进而计算转子当前的位置，如图 1.45 所示。该方法能完成 Oxy 平面内二自由度运动的姿态检测，但无法判断自旋位置变化。

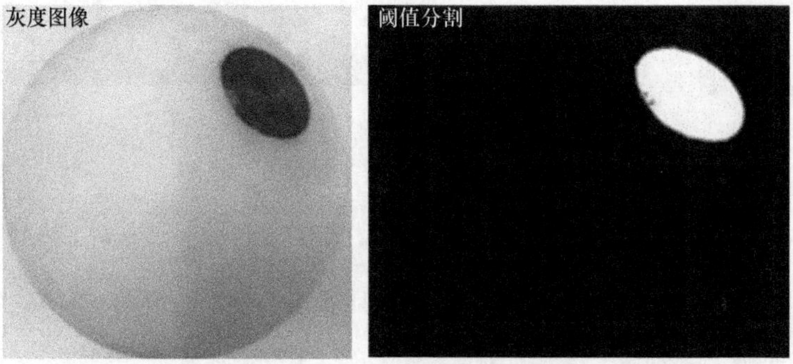

图 1.45 单目视觉二自由度球形电动机姿态检测

2011 年，北京航空航天大学严亮团队提出了一种基于激光测量的球形电动机转子姿态检测方法。该方法利用激光传感器在多个光点上测量目标到探测器的距离，计算出刚体在 3 个方向上的旋转角度，由于激光传感器与运动体之间没有物理接触，因此避免了转子上的附加质量/惯性矩和摩擦，从而提高了运动体的工作效率。该团队推导了方位角的算法，开发了实验装置来评估测量方法的工作性能，如图 1.46 所示。

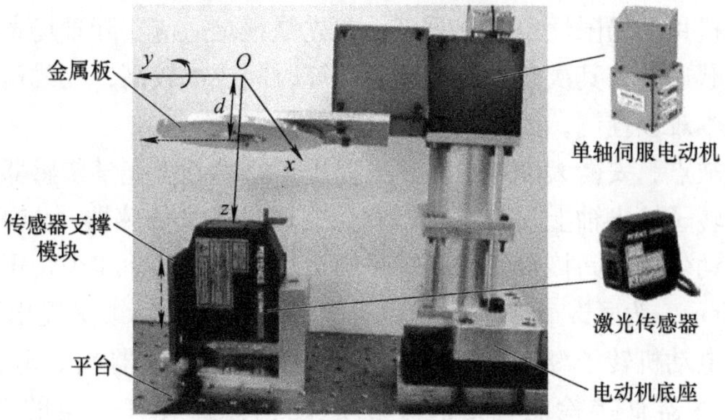

图 1.46 基于激光测量的球形电动机转子姿态检测装置

2018 年，安徽大学王群京团队采用高速摄像机对安装在转子输出轴顶端的光学特征点进行中心坐标提取与识别。该方法通过张氏标定法获得摄像机的内部参数矩阵；通过高速摄像机、球形电动机及安装于其输出轴上的光学特征点生成模块的安装位置关系可得到摄像机的外部参数矩阵；通过摄像机拍摄的图像获取光学特征点在坐标系中的实际位置，然后进一步计算出球形电动机转子的位置。该方法从球形电动机外部对电动机三自由度位置进行检测，避免了与轴直接接触，无论在静态、动态参数测量中均有很好的效果。其实验检测装置如图 1.47 所示。

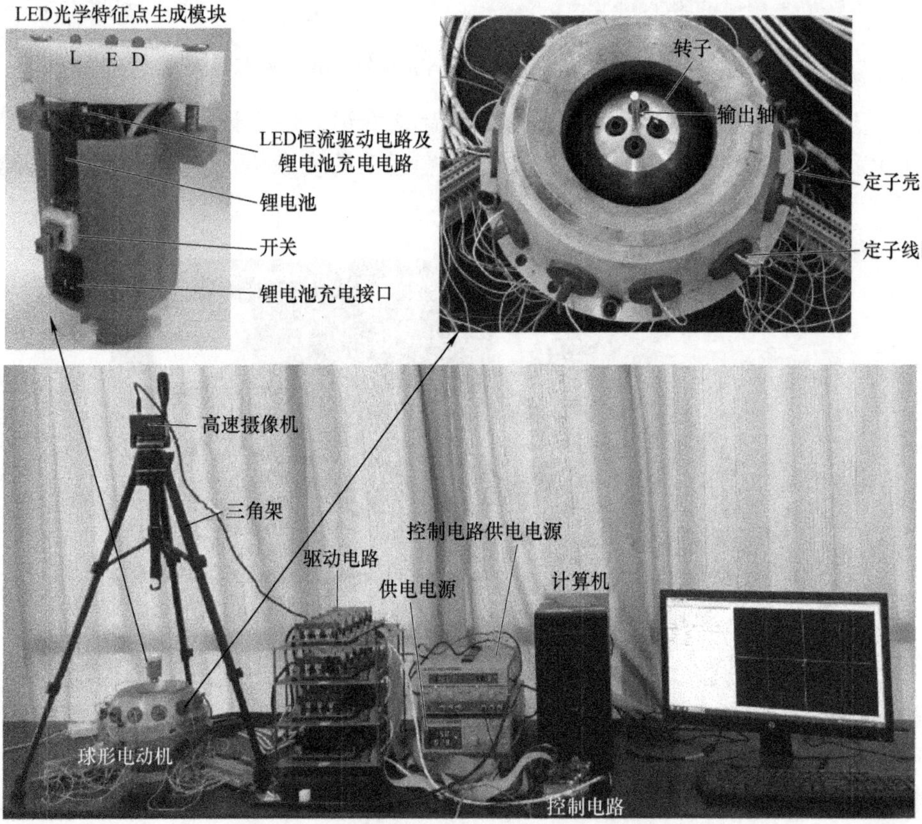

图 1.47 基于光学特征点的球形电动机转子姿态检测装置

上述这类检测机构的局限性也十分明显。首先是很难适应实际现场条件，所追踪的特征点难免会被所带负载遮挡；其次是图像处理的计算时间成本较高，在线检测速度较低；还有就是检测系统的成本难以控制，因此前景不被看好。

为了改善上述缺点，安徽大学过希文等人提出了一种基于光学传感器的球形电动机转子姿态检测装置。在转子输出轴上安装半球形罩壳，通过光学传感器（ANDS－9800）直接检测半球形罩壳的运动信息而间接得到球形转子的运动信息，从而实现转子姿态的检测，其检测装置如图 1.48 所示。为了改善半球形罩壳对输出的影响，后续又提出了一种基于三光学传感器的永磁球形电动机转子姿态检测方法。将 3 个光学传感器 S_1、S_2、S_3 固定在定子外壳上，通过光学传感器直接检测球形转子的运动信息，具有一定的实用性。其结构如图 1.49所示。

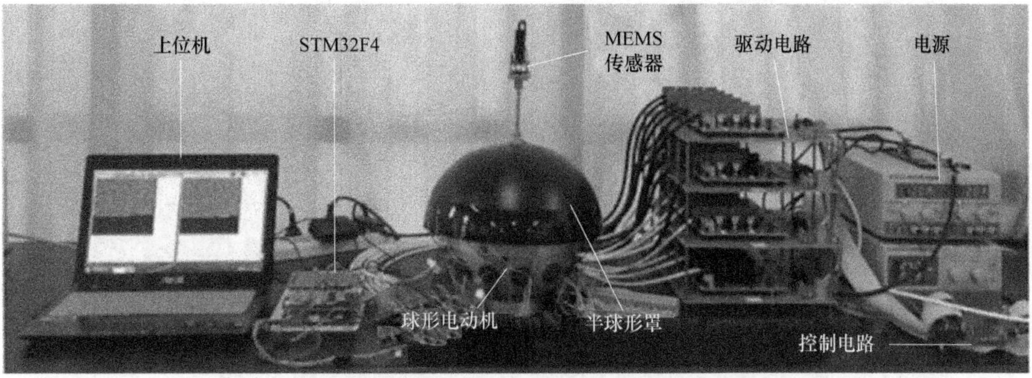

图 1.48 基于双光学传感器的转子姿态检测系统实验平台

图 1.49 基于三光学传感器的转子姿态检测系统构成

2019 年，王群京团队还提出了陀螺仪惯性组件传感器（微机电系统，MEMS）的转子姿态检测方法，如图 1.50 所示。通过测量转子加速度，结合运动学方程，可以同时对球形电动机转子位置和力矩进行在线测量。为防止转子磁场的干扰，陀螺仪被安装在转子轴的顶端，使得电动机带载实验运行困难。此外陀螺仪自身存在随时间累计的漂移问题，也使得这种检测方法难以长时间运行。

3. 无传感器球形电动机姿态检测研究

2016 年，华中科技大学在永磁球形电动机研究方面提出了一种无传感器姿态检测方法。传统旋转电动机无传感器姿态检测往往是利用电动机的凸极效应或非线性饱和特性进行，而永磁球形电动机为了避免磁阻转矩过大，通常采用无铁心设计，因此无法利用凸极性或非线性饱和特性。该研究团队采用基于磁链模型的无传感器位置测量方法，根据运动时定子线圈中产生的感应电动势进行多自由度位置及运动角速度的检测。由于运动电动势依赖准确的转速信息，在中高速时检测有较好的精度，但在球形电动机更为常见的低速和静止工况下姿态检测尚存在问题。此外，由于无铁心电动机磁阻较大，线圈电感数值较低，运动电动势的准确检测也是一个难题，通过运动电动势来检测转子位置也不是个很好的选择。由此可见，相

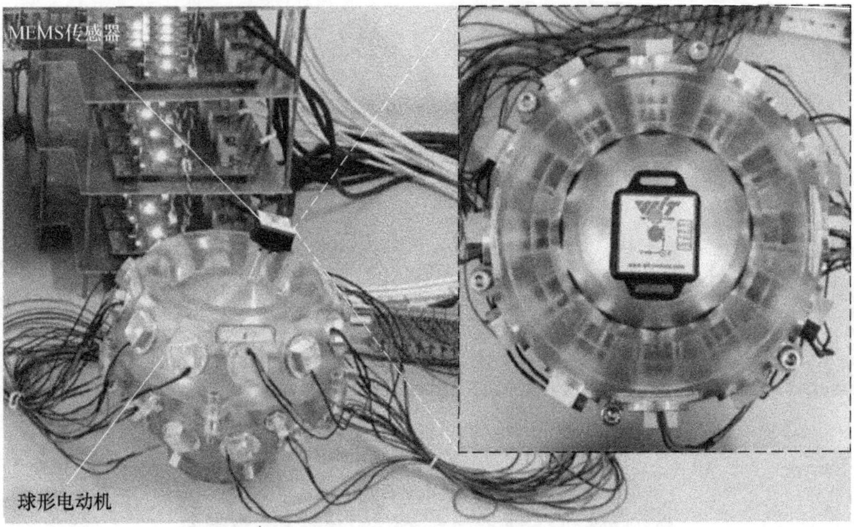

图 1.50 MEMS 传感器的安装示意图

较于磁阻式球形电动机，无铁心的永磁球形电动机尚难以解决无传感器姿态检测问题。

2021 年，安徽大学王群京等人提出了一种基于线圈互感电压计算的无传感器姿态检测方法。该方法通过分析定子和转子偏心角与线圈互感电压之间的数值关系，进而计算转子的实时位置，但仅局限于磁阻式球形电动机。

4. 姿态检测研究成果存在的主要问题

通过对大量球形电动机相关论文、报道的总结和国内外研究工作的回顾，可以发现，目前球形电动机三自由度姿态检测还处于探索阶段，许多问题仍然有待进一步探索研究。主要问题可以归纳如下：

1）已见报道的检测结构都存在着各自的局限与问题，尚没有哪一种检测方法能够得到绝大多数学者的一致认同，成为一种具有权威性、标准型的检测手段。

2）各研究团队在发表自己的研究结果时，无法提供准确的姿态数据来进行误差分析，只能与仿真得到的数据相对比。

3）目前三自由度球形电动机姿态检测结构的设计大多仅以满足验证性实验为目的，尚不能顾及能否适应球形电动机预期的工业应用现场环境。

4）在球形电动机本体的结构设计阶段往往没有考虑姿态检测的需求，现有的检测方法多在球形电动机本体结构之外附加姿态检测机构，对原设计的电动机性能多少会产生影响。

5）旋转电动机控制领域已经比较成熟的无传感器位置检测技术，在运用到球形电动机上的过程中遇到了诸多未解决的问题。例如，旋转运动中 d 轴、q 轴的概念在三自由度运动中不再适用；旋转电动机的无传感器姿态检测依赖于确定的参数模型，而球形电动机的参数模型会随位置和方向随机变化；球形电动机低速、变化的运行模式，让一些在旋转电动机无传感器姿态检测中效果很好的方法，难以运用到球形电动机上，或者实现效果不理想等。

1.2.3 球形电动机运动控制策略的研究发展

球形电动机的高精度运动控制策略的优劣是其能否投入工业应用的重要因素之一，基于多线圈驱动和空间运动的特点，球形电动机的控制策略主要分为驱动控制和空间运动控制两大类。

多自由度球形电动机的驱动控制策略主要围绕多线圈通电优化设计与分配策略展开，对电动机的空间运动特性不做深入研究，可以被视为开环的姿态控制策略。

参考步进电动机的控制方法，约翰斯·霍普金斯大学的球形电动机采用继电器控制线圈电流的通断，从而实现电动机的步进运动。乔治亚理工学院的轮式球形电动机在结构设计时将定子线圈和转子永磁体围绕输出轴均匀分布，使得电动机在自旋方向的运动适合开环控制，设计者还指出，开环步进运动的精度取决于定、转子磁极的排布和数量。

韩国汉阳大学设计了一种具有双线圈结构的永磁球形电动机，两种结构不同的线圈分别负责产生倾斜和旋转力矩，从电动机结构上实现空间运动解耦。该团队证明在这种特殊结构下，倾斜角几乎不影响旋转线圈的磁链，所以可以通过线圈分配对倾斜和旋转运动进行独立控制。

天津大学针对一种圆柱形线圈的永磁球形电动机，提出了基于球面规划的线圈通电策略。该方法对球面上线圈覆盖的区域进行规划，分出 72 个球面子区域，如图 1.51 所示。设计转子在不同状态下的线圈通电规则，每种状态下都有 18 个线圈同时通电。在此基础上，将控制转矩分解为自转转矩和倾斜转矩，参考自转转矩分布曲线确定转矩分配函数，采用转矩分配策略对线圈进行二次分配，降低了解算驱动电流的计算维度。

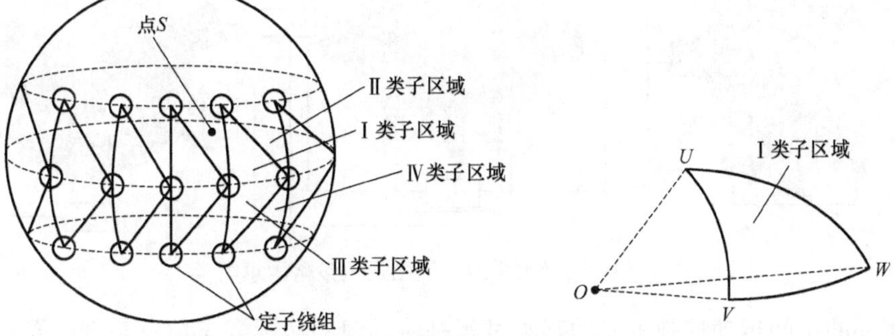

图 1.51 天津大学球面子区域划分示意图

日本产业技术综合研究院讨论了一种基于转矩图的永磁球形电动机驱动控制方法，理论上能够使线圈-永磁体结构的球形电动机产生任意方向的驱动力矩。由于线圈数量超过 4 个时，会使驱动电流的解无穷尽，该团队还提出了基于线性规划的多线圈电流确定方法。该团队通过两种正多面体结构的永磁球形电动机的开环驱动控制验证了该方法的有效性，其中具有 6 线圈-8 永磁体结构的永磁球形电动机的转矩图计算点示意图以及最终计算得到的转矩图如图 1.52 所示。

安徽大学分别对基于组合线圈的永磁球形电动机驱动控制策略和多线圈驱动优化策略进行了研究。首先提出了基于组合线圈的永磁球形电动机点对点运动驱动控制策略，分析了不同线圈组合下，产生自旋转矩和倾斜转矩的通电策略，并在此基础上对转矩模型进行降维处理，减轻驱动电流计算负担，其通电策略示意图如 1.53 所示。对于非组合线圈式连续运动驱动控制，提出了一种基于粒子群优化算法和随机森林学习算法的线圈通电优化策略，设计了优化目标分别为最大驱动力矩、最小能耗、最小电流向量维度的驱动控制通电策略。

若要实现球形电动机高精度运动控制，仅有驱动控制策略是不够的，因为驱动控制策略本质上是姿态开环控制，存在控制精度低且容易受到外界干扰的问题。为了解决这个问题，需要引入姿态闭环的空间运动控制策略。

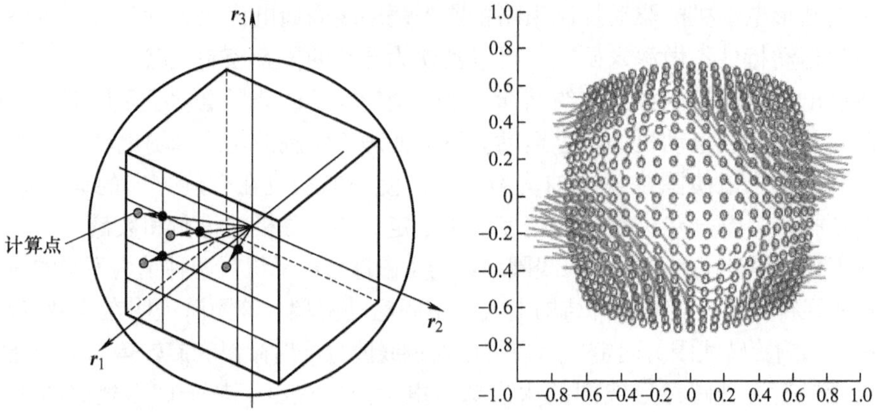

图 1.52　日本产业技术综合研究院转矩图及计算点示意图

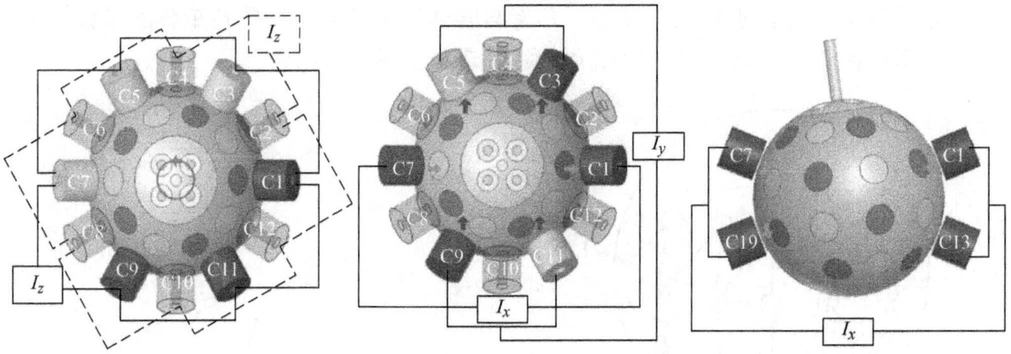

图 1.53　安徽大学组合线圈通电策略示意图

姿态闭环的空间运动控制策略的基本过程是将反馈的实际姿态信息与期望姿态信息做比较，得到姿态误差信息，再利用不同算法对误差信息进行处理，得到达到期望姿态所需要的输出转矩，即控制转矩。不同于驱动控制，实现闭环空间运动控制策略的前提是系统可以反馈当前定、转子的相对空间矢量信息。由此可见，永磁球形电动机姿态检测的可靠度至关重要。

根据空间运动控制策略是否考虑了球形电动机的动力学特性，可以将其细分为两类：不考虑动力学特性的控制策略和考虑动力学特性的控制策略。不考虑动力特性的控制策略仅靠当前姿态与期望姿态的误差计算控制转矩，即基于 PID 的控制方法，其典型代表为卡内基梅隆大学对感应式球形电动机采用的控制策略，该策略根据反馈的位置和速度信号，采用典型的 PID 控制算法计算控制转矩。这种方法在工程实践中是可行的，但局限性也很明显：对于球形电动机来说，PID 控制无法兼顾空间运动中的耦合问题，当面对复杂轨迹以及负载情况时，PID 算法的控制精度、动态响应都会受到影响。

球形电动机的运动学和动力学特性最早在 1991 年被分析研究。球形电动机的转子动力学模型是一个典型的非线性、强耦合、多输入多输出系统，且与多自由度机器人的动力学模型有相似之处。谢菲尔德大学的 G. W. Jewell 等人详细分析了感应式球形电动机的动力学特性，并结合机器人动力学给出了球形电动机动力学模型的性质，最后考虑转子动力学特性提出了一种基于计算力矩法的 PD 控制策略。他们在文章最后指出，电动机运行时受到的非线性摩擦转矩很难通过计算转矩法去抑制，对系统性能造成了负面影响。

考虑更多球形电动机的动力学特性以及摩擦、负载等不确定性，王群京等人在非线性控制方面做了大量研究，提出了应用于永磁球形电动机的模糊控制、神经网络控制、自适应控制（Adaptive Control，AC）、变结构控制、摩擦补偿控制等。天津大学也提出了一种结合模糊控制和神经网络的解耦控制算法。但由于当时并没有很好地解决电动机的姿态检测问题，这些先进控制算法仅停留在仿真分析阶段。

随着球形电动机姿态检测研究的快速发展，北京航空航天大学和安徽大学相继提出了具有实用性的姿态检测方案，针对球形电动机的空间运动控制算法也终于有了用武之地。近年来，针对高精度、强鲁棒性的应用要求，各团队在自适应控制、基于观测器的控制、滑模控制和神经网络控制方面展开研究，取得了一些有价值的成果。

北京航空航天大学针对球形电动机重复运动的应用场景，提出了一种自适应迭代控制策略，该方案由具有可调增益的PD型迭代学习控制器和鲁棒项组成。该策略结合了PD控制简单易设计与迭代学习控制处理模型不确定性和重复扰动的优点，提高球形电动机的姿态跟踪性能。该团队还提出了一种基于扩张观测器的自抗扰控制策略，采用线性自抗扰控制框架，利用扩张观测器估计内部动态和外部干扰的总集，并在控制器的设计中将其抵消，提高控制系统的鲁棒性。在智能控制方面，该团队提出了一种基于粒子群参数优化的单神经网络控制策略，该策略利用粒子群算法的全局优化特性，训练神经网络标识符，避免局部最优解，实现对不确定性的高精度补偿，提高电动机的跟踪精度。

安徽大学围绕滑模控制对永磁球形电动机空间运动控制策略展开了一系列研究。滑模控制是一种结构简单且控制性能优越的非线性控制方法，近年来在工程中应用广泛。该团队首先提出了一种基于动态面的鲁棒自适应滑模控制，该算法采用了反演的设计思路，利用低通滤波器避免控制器处理信息时的微分爆炸现象，并设计含有线性滑模面的自适应控制器，提高系统对系统不确定性和外部干扰的鲁棒性。在此基础上，该团队提出了一种基于延时补偿的自适应滑模控制，考虑了控制系统软硬件中的时滞现象，采用延时观测器对其进行估计，并在滑模控制器中进行补偿，有效提高了系统的响应速度和跟踪精度。由于线性滑模面存在渐进收敛的问题，该团队提出了一种基于干扰观测器的有限时间收敛终端滑模控制策略，利用改进的自适应干扰观测器来估计由外界干扰、摩擦力矩和模型误差组成的复合干扰，并基于永磁球形电动机的名义模型设计了连续非奇异终端滑模面，保证滑模面的收敛性。该策略将复合干扰观测值在连续非奇异终端滑模控制器的前端进行补偿，有效地降低了连续非奇异终端滑模控制器的保守性，避免了永磁球形电动机饱和输出，改善了系统的响应速度，提高了系统的跟踪性能和可靠性。

天津大学开展了基于干扰观测器和模糊规则的永磁球形电动机滑模控制策略研究，采用非线性干扰观测器对系统不确定性进行估计，并进行相应补偿，实现对干扰的抑制，为了进一步抑制滑模面切换项造成的抖振现象，该团队采用模糊逻辑对该部分进行逼近，并利用模糊控制器的输出增益代替滑模切换项的切换增益，保证了控制律的连续性，满足系统跟踪性能的要求。

这些先进控制算法目前都应用于具有空心线圈结构的永磁球形电动机，原因是这一类电动机经过近20年的发展，其转矩模型、逆转矩模型非常成熟且实时性好，姿态检测装置也日臻完善，实验开展较为方便。实际上，这些先进控制算法也适用于其他有类似动力学特性的球形电动机。

第2章 永磁球形电动机的基本结构与优化设计

由于设计目标和应用场景不同，永磁球形电动机的拓扑结构并没有统一标准。但它们的驱动原理大体相同，结构设计也具有相似性。本章给出了本书研究的3种永磁球形电动机的基本结构拓扑，并针对圆柱形永磁体的球形电动机，分别基于BP神经网络、基于遗传算法优化的BP神经网络和基于粒子群优化算法的BP神经网络建立了单定转子磁极对的转矩模型，然后采用智能算法对球形电动机的结构参数进行了优化设计。

2.1 永磁球形电动机的基本结构与参数

目前较为成熟的永磁球形电动机结构通常采用外定子、内转子的框架，其中定子为球壳形，定子球壳上排布若干通电线圈，转子为球形，表面排布若干永磁体。当定子线圈通电时，线圈与永磁体的磁场相互作用产生电磁力矩，驱动转子运动。根据设计目标和应用场景、永磁球形电动机的定子线圈及其数量、线圈排布、永磁体形状、永磁体数量以及排布、永磁体的充磁方向等都可以有不同的设计方案。本节考虑永磁体形状、线圈与永磁体排布以及永磁体充磁方向，介绍3种永磁球形电动机的基本拓扑结构。

2.1.1 采用圆柱形永磁体的球形电动机

圆柱形永磁球形电动机的结构特点是定子线圈和转子永磁体均为圆柱形，电动机主体结构可以分为定子、转子、输出轴以及支撑组件，其整体结构示意图如图2.1所示。

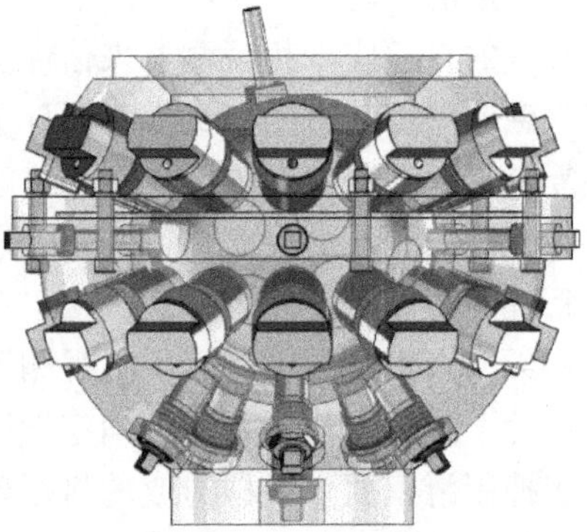

图2.1 圆柱形永磁球形电动机的整体结构示意图

定子由上、下两个半球壳组成，采用非导磁材料聚碳酸酯制作，如图2.2所示。上、下两个定子球壳上分别设有12个定子线圈安装孔和若干支撑柱安装孔。定子线圈分别分布在北纬22°和南纬22°，经线方向每隔30°分布。线圈基座采用和转子轭相同的材料制作而成，所以线圈基座不导磁。线圈采用铜芯漆包线绕制而成。

转子整体呈球状，输出轴与球体上端盖采用一体设计，安装于转子顶部，如图2.3所示。输出轴顶部可安装法兰盘等载重部件，用于安装负载。转子球主体由转子轭和永磁体组成。转子轭采用非导磁材料航空铝合金加工而成。为了减轻转子体的转动惯量，同时减轻其对支撑结构的压力，转子轭采用中空结构。球体下端盖

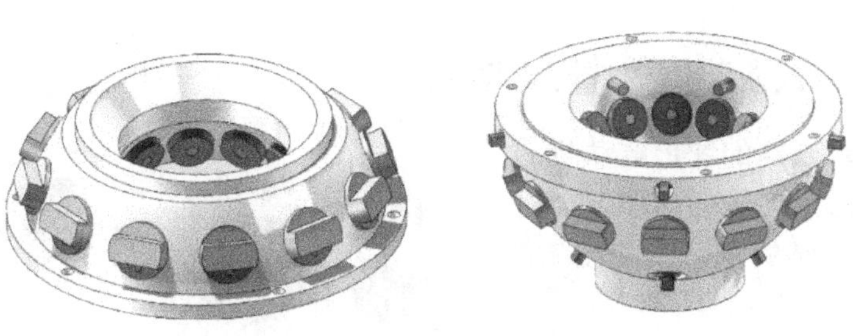

图 2.2　定子结构示意图

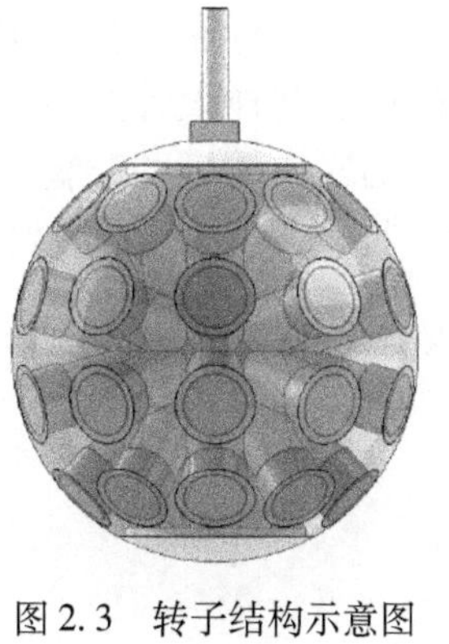

图 2.3　转子结构示意图

和上端盖由丝杆连接，固定在转子轭顶端和底端。转子轭上开有 40 个直径和深度均相同的孔槽，用于安装永磁体。永磁体设计为圆柱形，采用稀土永磁材料 NdFeB，充磁方向为轴向。永磁体按照 N、S 极交替安装在转子轭的孔槽内。为了便于描述永磁体的分布规律，可以将转子整体类比为地球，以输出轴与转子球面的交点作为北极，以垂直于输出轴、并过球心的平面作为转子球赤道面。永磁体相对于赤道面对称分布，每层均匀排列 10 个永磁体，共 4 层。第一层永磁体位于北纬 45°，经线方向每隔 36°安装一个永磁体；第二层永磁体位于北纬 15°，第三层永磁体位于南纬 15°，第四层永磁体位于南纬 45°；第二、三、四层永磁体在经线上的分布规律均与第一层永磁体相同。永磁体上装有和转子轭材料相同的盖片，使得转子体表面呈球形。

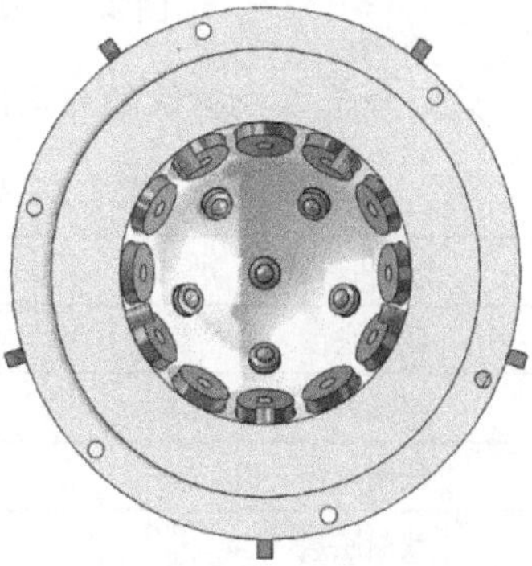

图 2.4　支撑组件示意图

支撑组件包括底面支撑柱、侧面支撑柱组和赤道面支撑柱组，如图 2.4 所示。底面和侧面支撑柱需要承受转子的重量，并保证转子转动平滑，所以支撑柱由顶杆和带杆万向球连接而成，带杆万向球和顶杆通过螺纹连接。顶杆中部为带有外螺纹的圆柱体，用于和定子壳体连接，并易于调整位置，确保转子和定子壳同心安装。底面支撑柱安装在定子下壳体底面中心点。侧面支撑柱共 5 个，组成侧面支撑柱组，分布在南纬 55°，经线方向间隔 72°。赤道面支撑柱起到限位作用，支撑柱由顶杆和带弹簧的球头柱塞组成，共 5 个，组成赤道面支撑柱组，均匀分布在赤道线上，间隔 72°。当电动机运行速度较快时，支撑柱组可以在一定程度上抑制抖动，防止转子偏心。

圆柱形永磁体的球形电动机的主要结构参数见表 2.1。

表 2.1　采用圆柱形永磁体的球形电动机主要结构参数

电动机参数	数值	电动机参数	数值
线圈长度	25mm	永磁体半径	10mm
线圈内径	4mm	永磁体高度	12mm
线圈外径	14mm	永磁材料牌号	NdFe35
线圈匝数	1000	气隙长度	1mm

2.1.2 采用台阶式永磁体的球形电动机

采用台阶式永磁体的球形电动机的定子结构与圆柱形永磁体的球形电动机大体相同，其定子结构示意图如图 2.5 所示。

不同之处在于，采用台阶式永磁体的球形电动机的转子永磁体由两个不同直径的圆柱体同轴堆叠而成，充磁方向仍为轴向。这样设计的目的是为了增加电动机的输出转矩并改善输出转矩的平滑度，其转子结构示意图如图 2.6 所示。

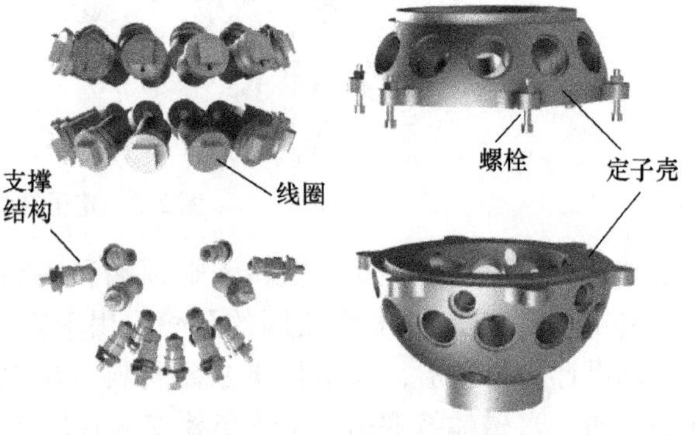

图 2.5 采用台阶式永磁体的球形电动机定子结构示意图

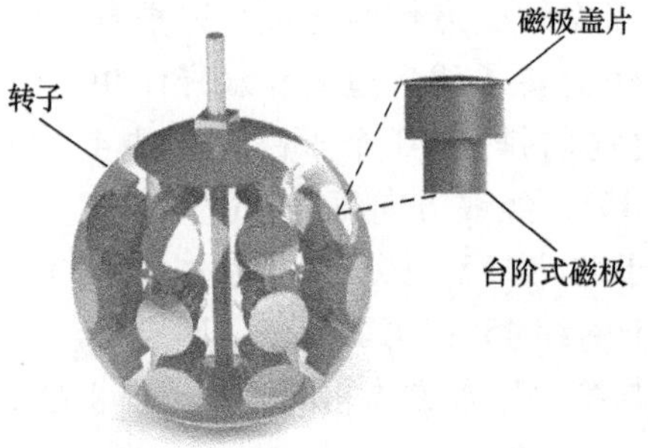

图 2.6 采用台阶式永磁体的球形电动机转子结构示意图

采用台阶式永磁体的球形电动机的主要结构参数见表 2.2。

表 2.2 采用台阶式永磁体的球形电动机主要结构参数

电动机参数	数值	电动机参数	数值
线圈长度	25mm	小永磁体半径	7mm
线圈内径	4mm	大永磁体高度	12mm
线圈外径	14mm	大永磁体半径	11mm
线圈匝数	1200	永磁材料牌号	NdFe35
气隙长度	1mm	永磁体剩磁	1.2 T

2.1.3 采用 Halbach 阵列永磁体的球形电动机

采用 Halbach 阵列永磁体的球形电动机与前述两种永磁球形电动机的结构区别较大，其特征在于：转子永磁体采用 16 个立方体永磁体，且充磁方向不再均为轴向，而是按照简化的 Halbach 规则排列，组成一个 8 极单层环形磁场；24 个定子线圈沿纬线分两层布置，但两层线圈并未按赤道面对称，而是采用一层线圈位于赤道，另一层线圈位于定子球南 30°纬线上的设计，每个线圈在经度上也间隔 30°。该电动机的结构示意图如图 2.7 所示，结构参数见表 2.3。

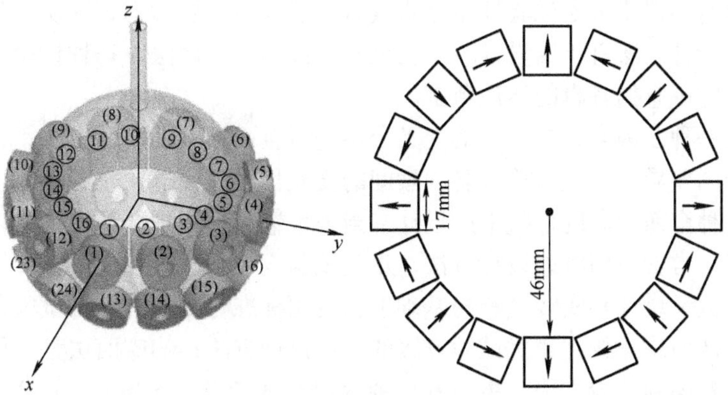

图 2.7　采用 Halbach 阵列永磁体的球形电动机定、转子结构及充磁方向示意图

表 2.3　采用 Halbach 阵列永磁体的球形电动机主要结构参数表

定子参数	数值	转子参数	数值
气隙长度	1mm	永磁体长	17mm
线圈高度	13.5mm	永磁体宽	17mm
线圈内径	5mm	永磁体高	17mm
线圈外径	15mm	永磁体球心距	46mm
线圈匝数	500	永磁材料牌号	NdFe35

2.2　永磁球形电动机单定转子磁极对矩角特性建模

为了对永磁球形电动机的结构进行优化设计，必须先设法对其电磁转矩进行建模。永磁球形电动机的转矩建模问题是典型的多维数、非线性、高耦合问题。以采用圆柱形永磁体的球形电动机为例，由于该电动机仅有转子磁极采用了导磁性材料，因此整个电动机的转矩模型可用单个定转子磁极相互作用的力矩进行线性叠加。永磁球形电动机的电磁转矩模型可以从单定转子磁极对的矩角特性模型入手，单定转子磁极对在沿纬度角 θ 方向的结构示意图如图 2.8所示。F 为电磁力，h_1 为线圈轴向高度，h_2 为永磁体轴向高度，r_1 为线圈圆柱外廓半径，r_2 为永磁体充磁方向高度，g 为气隙长。

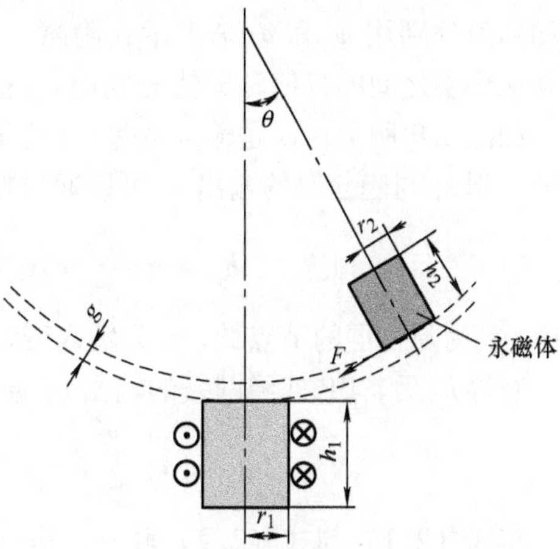

图 2.8　单定转子磁极对结构示意图

神经网络在训练机制、网络模型、激活函数、损失函数以及防止过拟合等问题上都有新理论被提出，这使得神经网络得到广泛的应用。本节采用神经网络对圆柱形永磁体的球形电动机单定转子磁极对的矩角特性进行建模。

2.2.1　样本数据选择

样本数据的选择对提高系统的建模准确性有

重要作用，选择时不仅要考虑试验样本是否具有代表性，还要考虑试验次数是否合理。常见的数据选择试验设计方法有析因设计、正交试验设计和响应面法，每种试验方法各有自己的优缺点，这就决定了它们各自的运用范围。

析因设计是一种多因素、多水平的交叉分组进行全面试验的设计方法，它不仅可检验每个因素各水平间的差异，而且可检验各因素间的交互作用，通过比较各种组合，可以找出最佳组合，它是一种全面的高统计效率的设计，当因素数目和水平数都不太大，且因素之间的关系比较复杂时，常常采用析因设计方法；正交试验设计是试验优化的一种常用技术，它是建立在概率论、数量统计和实践经验的基础上，运用标准化正交表安排试验方案，并对结果进行计算分析，从而快速找到最优试验方案的一种设计方法；响应面法是一种优化工艺条件的有效、快速、精确的试验方法，主要有 3 种常用的试验设计方案（Box-Behnken 设计、均匀外壳设计和中心复合设计），响应面法通过中心组合试验，采用多元线性回归为函数估计工具，将多因素试验中的因素与水平的相互关系用多项式进行拟合，然后对函数的响应面等值线用回归方程的分析来寻求最优工艺参数，可精确地描述因素与响应值之间的关系，但是它不能完全代替传统的设计，相对于其他方法来说，精度仍不够。

由于永磁球形电动机的参数变量相互关系比较复杂，因此采用析因设计的试验方法对电动机结构参数进行设计。

2.2.2 基于 BP 神经网络的单定转子磁极对矩角特性建模

1. BP 神经网络原理

BP 神经网络是一种信息前向传递与误差逆向传播的网络，通过反向误差的传递多次调整神经网络中的权值与阈值，使模型输出的精度达到最优。简单的网络拓扑结构如图 2.9 所示。

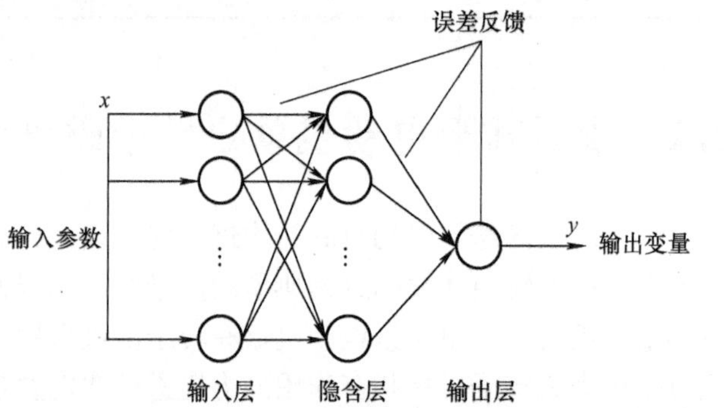

图 2.9 神经网络的拓扑结构图

BP 神经网络输入与输出之间的关系是通过各层之间的权值和阈值来决定的。假设输入层和隐含层之间的权值和阈值分别用 w_{ij} 和 b_j 来表示，隐藏层和输出层之间的权值和阈值分别用 w_{jk} 和 b_k 表示。

如图 2.9 所示，x_i 是输入变量，i 为输入变量的序号，y_k 是输出变量，k 为输出变量的序号，则 x_i 与隐含层的输出 h_j 可以通过权值 w_{ij} 和阈值 b_j 表示为

$$h_j = g\left(\sum_{i=0}^{n} w_{ij}x_i - b_j\right) \qquad j = 1,2,\cdots,p \tag{2.1}$$

式中，p 为隐含层的节点数；n 为输入变量的个数；$g(x)$ 为隐含层的激活函数。

获得 h_j 后，BP 神经网络的输出 u_k 通过权值 w_{jk}、阈值 b_k 和激活函数 $y(x)$ 表示为

$$u_k = y\left(\sum_{j=1}^{p} h_j w_{jk} - b_k\right) \qquad k = 1,2,\cdots,m \tag{2.2}$$

将式（2.1）与式（2.2）联立，得到输入与输出的映射关系。这里输入数据与输出数据都是归一化的数据。在 MATLAB 中编程 net. iw {1, 1} 求解出输入层和隐含层之间的权

值，net. b {1} 获得隐含层的阈值，net. iw {2，1} 求解出隐含层和输出层之间的权值，net. b {2} 获得输出层的阈值。

2. 仿真结果与分析

为了获得良好的建模效果，在转子球半径 r_1 的取值区间内依次设置 5 个水平，定子线圈匝数 N 的取值区间内依次设置 4 个水平，永磁体半径 r_2、定子线圈内径 r_3、定子线圈外径 r_4、永磁体高度 h_1、定子线圈高度 h_2 的取值区间内均设置 3 个水平，见表 2.4。则设定的样本数据为 4860 个，并利用 Ansoft Maxwell 中的参数扫描法计算得到这 4860 个转矩值。当算法的误差较大时，可以通过增加样本点数来增大算法的建模精度。

表 2.4　结构参数变量以及变化范围

参数变量	水平 1	水平 2	水平 3	水平 4	水平 5
r_1/mm	56	58	60	62	64
r_2/mm	6	10	12	—	—
r_3/mm	4	6	8	—	—
r_4/mm	14	16	18	—	—
h_1/mm	8	10. 25	12. 5	—	—
h_2/mm	23	25	27	—	—
N	800	1600	2400	3200	—

神经网络的建立过程中有神经网络设计、权值与阈值的初始化、网络的分析与训练等工作，其流程图如图 2.10 所示。其中 BP 神经网络的建模精度与隐含层的节点数、迭代次数、学习率、学习目标以及输入与输出的函数有很大关系。

在单定转子磁极对矩角特性模型训练完成后，为了得到合理的神经网络参数，评估的指标有绝对值误差（MAE）、平均绝对百分误差（MAPE）以及均方误差（MSE）等。误差数值越小，模型的精确度越高。这里选择 MAE 与 MAPE 这两个指标对神经网络单定转子磁极对矩角特性模型进行评估。其计算公式为

$$\mathrm{MAE} = \frac{1}{N}\sum_{i=1}^{N} | u_i - t_i | \tag{2.3}$$

$$\mathrm{MAPE} = \frac{1}{N}\sum_{i=1}^{N} \frac{| u_i - t_i |}{t_i} \times 100\% \tag{2.4}$$

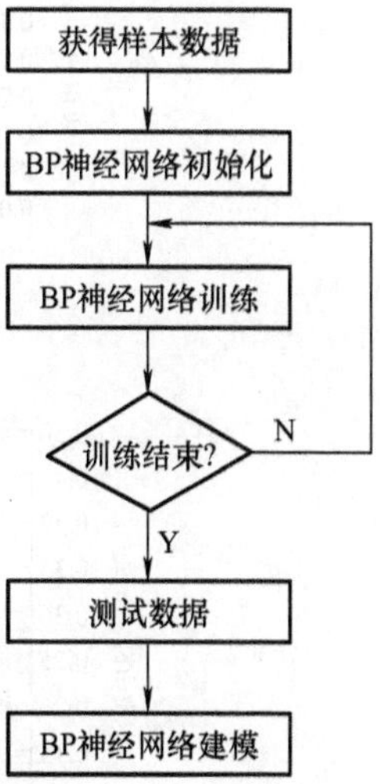

图 2.10　BP 神经网络流程图

式中，u_i 为模型的预测输出值；t_i 为 FEA 仿真值；N 为模型数据的总个数。

经过多次实验，选择 4560 个样本数据作为训练数据，300 个样本数据作为测试数据。隐含层的节点数根据经验取为 20、学习率为 0.1、学习目标为 0.001。为了使 BP 神经网络预测模型的精度提高，选择隐含层数、迭代次数以及隐含层与输出层的激活函数进行重点分析，具体见表 2.5。

表 2.5　BP 神经网络的参数与误差的关系

隐含层数	迭代次数	隐含层函数	输出层函数	MAE	MAPE
1	100	tansig	purelin	0.0177	5.58%
1	200	tansig	purelin	0.0140	4.13%
2	100	purelin	purelin	0.0179	12.98%
2	200	logsig	tansig	0.0150	8.13%

通过比较，选择隐含层数为 1，迭代次数为 200，模型的误差小、精度高。BP 神经网络输出与 FEA 仿真数据的结果如图 2.11 所示。

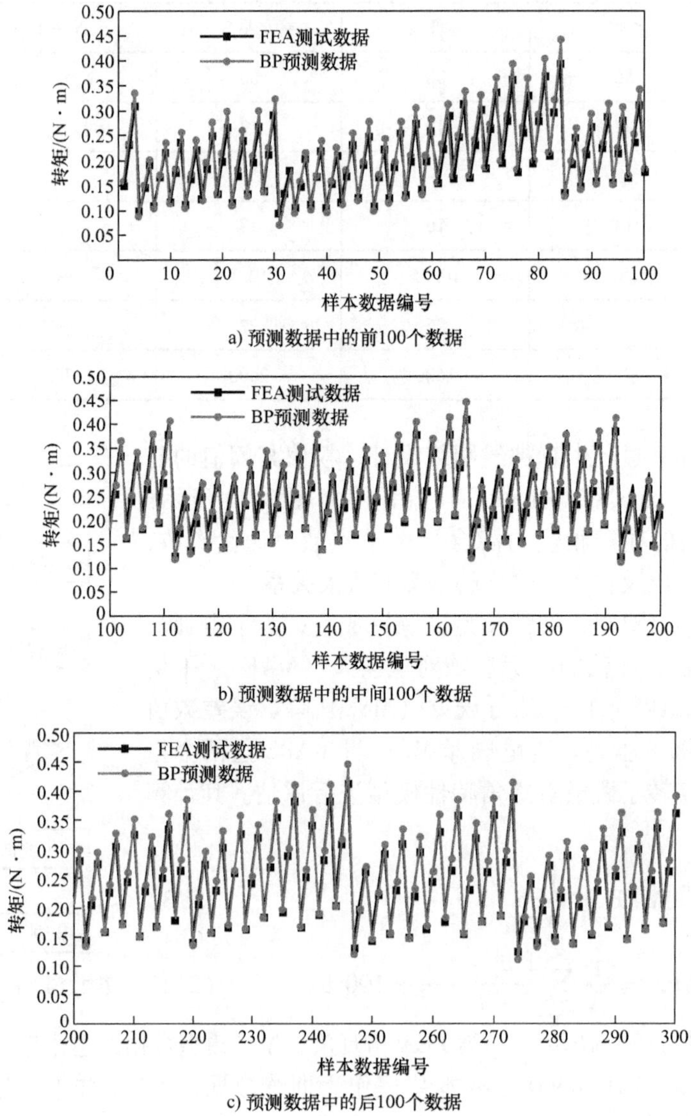

a) 预测数据中的前100个数据

b) 预测数据中的中间100个数据

c) 预测数据中的后100个数据

图 2.11　BP 模型输出值与实测值的比较

由图 2.11 可知，BP 神经网络单定转子磁极对矩角特性模型的预测数据值与实测值之间的趋势相同，但还存在误差。当神经网络的隐含层数为 1、迭代次数为 200 时，得到的误差最小，MAE 为 0.014，MAPE 为 4.13%。

2.2.3　基于遗传算法优化的 BP 神经网络单定转子磁极对矩角特性建模

由于基于 BP 神经网络的单定转子磁极对矩角特性建模存在误差，本节考虑运用遗传算法优化的 BP（GA-BP）神经网络对永磁球形电动机单定转子磁极对进行转矩预测建模。

1. GA-BP 神经网络原理

遗传算法将优化参数进行编码，按照适应度函数通过选择、交叉和变异等步骤对个体进行筛选，引入自然界“优胜劣汰，适者生存”的生物进化理论，保留群体中适应度好的个体，淘汰群体中适应度差的个体，通过生物进化论中的交叉、变异操作繁衍出新的群体，因此新的群体在继承了上一代信息的基础上，又优于上一代的信息。遗传算法操作的要素有选择、交叉和变异等操作。本节将 BP 神经网络的预测值与 FEA 值的误差绝对值作为适应度值，其算法流程图如图 2.12 所示。

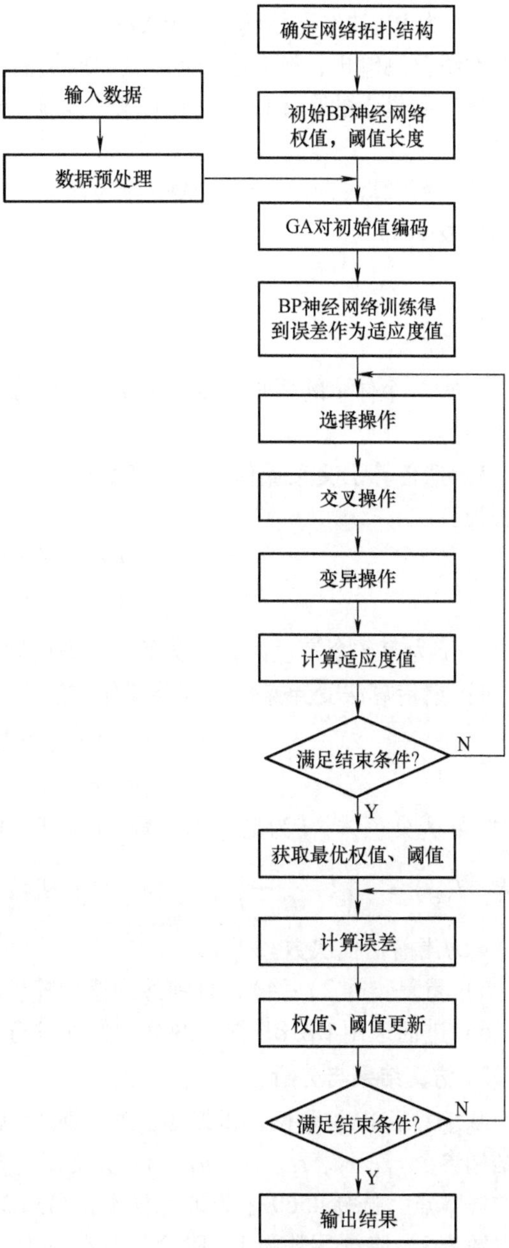

图 2.12　GA-BP 神经网络算法流程图

2. 算法实现

GA-BP 神经网络的优化参数为 BP 神经网络的权值与阈值，通过遗传算法的具体操作使优化后的 BP 神经网络能够更好地预测模型输出。GA-BP 神经网络的基本操作步骤包括遗传算法参数初始化、GA-BP 神经网络适应度函数、遗传算法选择、交叉和变异操作等。

1）遗传算法参数初始化。在 BP 神经网络的网络结构确定的情况下，设定遗传算法的最大迭代次数为 100、种群规模为 20、交叉概率设为 0.2、变异概率设定为 0.1。对 BP 神经网络的输入层与 BP 神经网络的隐含层之间的连接权值 w_{ij}、BP 神经网络的隐含层阈值 b_j、BP 神经网络的隐含层与输出层之间的连接权值 w_{jk} 与 BP 神经网络的输出层的阈值 b_k 组成的个体采用实数编码的方法，每个个体均表示为一个实数串的形式。接着进行算法的适应度函数计算。将初始化的个体作为 BP 神经网络中的权值和阈值，来对训练数据进行训练，得到 BP 神经网络的预测模型输出。

个体适应度值 E 为预测的球形电动机转矩与期望输出转矩之间误差绝对值的总和，计算公式为

$$E = a\left(\sum_{i=1}^{k} | u_i - t_i |\right) \tag{2.5}$$

式中，k 为 BP 神经网络输出节点数；i 为 BP 神经网络的第 i 个节点；u_i 为第 i 个节点的 BP 神经网络预测输出；t_i 为第 i 个节点的期望输出；a 为误差表达式系数。

将误差最小的个体作为初始的全局最优点，记录每一代中最好的适应度值和平均适应度值。

2）遗传算法选择操作。从多种选择算法中选择应用较为广泛的轮盘赌法，每个个体 i 的选择概率 p_i 为

$$p_i = \frac{b}{E_i \sum_{j=1}^{N} \frac{b}{E_j}} \tag{2.6}$$

式中，E_i 为个体 i 的适应度值；b 为系数，这里设定为 1；N 为遗传算法中种群规模的总个数。

3）遗传算法交叉操作。采用实数交叉法对实数编码的个体进行交叉操作，其交叉操作方法为

$$\begin{cases} a_{kj} = a_{kj}(1-b) + a_{lj}b \\ a_{lj} = a_{lj}(1-b) + a_{kj}b \end{cases} \tag{2.7}$$

式中，a_k 为第 k 个染色体；a_l 为第 l 个染色体；j 为染色体中发生变异的位置。

4）遗传算法变异操作。变异操作方法为

$$a_{ij} = \begin{cases} a_{ij} + (a_{ij} - a_{\max})f(g) & r > 0.5 \\ a_{ij} + (a_{\min} - a_{ij})f(g) & r \leqslant 0.5 \end{cases} \tag{2.8}$$

式中，a 为染色体，i 为染色体序号，j 为基因序号，$a_{\max}$ 为基因 a_{ij} 的上界；$a_{\min}$ 为基因 a_{ij} 的下界；$f(g) = r_2\left(1 - \frac{g}{G_{\max}}\right)^2$，$r_2$ 为一个随机数，r 为 0 ~ 1 之间的随机数，$G_{\max}$ 为最大进化次数，g 为当前迭代次数。

5）重复步骤 2）~4），直到达到遗传算法的最大迭代次数。

6）进而运用 GA-BP 神经网络对数据进行训练，以得到预测精度的神经网络模型。

3. 仿真结果与分析

基于 GA-BP 神经网络的基本原理，通过 Ansoft Maxwell 参数扫描法得到不同球形电动机的结构参数 r_1、r_2、r_3、r_4、h_1、h_2 以及 N 与电磁转矩的结果。样本点为与 BP 神经网络同样的样本点，选择 4560 个为训练样本，另外 300 个测试样本。优化的 BP 神经网络的输入层节点数为 7、隐含层数为 1、隐含层节点数为 20、输出层节点数为 1、隐含层的激活函数为 tansig、输出层的激活函数为 purelin、迭代次数为 200、学习率为 0.1。遗传算法的进化次数为 100、种群规模为 20。得到的 GA-BP 神经网络的预测值与实测值的比较如图 2.13 所示。

由图 2.13 可以看出，GA-BP 神经网络单定转子磁极对矩角特性模型的预测精度已经得到了较好的结果，进一步计算得到 MAE 为 0.0024、MAPE 为 1.12%，这两个值都比 BP 神经网络的值小。

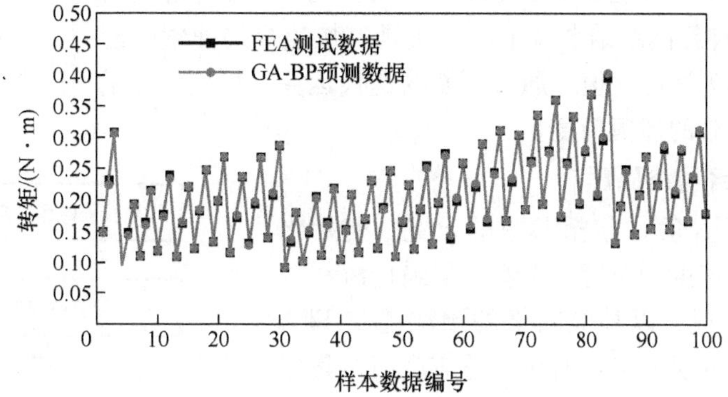

a)

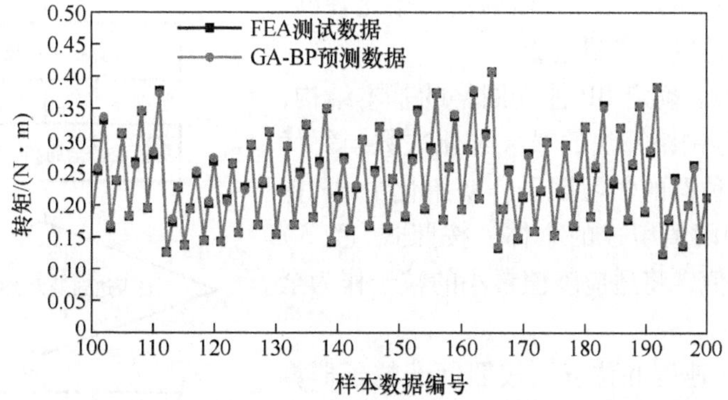

b)

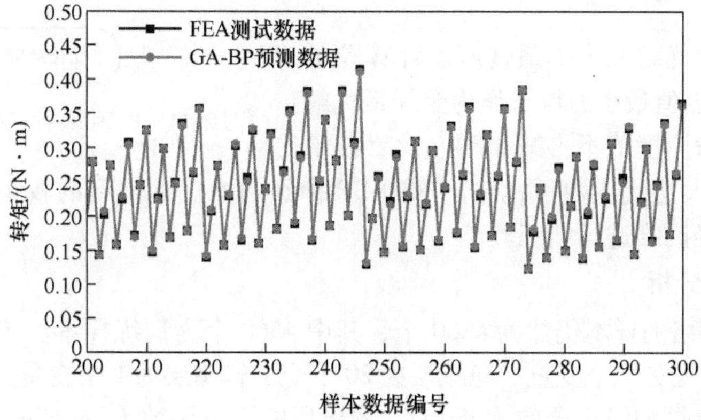

c)

图 2. 13　GA-BP 神经网络得到的预测值与 FEA 实测值对比图

2. 2. 4　基于粒子群优化算法的 BP 神经网络单定转子磁极对矩角特性建模

为了进一步提高预测建模的精度，本节运用粒子群优化算法的 BP（PSO-BP）神经网络对球形电动机的单定转子磁极对矩角特性进行建模。

粒子群优化（PSO）算法源于对自然界鸟类觅食行为的研究。鸟类捕食时，找到食物最简单有效的策略就是搜寻当前距离食物最近的鸟的周围区域。PSO 算法中的每个粒子都代表问题的一个潜在优化解，粒子的速度随自身及其他粒子的移动经验进行动态调整，而粒子的自身最优解与种群最优解也在不断更新，从而实现个体在可解空间中的寻优。

由于 PSO-BP 神经网络结合粒子群算法具有快速全局搜索的能力，因此本节以 BP 神经网络的输出误差作为适应度值，通过不断的迭代运算，得到优化的 BP 神经网络的权值与阈值，来提高神经网络的建模精度。

1. PSO-BP 神经网络原理

PSO-BP 神经网络算法包括参数的设置、初始化种群、更新粒子的速度和位置、更新种群最优解和个体最优解等步骤组成。以神经网络的预测值与 FEA 法得到的数值之间的误差绝对值作为适应度值，其算法的流程图如图 2.14 所示。

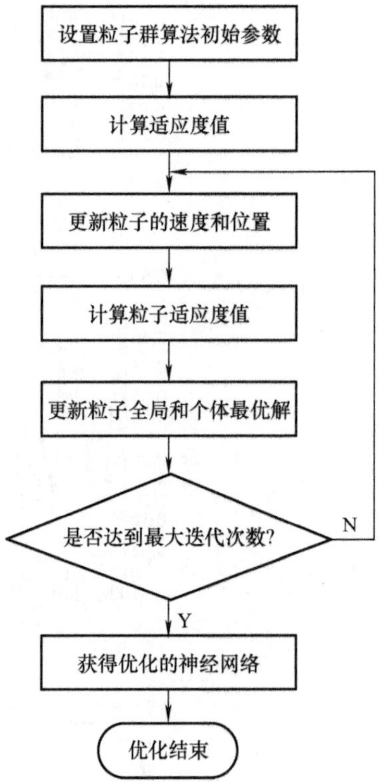

图 2.14　PSO-BP 神经网络算法的流程图

PSO-BP 神经网络的优化操作步骤由初始化种群、更新粒子的速度和位置等步骤组成。

1）初始化种群。确定 BP 神经网络的基本结构，设置好 PSO-BP 神经网络算法的最大进化次数与每代的种群规模。设置种群的学习因子。初始化由 BP 神经网络中的权值和阈值组成的个体，按照式（2.5）计算个体的适应度值，将适应度值最小的粒子作为全局最优解。

2）更新粒子的速度和位置。按照标准粒子群算法中计算粒子速度的公式计算粒子的速度，进而得到更新粒子的位置。

3）更新种群最优解和个体最优解。计算粒子的适应度值，将适应度值最小的粒子作为全局最优解。

4）当粒子的适应度值不再减小时，设置粒子的迭代次数，达到最大迭代次数后，输出 PSO-BP 神经网络优化得到的权值与阈值并保存下来，进而对 BP 神经网络进行训练。

2. 仿真结果与分析

PSO-BP 神经网络的样本仍然为4860 个，其中 4560 个为训练样本、300 个为测试样本。BP 神经网络的输入层为7 个变量、隐藏层为20 节点、输出层为1 个变量、训练次数为200、学习率为 0.1、隐含层的激活函数为 tansig、输出层的激活函数为 purelin、粒子群算法的进化次数为100、种群规模为30。通过多次迭代得到的预测输出数据与 FEA 数据的对比图如图 2.15 所示。

从图 2.15 可以看出 PSO-BP 神经网络单定转子磁极对矩角特性模型在对永磁球形电动机的转矩预测建模中得到了更好的结果，进一步计算误差，得到 MAE 为 0.0022、MAPE 为 1%。

通过对上述 3 种方案的球形电动机转矩预测建模进行比较发现：BP 神经网络单定转子磁极对矩角特性模型的预测精度最差，容易陷入局部最优解；GA-BP 神经网络单定转子磁极对矩角特性模型的精度次之；PSO-BP 神经网络单定转子磁极对矩角特性模型的结果最优，MAE 仅为 0.0022，MAPE 为 1%。因此，PSO-BP 神经网络获得的单定转子磁极对矩角特性

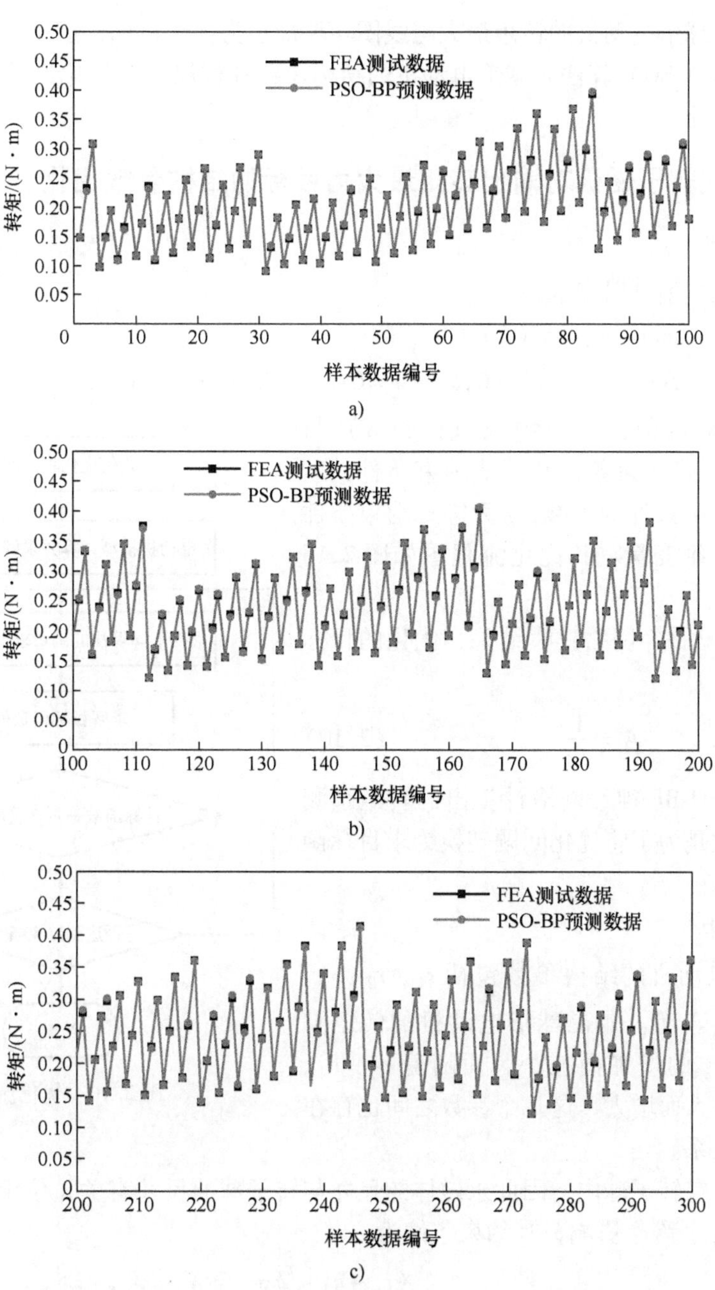

图 2.15　PSO-BP 神经网络得到的预测值与 FEA 实测值对比图

模型可以为电动机结构参数优化提供依据。

2.3　永磁球形电动机结构参数优化

本节在基于 PSO-BP 神经网络单定转子磁极对矩角特性模型的基础上，首先以单定转子磁极对的输出转矩最大为目标，运用粒子群算法，得到基于单定转子磁极对输出转矩最高的永磁球形电动机结构参数的最优设计，并对优化后的电动机与样机进行对比，证明优化方法的有效性；再以球形电动机的转矩最大与线圈功耗最小为优化目标，运用自适应网格多目标粒子群（AGA-MOPSO）算法对球形电动机的结构参数进行双目标优化设计；最后，将两种优化结果进行对比。

2.3.1 以单定转子磁极对输出转矩最大为目标的结构参数优化

1. 数学模型

单目标优化模型可以表示为

$$\begin{cases}\min_{X\in D} f_1 = y(X) \\ D = \{X \mid g_i(X) \leqslant 0, h_j(X) = 0; i = 1,2,\cdots,m; j = 1,2,\cdots,p\}\end{cases} \tag{2.9}$$

式中，f_1 为目标函数；D 为约束域；$g(X)$ 与 $h(X)$ 分别为不等式约束条件和等式约束条件，下标 i 为不等式约束条件的个数，j 为等式约束条件的个数；X 为 n 维变量。其优化流程图如图 2.16 所示。

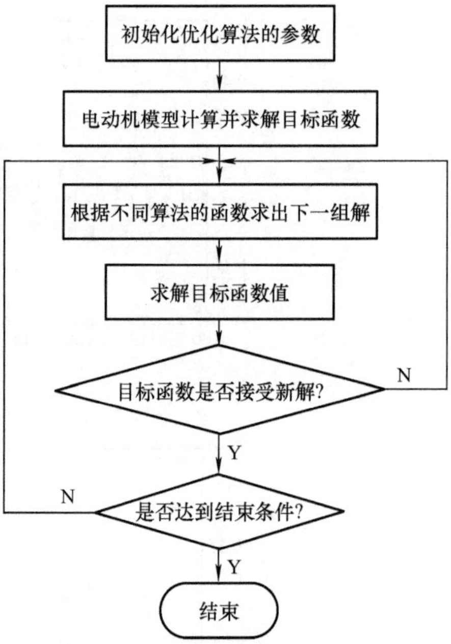

图 2.16 优化流程图

根据 PSO-BP 神经网络建模结果，优化的目标函数选为

$$f_1 = \frac{1}{u} \tag{2.10}$$

其中，u 为由 PSO-BP 神经网络计算出的转矩预测值。这里取倒数是为了将优化问题转换为求目标函数的最小值问题。

2. 约束条件

永磁球形电动机的结构参数包括 r_1、r_2、r_3、r_4、h_1、h_2 以及 N 等。永磁球形电动机的转矩随着气隙长度、h_2 的增加而减小，而随着 r_2、h_1、r_4、r_3 与 N 的增大而增大，这几个参数之间也存在着相互制约的关系。

永磁体包含在转子球内，因此永磁体的尺寸与转子球的尺寸有关，位于与赤道面呈 45° 的永磁体磁极尺寸受 r_1 影响，其约束条件为

$$r_2 < \frac{(r_1 - h_1)\sqrt{2}\pi}{20} \tag{2.11}$$

样机的定子线圈采用 0.5mm 铜制漆包线并列绕制，铜制漆包线绕制的定子线圈为圆环柱体，定子线圈的高度、内径、外径与匝数之间的关系为

$$(r_4 - r_3)h_2 = w^{-1}NI \tag{2.12}$$

$$w = 8.64\text{A/mm}^2 \tag{2.13}$$

式中，I 为 0.5mm 铜制漆包线的最大安全电流；w 为预设电流密度。

综上分析可知，永磁球形电动机转矩优化的约束条件可表示为

$$
\begin{cases}
56\text{mm} \leqslant r_1 \leqslant 65\text{mm} \\
6\text{mm} \leqslant r_2 \leqslant 12\text{mm} \\
8\text{mm} \leqslant h_1 \leqslant 12.5\text{mm} \\
4\text{mm} \leqslant r_3 \leqslant 8\text{mm} \\
14\text{mm} \leqslant r_4 \leqslant 18\text{mm} \\
23\text{mm} \leqslant h_2 \leqslant 27\text{mm} \\
800 \leqslant N \leqslant 3200 \\
r_4 > r_3 \\
(r_4 - r_3)h_2 = NI/8.64 \\
r_2 < \dfrac{(r_1 - h_1)\sqrt{2}\pi}{20}
\end{cases}
\tag{2.14}
$$

3. 基于粒子群算法的转矩优化设计

由于粒子群算法具有搜索速度快、效率高的优点，本节将其运用到永磁球形电动机的结构参数优化中，其算法流程如图 2.17 所示。

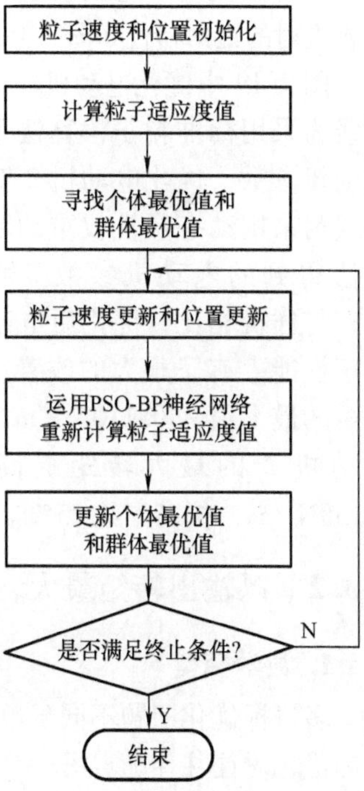

图 2.17　粒子群算法优化永磁球形电动机转矩流程图

根据 PSO 算法的原理，在 MATLAB 中编程实现基于 PSO 算法的转矩寻优：设置粒子学习因子 $c_1=1$，$c_2=2$，惯性系数 $w=0.5$，粒子的迭代次数为 500，种群规模为 300。虽然标准粒子群算法收敛速度快，但是容易陷入局部最优解，通过引入动态惯性权重可以有效地解决其容易陷入局部最优解问题。选取惯性权重 $w(i)$ 为

$$
w(i) = w_s - \frac{(w_s - w_e)i}{\text{maxgen}} \tag{2.15}
$$

式中，i 为迭代数，w_s 为刚开始的惯性权重，w_e 为算法结束的惯性权重，maxgen 为最大迭代次数。一般 w_s 的数值比较大，w_e 的数值比较小。

在具体优化操作中，w_s 取 0.9，w_e 取为 0.4，maxgen 取 500，种群规模为 300。得到的优化结果如图 2.18 所示。图中纵坐标（适应度值）为式（2.10）的计算结果，即转矩的倒数。

从 2.18 可以看出标准粒子群算法在迭代 20 次时收敛，达到最优值 0.007494，取倒数得出其对应的转矩最优值为 133mN · m，即 0.133N · m，其结构参数优化结果为：$r_1=64.97\text{mm}$，$r_2=11.92\text{mm}$，$h_1=10\text{mm}$，$r_3=4.55\text{mm}$，$r_4=15.21\text{mm}$，$h_2=23.28\text{mm}$，$N=1191$，对应的有限元仿真转矩值为 0.131N · m。动态惯性权重的粒子群算法在迭代 179 次时收敛，达到最优值为 0.007119，取其倒数得对应的转矩最优值为 140mN · m，即 0.140N · m，对应的结构参数优化结果为：$r_1=59.65\text{mm}$，$r_2=9.04\text{mm}$，$h_1=11.9\text{mm}$，$r_3=4.77\text{mm}$，$r_4=18\text{mm}$，$h_2=26.28\text{mm}$，$N=1688$，对应的有限元仿真转矩值为 0.138N · m。可以看出引入动态惯性权重后，虽然收敛的次数增加，但是其优化的

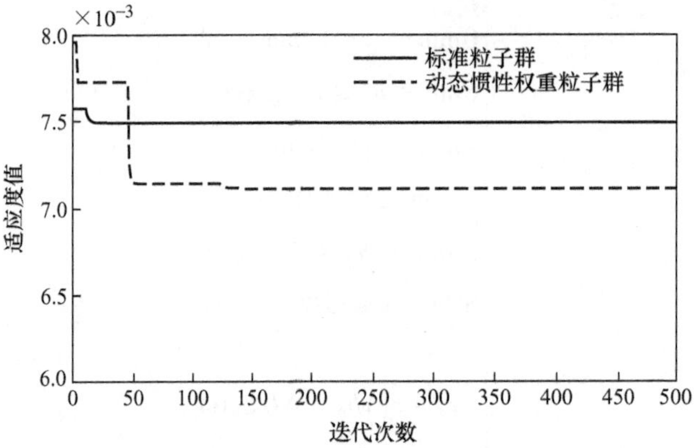

图 2.18 转矩最优个体适应度

结果更好。优化后电动机的单定转子磁极对的矩角特性如图 2.19 所示。

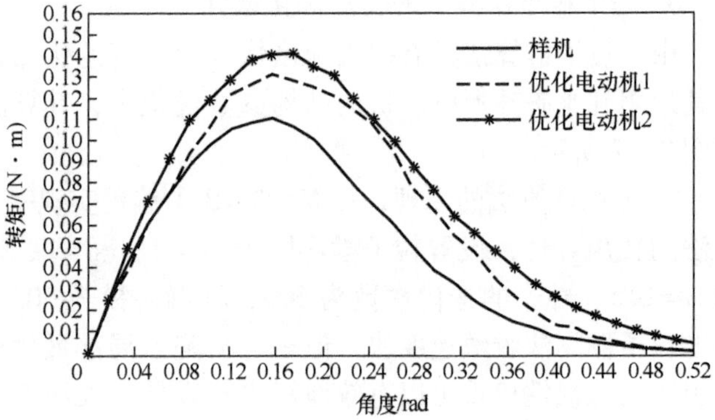

图 2.19 单定转子磁极对矩角特性

图 2.19 中优化电动机 1 对应的曲线为采用标准粒子群算法得到的电动机参数，优化电动机 2 对应的曲线为采用动态惯性权重的粒子群算法得到的电动机参数。可以看出，与样机相比，优化后电动机在转矩性能上有了很大的改善：样机转矩的最大值为 0.110N · m，优化电动机 2 的最大转矩提高到了 0.138N · m，提高了约 25%。

2.3.2 以输出转矩最大、线圈功耗最小为目标的结构参数优化

1. 数学模型

多目标优化问题不同于单目标优化问题，多个目标之间存在着相互制约的关系。当一个目标优化时往往伴随着另一个目标的劣化。对于一个具有 m 个决策变量，n 个优化目标函数的多目标优化问题可描述为

$$\begin{cases} \min y = F(x) = (f_1(x), f_2(x), \cdots, f_n(x)) \\ g_i(x) \leqslant 0, \quad i = 1, 2, \cdots, q \\ h_j(x) = 0, \quad j = 1, 2, \cdots, p \\ x = (x_1, x_2, \cdots, x_m) \in X \subset R^n \\ y = (y_1, y_2, \cdots, y_n) \in Y \subset R^m \end{cases} \tag{2.16}$$

式中，x 为决策变量；X 为决策变量所对应的决策空间；y 为优化目标值，通过 $F(x)$ 函数将决策变量与目标函数建立关系；$g(x)$ 为不等式约束条件；$h(x)$ 为等式约束条件。

在永磁球形电动机的双目标设计中，转矩通过 PSO-BP 神经网络建模值得到。定子线圈

功耗即电功率计算公式为

$$W=I^2R \tag{2.17}$$

在忽略温度对电阻的影响时，线圈的电阻可以表示为

$$R=\rho\frac{l}{s} \tag{2.18}$$

式中，ρ、l 和 s 分别为导线的电阻率、长度和横截面积。

绕制定子线圈铜线的电阻率为0.0172Ω·m。

定子线圈由漆包线绕制组成，漆包线线径与可以缠绕电动机的匝数有关。综合考虑制造工艺，漆包线线径选择为0.5mm。空心定子线圈与漆包线的长度 l 之间的关系为

$$l=\frac{\pi(r_4^2-r_3^2)h_2}{\pi r^2} \tag{2.19}$$

式中，r 为漆包线的半径。

由式（2.17）~式（2.19）可知，线圈功耗为

$$W=I^2R=I^2\rho\frac{(r_4^2-r_3^2)h}{sr^2} \tag{2.20}$$

通过计算可得样机单个定子线圈的电阻为6.23Ω，通过万用表测得的实验值为7Ω，二者近似相等。优化参数的选择和单目标优化时相同，因此它们之间的相互约束关系如式（2.14）所示。

由此，永磁球形电动机的双目标优化问题可以描述为

$$\begin{cases}\min f_1=\dfrac{1}{y(r_1,r_2,h_1,r_3,r_4,h_2,N)}\\ \min f_2=W=I^2\rho\dfrac{(r_4^2-r_3^2)h_2}{sr^2}\end{cases} \tag{2.21}$$

2. 自适应网格粒子群算法及目标寻优流程

自适应网格粒子群（AGA-MOPSO）算法通过建立自适应网格，计算网格中粒子的密度信息来保证优化解的多样性与分布性。

自适应网格粒子群算法的具体步骤为：

1）设置参数。设置最大迭代次数，每代粒子的种群数量、惯性权重、学习因子和Pareto前沿图中的非劣解数量。

2）初始化粒子的速度和位置。粒子位置由MATLAB中的unifrnd( )函数生成，每个数值都在指定的范围内，将粒子的速度设为0。代入适应度函数表达式，得到粒子的适应度值，并将初始位置设为个体最优解 p_{best}，获得全局最优解 g_{best}。建立网格，n 维目标每个网格的长度 d_i 计算公式为

$$d_i=\frac{\max\limits_{x\in X}f_i(x)-\min\limits_{x\in X}f_i(x)}{K_i} \tag{2.22}$$

式中，$f(x)$、K 分别为目标函数的值和网格划分的个数，下标 i 表示优化目标个数。

3）更新粒子的速度和位置。粒子的速度计算公式为

$$v_i(t+1)=wv_i(t)+c_1r_1[p_{\text{best}}(t)-x(t)]+c_2r_2[g_{\text{best}}(t)-x(t)] \tag{2.23}$$

式中，w 为惯性权重；r_1 与 r_2 为［0，1］之间的随机数；c_1 与 c_2 为常数；t 为当前迭代数；

v 为速度；x 为粒子位置。

代入适应度函数表达式，得到粒子的适应度值，更新网格，并按式（2.22）获得粒子的密度信息。选取粒子密度最小的粒子作为 g_{best}，如果粒子数有多个，选择支配粒子种群粒子数最多的粒子作为 g_{best}；如果粒子数仍然有多个，随机选择一个。选择粒子的 p_{best} 时，判断现有 p_{best} 是否被新粒子支配，如果新粒子支配现有的 p_{best}，则更新 p_{best}；如果新粒子不支配现有的 p_{best}，则 p_{best} 不更新。

4）基于 AGA-MOPSO 算法中，通过删除分布性差（种群密度大）的粒子实现规模限制：保存分布性好的粒子，更新网格，并计算粒子密度。

5）重复操作步骤3）和4），当迭代次数达到了最大迭代次数时，得到 Pareto 前沿图。

将其运用到永磁球形电动机的双目标优化问题时，其优化流程图如图 2.20 所示。

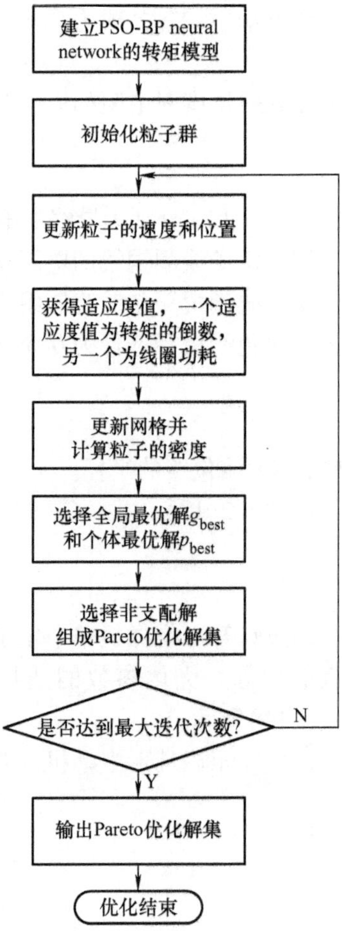

图 2.20 优化流程图

为实现对输出转矩最大和线圈功耗最小同时寻优，本小节首先将 PSO-BP 神经网络算法预测转矩值进行求倒，把转矩最大化转换为求解最小值问题，作为双目标优化问题的第一个目标函数。定子线圈功耗作为第二个目标函数值通过式（2.20）求得。进而运用 AGA-MOPSO 算法对其进行双目标优化，通过求得每一代粒子的适应度函数，淘汰适应度值差且种群分布性差的粒子，使得粒子朝着转矩最大、线圈功耗最小的方向运动，保证优化解的分布性与多样性。最终通过迭代次数来决定算法是否停止。

3. 仿真结果与分析

设置非劣解的最大规模 n_{Rep} 为每代粒子的数量，种群规模为 300，外部存档的最大规模 n_{Rep} 为 300，最大迭代次数为 500。得到的 Pareto 前沿图如图 2.21所示。

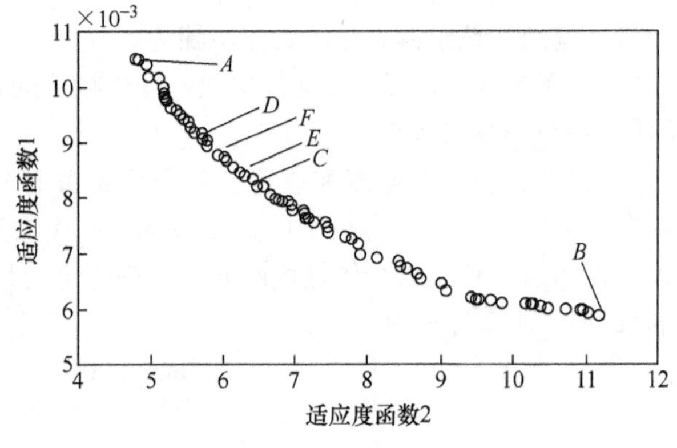

图 2.21 永磁球形电动机优化的前沿图

图 2.21 中适应度函数 1 指的是目标函数 1 即转矩的倒数，这里转矩的计算单位为 mN · m；适应度函数 2 为线圈功耗。从 Pareto 前沿图中选择 A、B、E 和 F 点来具体分析。在 A 点线圈功耗达到最小值，在 B 点转矩达到最大值。越靠近 A 点，永磁球形电动机的线圈功耗越小；越靠近 B 点，永磁球形电动机的转矩越大。C 点优化电动机的线圈功耗与样机相等，D 点优化电动机的转矩与样机相等。因此，选取 C 点与 D 点之间的点为转矩优化与线圈功耗减小的点。优化电动机的具体参数见表 2.6。

表 2.6 优化的永磁球形电动机比较

因素	A	B	E	F
r_1/mm	65	64.60	64.98	64.98
r_2/mm	9.98	10.47	11	11
r_3/mm	6.79	4.28	4.84	4.14
r_4/mm	14.01	18	14.63	14.35
h_1/mm	11.97	11.81	12.5	12.5
h_2/mm	23.11	26.37	23.22	23.09
N	800	1737	1092	1131
有限元得到的转矩/(N·m)	0.0944	0.1676	0.129	0.125
PSO-BP 神经网络得到的转矩/(N·m)	0.0952	0.16935	0.130	0.127
线圈功耗/W	4.81	11.17	6.13	6.04

Pareto 前沿图中适应度函数 1 取倒数即可恢复为由 PSO-BP 神经网络计算出的转矩值，进一步将有限元仿真得到的数值与之对比，发现二者近似相等，验证了 PSO-BP 神经网络建模的正确性。定子线圈功耗表达式如式（2.20）所示，易知 r_4 取最小值、r_3 取最大值、h_2 取最小值时，线圈功耗达到最小，为 4.21W。将 A 点所得的线圈功耗和 B 点得到的转矩分别与单目标优化结果对比，发现二者的值近似相等，说明运用 AGA-MOPSO 算法得到的优化集接近多目标优化问题真实的 Pareto 前沿。样机的最大转矩为 0.110N·m，线圈功耗为 6.23W，E 点的最大转矩增加了 0.019N·m，即增加了约 17.27%，线圈功耗为 6.13W，减小了 0.1W，即减小了约 1.61%。F 点的转矩增加了 0.015N·m，即增加了约 13.64%，线圈功耗为 6.04W，减小了 0.19W，即减小了约 3.05%。根据随机选择法以及工程的需要，选择 F 点进行分析。首先得到优化后电动机单定转子磁极对的矩角特性曲线，并与现有样机进行对比，如图 2.22 所示。

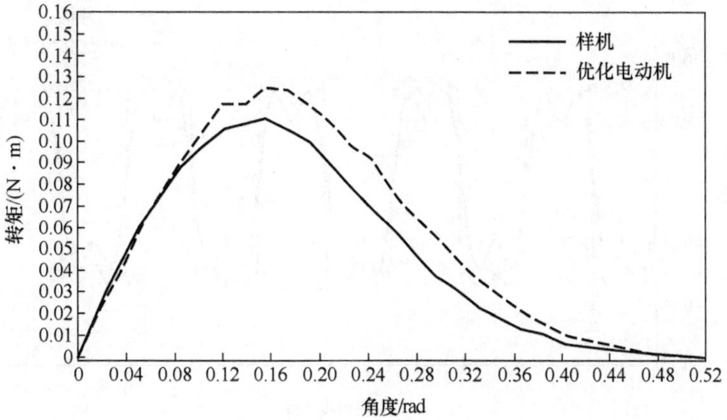

图 2.22 单定转子磁极对矩角特性

当一个定子线圈通电，优化电动机的转子球运动时，它们之间的转矩可以分解成 x、y 和 z 轴 3 个方向上的转矩，当转子球在初始位置做自旋运动时，其与样机对比图如图 2.23 所示。当转子球偏航运动时，其与样机对比图如图 2.24 所示。

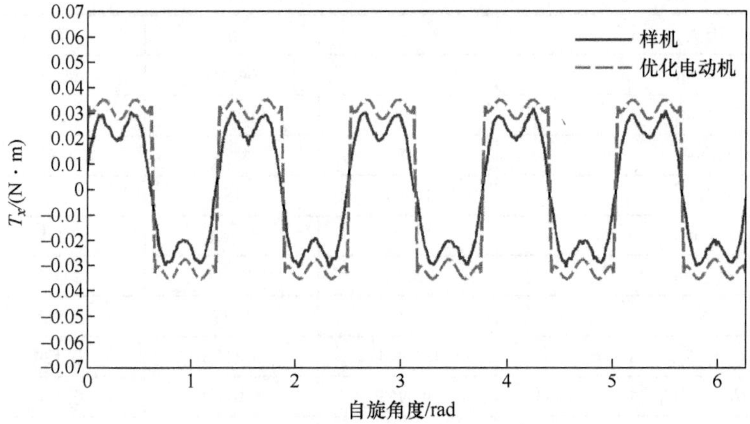

a) x轴方向转矩T_x与角度的关系

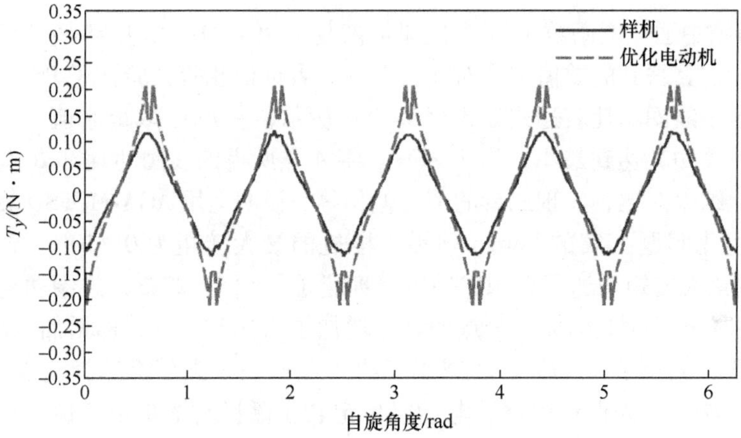

b) y轴方向转矩T_y与角度的关系

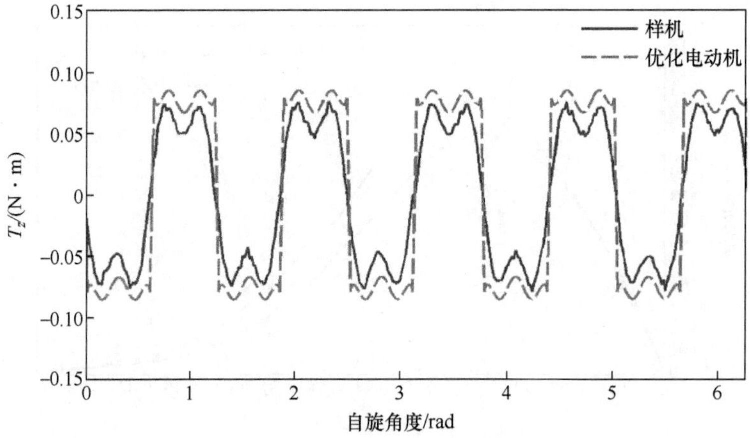

c) z轴方向转矩T_z与角度的关系

图 2.23　优化点 F 与样机自转运动转矩对比图

从上面的分析可以看出在电动机的自旋与偏航运动中，优化的电动机在转矩性能上有所改善。对比单目标和双目标优化的结果，从图 2.19 可以看出，当仅考虑电动机的转矩性能

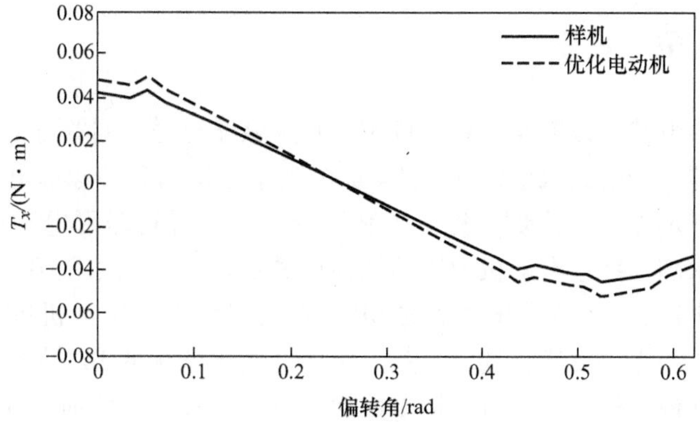

a) T_x与角度的关系

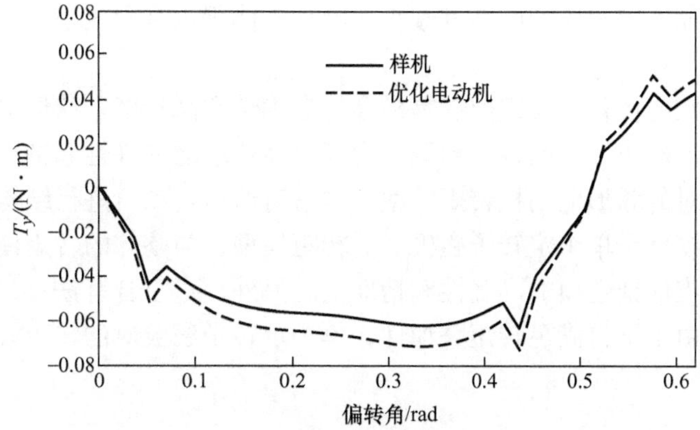

b) T_y与角度的关系

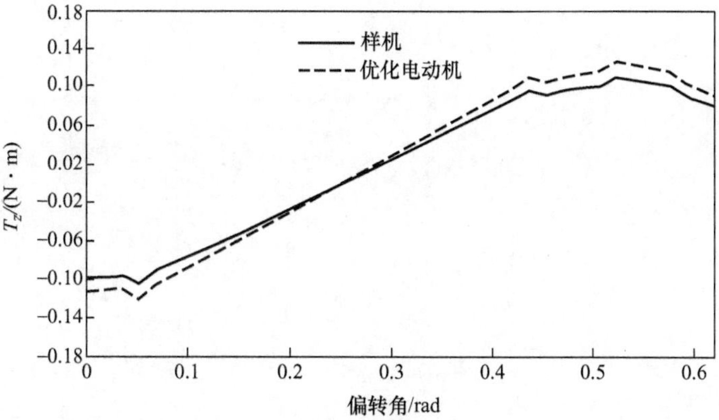

c) T_z与角度的关系

图 2.24 优化点 F 与样机偏航运动转矩对比图

时，转矩有较大幅度的改善，转矩最大提高了约 25%，这有助于提高球形电动机带动负载的能力；但是考虑线圈的功耗时，从图 2.22 可以看出，转矩最大提高了约 13.64%，功耗减小了 3.05%，由于转子球半径和定子线圈的高度减小，电动机的总体积也有所减小，从而质量减轻了，进一步满足了电动机设计的需求。

2.4 本章小结

本章从永磁体形状、线圈与永磁体排布以及永磁体充磁方向等方面的不同，分别介绍了采用圆柱形永磁体、台阶式永磁体和 Halbach 阵列永磁体的 3 种球形电动机的结构设计，并以圆柱形永磁体球形电动机为例，提出了利用智能算法进行球形电动机结构参数优化的方法。基于圆柱形永磁体球形电动机力矩的线性可叠加性，分别采用 BP 神经网络、遗传算法优化的 BP 神经网络和粒子群优化算法的 BP 神经网络建立了电动机单定转子磁极对矩角特性模型，并通过 3 种方法对比，选定了基于粒子群优化算法的 BP 神经网络获得的单定转子磁极对的矩角特性模型作为电动机结构参数优化模型。最后，分别以输出转矩最大为目标和输出转矩最大、线圈功耗最小为目标对圆柱形永磁球形电动机结构参数进行了优化。优化后的电动机转子球半径和定子线圈的高度减小，电动机体积也有所减小，从而使得电动机总质量有所减轻。

电动机结构参数的优化，关键前提是模型的准确性和高精度。球形电动机的转矩建模问题是典型的多维数、非线性、高耦合问题，为了提高建模的准确性和精准度，要考虑建立基于全部定转子磁极对的球形电动机转矩模型。本书对球形电动机进行结构参数优化时所采用的球形电动机转矩模型是单个定转子磁极对的转矩模型，与整体的转矩模型相比，存在一定的局限性，从而很难保证建模的准确性和精准度。另外，对于含有铁心、非永磁体等其他类型的球形电动机，由于不再满足转矩叠加性，单个定转子磁极对的转矩模型也无法使用。

第3章　球形电动机磁场模型与力矩模型

这一章将介绍永磁球形电动机的磁场和力矩建模。虽然目前报道的永磁球形电动机大都采用了无铁心的结构设计，保证了磁路的可线性分析特性，但转子永磁体的几何形状和分布上的差异，仍旧给不同磁场、力矩分析方法的难易程度和分析效率带来了差异。以第2章所介绍的采用圆柱形永磁体和立方体永磁体的永磁球形电动机为例（见图2.1、图2.5、图2.7），对采用圆柱形永磁体的永磁球形电动机的分析过程中，在圆柱体的几何特征和永磁体对球心距离不变的前提，磁场分析点对于永磁体的位置关系可以很方便地由点到圆柱轴线的球面距离这个单一变量来衡量，而不用考虑分析点在圆柱体的哪个方向。而对于采用立方体永磁体的永磁球形电动机来说，得到磁场分析点对于永磁体的位置关系不仅要计算分析点与永磁体的距离，还要知道它们之间的方位，从而计算分析点分别与永磁体所有面之间的距离。因此很容易发现，对于同样数目的永磁体的永磁球形电动机来说，立方体永磁体的磁场分析的工作量要明显大于圆柱形永磁体磁场。由此，本章对于永磁体数目较少、排布方式较为复杂的立方体永磁体永磁球形电动机，和永磁体数目较多但采用了圆柱形永磁体的永磁球形电动机，分别介绍了3种分析方法，但这些分析方法本质上对于这两种永磁球形电动机都是适用的，分析效果也是等效的。

3.1　永磁球形电动机的磁场模型

作为一种电磁/机械能量转换机构，磁场是电动机转矩产生的基础。由于电流和磁感应强度的三个自由度分量之间均存在耦合关系，要计算球形电动机的切向电磁转矩，根据三维空间中的几何投影关系，可以通过先获得 x、y、z 三个正交方向的磁感应强度分量以及电流分量，相乘得到正交方向的电磁力，最后再投影到 x、y、z 轴上，即后投影的方式。也可以在计算磁感应强度时即投影计算径向磁感应强度、切向电流，然后直接计算得到三个轴上的电磁力，即先投影的方式。因此，下文将分别介绍计算 x、y、z 三个正交方向的磁感应强度分量及径向磁感应强度的两种磁场模型。

工程上对电动机电磁场的计算主要采取数值计算的方法，包括磁路法、有限元法(FEM)、边界元法、等效电流法、磁偶极子法等。其中FEM因其理论成熟，适用范围广，可以很好地处理线性、非线性以及复杂形状磁路，在电动机电磁场分析领域得到了广泛的应用，并已产生了多款成熟、获得业界认可的工具软件。其基本思路是：将连续的求解域剖分成按照一定方式相互连接的有限多个单元，在每个单元的所有节点上以场函数的近似函数来分片表示在原连续求解域中的待解问题，通过求解这些节点上的未知量进行插值处理，获得各单元内场函数的近似值，从而得到整个求解域中待解函数的近似值。但由于FEM的计算量大，往往是在没有合适的解析模型的条件下不得不采用的分析手段。

鉴于本章所针对的电动机没有铁心材料，各处磁路完全线性，磁路几何形状简单，可以建立有效的解析分析模型，因此 FEM 仅作为解析模型的校验手段使用。

3.1.1 基于等效面电流的磁场模型

根据安培分子环流假说，假设永磁体磁化均匀，可以认为内部磁化电流元相互抵消，即体电流密度为零，永磁体体现出来的外部磁场仅由与磁化方向平行侧表面上的束缚面电流决定，面电流方向与磁化方向符合右手定则。据此可建立永磁球形电动机转子的磁场模型，进而计算出转矩。下面针对两台分别采用立方体和圆柱形永磁体的永磁球形电动机，介绍基于等效面电流的转子磁场模型建立方法。

1. 采用立方体永磁体的永磁球形电动机

本书对于采用立方体永磁体的永磁球形电动机的分析，均以图 2.7 所示的 Halbach 阵列永磁球形电动机为分析对象进行介绍。具体的几何尺寸见 2.1.3 节。

（1）单个立方体永磁体磁场计算公式 根据束缚面电流原理，建立单个矩形永磁体磁感应强度的三维正交模型，如图 3.1 所示，其 xOy 和 yOz 平面上的投影如图 3.2、图 3.3 所示。将三维正交坐标系原点置于永磁体中心，z 轴方向为磁化方向，永磁体的长、宽、高分别为 L_x、L_y、L_z。平行于 z 轴的 4 个侧面上的面电流均垂直于磁化方向，沿 z 轴方向的电流 I 即永磁体的磁化强度 H_c，有

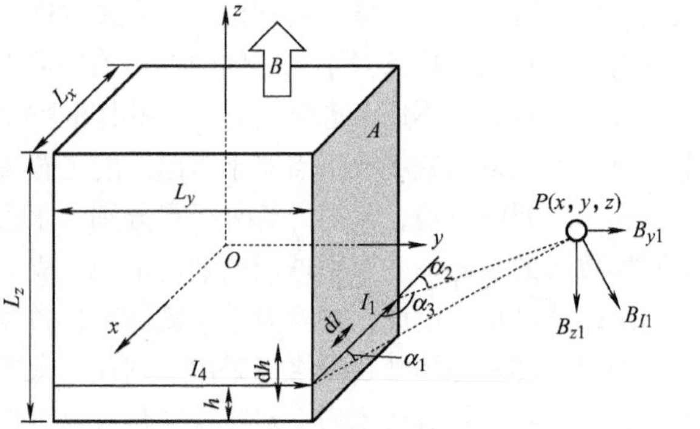

图 3.1 矩形永磁体面电流模型主视图

$$I = \frac{B_r}{\mu_0} = H_c \tag{3.1}$$

式中，B_r 为永磁体剩磁强度；μ_0 为真空磁导率，$\mu_0 = 4\pi \times 10^{-7}$ H/m。

取永磁体高度 $z = h$ 处一个厚度为 dh 的薄片，将其 4 个边上的束缚电流拆分成方向不同、首尾相接的四段 I_1、I_2、I_3、I_4。视永磁体外某一观测点 P（x，y，z）处的磁感应强度 B（x，y，z）为 4 段面电流分别作用产生的磁感应强度矢量和。先单独解析面电流 I_1 在 P 点产生的磁感应强度 B_{I1}，其方向为垂直于面电流 I_1 和 P 点到 I_1 的垂线 D 所在平面，如图 3.2 所示。电流元 I_1dl 到 P 点的连线与 I_1 方向的夹角为 α，随电流元 I_1dl 沿 I_1 的起点到终点移动，α 的起始值 α_1 和终止值 α_2 为

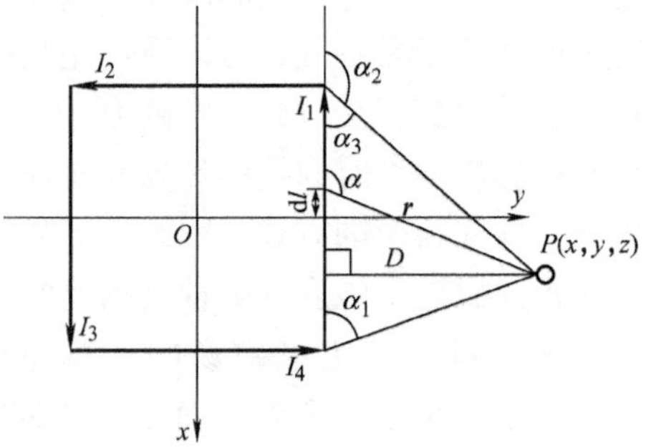

图 3.2 面电流俯视图

$$\begin{cases} \alpha_1 = \arctan \dfrac{D}{L_x/2 - x} \\ \alpha_2 = \arctan \dfrac{D}{-L_x/2 - x} \end{cases} \tag{3.2}$$

随高度微元 $\mathrm{d}h$ 沿 z 轴方向由永磁体的底面到顶面，或电流元 $I_1\mathrm{d}l$ 所在高度 h 由 $-L_z/2$ 上升至 $L_z/2$，可得观测点 P 到 I_1 的垂线 D 与 z 轴夹角 β 的起始值 β_{11} 和终止值 β_{12} 为

$$\begin{cases}\beta_{11}=\arctan\dfrac{y-L_y/2}{z+L_z/2}\\[2ex]\beta_{12}=\arctan\dfrac{y-L_y/2}{z-L_z/2}\end{cases}\tag{3.3}$$

假设电流元 $I_1\mathrm{d}l$ 到 P 点的矢径为 $\boldsymbol{r}$，根据毕奥-萨伐尔定律有

$$\mathrm{d}\boldsymbol{B}_{I1}=\frac{\mu_0}{4\pi}\frac{I\mathrm{d}\boldsymbol{l}\times\boldsymbol{r}}{r^3}=\frac{\mu_0}{4\pi}\frac{I\mathrm{d}l\sin\alpha}{r^2}\tag{3.4}$$

由图 3.2 可得

$$r=\frac{D}{\sin\alpha}\tag{3.5}$$

以及

$$\begin{cases}l=r\cos(\pi-\alpha)\\D=r\sin(\pi-\alpha)\end{cases}\Rightarrow\frac{l}{D}=-\cot\alpha\Rightarrow\mathrm{d}l=\frac{D}{\sin^2\alpha}\mathrm{d}\alpha\tag{3.6}$$

将式（3.5）、式（3.6）代入式（3.4）后，在 $\alpha_1\sim\alpha_2$ 范围内积分，得

$$\begin{aligned}B_{I1}&=\int_{\alpha_1}^{\alpha_2}\frac{\mu_0 I_1}{4\pi}\frac{\sin^2\alpha}{D^2}\frac{D}{\sin^2\alpha}\sin\alpha\mathrm{d}\alpha\\&=\frac{\mu_0 I_1}{4\pi D}(-\cos\alpha)\Big|_{\alpha_1}^{\alpha_2}\\&=\frac{\mu_0 I_1}{4\pi D}(\cos\alpha_1-\cos\alpha_2)\end{aligned}\tag{3.7}$$

式（3.7）即为高度 $z=h$ 处一个厚度为 $\mathrm{d}h$ 的薄片永磁体，在 P（x，y，z）点处产生的磁感应强度标量值。在此基础上对总高度为 L_z 的所有薄片产生的磁感应强度进行积分。考虑 B_{I1} 方向与 I_1 方向的右手螺旋关系，在 $\beta\geqslant0$ 即 $y\geqslant L_z/2$ 范围有

$$\begin{cases}B_{x1}=0\\[1ex]B_{y1}=\displaystyle\int_{\beta_1}^{\beta_2}\frac{\mu_0 I}{4\pi D}(\cos\alpha_1-\cos\alpha_2)\cos\beta\mathrm{d}h\\[2ex]B_{z1}=-\displaystyle\int_{\beta_1}^{\beta_2}\frac{\mu_0 I}{4\pi D}(\cos\alpha_1-\cos\alpha_2)\sin\beta\mathrm{d}h\end{cases}\tag{3.8}$$

由图 3.3 结合式（3.2）得

$$\begin{cases}D=\dfrac{y-L_y/2}{\sin\beta}\Rightarrow\begin{cases}\alpha_1=\arctan\left(\dfrac{1}{\sin\beta}\dfrac{y-L_y/2}{L_x/2-x}\right)\\[2ex]\alpha_2=\arctan\left(\dfrac{1}{\sin\beta}\dfrac{y-L_y/2}{-L_x/2-x}\right)\end{cases}\\[4ex]\dfrac{h}{y-L_y/2}=-\cot\beta\Rightarrow\mathrm{d}h=\dfrac{y-L_y/2}{\sin^2\beta}\mathrm{d}\beta\end{cases}\tag{3.9}$$

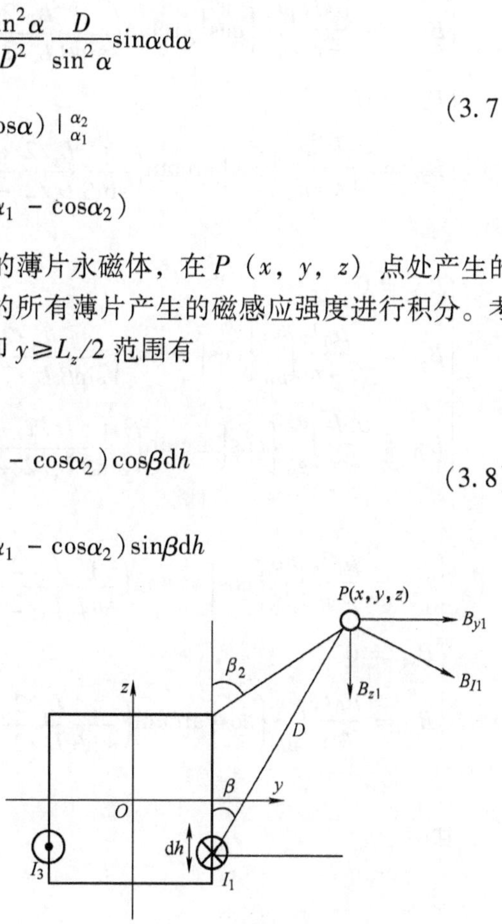

图 3.3 面电流侧视图

将式（3.9）代入式（3.8），得

$$
\begin{cases}
B_{x1} = 0 \\
B_{y1} = \int_{\beta_{11}}^{\beta_{12}} \frac{\mu_0 I_1}{4\pi D}(\cos\alpha_1 - \cos\alpha_2)\cos\beta \mathrm{d}h \\
\quad = \frac{\mu_0 I_1}{4\pi}\int_{\beta_{11}}^{\beta_{12}} \left\{\cos\left[\arctan\left(\frac{1}{\sin\beta}\frac{y - L_y/2}{L_x/2 - x}\right)\right] - \cos\left[\arctan\left(\frac{1}{\sin\beta}\frac{y - L_y/2}{- L_x/2 - x}\right)\right]\right\}\cot\beta \mathrm{d}\beta \\
B_{z1} = -\int_{\beta_{11}}^{\beta_{12}} \frac{\mu_0 I_1}{4\pi D}(\cos\alpha_1 - \cos\alpha_2)\sin\beta \mathrm{d}h \\
\quad = -\frac{\mu_0 I_1}{4\pi}\int_{\beta_{11}}^{\beta_{12}} \left\{\cos\left[\arctan\left(\frac{1}{\sin\beta}\frac{y - L_y/2}{L_x/2 - x}\right)\right] - \cos\left[\arctan\left(\frac{1}{\sin\beta}\frac{y - L_y/2}{- L_x/2 - x}\right)\right]\right\}\mathrm{d}\beta
\end{cases}
\tag{3.10}
$$

式（3.10）即图3.1中永磁体面 A 上面电流在 P（x，y，z）点处产生的磁感应强度解析表达式。其中 β_{11} 和 β_{12} 由式（3.3）计算。同理可以求解 I_2、I_3、I_4 所在的另外3个面上面电流在 P（x，y，z）点处产生的 B_{I2}、B_{I3}、B_{I4}，并得到它们分别在 x、y、z 方向的分量，则

$$
\begin{cases}
B_{x2} = -\frac{\mu_0 I_2}{4\pi}\int_{\beta_{21}}^{\beta_{22}} \left\{\cos\left[\arctan\left(\frac{1}{\sin\beta}\frac{L_x/2 + x}{L_y/2 - y}\right)\right] - \cos\left[\arctan\left(\frac{1}{\sin\beta}\frac{L_x/2 + x}{L_y/2 + y}\right)\right]\right\}\cos\beta \mathrm{d}\beta \\
B_{y2} = 0 \\
B_{z2} = \frac{\mu_0 I_2}{4\pi}\int_{\beta_{21}}^{\beta_{22}} \left\{\cos\left[\arctan\left(\frac{1}{\sin\beta}\frac{L_x/2 + x}{L_y/2 - y}\right)\right] - \cos\left[\arctan\left(\frac{1}{\sin\beta}\frac{L_x/2 + x}{L_y/2 + y}\right)\right]\right\}\mathrm{d}\beta
\end{cases}
\tag{3.11}
$$

$$
\begin{cases}
B_{x3} = 0 \\
B_{y3} = -\frac{\mu_0 I_3}{4\pi}\int_{\beta_{31}}^{\beta_{32}} \left\{\cos\left[\arctan\left(\frac{1}{\sin\beta}\frac{L_y/2 + y}{L_x/2 + x}\right)\right] - \cos\left[\arctan\left(\frac{1}{\sin\beta}\frac{L_y/2 + y}{L_x/2 - x}\right)\right]\right\}\cos\beta \mathrm{d}\beta \\
B_{z3} = \frac{\mu_0 I_3}{4\pi}\int_{\beta_{31}}^{\beta_{32}} \left\{\cos\left[\arctan\left(\frac{1}{\sin\beta}\frac{L_y/2 + y}{L_x/2 + x}\right)\right] - \cos\left[\arctan\left(\frac{1}{\sin\beta}\frac{L_y/2 + y}{L_x/2 - x}\right)\right]\right\}\mathrm{d}\beta
\end{cases}
\tag{3.12}
$$

$$
\begin{cases}
B_{x4} = \frac{\mu_0 I_4}{4\pi}\int_{\beta_{41}}^{\beta_{42}} \left\{\cos\left[\arctan\left(\frac{1}{\sin\beta}\frac{L_x/2 - x}{L_y/2 + y}\right)\right] - \cos\left[\arctan\left(\frac{1}{\sin\beta}\frac{L_x/2 - x}{L_y/2 - y}\right)\right]\right\}\cos\beta \mathrm{d}\beta \\
B_{y4} = 0 \\
B_{z4} = \frac{\mu_0 I_4}{4\pi}\int_{\beta_{41}}^{\beta_{42}} \left\{\cos\left[\arctan\left(\frac{1}{\sin\beta}\frac{L_x/2 - x}{L_y/2 + y}\right)\right] - \cos\left[\arctan\left(\frac{1}{\sin\beta}\frac{L_x/2 - x}{L_y/2 - y}\right)\right]\right\}\mathrm{d}\beta
\end{cases}
\tag{3.13}
$$

其中

$$\begin{cases}\beta_{21}=\arctan\dfrac{x+L_x/2}{z+L_z/2},\beta_{22}=\arctan\dfrac{x+L_x/2}{z-L_z/2}\\\beta_{31}=\arctan\dfrac{y+L_y/2}{z+L_z/2},\beta_{32}=\arctan\dfrac{y+L_y/2}{z-L_z/2}\\\beta_{41}=\arctan\dfrac{L_x/2-x}{z+L_z/2},\beta_{42}=\arctan\dfrac{L_x/2-x}{z-L_z/2}\end{cases}\tag{3.14}$$

根据叠加定理可得永磁体4个侧面上面电流产生的总磁感应强度为

$$B(x,y,z)=\left(\sum_{n=1}^{4}B_{xn},\sum_{n=1}^{4}B_{yn},\sum_{n=1}^{4}B_{zn}\right)\tag{3.15}$$

为验证以上永磁体磁场模型的准确性，采用C语言编写了矩形永磁体面电流模型计算程序，其中定积分可以采用辛普森公式等数值方法进行计算。以 $L_x=L_y=L_z=10$mm 的 NdFe35 永磁体，以图3.4所示 $z=6$mm，$x=2.5$mm 观测线上产生的3个正交方向磁感应强度为例，与FEM仿真结果比较，如图3.5所示。

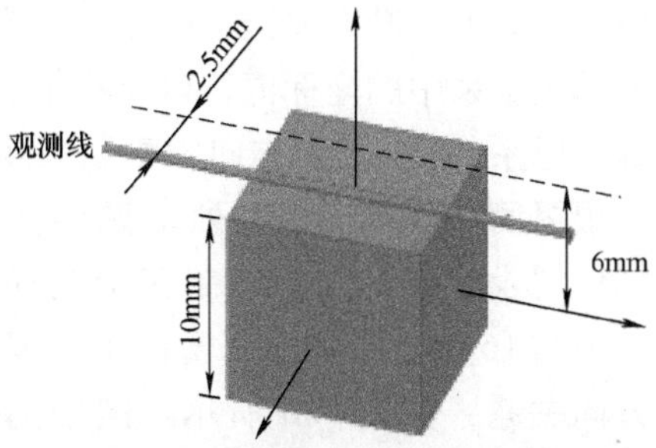

图3.4　单个10mm×10mm×10mm矩形永磁体算例模型

由于观测线不在永磁体的中央，因此图3.5a中 x 向磁感应强度不为零，且越接近中心位置的磁感应

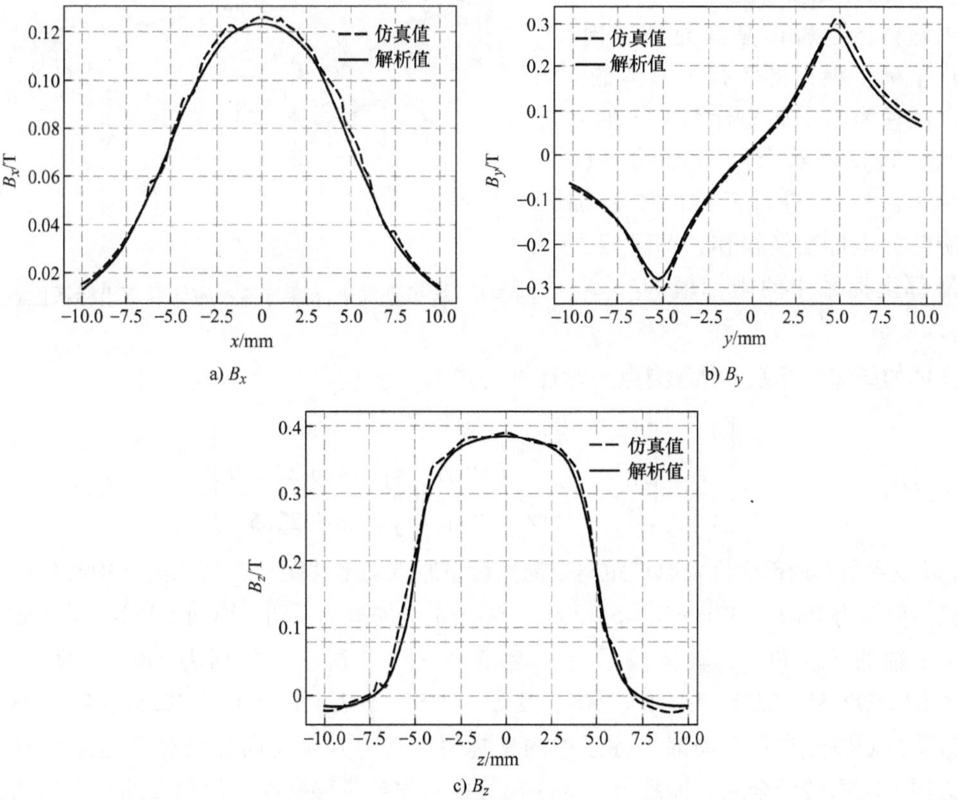

图3.5　单永磁体观测线上磁感应强度解析与FEM仿真结果对比

强度越大，图 3.5b 中 y 向磁感应强度在 ±5mm处达到幅值，这两点均体现了式（3.7）中包含的面电流在永磁体侧面上方产生的磁感应强度最大的结论。图 3.5b 中可见，在 $y=2.5\text{mm}$ 处 y 向磁感应强度约 0.122T，与图 3.5a中 $x=2.5\text{mm}$ 处 x 向磁感应强度一致。图 3.5c 中远离永磁体如 $y>10\text{mm}$ 处，磁感应强度为负值，符合磁通连续性定理。由此可见，解析法计算结果与 FEM 仿真结果基本一致，且不存在有限元模型由于网格剖分、计算收敛问题造成的毛刺，波形更为平滑。

（2）立方体永磁体组成的单层 Halbach 阵列磁场的叠加 由于研究的球形电动机没有采用铁心等非线性铁磁材料，理论上可以认为整个分析区域内磁路是线性的，因此可以采用叠加定理，先计算每块永磁体在空间点产生的磁感应强度，再通过累计得到这一点的合成磁感应强度数值。其中关键过程在于：换算转子全局坐标系中某点 P（x_R，y_R，z_R）在第 i 块的局部坐标系中的坐标值，以及将根据此坐标值采用矩形永磁体等效面电流解析式得到的在局部坐标系 i 中的正交方向磁感觉强度数值，换算回转子全局坐标系的坐标轴方向上。

根据简化 Halbach 阵列永磁体的排列位置及充磁方向，绘制转子全局坐标系与 16 个永磁体局部坐标系位置及方向关系，如图 3.6 所示。图中为方便区分，各永磁体局部坐标系的 x 轴用实心三角箭头表示，y 轴用空心折线箭头表示，z 轴用圆箭头表示。其中各永磁体的 z 轴即是其充磁方向。为简化坐标变换，将所有永磁体的 x 轴统一设置为与全局坐标系的 z 轴方向一致，则只要对全局坐标系中点 P（x_R，y_R，z_R）进行三维的平移加一次旋转的坐标变换操作，即可得到在各局部坐标系中的坐标值 P_i（x_i，y_i，z_i）。

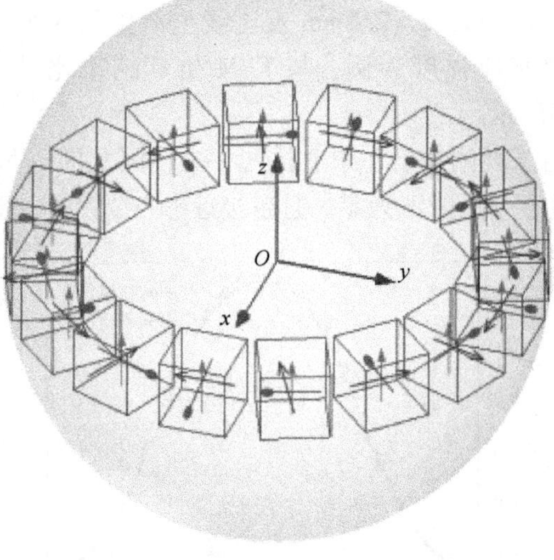

图 3.6 转子全局坐标系与各永磁体局部坐标系位置关系

具体的局部坐标系 i 中观测点坐标计算公式为

$$\begin{bmatrix} x_i \\ y_i \\ z_i \end{bmatrix} = \begin{bmatrix} 1 & 0 & 0 \\ 0 & \cos\gamma_i & \sin\gamma_i \\ 0 & -\sin\gamma_i & \cos\gamma_i \end{bmatrix} \begin{bmatrix} z_R \\ x_R - d\cos 22.5^\circ i \\ y_R - d\sin 22.5^\circ i \end{bmatrix} \tag{3.16}$$

式中，d 表示所有局部坐标系原点距离全局坐标系原点的平移距离，即永磁体中心到球心的距离，具体数值为 $46\text{mm}+17\text{mm}/2=54.5\text{mm}$。$\gamma_i$ 表示全局坐标系的 x 轴到编号为 i 的永磁体局部坐标系 y 轴的旋转角度，具体编号及 γ_i 数值如图 3.7 所示，分别为 270°、202.5°、135°、67.5°、0°、292.5°、225°、157.5°、90°、22.5°、315°、247.5°、180°、112.5°、45°、337.5°。

计算出观测点在每个局部坐标系中的坐标值，其中方向是局部坐标系坐标轴方向的数值，必须换算回转子全局坐标系中。这一换算已不需要位移操作，但仍要注意坐标轴的对应关系。由此得最终的转子坐标系中空载磁感应强度表达式为

$$
\begin{cases}
B_{xR} = \sum_{i=1}^{16}(B_{yi}\cos\gamma_i - B_{zi}\sin\gamma_i) \\
B_{yR} = \sum_{i=1}^{16}(B_{yi}\sin\gamma_i + B_{zi}\cos\gamma_i) \\
B_{zR} = \sum_{i=1}^{16}B_{xi}
\end{cases}
\tag{3.17}
$$

式中，B_{xi}、B_{yi}、B_{zi}表示编号为 i 的永磁体在其局部坐标系中计算得到的 x、y、z 方向的磁感应强度分量。

为验证所提出的磁场解析模型的有效性，下面分别采用有限元计算软件和高斯计，对解析计算效果进行对比验证。

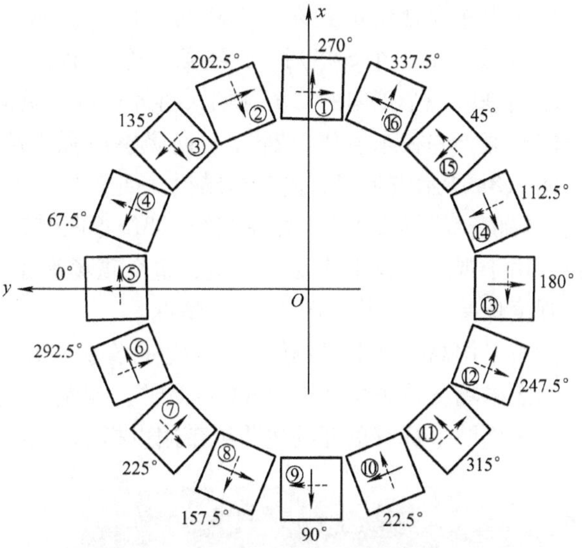

图 3.7　永磁体的编号及角度关系

由于有限元仿真可以直接得到正交方向的磁感应强度数值，可以直接和解析结果进行对比。而手持式高斯计仅能对单方向磁感应强度进行测量，所以采用经向磁感应强度作为对比对象。

在距球心 66.5mm（线圈底部距球心的距离）远处，取一条由 0°到东经 180°的赤道线段作为观测线，分别采用本章所提出的解析模型、有限元仿真，获得观测线上在转子全局坐标系下的三方向磁感应强度波形，如图 3.8 所示。

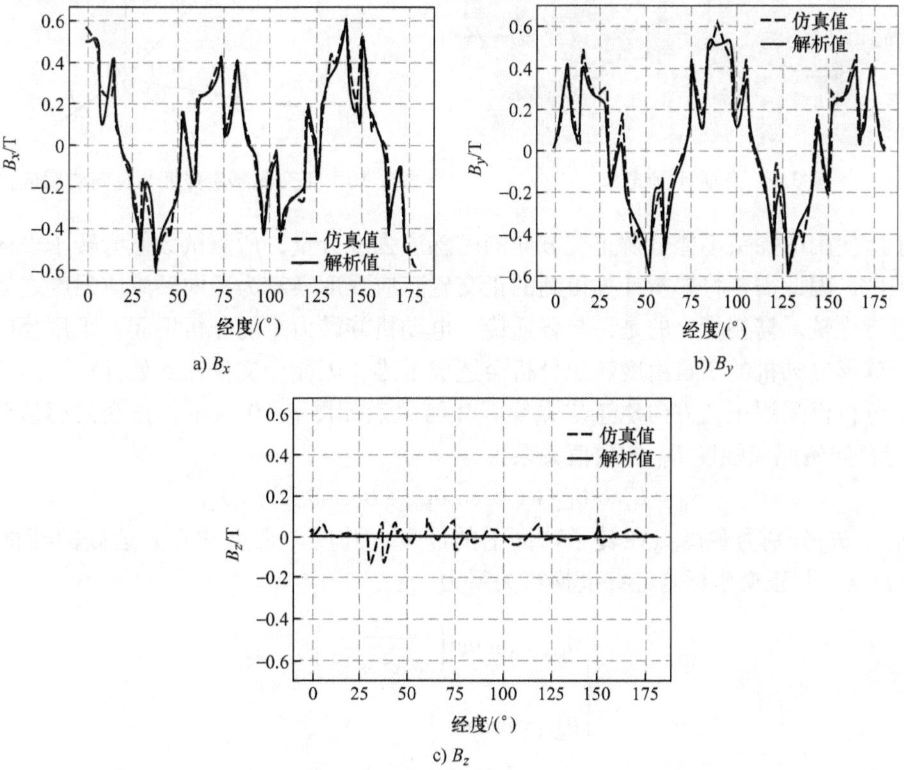

a) B_x　b) B_y　c) B_z

图 3.8　转子永磁体阵列观测线上磁感应强度解析与 FEM 结果对比

由于观测线处于0°到东经180°赤道线上，由一个N极的中心出发，经过第一个S极、第二个N极、第二个S极后，达到第三个N极的中心位置。因此观测线上的x方向磁感应强度应当是由一个正向的峰值开始，再经过两个负向峰值、两个正向峰值后，最终达到第三个负向峰值；并在东经90°位置，x向磁感应强度应为0，且整个波形根据这一位置中心对称。图3.8a所示波形符合此分析结论。而y方向磁感应强度则由0开始，在东经90°位置达到正向峰值，最终回到0，并在东经90°位置两侧镜像对称，这一分析与图3.8b所反映情况相符。由于观测线位于纬度0°线上，整个磁场沿赤道面南北镜像对称，因此观测到的z向磁感应强度保持为0，符合图3.8c的情况。

然后采用高斯计对磁场解析结果进行实验对比。采用KANETEC公司TM－801EXP高斯计，恒定磁场测量范围为0～3000mT时，测量精度为1mT。测试实验平台如图3.9所示，在转子表面贴上标有刻度的透明纸带用以指示测量位置。

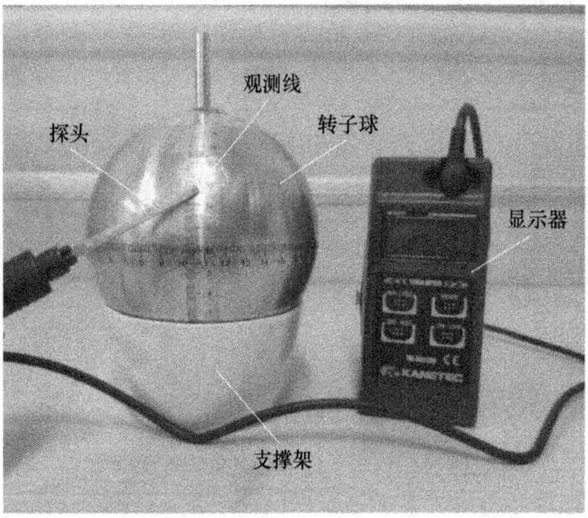

图3.9 高斯计测试

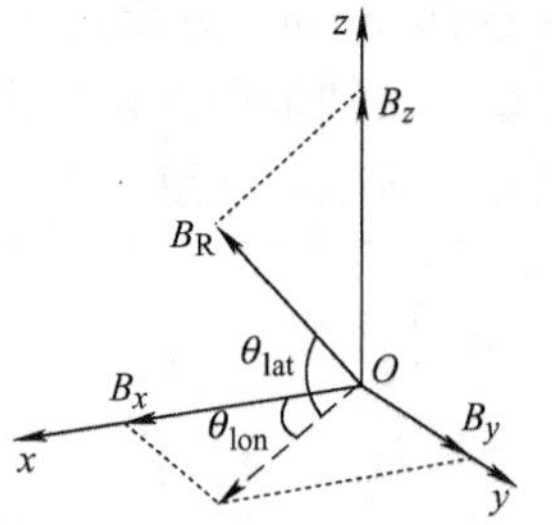

图3.10 正交磁感应强度与径向磁感应强度换算

由于所使用的探头不能分辨正交方向的磁感应强度分量，所测试数值为转子表面的径向磁感应强度，因此需要将解析计算得到的正交磁感应强度换算为径向磁感应强度之后，与实测数据进行比较。需要指出的是，与普通旋转电动机旋转力矩的分析不同，采用径向磁感应强度进行球形电动机的三自由度转矩分析会造成困难，因此全文仅在此处计算径向磁感应强度，后续分析仍采用正交方向磁感应强度。几何关系如图3.10所示，正交磁感应强度B_x、B_y、B_z与径向磁感应强度B_R的数值关系为

$$B_R = B_z\cos\theta_{lat} + (B_x\cos\theta_{lon} + B_y\sin\theta_{lon})\sin\theta_{lat} \tag{3.18}$$

式中，θ_{lon}、θ_{lat}分别为观测点在转子球面上的经度、纬度。距离球心L远处的球面上的点P (x, y, z)，其正交坐标与经纬度换算关系为

$$\begin{cases}\theta_{lon} = \arctan\left(\dfrac{z}{\sqrt{x^2+y^2}}\right)\\ \theta_{lat} = \arctan\dfrac{y}{x}\end{cases} \tag{3.19}$$

$$\begin{cases} x = L\cos\theta_{\text{lat}}\cos\theta_{\text{lon}} \\ y = L\cos\theta_{\text{lat}}\sin\theta_{\text{lon}} \\ z = L\sin\theta_{\text{lat}} \end{cases} \tag{3.20}$$

考虑探头中传感器元件的安装位置，取转子球面高 0.5mm 处，0°到东经 180°的赤道线为观测线，计算与实测结果对比如图 3.11 所示。可见波形的分布形状基本一致，实测磁感应强度在峰值上稍小于计算数值，分析应为实际使用永磁体的剩磁强度小于理论数值所造成。在后续计算中将考虑这一差异，对磁场解析模型的等效电流密度进行补偿调整。

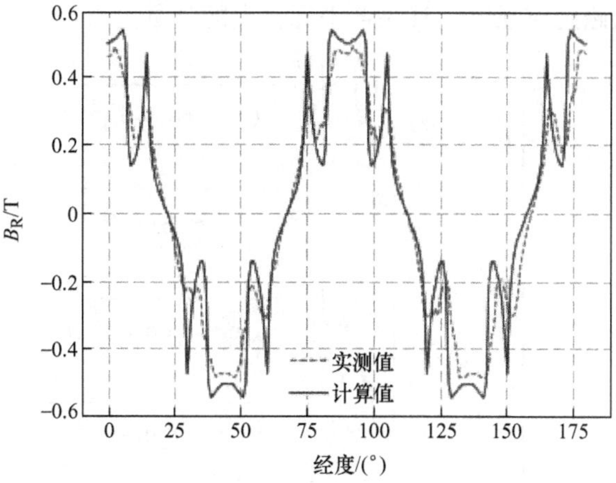

图 3.11　径向磁感应强度计算与实测比较

2. 采用圆柱形永磁体的永磁球形电动机

（1）单个圆柱形永磁体磁场的计算模型　下面介绍图 2.5 所示的转子采用双层圆柱形永磁体的永磁球形电动机的转子磁场解析模型。图 3.12 所示为永磁体的等效电流模型，以永磁体底面圆心为原点建立坐标系，台阶式永磁体可看作是由两个半径分别为 r_1 和 r_2、高度为 h_1 和 h_2 的圆柱形永磁体叠加而成。其在外部三维空间内任一点 P 处产生的磁感应强度相当于两个圆柱形永磁体侧表面的电流环路在 P 点产生的磁感应强度的矢量叠加，设环路电流值为 I，有 $J=I/h$，其中 h 为永磁体高度。

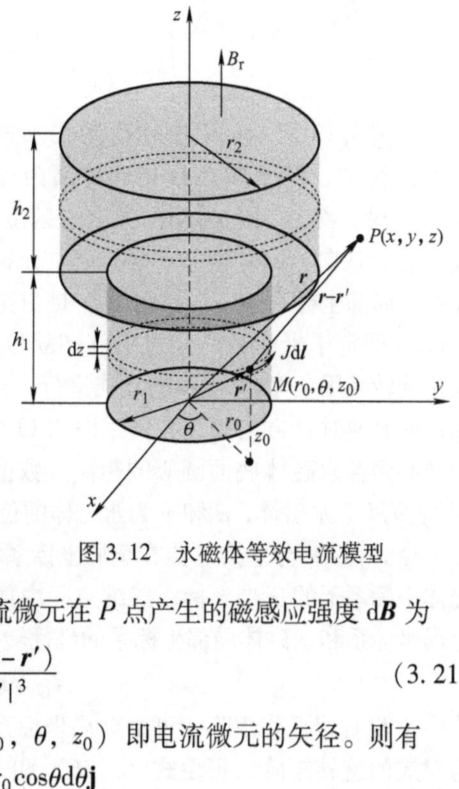

图 3.12　永磁体等效电流模型

取侧表面上高度为无限小的圆环电流 dz，如图 3.12 所示，通过对圆环上电流微元 $J\mathrm{d}\boldsymbol{l}$ 在 P 点产生的磁感应强度进行积分可以得到圆环电流在 P 点产生的磁感应强度。由毕奥–萨伐尔定律可知，电流微元在 P 点产生的磁感应强度 d$\boldsymbol{B}$ 为

$$\mathrm{d}\boldsymbol{B} = \frac{\mu_0}{4\pi}\frac{J\mathrm{d}\boldsymbol{l}\times(\boldsymbol{r}-\boldsymbol{r}')}{|\boldsymbol{r}-\boldsymbol{r}'|^3} \tag{3.21}$$

式中，$\boldsymbol{r}$ 为场点 $P(x,\ y,\ z)$ 的矢径，$\boldsymbol{r}'$为源点 $M(r_0,\ \theta,\ z_0)$ 即电流微元的矢径。则有

$$\begin{cases} \mathrm{d}\boldsymbol{l} = -r_0\sin\theta\mathrm{d}\theta\mathbf{i} + r_0\cos\theta\mathrm{d}\theta\mathbf{j} \\ \boldsymbol{r}-\boldsymbol{r}' = (x-r_0\cos\theta)\mathbf{i} + (y-r_0\sin\theta)\mathbf{j} + (z-z_0)\mathbf{k} \end{cases} \tag{3.22}$$

将式（3.22）和式（3.1）代入式（3.21），可得

$$\mathrm{d}\boldsymbol{B} = \frac{\mu_0 J\mathrm{d}\boldsymbol{l}\times(\boldsymbol{r}-\boldsymbol{r}')}{4\pi\quad|\boldsymbol{r}-\boldsymbol{r}'|^3} = \frac{B_r\begin{bmatrix} \mathbf{i} & \mathbf{j} & \mathbf{k} \\ -r_0\sin\theta\mathrm{d}\theta & r_0\cos\theta\mathrm{d}\theta & 0 \\ x-r_0\cos\theta & y-r_0\sin\theta & z-z_0 \end{bmatrix}}{4\pi[(x-r_0\cos\theta)^2+(y-r_0\sin\theta)^2+(z-z_0)^2]^{\frac{3}{2}}} \tag{3.23}$$

对式（3.23）沿 z 轴方向进行积分，可以叠加得到台阶式永磁体在空间任一点 P 产生

的磁感应强度。其在各坐标轴上的分量为

$$\begin{cases} B_x = \dfrac{B_r}{4\pi}\left(\left(\displaystyle\int_0^{h_1}\int_0^{2\pi}\dfrac{r_1(z-z_1)\cos\theta}{[(x-r_1\cos\theta)^2+(y-r_1\sin\theta)^2+(z-z_1)^2]^{\frac{3}{2}}}\mathrm{d}\theta\mathrm{d}z_1 + \right.\right. \\ \left.\left. \displaystyle\int_{h_1}^{h_1+h_2}\int_0^{2\pi}\dfrac{r_2(z-z_2)\cos\theta}{[(x-r_2\cos\theta)^2+(y-r_2\sin\theta)^2+(z-z_2)^2]^{\frac{3}{2}}}\mathrm{d}\theta\mathrm{d}z_2\right)\right) \\ B_y = \dfrac{B_r}{4\pi}\left(\left(\displaystyle\int_0^{h_1}\int_0^{2\pi}\dfrac{r_1(z-z_1)\sin\theta}{[(x-r_1\cos\theta)^2+(y-r_1\sin\theta)^2+(z-z_1)^2]^{\frac{3}{2}}}\mathrm{d}\theta\mathrm{d}z_1 + \right.\right. \\ \left.\left. \displaystyle\int_{h_1}^{h_1+h_2}\int_0^{2\pi}\dfrac{r_2(z-z_2)\sin\theta}{[(x-r_2\cos\theta)^2+(y-r_2\sin\theta)^2+(z-z_2)^2]^{\frac{3}{2}}}\mathrm{d}\theta\mathrm{d}z_2\right)\right) \\ B_z = \dfrac{B_r}{4\pi}\left(\left(\displaystyle\int_0^{h_1}\int_0^{2\pi}\dfrac{-r_1(x-r_1\cos\theta)\cos\theta-r_1(y-r_1\sin\theta)\sin\theta}{[(x-r_1\cos\theta)^2+(y-r_1\sin\theta)^2+(z-z_1)^2]^{\frac{3}{2}}}\mathrm{d}\theta\mathrm{d}z_1 + \right.\right. \\ \left.\left. \displaystyle\int_{h_1}^{h_1+h_2}\int_0^{2\pi}\dfrac{-r_2(x-r_2\cos\theta)\cos\theta-r_2(y-r_2\sin\theta)\sin\theta}{[(x-r_2\cos\theta)^2+(y-r_2\sin\theta)^2+(z-z_2)^2]^{\frac{3}{2}}}\mathrm{d}\theta\mathrm{d}z_2\right)\right) \end{cases} \tag{3.24}$$

如图3.13所示，以圆柱台阶式永磁体底面圆心为原点 O'，转子球心 O 指向球面为径向方向并建立 x_i 轴，纬线向东为切向方向并建立 y_i 轴，经线向北为轴向方向并建立 z_i 轴，建立永磁体局部坐标系。局部坐标系 O'-$x_iy_iz_i$ 可看作是由全局坐标系 O-xyz（即定子坐标系）经过平移和欧拉旋转得到。欧拉旋转采用负序即 z-y-x 的方式进行，并规定从转轴正向看逆时针方向为正方向。图3.13中，L 为转子球心到各永磁体底面圆心的距离，数值为39mm，i 代表第 i 个永磁体，β 和 γ 为永磁体的位置角。

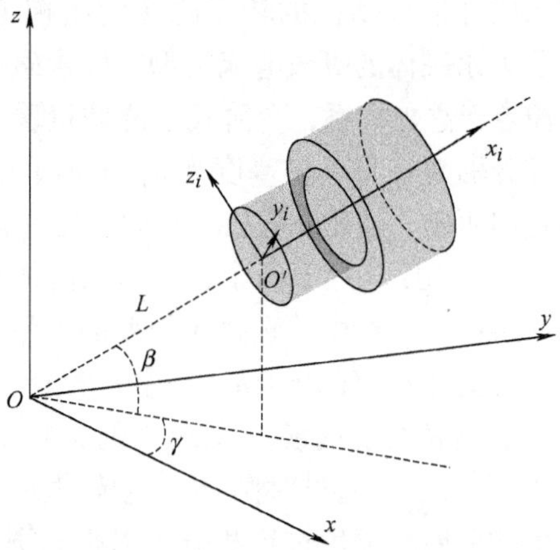

图3.13 永磁体局部坐标系

令 $\boldsymbol{X}_G$、$\boldsymbol{X}_i$ 分别为 P 点在全局坐标系和第 i 个永磁体坐标系下的三维坐标，三维空间内任一点 P 在全局坐标系和永磁体局部坐标系的坐标转换关系为

$$\boldsymbol{X}_G = \boldsymbol{R}_{zi}\boldsymbol{R}_{yi}\boldsymbol{R}_{xi}\boldsymbol{X}_i + \boldsymbol{T}_{i\to G} \tag{3.25}$$

式中，$T_{i\to G}$ 为平移矩阵，可由全局坐标系中永磁体底面圆心的坐标计算得到，$\boldsymbol{R}_{xi}$、$\boldsymbol{R}_{yi}$、$\boldsymbol{R}_{zi}$ 为对应的旋转矩阵，可由式（3.26）和式（3.27）计算得到。

$$\boldsymbol{T}_{i\to G} = \begin{bmatrix} L\cos\beta_i\cos\gamma_i \\ L\cos\beta_i\sin\gamma_i \\ -L\sin\beta_i \end{bmatrix} \tag{3.26}$$

$$\boldsymbol{R}_{xi} = \begin{bmatrix} 1 & 0 & 0 \\ 0 & \cos\alpha_i & -\sin\alpha_i \\ 0 & \sin\alpha_i & \cos\alpha_i \end{bmatrix},\ \boldsymbol{R}_{yi} = \begin{bmatrix} \cos\beta_i & 0 & \sin\beta_i \\ 0 & 1 & 0 \\ -\sin\beta_i & 0 & \cos\beta_i \end{bmatrix},\ \boldsymbol{R}_{zi} = \begin{bmatrix} \cos\gamma_i & -\sin\gamma_i & 0 \\ \sin\gamma_i & \cos\gamma_i & 0 \\ 0 & 0 & 1 \end{bmatrix} \tag{3.27}$$

式中，α_i、β_i、γ_i 分别为局部坐标系的正向旋转欧拉角。对于本节中永磁球形电动机的转子永磁体来说，只需经过两次欧拉旋转即可得到永磁体坐标系。欧拉角可根据永磁体的位置确定，即 $\alpha_i=0$，$\beta_i=-\beta$，$\gamma_i=\gamma$。

（2）多层永磁体的磁场叠加　由式（3.25）的坐标转换关系可知，通过建立局部坐标系的方法可以计算得到三维空间任一 P 点在各局部坐标系下的位置信息。在单个永磁体磁场模型的基础上，可以得到各永磁体在 P 点产生的磁感应强度在其局部坐标系下的分量。

由于电动机采用的是线性铁磁材料，其磁路可以看作是线性的。根据叠加定理，将每个永磁体在 P 点产生的磁感应强度进行叠加，即可得到整个转子在 P 点产生的磁感应强度。转子永磁体共有24个，因此需要建立24个局部坐标系，求出各个永磁体局部坐标系下 P 点的磁感应强度，再由坐标映射，将各磁感应强度分量叠加，得到整个电动机在 P 点产生的磁感应强度。

将点坐标 $\boldsymbol{P}=[x_i, y_i, z_i]^{\mathrm{T}}$ 代入式（3.24）中，令 $x=y_i$，$y=z_i$，$z=x_i$，若永磁体为S极，则对计算结果取负值，可求得 P 点在第 i 个永磁体局部坐标系下的磁感应强度 B_{xi}、B_{yi}、B_{zi}。由于单个永磁体在全局坐标系下 P 点产生的磁感应强度可根据 B_{xi}、B_{yi}、B_{zi} 投影映射获得，所以只考虑局部坐标系的旋转，不考虑其平移。图3.14给出了两个坐标系之间的旋转关系，其中 $\boldsymbol{e}_k(k=X, Y, Z, x, y, z)$ 为相应坐标系的单位轴向量。

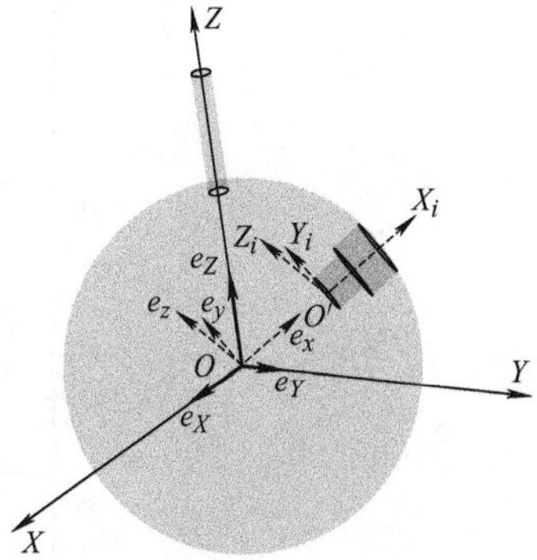

图3.14　磁感应强度投影示意图

磁感应强度的映射可以根据轴单位向量通过余弦定理来计算，即先计算各局部坐标系下的永磁体在 P 点产生的磁感应强度，再叠加计算其映射到全局坐标系下的分量，即可得到整个转子永磁体在全局坐标系下的磁感应强度，即

$$\begin{cases} B_X = \sum_{i=1}^{24}\left(B_{xi}\dfrac{e_X e_x}{|e_X||e_x|}+B_{yi}\dfrac{e_X e_y}{|e_X||e_y|}+B_{zi}\dfrac{e_X e_z}{|e_X||e_z|}\right) \\ B_Y = \sum_{i=1}^{24}\left(B_{xi}\dfrac{e_Y e_x}{|e_Y||e_x|}+B_{yi}\dfrac{e_Y e_y}{|e_Y||e_y|}+B_{zi}\dfrac{e_Y e_z}{|e_Y||e_z|}\right) \\ B_Z = \sum_{i=1}^{24}\left(B_{xi}\dfrac{e_Z e_x}{|e_Z||e_x|}+B_{yi}\dfrac{e_Z e_y}{|e_Z||e_y|}+B_{zi}\dfrac{e_Z e_z}{|e_Z||e_z|}\right) \end{cases} \tag{3.28}$$

为了验证转子永磁体磁场解析模型的正确性，选取了图3.15a所示的距球心65.5mm处的三条半圆弧线line1、line2、line3作为磁感应强度的观测路径。其中观测线line1纬度为0°、观测线line2经度为0°、观测线line3可看作由其他两条圆弧绕 x

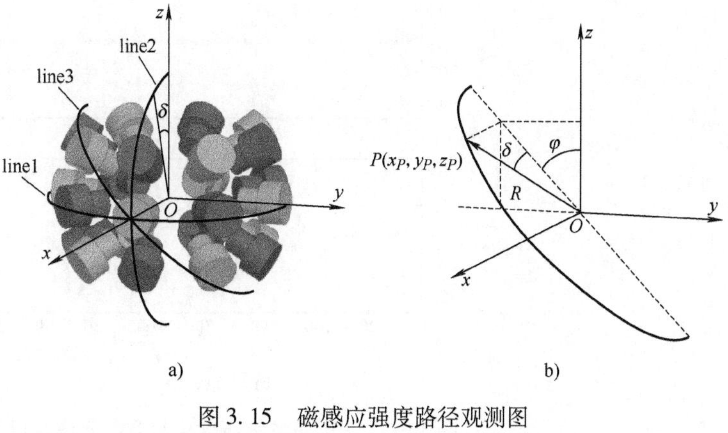

图3.15　磁感应强度路径观测图

轴旋转得到，旋转角度为45°。为了方便对比，规定沿观测线逆时针方向以 δ 为量度取一系列观测点计算磁感应强度，就三条观测线的磁场分布情况与有限元仿真结果进行对比，如图3.15b所示引入了观测角 δ 和 φ 后的笛卡尔坐标系下观测线的坐标转换关系为

$$\boldsymbol{P}=[x_P \quad y_P \quad z_P]^{\mathrm{T}}=[R\sin\delta \quad R\cos\delta\sin\varphi \quad R\cos\delta\cos\varphi]^{\mathrm{T}} \tag{3.29}$$

式中，$\boldsymbol{P}$ 为任取一观测点的坐标矢量；R 为观测线半径；δ 和 φ 为观测点的位置角。

图3.16给出了计算场点路径选取在line1、line2以及line3时，解析法计算和FEM仿真所得磁感应强度在全局坐标系下各分量的对比。从图中可以看出，解析法所得的观测线上的磁场分布与FEM仿真结果基本一致。

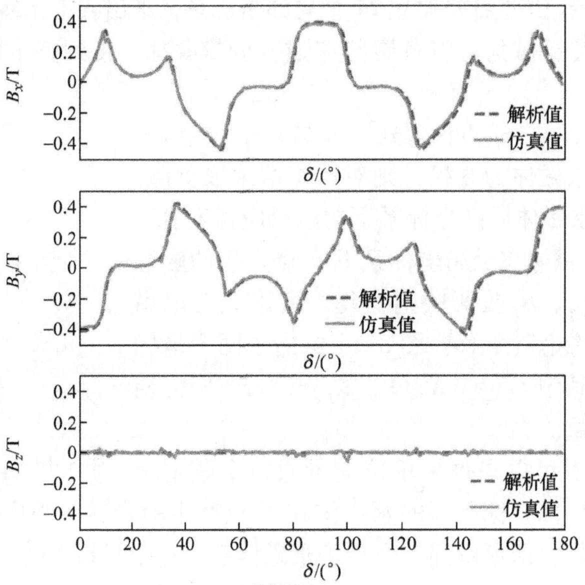

a) 观测线line1

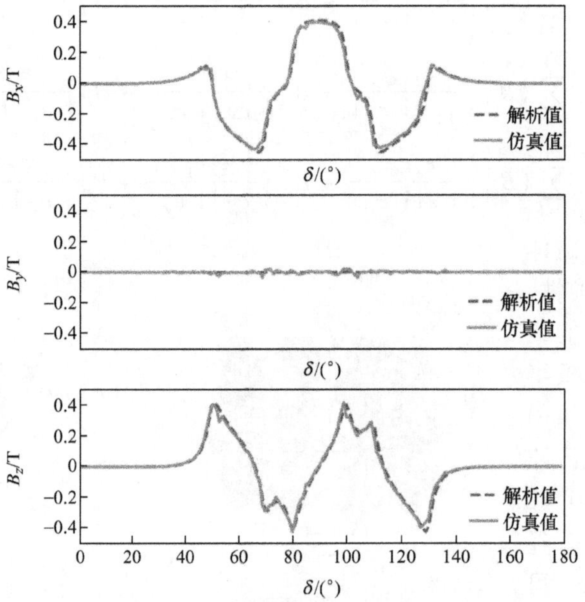

b) 观测线line2

图3.16 三维磁场解析建模与有限元仿真对比图

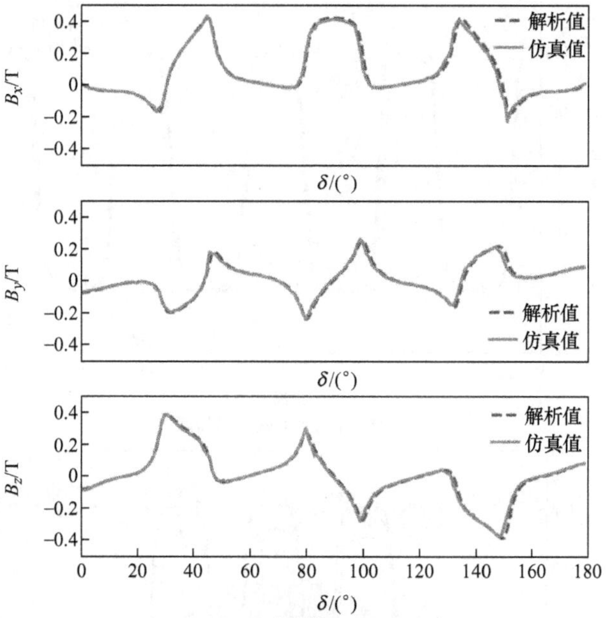

c) 观测线line3

图 3. 16　三维磁场解析建模与有限元仿真对比图（续）

同样采用 TM－801EXP 高斯计进行实验验证。分别采用 FEM 仿真、解析计算和实验测量的方法对 0°经线和 0°纬线上的磁感应强度进行计算、测量，得到了径向磁感应强度的结果对比图如图 3. 17 所示。其中正值代表极性为 N，负值代表极性为 S。

由图 3. 17 可以看出，由于转子永磁体沿圆周均匀分布且相邻永磁体的磁场之间没有交叉耦合，所以图中的磁感应强度波形具有明显峰值且呈现良好的周期性和对称性。图 3. 17a 中的 N、S 磁区交错分布对应了转子 N、S 极永磁体的排布，且由于永磁体的大小、分布间隔相同，磁感应强度波形的分布均匀且磁感应强度值基本一致。图 3. 17b 中由于沿径向方向只有三层沿赤道对称分布的永磁体，所以图中波形首末端磁感应强度基本为 0，磁区对应相应的磁极极性。由图 3. 17a、b 可以看出，在磁感应强度值达到峰值时，由于永磁体工艺制作受限及手动测量误差的存在，解析计算和有限元仿真得到的磁感应强度值基本一致而实验测量结果略低一些，验证了永磁球形电动机磁场解析模型的正确性。

3. 1. 2　基于球谐函数的磁场模型

1. 永磁体等效的球谐函数

以图 2. 7 所示采用立方体永磁体 Halbach 阵列球形电动机为分析对象。假设定子外壳和转子是理想的球体，并忽略 Halbach 阵列转子内的电枢反应。根据厚度相等原则，提出 3 个新的永磁体计算有效极角和方位角的几何等效原则：外侧等效原则、中间等效原则和内侧等效原则，如图 3. 18 所示。

因为立方体的几何对称性，根据这三种等效原则，可以得出立方体边界到转子球心对应的方位角和极角是相等的，即 $\alpha_i=\beta_i$（$i=1，2，3$），如图 3. 18d 所示。根据几何关系，在图 3. 18a 外侧等效原则中，立方体永磁体几何上对应的方位角和极角范围为

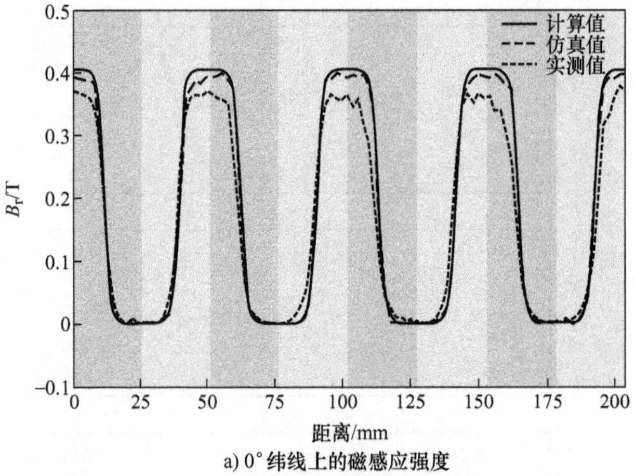

a) 0°纬线上的磁感应强度

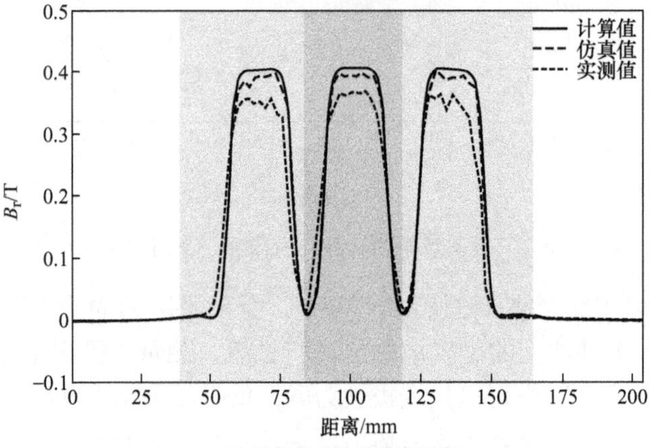

b) 0°经线上的磁感应强度

图 3.17 径向磁感应强度结果对比图

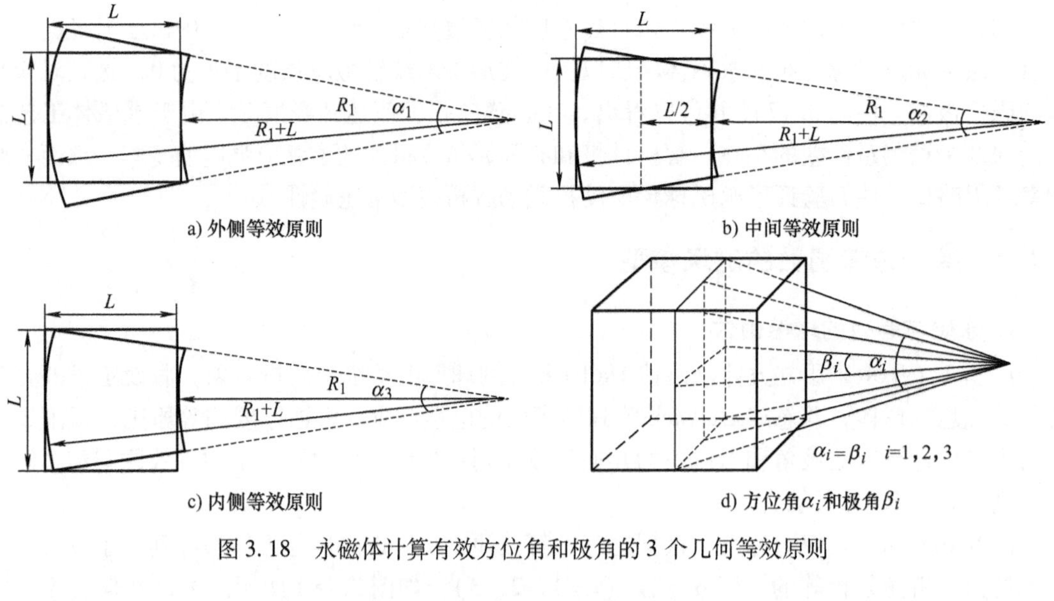

图 3.18 永磁体计算有效方位角和极角的 3 个几何等效原则

$$\alpha_1 = 2\arctan\frac{L/2}{R_1} \tag{3.30}$$

式中，L 为立方体永磁体的边长；R_1 为从内侧到球形转子中心的半径。

类似的，对于中间等效原则和内侧等效原则，立方体永磁体几何上对应的方位角和极角范围为（见图 3.18b、c）

$$\alpha_2 = 2\arctan\frac{L/2}{R_1 + L/2} \tag{3.31}$$

$$\alpha_3 = 2\arctan\frac{L/2}{R_1 + L} \tag{3.32}$$

2. 球谐函数的引入

将该电动机的磁场分为 5 个区域（Region），如图 3.19 所示，其中区域 3 是永磁体，区域 1 是电动机的气隙。根据麦克斯韦方程有

$$\boldsymbol{B}_{(1)} = \mu_0 \boldsymbol{H}_{(1)}, \boldsymbol{B}_{(2)} = \mu_0\mu_a \boldsymbol{H}_{(2)} \tag{3.33}$$

$$\boldsymbol{B}_{(3)} = \mu_0\mu_r \boldsymbol{H}_{(3)} + \mu_0 \boldsymbol{M}_0, \boldsymbol{B}_{(4)} = \mu_0\mu_a \boldsymbol{H}_{(4)} \tag{3.34}$$

$$\boldsymbol{B}_{(5)} = \mu_0 \boldsymbol{H}_{(5)} \tag{3.35}$$

式中，$\boldsymbol{B}_{(i)}$ 为区域 i 的磁感应强度；$\boldsymbol{H}_{(i)}$ 为区域 i（i=1，2，3，4，5）的磁场强度；$\boldsymbol{M}_0$ 为永磁体的剩磁；μ_0 为真空磁导率；μ_r 为 NdFe35 的磁导率；μ_a 为转子磁轭材料的磁导率。

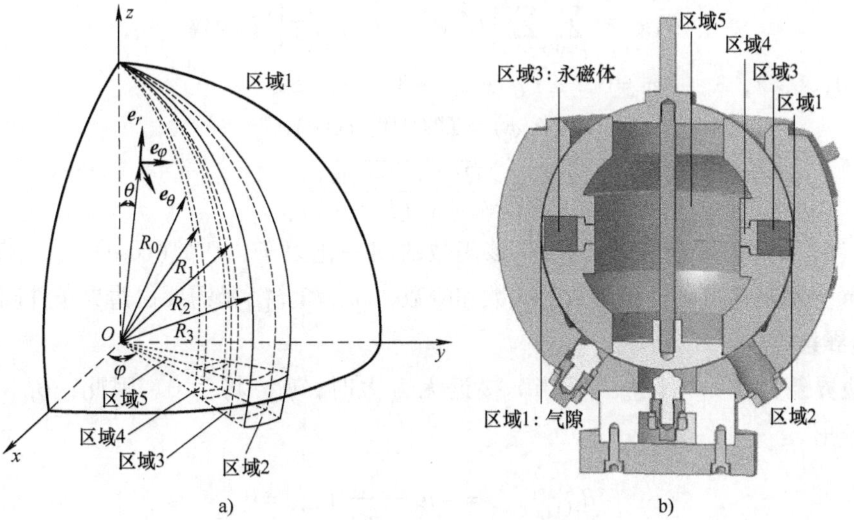

图 3.19　永磁球形电动机区域划分

标量磁位在没有自由电流的单连通域中描述永磁体时非常方便。由于区域 1、2、4 和 5 是无电流区域，而 $\boldsymbol{H}$ 是无旋场，$\nabla\times\boldsymbol{H}_{(i)} = 0$，因此这些区域的磁场很容易用标量磁位来表示，记为 ψ。假设 $\boldsymbol{H}_{(i)} = -\nabla\psi_{(i)}$，根据磁通量连续定律，有

$$\nabla\cdot\boldsymbol{B}_{(i)} = 0, \boldsymbol{B}_{(i)} = \mu\boldsymbol{H}_{(i)} \quad i = 1,2,4,5 \tag{3.36}$$

式中，μ 是当前区域的磁导率。然后

$$\nabla^2\psi_{(i)} = 0 \tag{3.37}$$

此外，区域 3 是永磁体的区域。根据磁通量连续定律，有

$$\nabla\cdot\boldsymbol{B}_{(3)} = \nabla\cdot(\mu_0\mu_r\boldsymbol{H}_{(3)} + \mu_0\boldsymbol{M}_0) = 0 \tag{3.38}$$

因此

$$\boldsymbol{\nabla} \cdot \boldsymbol{H}_{(3)} = -\boldsymbol{\nabla} \cdot \frac{\boldsymbol{M}_0}{\mu_r} \tag{3.39}$$

将 $\boldsymbol{H}_{(3)} = -\boldsymbol{\nabla}\psi_{(3)}$ 代入式（3.39）有

$$\boldsymbol{\nabla}\psi_{(3)}^2 = -\boldsymbol{\nabla} \cdot \frac{\boldsymbol{M}_0}{\mu_r} \tag{3.40}$$

因为转子球面上永磁体阵列是对称排布的，所以 $\boldsymbol{\nabla} \cdot \boldsymbol{M}_0 = 0$。由此可以获得所有 5 个区域的拉普拉斯方程，即

$$\boldsymbol{\nabla}^2\psi_{(i)} = 0 \quad i = 1,2,3,4,5 \tag{3.41}$$

在图 3.19a 所示球坐标系中，标量磁位的拉普拉斯方程可表示为

$$\frac{1}{r^2}\frac{\partial}{\partial r}\left(r^2\frac{\partial\psi_{(i)}}{\partial r}\right) + \frac{1}{r^2\sin\theta}\frac{\partial}{\partial\theta}\left(\sin\theta\frac{\partial\psi_{(i)}}{\partial\theta}\right) + \frac{1}{r^2\sin^2\theta}\frac{\partial^2\psi_{(i)}}{\partial\varphi^2} = 0 \tag{3.42}$$

式中，r 是当前位置到转子球心的距离，i 是区域编号，$\psi_{(i)}$ 表示当前区域的标量磁位。磁场强度为

$$\boldsymbol{H} = \left[-\frac{\partial\psi}{\partial r} \quad -\frac{1}{r}\frac{\partial\psi}{\partial\theta} \quad -\frac{1}{r\sin\beta}\frac{\partial\psi}{\partial\varphi}\right]^{\mathrm{T}} \tag{3.43}$$

式（3.42）的通解是一系列球谐函数的线性组合，如式（3.44）所示。

$$\psi_{(i)} = \sum_{l=0}^{\infty}\sum_{m=-l}^{m=l}\left[c_{l(i)}^m r^l + d_{l(i)}^m \frac{1}{r^{l+1}}\right]Y_l^m(\theta,\varphi) \tag{3.44}$$

式中，$l = 0, 1, 2, 3\cdots$，$m = 0, \pm 1, \pm 2, \pm 3, \cdots, \pm l$。

$$Y_l^m(\theta,\varphi) = T_l^m P_l^{|m|}(\cos\theta)\mathrm{e}^{im\varphi} \tag{3.45}$$

$$T_l^m = \sqrt{\frac{2l+1}{4\pi}\frac{(l-|m|)!}{(l+|m|)!}} \tag{3.46}$$

式中，$Y_l^m(\theta,\varphi)$ 是球谐函数，T_l^m 是该函数的归一化因子，$P_l^{|m|}(\cos\theta)$ 是连带勒让德函数，l 和 m 分别是连带勒让德函数的次数和阶数，$c_{l(i)}^m$ 和 $d_{l(i)}^m$ 是需要由边界条件确定的系数。

3. 边界条件

1）边界条件Ⅰ： 在区域 1，当 r 接近无穷大时，$\psi_{(i)}$ 将为 0。因此，$B_{r(1)}$ 可以由式（3.47）给出。

$$B_{r(1)}|_{r\to\infty} = -\mu_0\frac{\partial\psi_{(i)}}{\partial r}|_{r\to\infty} = 0 \tag{3.47}$$

将式（3.44）代入式（3.47），则 $c_{l(1)}^m = 0$。

2）边界条件Ⅱ： 区域 5 是中空区域，当 r 变为 0 时，标量磁位不可能无穷大，所以有

$$B_{r(1)}|_{r\to 0} = -\mu_0\frac{\partial\psi}{\partial r}|_{r\to 0} \neq \infty \tag{3.48}$$

结合式（3.44）和式（3.48），可以得到 $d_{l(5)}^m = 0$。

3）边界条件Ⅲ： 根据磁场媒质的分界面衔接条件，$\boldsymbol{B}$ 的法向分量和 $\boldsymbol{H}$ 的切向分量都是连续的，因此

$$\begin{cases}\boldsymbol{B}_{r(1)}|_{r=R_3}=\boldsymbol{B}_{r(2)}|_{r=R_3};\ \boldsymbol{H}_{\theta(1)}|_{r=R_3}=\boldsymbol{H}_{\theta(2)}|_{r=R_3};\ \boldsymbol{H}_{\varphi(1)}|_{r=R_3}=\boldsymbol{H}_{\varphi(2)}|_{r=R_3}\\ \boldsymbol{B}_{r(2)}|_{r=R_2}=\boldsymbol{B}_{r(3)}|_{r=R_2};\ \boldsymbol{H}_{\theta(2)}|_{r=R_2}=\boldsymbol{H}_{\theta(3)}|_{r=R_2};\ \boldsymbol{H}_{\varphi(2)}|_{r=R_2}=\boldsymbol{H}_{\varphi(3)}|_{r=R_2}\\ \boldsymbol{B}_{r(3)}|_{r=R_1}=\boldsymbol{B}_{r(4)}|_{r=R_1};\ \boldsymbol{H}_{\theta(3)}|_{r=R_1}=\boldsymbol{H}_{\theta(4)}|_{r=R_1};\ \boldsymbol{H}_{\varphi(3)}|_{r=R_1}=\boldsymbol{H}_{\varphi(4)}|_{r=R_1}\\ \boldsymbol{B}_{r(4)}|_{r=R_0}=\boldsymbol{B}_{r(5)}|_{r=R_0};\ \boldsymbol{H}_{\theta(4)}|_{r=R_0}=\boldsymbol{H}_{\theta(5)}|_{r=R_0};\ \boldsymbol{H}_{\varphi(4)}|_{r=R_0}=\boldsymbol{H}_{\varphi(5)}|_{r=R_0}\end{cases} \tag{3.49}$$

4）转子磁场描述：永磁体的磁化方向如图 2.7 所示，根据 Halbach 阵列原理，其剩磁 $\boldsymbol{M}_0$ 如式（3.50）所示。其中方位角 φ 和极角 θ 的范围可由式（3.51）给出。

$$\boldsymbol{M}_0=\begin{bmatrix}M_{0r}\\M_{0\theta}\\M_{0\varphi}\end{bmatrix}=|\boldsymbol{M}_0|\begin{bmatrix}\cos[\varphi-(j-1)(1-p)\varphi_0]\sin\theta\\ \cos[\varphi-(j-1)(1-p)\varphi_0]\cos\theta\\ -\sin[\varphi-(j-1)(1-p)\varphi_0]\end{bmatrix}\quad j=1,2,3,\cdots,16,p=1,2,3,4 \tag{3.50}$$

$$\frac{-\varphi_0}{3}+(j-1)\varphi_0\leqslant\varphi\leqslant\frac{\varphi_0}{3}+(j-1)\varphi_0,\qquad \frac{\pi}{2}-\frac{\varphi_0}{3}\leqslant\theta\leqslant\frac{\pi}{2}+\frac{\varphi_0}{3} \tag{3.51}$$

式中，j 是第 j 个永磁体，p 是 Halbach 阵列的第 p 极，k 是一个 Halbach 磁极的永磁体数量，$\varphi_0=2\pi2pk$ 是两个相邻立方体永磁体的轴构成的角度。转子其他区域的剩余磁化强度视为 0。

显然，只有 $\boldsymbol{M}_0$ 的径向分量支持转子运动，而 $\boldsymbol{M}_0$ 的其他两个分量所产生的均是指向球心的力。因此，只采用 $\boldsymbol{M}_0$ 的径向分量来制定磁场模型，则

$$\boldsymbol{M}_{0r}(\theta,\varphi)=|M_0|\cos[\varphi-(j-1)(1-p)\varphi_k]\sin\theta \tag{3.52}$$

将 $\boldsymbol{M}_{0r}(\theta,\ \varphi)$ 通过 $Y_l^m(\theta,\ \varphi)$ 展开，可得

$$M_{0r}(\theta,\varphi)=\sum_{l=0}^{\infty}\sum_{m=-l}^{l}Q_l^m Y_l^m(\theta,\varphi) \tag{3.53}$$

这里，Q_l^m 为

$$Q_l^m=\int_0^{2\pi}\int_0^{\pi}M_{0r}(\theta,\varphi)Y_l^{*m}(\theta,\varphi)\sin\theta\mathrm{d}\theta\mathrm{d}\varphi=|M_0|\int_0^{2\pi}f(\varphi)e^{-im\varphi}\mathrm{d}\varphi\int_0^{\pi}T_l^mP_l^m(\cos\theta)\sin^2\theta\mathrm{d}\theta \tag{3.54}$$

式中，$Y_l^{*m}(\theta,\ \varphi)$ 和 $Y_l^m(\theta,\ \varphi)$ 互为复共轭，$f(\varphi)=\cos[\varphi-(j-1)(1-p)\varphi_0]$。因此，$Q_l^m$ 可以表示为

$$Q_l^m=|M_0|c_{lm}(a_m\pm b_m i) \tag{3.55}$$

进一步可得

$$a_m\pm b_m i=\int_0^{2\pi}f(\varphi)e^{-im\varphi}\mathrm{d}\varphi=\sum_{j=1}^{2pk}\int_{-\varphi_0/3+(j-1)\varphi_0}^{\varphi_0/3+(j-1)\varphi_0}f(\varphi)\mathrm{e}^{-im\varphi}\mathrm{d}\varphi \tag{3.56}$$

$$c_{lm}=\int_{\pi/2-\varphi_0/3}^{\pi/2+\varphi_0/3}T_l^mP_l^m(\cos\theta)\sin^2\theta\mathrm{d}\theta \tag{3.57}$$

式中，a_m、b_m 和 c_{lm} 是实数。求出 $a_m\pm b_m i$ 的积分后，得

$$a_m\pm b_m i=\frac{1}{m-1}\sin\frac{(m-1)\pi1}{24}\frac{-\mathrm{e}^{-i2\pi(m-4)}}{1-\mathrm{e}^{-i\pi\frac{m-4}{8}}}+\frac{1}{m+1}\sin\frac{(m+1)\pi1}{24}\frac{-\mathrm{e}^{-i2\pi(m+4)}}{1-\mathrm{e}^{-i\pi\frac{m+4}{8}}} \tag{3.58}$$

结果显示，若 $a_m\pm b_m i=0$，要求 $1-\mathrm{e}^{-i\pi\frac{m-4}{8}}$ 或 $1-\mathrm{e}^{-i\pi\frac{m+4}{8}}$ 等于零。所以

$$\begin{cases} \dfrac{m-4}{8}=0,\ \pm2,\ \pm4,\ \pm6,\ \pm8,\cdots \\ \dfrac{m+4}{8}=0,\ \pm2,\ \pm4,\ \pm6,\ \pm8,\cdots \end{cases} \tag{3.59}$$

因此，只有当 $m=\pm4$，±12，±20，…时，才有 $Q_l^m \neq 0$。

4. 标量磁位的特解

通过边界条件与标量磁位拉普拉斯方程，标量磁位的特解可表示为

$$\psi_{(1)} = \sum_{l=0}^{\infty}\sum_{m=-l}^{m=l}\left(d_l Q_l^m \frac{1}{r^{l+1}}\right)Y_l^m(\theta,\varphi) \tag{3.60}$$

式中，r 是当前位置到转子球心的距离，d_l 和 Q_l^m 可从本节前面所述的内容推导得到，详细表达式可参见文献［76］。

将式（3.60）代入式（3.43），可得

$$B_{r(1)} = \sum_{l=0}^{\infty}\sum_{m=-l}^{m=l}\mu_0 d_l Q_l^m\left(\frac{l+1}{r^{l+2}}\right)Y_l^m(\theta,\varphi) \tag{3.61}$$

$$B_{\theta(1)} = \sum_{l=0}^{\infty}\sum_{m=-l}^{m=l}\mu_0 d_l Q_l^m\left(\frac{-1}{r^{l+2}}\right)\frac{\partial Y_l^m(\theta,\varphi)}{\partial\theta} \tag{3.62}$$

$$B_{\varphi(1)} = \sum_{l=0}^{\infty}\sum_{m=-l}^{m=l}\mu_0 d_l Q_l^m\left(\frac{-1}{r^{l+2}\sin\theta}\right)\frac{\partial Y_l^m(\theta,\varphi)}{\partial\varphi} \tag{3.63}$$

这里只研究径向磁感应强度 $\boldsymbol{B}_{r(1)}$ 的计算。由式（3.59）不难得到当 $m=\pm4$，±12，±20，…时才有 $Q_l^m\neq0$，且 B_r 的基波分量 $l=4$，$m=\pm4$。由于 b_m 在非常小的量级上是正负对称性，可以忽略为零，所以共轭复数项会抵消。于是有 $B_{r(1)}$ 的解为

$$B_{r(1)} = \frac{15\sqrt{35}\mu_0|M_0|a_4c_{44}d_4}{8\sqrt{2}\pi r^6}\sin^4\theta\cos4\varphi \tag{3.64}$$

5. 模型的工程修正

四阶四次的连带勒让德函数波形沿极角方向较宽，而转子有限元分析所得空间磁感应强度波形沿极角方向较窄，根据图3.18所示立方体永磁体阵列的对称性，可为式（3.64）引入工程修正参数，以修正含有连带勒让德函数的永磁球形电动机径向磁感应强度模型。于是有

$$B_{r(1)} = \frac{15\sqrt{35}\mu_0|M_0|a_4c_{44}d_4}{8\sqrt{2}\pi r^6}\sin^{4\tau}\theta\cos4\varphi \tag{3.65}$$

所研究永磁球形电动机的转子总共16个立方体永磁体，其中8个充磁方向为非径向充磁，所以只有一半永磁体在 $\theta=\pi/2$ 的球面上构成了8个极点。这意味着一个永磁体所产生的气隙磁感应强度对应赤道1/8的圆周范围。立方体永磁体是几何对称的，因此可以认为在极角方向，当前磁极的有效磁场在方位角方向覆盖的范围相同。可以令 τ 为磁极数，即 $\tau=8$，可得磁感应强度表达式的最终径向分量为

$$B_{r(1)} = \frac{15\sqrt{35}\mu_0|M_0|a_4c_{44}d_4}{8\sqrt{2}\pi r^6}\sin^{32}\theta\cos4\varphi \tag{3.66}$$

$B_{\theta(1)}$ 和 $B_{\varphi(1)}$ 也可以用同样的方法得到。此处不对其进行描述，因为如前所述，仅讨论

气隙磁感应强度的径向分量。需要注意的是，所引入的工程修正方法仅适用于类似图 2.7 所示的转子永磁体在方位角方向和极角方向上绝对几何对称性的永磁球形电动机。如果极角方向的永磁体尺寸与方位角方向的尺寸不同，则不能采用此方法修正模型。

图 3.20 表达了本节所述的三种永磁体几何等效模型与实际单个立方体永磁体有限元磁感应强度对比结果，其中观察线设置在 $\theta=90°$。可以看到，所提三种等效模型所产生的 B_r 和 B_φ 与实际立方体永磁体所产生磁场波形在幅值和变化趋势上均高度一致。

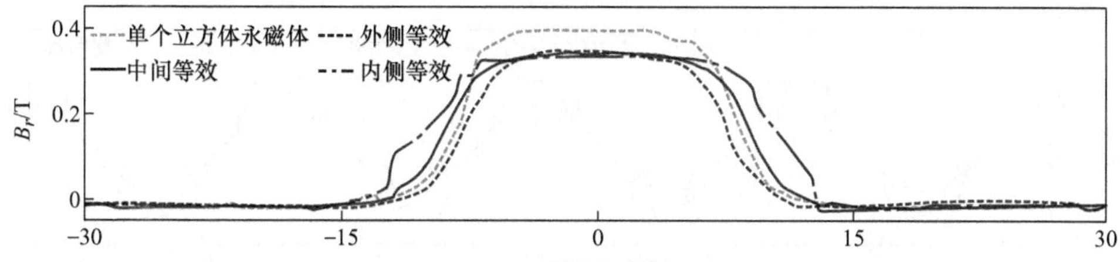

a)

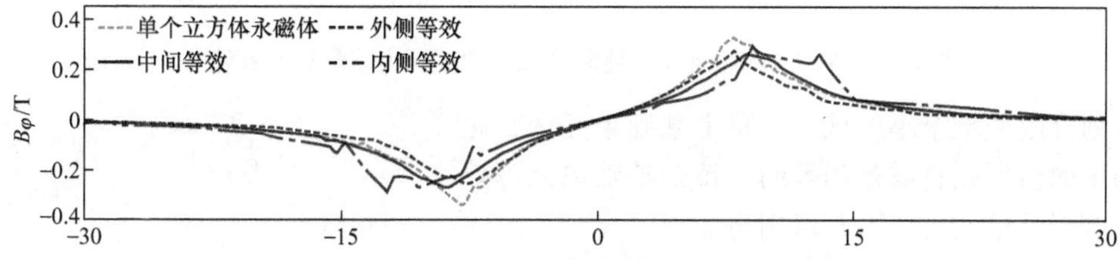

b)

图 3.20 单永磁体磁场的球谐函数等效结果对比

为选择最适合所研究永磁球形电动机的永磁体几何等效模型，将 3 种几何等效模型和实际立方体永磁体模型对整个转子 16 个永磁体组成的 Halbach 阵列的径向磁感应强度进行有限元对比分析，如图 3.21 所示。有限元分析的观测线定义在极角 $\theta=90°$和 $\theta=82.5°$处。

可以发现三种永磁体几何等效模型所得到的 B_r 趋势和幅值上均与由 Halbach 阵列有限元计算得到的结果一致。以实际立方体永磁体的磁感应强度波形为基准，通过三种几何等效模型的磁感应强度波形方均根误差（Root Mean Square Error，RMSE）比较不难发现，最理想的立方体永磁体几何等效原则是中间等效原则。

3.1.3 基于等效磁网络法的磁场模型

等效磁网络（Magnetic Equivalent Circuit，MEC）法将 FEA 法与等效磁路法的优点综合起来，能够在较短时间内得到准确的结果。本节以图 2.1 所示的永磁球形电动机为分析对象，运用 MEC 法分析球形电动机的定子磁场分布和转子永磁体磁场分布。首先，分析空心圆柱形定子线圈的面电流与圆柱形永磁体磁化强度的关系，将定子线圈等效成圆柱形永磁体。然后在柱坐标下，分析球形电动机定子线圈的磁场分布，最后通过坐标转换，将柱坐标系下的磁场分布转换成球坐标系下的磁场分布。同理，运用 MEC 法分析圆柱形永磁体的磁场分布。

由于球形电动机的定子线圈是空心圆柱体形状，永磁体的结构也为圆柱体，因此这里的分析是针对柱坐标系进行的。与 FEA 法类似，MEC 法是根据磁通管的原理，将要分析的空

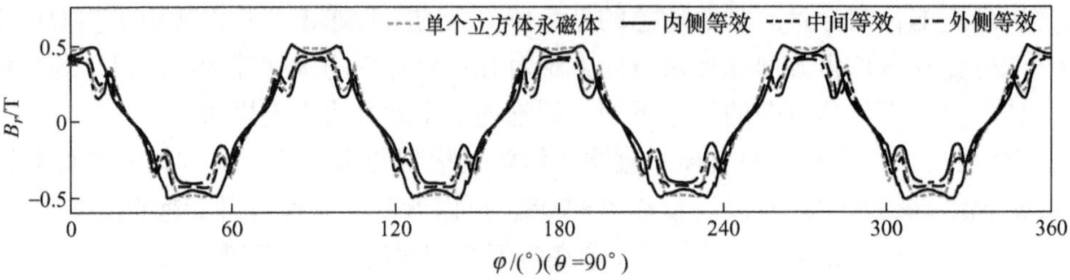

a)

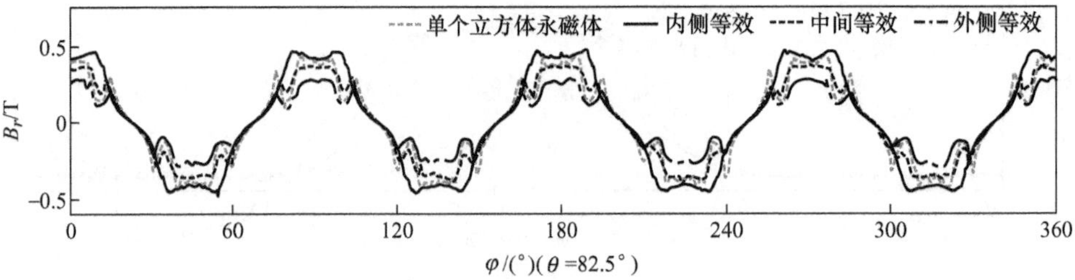

b)

图 3.21 转子 Halbach 永磁体阵列磁场的球谐函数等效结果对比

间区域划分成若干个小区域，在每个基础单元内，磁感应强度的值可以看成是相等的，每个基础单元等效成一个磁网络单元，如图 3.22 所示。

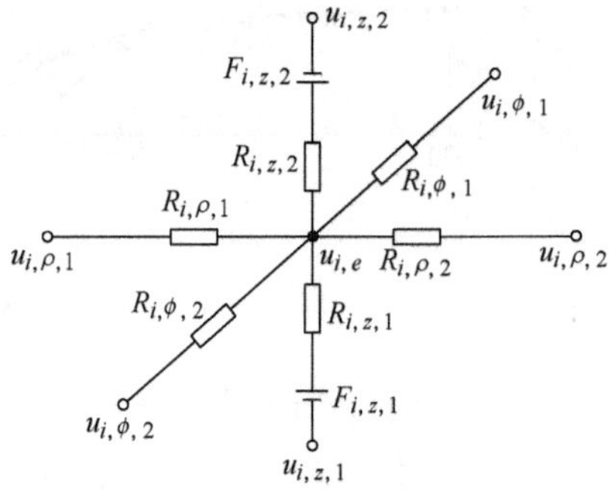

图 3.22 三维 MEC 磁阻单元

在图 3.22 中，3 个支路分别代表磁感应强度在柱坐标下的 3 个单元，下标 i 代表第 i 个单元，e 代表中心节点，u、R、F 分别代表纯磁势、磁阻和磁动势。磁阻单元通过相连接的节点连接，这样就构成整个 MEC。

在柱坐标下，每个坐标轴是 3 个支路，在 ρ、ϕ 和 z 支路中磁通可表示为

$$\Phi_{i,m,n}=\frac{1}{R_{i,m,n}}(u_{i,e}-u_{i,m,n}-F_{i,m,n})\qquad m=\rho,\phi,z;n=1,2 \tag{3.67}$$

式中，1、2 分别表示一个支路中的两个方向。

根据磁路的基尔霍夫定律可得，流进中心节点的磁通等于流出中心节点的磁通。这个原理可以表示为

$$\sum_{m=\rho,\phi,z}\sum_{n=1,2}\Phi_{i,m,n}=0 \tag{3.68}$$

根据磁能量属性，在每条支路中，磁能与磁感应强度的关系可表示为

$$W_{i,m}=\frac{1}{2\mu_0}v_iB_{i,m}^2\qquad m=\rho,\phi,z \tag{3.69}$$

式中，v_i 为单元的体积；μ_0 为空气磁导率；$B_{i,m}$ 为支路的磁感应强度。

在每条支路中，磁能也可以表示为

$$W_{i,m}=\frac{1}{4}R_{i,m}\sum_{n=1}^{2}\Phi_{i,m,n}^2\qquad m=\rho,\phi,z \tag{3.70}$$

式中，$R_{i,m}$为每个单元的磁阻。

将式（3.69）和式（3.70）联立，可得

$$B_{i,m} = \sqrt{\frac{\mu_0 R_{i,m} \sum_{n=1}^{2} \Phi_{i,m,n}^2}{2v}} \qquad m = \rho, \phi, z \tag{3.71}$$

磁感应强度 $B_{i,m}$的方向跟磁场的极性有关。

1. 基于 MEC 法的定子磁场

由于电动机的材料中没有铁磁材料，因此磁场的饱和性可以忽略，球形电动机总的定子线圈磁场可以通过单个定子线圈分析结果运用叠加定理的原则得到。

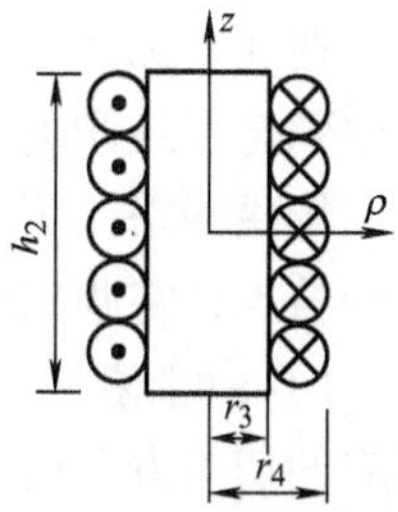

图 3.23　定子线圈的横截面

定子线圈的结构为空心圆柱，在柱坐标下它的横截面如图 3.23 所示，它的面电流密度为

$$J_p = \begin{cases} 0 & 0 \leqslant \rho < r_3 \\ J & r_3 \leqslant \rho \leqslant r_4 \end{cases} \tag{3.72}$$

$$J = \frac{NI}{(r_4 - r_3)h_2} \tag{3.73}$$

式中，r_4 为定子线圈的外径；r_3 为定子线圈的内径；h_2 为定子线圈的高度。

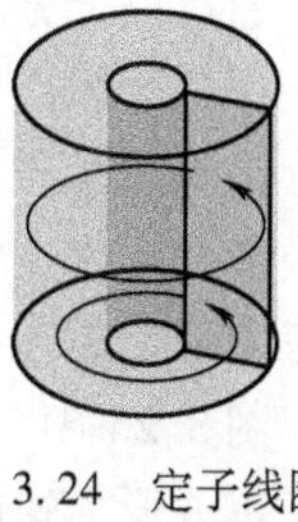
图 3.24　定子线圈的有限元模型

对线圈做理想化假设：导线之间没有缝隙，电流均匀分布，垂直通过线圈圆柱的各处竖截面。导线垂直于圆柱轴绕制，同一高度处各圈导线中电流回路为同心圆关系，不同高处各圈导线中电流回路所在平面相互平行，如图 3.24 所示。

一般而言，在一个相对磁导率为 $\mu = \mu_0\mu_{\mathrm{m}}$ 的材料中磁感应强度 B 可以表示为

$$B = \mu_0\mu_{\mathrm{m}} H + \mu_0 M_\rho \tag{3.74}$$

式中，H 为磁场强度，M_ρ 为磁化强度，μ_{m} 为相对磁导率。

将式（3.74）两边同时取旋度可得

$$\nabla \times \frac{\boldsymbol{B}}{\mu_0\mu_{\mathrm{m}}} = \nabla \times \frac{\boldsymbol{M}_\rho}{\mu_{\mathrm{m}}} \tag{3.75}$$

式（3.75）左侧有电流密度的量纲，表示为

$$\boldsymbol{J}_p = \nabla \times \frac{\boldsymbol{M}_\rho}{\mu_{\mathrm{m}}} \tag{3.76}$$

式（3.76）建立了用电流表示永磁体的关系。如果电流已知，那么等效的永磁体也可以得到。

为了确保等效永磁体产生的磁场与定子线圈产生的磁场相等。由右手螺旋定则可得等效永磁体的磁化方向沿其轴线方向。由于定子线圈的空心结构，等效永磁体的磁场也分为空心的恒定磁场部分与随着半径变化的变化磁场部分，且其对应的部分与定子线圈的内外径相等，等效的永磁体可表示为

$$M_{\rho,z} = \begin{cases} \mu_{\mathrm{r}} J(r_4 - r_3) & 0 \leqslant \rho < r_3 \\ \mu_{\mathrm{r}} J(r_4 - \rho) & r_3 \leqslant \rho \leqslant r_4 \end{cases} \tag{3.77}$$

等效永磁体的矫顽力 H_c 可以表示为

$$H_c = \frac{M_{\rho,z}}{\mu_r} \tag{3.78}$$

由于圆柱形永磁体的磁场在空间的分布是对称的，为简化等效永磁体的网络结构，可以选择一个过定子线圈中心轴的切片，整个空间的磁场可以通过切片的磁场得到。定子线圈切片的尺寸如图3.25所示，其三维MEC如图3.22所示。

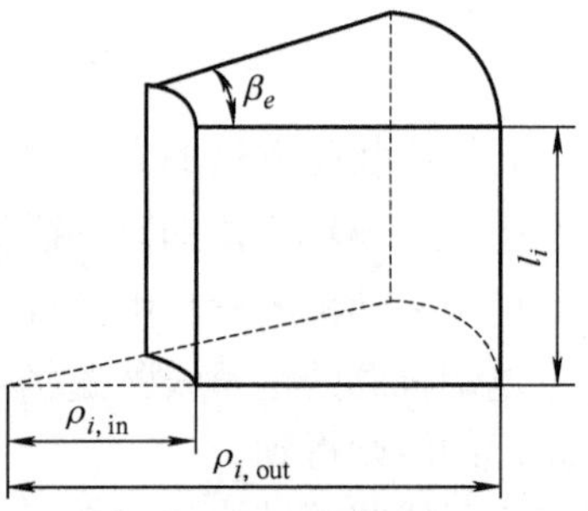

图3.25 柱坐标下磁阻单元的空间坐标

在柱坐标系下，圆柱形永磁体的切向磁感应强度为0。考虑到定子线圈的空心圆柱结构，因此三维MEC可以简化成二维磁网络。为了简化分析，根据圆柱形永磁体磁场分布的特点，将圆柱形永磁体的边界条件设定如下：

1）由于磁场的切向磁感应强度为0，因此磁网络中相对应的切向方向的支路是开路的。

2）由于圆柱形永磁体的磁感应强度关于圆柱体的中性面（即永磁体的腰部截面）对称，在这个平面上的磁势是相等的，因此在磁网络中的相关节点是开路的。

3）在圆柱形永磁体轴线上的磁场和空气域最外层的磁场，由于满足平行边界条件，因此在磁网络中相关节点是短路的。

通过以上分析可知，单个定子线圈切片的磁网络如图3.26所示。深色区域部分代表永磁体的磁化强度 M_ρ 是常数的部分，浅色部分是等效永磁体中磁化强度 M_ρ 随着半径的变化而变化的部分，剩余部分代表空气域。每个单元对应图中每个虚线包围的部分，实心正方形代表图中的等磁势点，这里磁势的数值设为0。

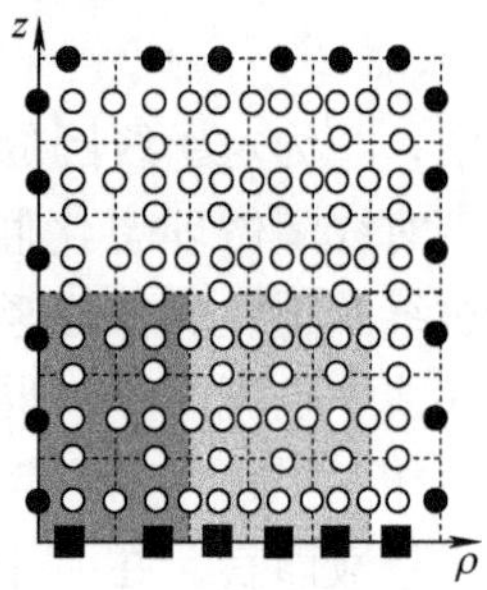

图3.26 定子线圈的MEC模型

图3.26中，空心圆圈表示正常节点，实心圆圈表示开路节点，实心正方形为短路节点。柱坐标系下，ρ 和 z 支路方向的磁阻为

$$R_{i,\rho,1} = R_{i,\rho,2} = \frac{R_{i,\rho}}{2} = \frac{1}{2\mu}\int_{\rho_{i,\text{in}}}^{\rho_{i,\text{out}}} \frac{\mathrm{d}\rho}{\rho\beta_e l_i} = \frac{1}{2\mu l_i \beta_e}\ln\frac{\rho_{i,\text{out}}}{\rho_{i,\text{in}}} \tag{3.79}$$

$$R_{i,z,1} = R_{i,z,2} = \frac{R_{i,z}}{2} = \frac{1}{\mu}\int_{z_{i,1}}^{z_{i,2}} \frac{\mathrm{d}z}{\beta_e(\rho_{i,\text{out}}^2 - \rho_{i,\text{in}}^2)} = \frac{l_i}{\mu\beta_e(\rho_{i,\text{out}}^2 - \rho_{i,\text{in}}^2)} \tag{3.80}$$

磁动势的大小与矫顽力、长度的关系可以表示为

$$F_{i,z,1} = -F_{i,z,2} = \frac{H_c l_i}{2} \tag{3.81}$$

基于上面的分析，在柱坐标系下，径向和轴向的圆柱形定子线圈磁感应强度 B_ρ、B_z 可以按照式（3.67）~式（3.71）运用MEC法计算出来。在距离定子线圈0.5mm处画一条平行与顶面半径的直线，线上各点的磁感应强度分布如图3.27所示；在距离定子线圈0.25mm且平行于轴线的线上各点的磁感应强度分布如图3.28所示。

球形电动机在球坐标系下的径向磁感应强度 B_r 与电动机的转矩有密切关系。下面来分析球形电动机定子线圈的径向磁感应强度。在球坐标系下 B_r 的可以表示为

$$B_r = B_\rho \sin\theta + B_z \cos\theta \tag{3.82}$$

式中，θ 为空间中的点到电动机球心的连线与定子线圈的轴线之间的角度。

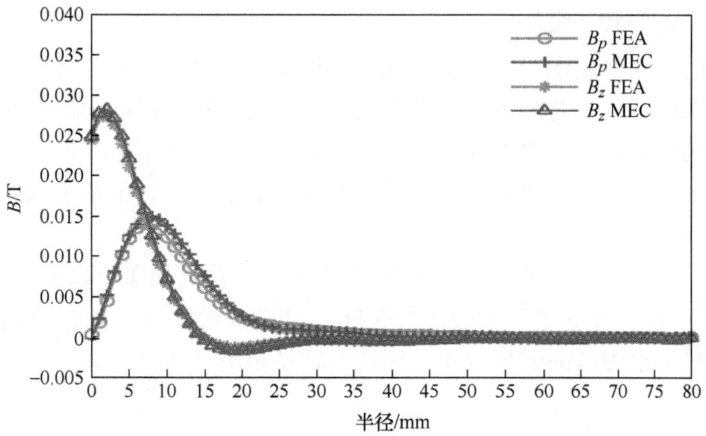

图 3.27　柱坐标系下距离定子线圈 0.5mm 处的磁感应强度

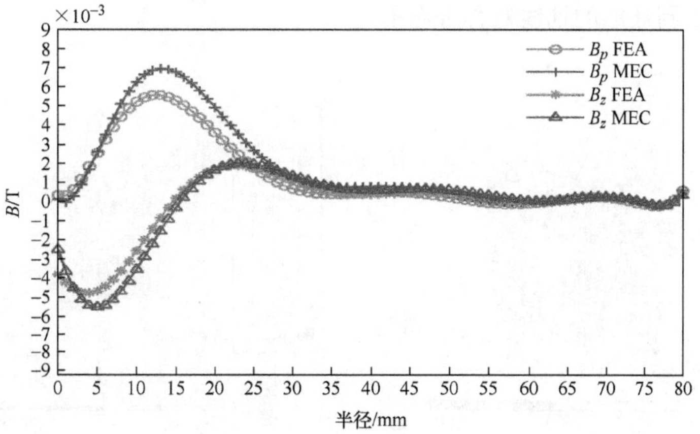

图 3.28　柱坐标系下距离定子线圈 0.25mm 处的磁感应强度

根据式（3.82）可以得到定子线圈的 B_r，如图 3.29 所示。可以看出在定子线圈轴线上磁感应强度达到最大值，为 0.028T；随着偏离中心轴的角度增大，定子线圈的磁感应强度减小，当偏离角度达到 0.26rad 时，定子线圈的磁感应强度接近为 0。当定子线圈之间的角度达到 0.52rad 时，定子线圈之间的相互影响可以忽略。

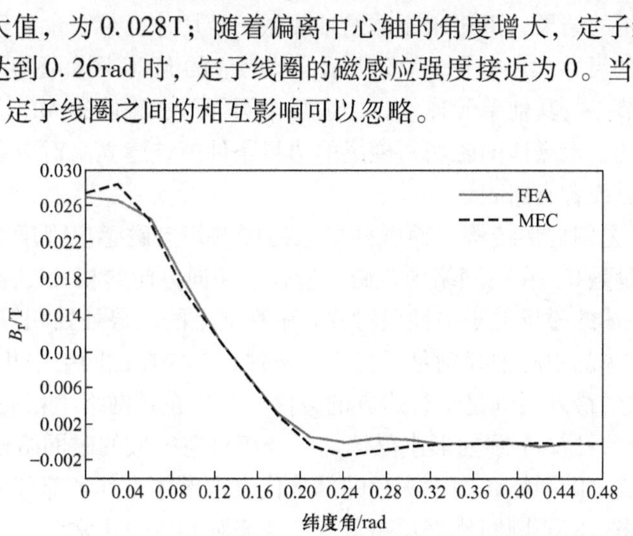

图 3.29　定子线圈径向磁感应强度与纬度角之间的关系

2. 基于 MEC 法的转子磁场

转子永磁体的磁场与定子线圈的磁场相互作用来产生电磁转矩。考虑永磁体是圆柱形的情况，在定子线圈磁场分析的基础上，采用同样的方法分析球形电动机的转子磁场。

永磁球形电动机的圆柱形永磁体对称排列在转子球上，由于电动机中无铁磁材料，因此球形电动机磁场的饱和性可以忽略，整个转子永磁体的磁场可以由单个永磁体的磁场通过叠加定理得到。

为便于分析，首先在柱坐标系下，分析永磁球形电动机的单个圆柱形永磁体的磁场分布。运用 MEC 法原理，建立单个永磁体的 MEC，推导永磁体的单元磁阻表达式与磁动势表达式，分析得到单个永磁体的磁场分布。因此，转子磁场在球坐标系下的分布可以通过坐标转换得到。

建立永磁球形电动机的转子永磁体的有限元模型，如图 3.30 所示。图 3.30a 所示为整个电动机的转子永磁体的磁力线分布，图 3.30b 为单个永磁体的磁力线分布。通过观察，永磁体的磁场是关于圆柱形的轴线对称分布的。

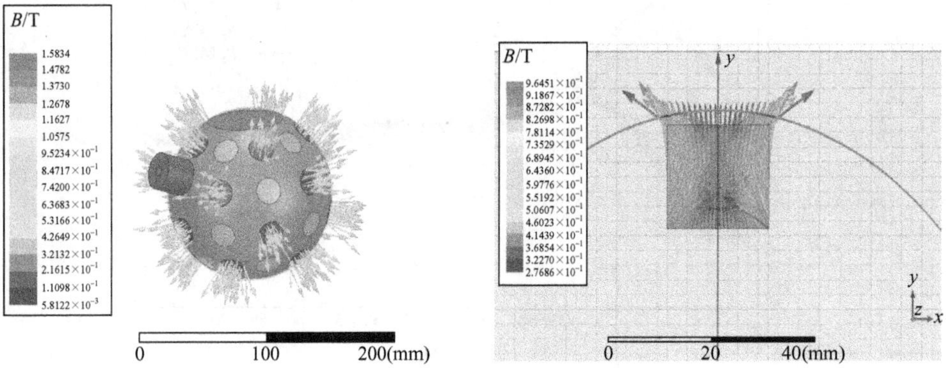

a) b)

图 3.30 永磁体的有限元模型

依据有限元分析的结果，可过永磁体的轴线做一个切片，整个永磁体的磁场可以通过切片扩展得到。切片的尺寸大小如图 3.25 所示，其对应的 MEC 图如图 3.22 所示。每个磁阻单元通过相连接的节点与其他单元连接，构成整个圆柱形永磁体的 MEC。

为了准确得到转子永磁体的磁场，磁场的边界条件应该建立。对应在磁网络中，边界条件可以由相关的节点或者支路表示。

1）由于永磁体是圆柱形结构，而圆柱形永磁体的切向磁感应强度为 0，因此永磁体磁感应强度的切向分量是 0，在磁网络中，磁感应强度切向方向的相关支路开路。

2）圆柱形永磁体的磁场关于中性面对称，中性面上的磁势处处相等。

3）圆柱形永磁体的中心轴线满足平行边界条件，对应在磁网络中相关节点短路。

4）由于空气域的最外层满足平行边界的条件，对应在磁网络中相关节点短路。

根据以上的分析，1/2 个圆柱形永磁体切片及相对空气域的磁网络模型如图 3.31 所示，三维磁阻单元退化成二维网络，图中深色的部分代表永磁体，其余部分为空气域，每个磁阻单元由虚线包围起来，实心圆圈代表短路节点，空心圆圈代表正常节点，实心正方形代表开路节点。

由于永磁体是圆柱形结构，ρ 和 z 支路方向的磁阻分别如式（3.79）和式（3.80）所示。磁动势的大小如式（3.81）所示。由于它与定子线圈的等效永磁体的尺寸、材料参数以及剖分的数量不同，因此 MEC 剖分的数量与定子线圈的等效永磁体不同，矫顽力的大小也不同于定子线圈的等效永磁体。这里永磁体的剖分数量为 8 万个。

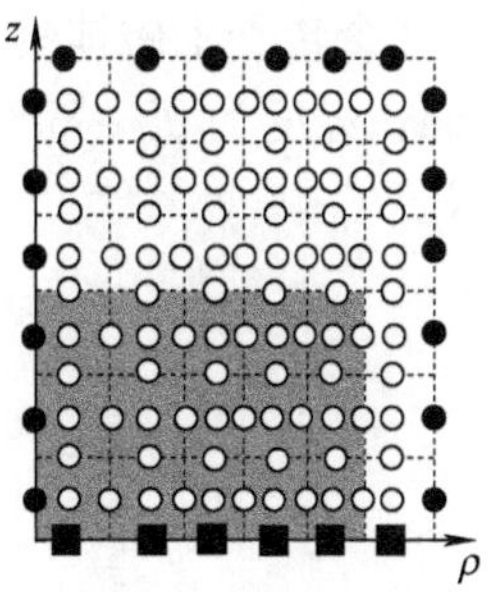

图 3.31　永磁体的 MEC 模型

永磁体在空间各点的磁感应强度可以运用式（3.67）~式（3.71）得到，进而运用 FEA 法，对所得的结果进行验证。图 3.32 所示为柱坐标系下距离圆柱形永磁体顶面 0.5mm 处的磁感应强度分布。

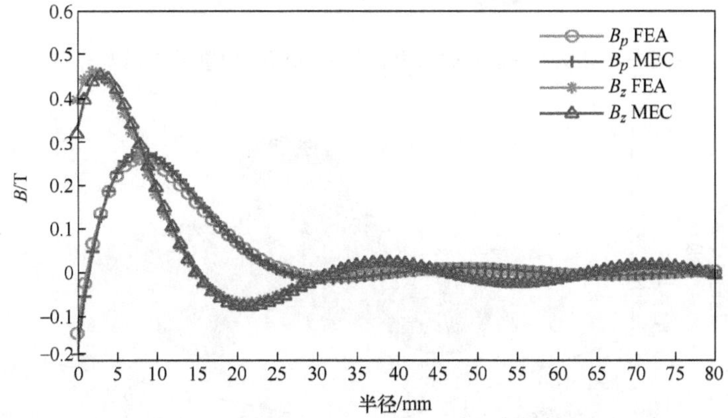

图 3.32　柱坐标系下距离圆柱形永磁体顶面 0.5mm 处的磁感应强度分布

由图 3.32 可以看出 MEC 法的结果跟 FEA 法的结果一致，在永磁体近处的磁感应强度值比远处大。在电动机设计工作中，应该合理选择定、转子间的距离。

在球坐标系下，磁感应强度的径向分量 B_r 与转矩有密切关系。为了得到永磁体的径向磁感应强度，按照式（3.81）计算出在球坐标下，半径 $r=68$mm，以圆柱形永磁体的轴线为纬度为 0°的点，得到径向磁感应强度与纬度的变化曲线如图 3.33 所示。当纬度角在圆柱形永磁体的轴线上时，径向磁感应强度的值最大，为 0.38T，当偏离轴线的纬度达到 0.20rad 时，B_r 接近为 0。

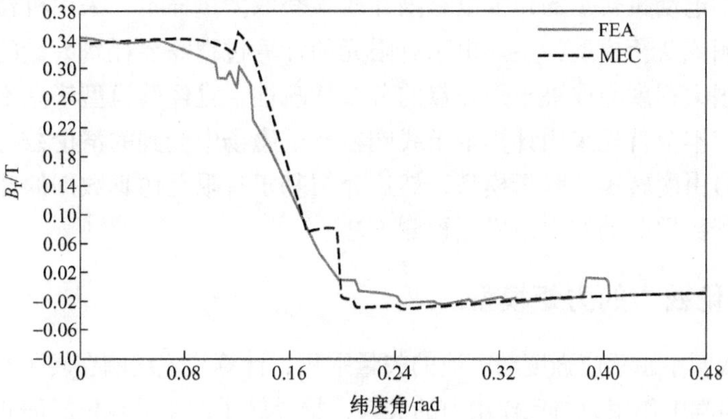

图 3.33　球坐标系下圆柱形永磁体的磁感应强度分布

整个转子永磁体的磁场可以通过单个永磁体的磁感应强度运用叠加定理得到，在 $r=68\text{mm}$，经度为0°~80°，纬度为0°~60°时的曲面上的磁感应强度分布如图3.34、图3.35所示。

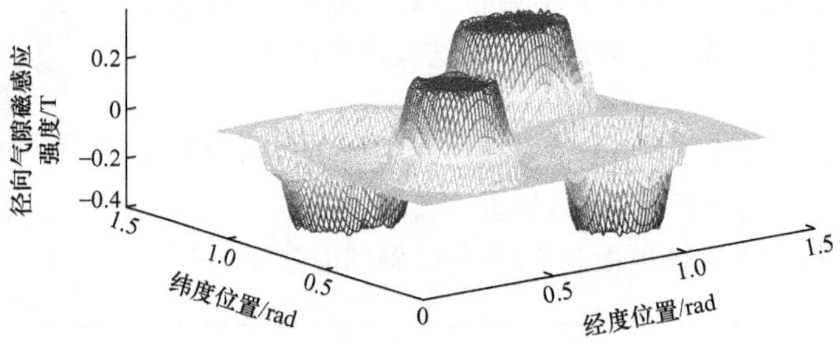

图3.34　MEC法永磁球形电动机在球面上的磁感应强度分布

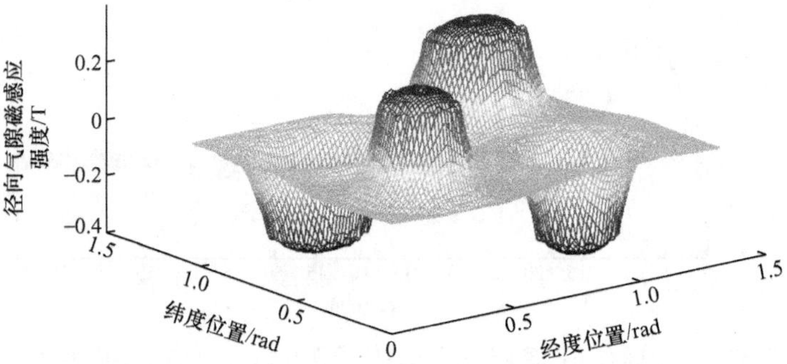

图3.35　FEM法永磁球形电动机在球面上的磁感应强度分布

从图3.34和图3.35可以看出，MEC法分析得到的磁场分布结果与FEA法分析得到的结果有高度的一致性。MEC法剖分的小单元体积相对大，剖分较为粗糙，且建模过程中忽略了端部效应和漏磁影响，导致MEC法分析得到的磁场比FEA法得到的磁场结果略高。

3.2　永磁球形电动机的力矩模型

目前对于球形电动机转矩的建模以有限元模拟获取大量样本，采用机器学习方法，获得电动机转矩的黑箱或灰箱模型为主。由于有限元的计算过程需要耗费大量的计算资源，所建立模型的精确度很大程度上取决于采样点的分布稀疏性，且经验模型毕竟不能保证真实反映转矩的产生机理。本节首先采用计算定子线圈在转子磁场中受到的洛伦兹力的方法，建立永磁球形电动机三自由度转矩的解析模型，然后介绍基于有限元仿真数据的球形电动机拟合模型建立方法和基于数据驱动的力矩模型预测方法。

3.2.1　基于洛伦兹力的力矩模型

本节将通过线圈中磁感应强度与电流的矢量乘积，计算载流线圈在转子空载磁场中受到的洛伦兹力。根据力学中作用力与反作用力的关系，推导转子产生的在定子静止坐标系中的电磁转矩。最后采取力的叠加定理，将各通电线圈产生的转矩累加，作为转子上产生的总转矩值。

对于具体的三自由度球形电动机，电磁转矩的建模有两种可行方案。

1）直接在定子静止坐标系中，根据定子的结构，采用3.1.1节提出的磁场模型，积分计算通电线圈所处位置的转子坐标系磁感应强度 $B_R=[B_{XR}, B_{YR}, B_{ZR}]^T$，然后通过坐标变换折算为定子坐标系磁感应强度数值 $B_S=[B_{XS}, B_{YS}, B_{ZS}]^T$；同时根据线圈在定子坐标系中位置，得到线圈中各点位置的定子坐标系电流元 $J_S=[J_{XS}, J_{YS}, J_{ZS}]^T$；积分计算线圈所受到的定子坐标系洛伦兹力，根据作用力与反作用力关系，配合电磁力力臂长，得到转子在定子坐标系中三自由度转矩 $T_S=[T_{XS}, T_{YS}, T_{ZS}]^T$。流程如图3.36所示

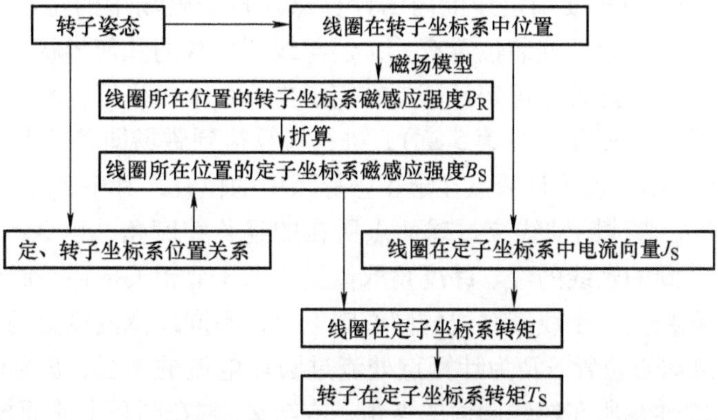

图3.36　转矩计算方案1流程图

2）事先将通过单位电流的定子线圈，在转子表面不同经纬度上受到的转子坐标系中电磁转矩，预存成三张转矩Map图。每次计算时根据转子姿态计算线圈在转子坐标系中的经、纬度，先查转矩Map图获得在转子坐标系中的转矩，再根据定、转子坐标系的位置关系，折算得到定子坐标系中的转矩。通过预置数据的方法，避免了后面每次计算都要进行的磁感应强度和洛伦兹力两个积分运算，可以大大降低运算时间。其流程如图3.37所示。

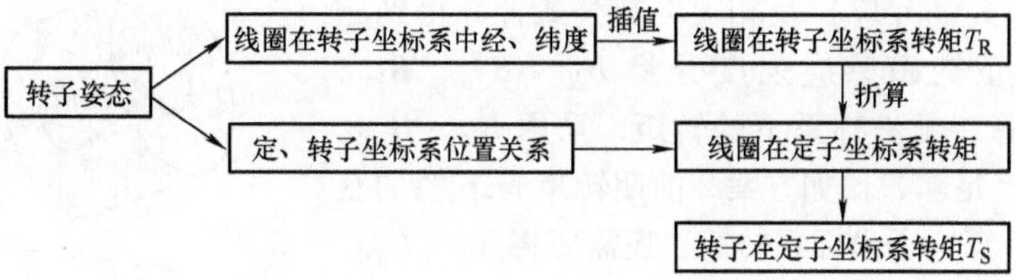

图3.37　转矩计算方案2流程图

其中转子坐标系转矩Map图获取方法流程如图3.38所示。

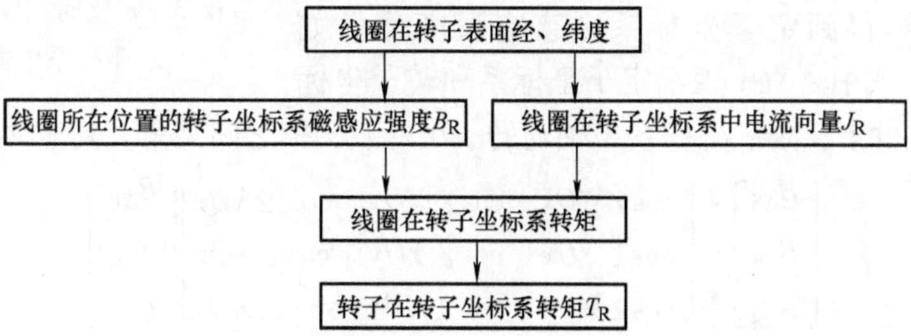

图3.38　转子坐标系转矩Map图计算流程

1. 基于磁感应强度/洛伦兹力双积分的 T_S 解析模型

采用磁感应强度/洛伦兹力双积分方法计算转子三自由度转矩，其优势在于：由于采用的磁感应强度和电流是在定子静止坐标系中的分量，所以计算出的洛伦兹力和转矩也是定、转子坐标系下的数值。但劣势也很明显：两次积分运算导致这个方案的运算时长较长，将无法满足实时控制的速度要求。但是方案1的基本方法是后面改进方案的基础，因此首先进行介绍。

由于空载磁场的不均匀性，处于其中的线圈的内部各点的磁感应强度分量数值要分别加以确定。根据图3.36，首先要确定线圈内的计算点在转子磁场中的位置，显然这个位置不仅与定子线圈在定子壳体上的安装位置有关，还与线圈自身的几何形状以及转子与定子之间的旋转位置变化有关，因此首先确定计算点在定子坐标系中的坐标，然后根据球面相对运动的四元数描述及相关变换矩阵（见第5章），进行换算得到磁场即转子坐标系中的坐标值。

采用图3.39所示模型表示计算点在定子坐标系中的位置，其中 X_S、Z_S 为定子坐标系的两个坐标轴，θ_{lon}、θ_{lat} 为线圈轴线穿过球面点所在的经、纬度角，以 X_S 指向为经度、纬度零位置。具体每个线圈的轴线的经、纬度角取值见2.1.3节相关描述。假设理想的线圈模型中，所有电流为一系列垂直于线圈轴线的同心圆电流，不同线圈高度上的电流同心圆相互平行。L 为计算点距离球心位置，R 为计算点处流过圆环电流的半径，θ 为计算点与电流环中心的连线半径与线圈轴线所在经线圆面的夹角，或与 Z_S 轴在圆环电流面投影的夹角。以 Z_S 正半轴投影位置为零位置，根据电流圆环中心点的坐标加上环上点的偏移量，可得计算点在定子坐标系中坐标值 P（X_S，Y_S，Z_S）为

$$\begin{cases}X_S=(L\cos\theta_{lat}-R\cos\theta\sin\theta_{lat})\cos\theta_{lon}+R\sin\theta\sin\theta_{lon}\\Y_S=(L\cos\theta_{lat}-R\cos\theta\sin\theta_{lat})\sin\theta_{lon}-R\sin\theta\cos\theta_{lon}\\Z_S=L\sin\theta_{lat}+R\cos\theta\cos\theta_{lat}\end{cases}\tag{3.83}$$

然后由式（3.16）计算点在磁场中的坐标值 P（X_R，Y_R，Z_R）。采用式（3.17）及相关补充公式计算得到磁场坐标系中的正交磁感应强度分量 B_R（B_{XR}，B_{YR}，B_{ZR}）。若要计算转子坐标系下的转矩，采用 B_R（B_{XR}，B_{YR}，B_{ZR}）已经足够，比如方案2前期转矩Map图的获取过程。若要计算定子坐标系转矩，还需要将 B_R（B_{XR}，B_{YR}，B_{ZR}）换算到定子坐标系的 B_S（B_{XS}，B_{YS}，B_{ZS}）。先采用轴单位向量旋转加余弦定理的方法，得到定子坐标系与转子坐标系6个坐标轴之间的9个夹角，采用空间投影方法计算得到定子坐标系磁感应强度分量如式(3.84)所示。式中 $\angle XOx$ 表示定子坐标系和转子坐标系的原点重合条件下，定子坐标系 X 轴与转子坐标系 x 轴之间夹角。其他夹角以此类推。

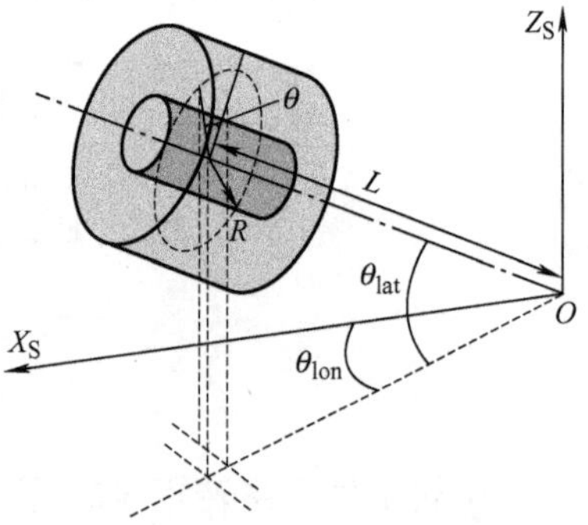

图3.39 线圈电流微元在定子坐标系中的位置

$$\begin{bmatrix}B_{XS}\\B_{YS}\\B_{ZS}\end{bmatrix}=\begin{bmatrix}\cos\angle XOx & \cos\angle XOy & \cos\angle XOz\\\cos\angle YOx & \cos\angle YOy & \cos\angle YOz\\\cos\angle ZOx & \cos\angle ZOy & \cos\angle ZOz\end{bmatrix}\begin{bmatrix}B_{XR}\\B_{YR}\\B_{ZR}\end{bmatrix}\tag{3.84}$$

在确定了线圈内部计算点的磁感应强度数值后，还需要知道这些点的正交电流分量，方

能计算所受到的电磁力。采用图 3.40 所示模型表示线圈中电流微元所处位置与正交电流分量数值关系。由定子外侧沿线圈轴线向球心看去，以逆时针电流为正向电流，取轴线在定子球面上经、纬度为 θ_{lon}、θ_{lat} 处的线圈，内部某一圆心距转子球心距离为 L，环流路径的半径为 R 的圆环电流回路中，与 Z_S 轴在此电流圆环平面上投影夹角为 θ 处的点，即上面磁感应强度计算点同一点处。假设此点位置的电流矢量微元 dI 的模值为 J。根据向量投影与合成，得计算点处电流向量分量 $J_S=[J_{XS}, J_{YS}, J_{ZS}]^T$ 为

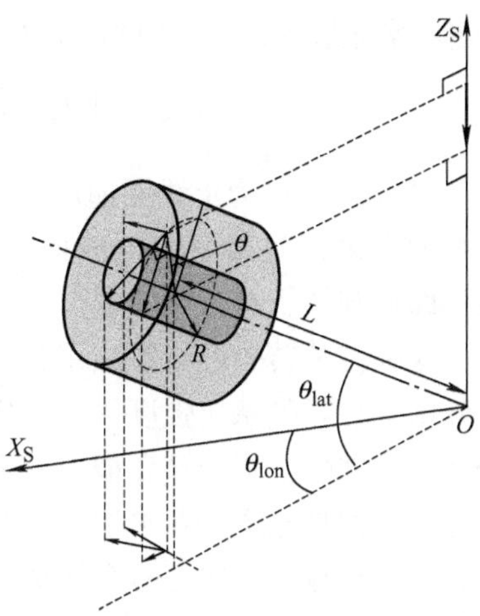

图 3.40 线圈中电流微元分量关系

$$\begin{cases}J_X=J(\sin\theta\sin\theta_{lat}\cos\theta_{lon}+\cos\theta\sin\theta_{lon})\\J_Y=J(\sin\theta\sin\theta_{lat}\sin\theta_{lon}-\cos\theta\cos\theta_{lon})\\J_Z=-J\sin\theta\cos\theta_{lat}\end{cases}\tag{3.85}$$

式中，电流矢量微元 dI 的模 J 是线圈过电流截面上的电流密度，所研究的电动机定子线圈设计为 500 匝，因此

$$J=\frac{500I}{(R_1-R_2)H}\tag{3.86}$$

式中，I 为线圈电流输入值，$R_1=5\text{mm}$、$R_2=15\text{mm}$ 分别为线圈内、外径，$H=13.5\text{mm}$ 为线圈高度（见表 2.3 所述）。

下面计算定子坐标系中的洛伦兹力及转矩：在已知通电线圈内部各点处的磁感应强度分量和电流分量的条件下，可计算这些点所受到的电磁力，累计即为整个线圈受到的电磁力；根据作用力和反作用力的关系取反，再乘以各点距离球心距离作为力臂，即可得到整个线圈通电之后产生的三自由度电磁转矩。在定子静止坐标方向设定下，根据洛伦兹力的积分形式，在计算域 V 范围内，则

$$F_S=\int_V f_S\mathrm{d}v=\int_V J_S\times B_S\mathrm{d}v\int_V\begin{vmatrix}x&y&z\\J_{XS}&J_{YS}&J_{ZS}\\B_{XS}&B_{YS}&B_{ZS}\end{vmatrix}\mathrm{d}v\tag{3.87}$$

线圈内各计算点处洛伦兹力 f_S 正交分量 $[f_{XS}, f_{YS}, f_{ZS}]^T$ 为

$$\begin{cases}f_{XS}=J_{YS}B_{ZS}-J_{ZS}B_{YS}\\f_{YS}=J_{ZS}B_{XS}-J_{XS}B_{ZS}\\f_{ZS}=J_{XS}B_{YS}-J_{YS}B_{XS}\end{cases}\tag{3.88}$$

根据图 3.41 所示洛伦兹力分量与力臂位置关系，得计算点处的电磁力矩。取负号，即将线圈受力转换为转子反作用力转矩 $t_S=[t_{XS}, t_{YS}, t_{ZS}]^T$，即

$$\begin{cases}t_{XS}=f_{YS}z_S-f_{ZS}y_S\\t_{YS}=f_{ZS}x_S-f_{XS}z_S\\t_{ZS}=f_{XS}y_S-f_{YS}x_S\end{cases}\tag{3.89}$$

采用式（3.89），对整个线圈范围内所有点产生的转矩进行积分，即可得单线圈通电产生

的定子坐标系下的三自由度转矩 $T_S = [T_{XS}, T_{YS}, T_{ZS}]^T$：

$$T_{XS} = \iiint_v t_{XS}\,\mathrm{d}x\mathrm{d}y\mathrm{d}z \tag{3.90}$$

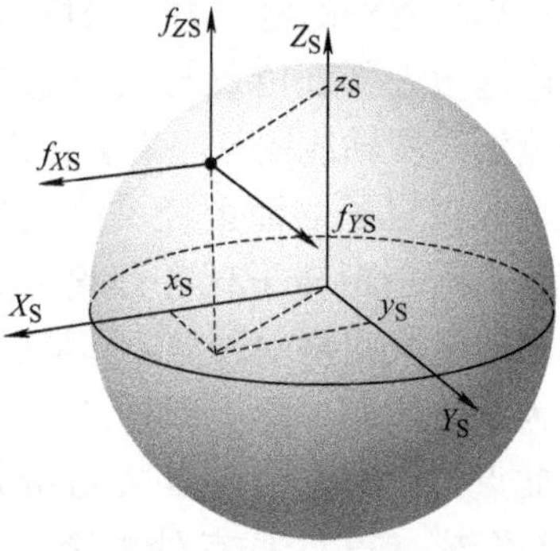

图 3.41 计算点洛伦兹力分量与力臂关系

式（3.90）为单线圈通电产生转矩的表达式。根据力的叠加定理，对每个通电线圈分别计算产生的转矩后累加，即得到转子总转矩数值。

这种转子转矩解析方法用到了两处积分运算，一元定积分用于计算磁感应强度，三重定积分用于计算线圈总体转矩。且这两处积分存在嵌套关系，因为获得线圈内每个点的转矩都要进行 64 次磁感应强度计算，即 16 块永磁体、每个永磁体 4 次、每个侧面 1 次计算，所以转矩的三重定积分中又反复调用了磁感应强度一元定积分。因此从编程的角度看，整个程序的主要时间复杂度由这两个积分的嵌套决定，同时计算精度也由这两个积分的数值处理方式决定。因此这里对积分的处理方法和参数选择对结果的影响，进行简单分析。

由于将磁感应强度观测点的位置信息压缩成了一个角度变量 β，从而简化成了一元积分。对于一元积分常用的数值计算方法有矩形公式、梯形公式和抛物线公式，即

$$\text{矩形公式：}\int_a^b f(x)\,\mathrm{d}x \approx (b-a)f\left(\frac{a+b}{2}\right) \tag{3.91}$$

$$\text{梯形公式：}\int_a^b f(x)\,\mathrm{d}x \approx \frac{1}{2}(b-a)[f(a)+f(b)] \tag{3.92}$$

$$\text{抛物线公式：}\int_a^b f(x)\,\mathrm{d}x \approx \frac{1}{6}(b-a)\left[f(a)+4f\left(\frac{a+b}{2}\right)+f(b)\right] \tag{3.93}$$

除了这 3 种公式自身的计算精度外，整个积分区域划分成多少个区间来使用近似计算，也对最终结果的精度和耗时有重要影响。

对于力矩积分式（3.90）采用极限求和方法进行数值计算：

$$\iiint_V f(x,y,z)\,\mathrm{d}v = \lim_{\Delta V\to 0}\sum_{i=1}^{n} f(x_i,y_i,z_i)\Delta V \tag{3.94}$$

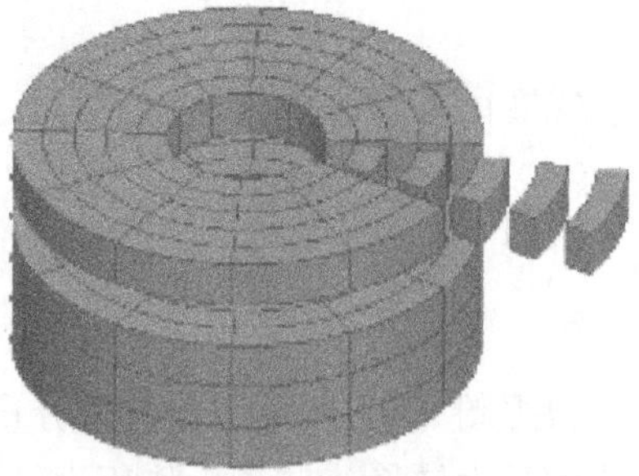

图 3.42 线圈的体积元素划分

显然影响积分计算精度和速度的主要因素就是闭合积分域 V 的体积元素 ΔV 的大小，即累加单元的精细程度。具体到球形电动机定子线圈中的应用，如图 3.42 所示对整个线圈的积分域进行划分：沿高度方向划分成若干层空心圆盘，每层再沿半径方向划分成若干同心环，每个环再随角度不同划分成若干段。由此整个线圈内部均匀分布的电流先划分成层电流，每层电流划分成多个环电流，环电流再近似成多边形电流。这样在每个体积元素内部可以认为磁感应强度是均匀的，数值上等于体积元素中心点处的数值。同时每个体积元素内电流近似为直线电流，方向为弧形体积元素的首截面中心指向尾截面中心，数值等于式（3.86）的电流密度乘以过电流截面面积。

为对比一元积分的三种数值计算公式效果，采用图 3.43 表示算例进行对比：给经、纬度均为 0°处的单线圈加载 1A 正向电流。假设转子保持 3 个欧拉角分别 $\alpha=0°$，β、γ 由 $-30°$同步旋转至 30°。预测由于没有绕 x 轴发生旋转，T_x 应保持为 0；沿纬线分布永磁体多于沿经线分布的永磁体，因此 T_z 波形宽度应宽于 T_y 波形；在 3 个欧拉角均为零的时刻，由于通电线圈与转子一个 N 极在一条直线上，径向力最强而切向力为 0，因此 3 个轴上转矩均为 0。分别采用抛物线、梯形、矩形公式结果对比如图 3.44 所示。

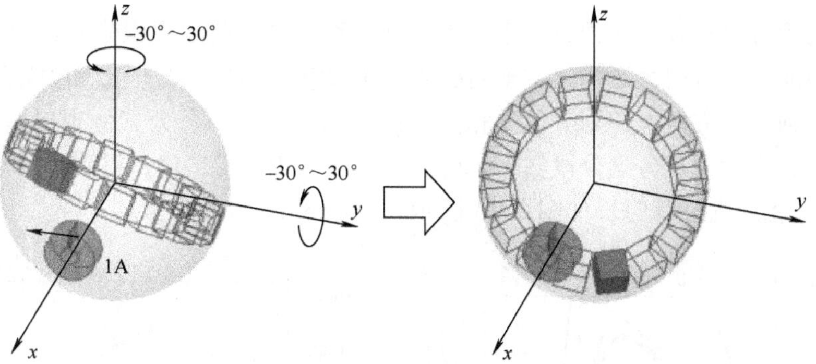

图 3.43　单线圈通电两欧拉角运动算例

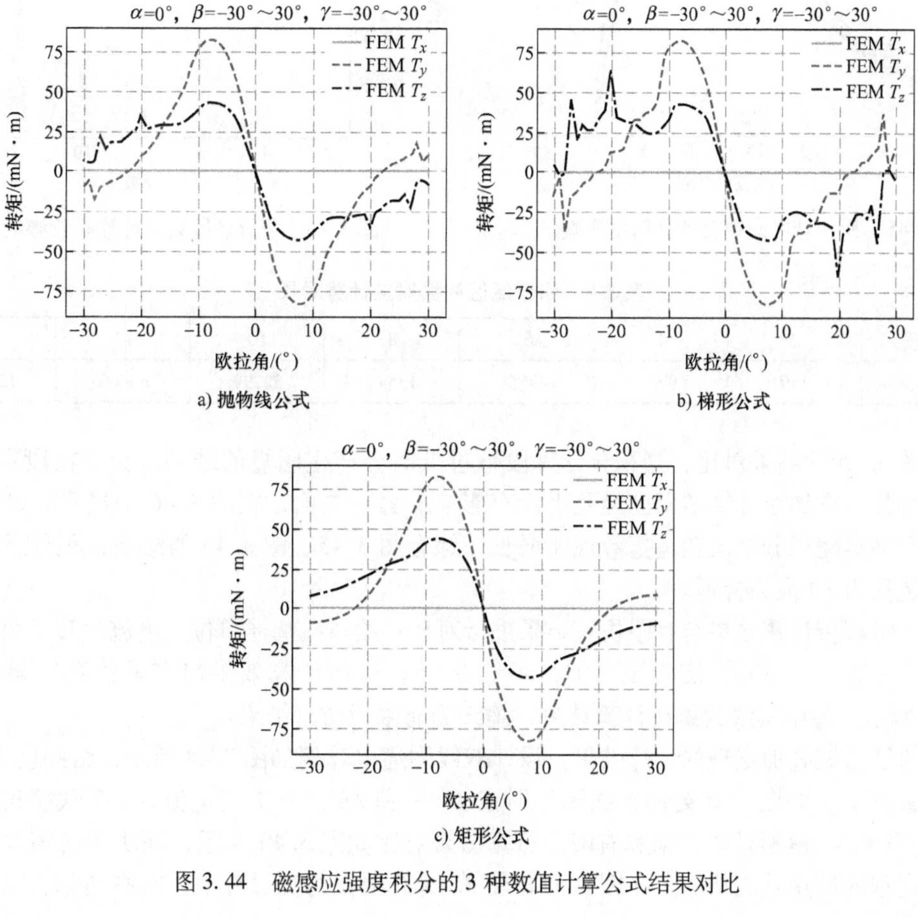

a) 抛物线公式

b) 梯形公式

c) 矩形公式

图 3.44　磁感应强度积分的 3 种数值计算公式结果对比

此算例计算过程中，除了采用的数值积分公式不同，其他处理参数均相同：在转矩积分中，线圈按高度、半径、圆周角如图 3.42 所示方式各拆分 8 次，即整个线圈划分为 8×8×8 个体积元素。磁感应强度的积分域也拆分成 8 段，分别运用数值积分公式。由图 3.44 可见，3 种公式的计算结果都符合上面对于转矩波形应具有特征的预测。但对比图 3.44 中 3 个波形的平滑度，即从计算结果的稳定性上来说，反而是表达式形式最简单、运算量最小的矩形公式计算效果最好。因此本章在转矩解析模型的程序化过程中采用矩形公式处理磁感应强度的积分运算。

除使用的积分公式外，对积分元素的大小即对积分域分段使用积分公式的区间大小，也对计算结果的准确性有很大影响。本章对磁感应强度积分域的划分段数和力矩积分域分别在高度、半径、圆周角方向上的划分段数相同。以上例中不同积分公式体现出差异最大的 T_{ZS} 为对比对象，分别设置积分划分段数 $n=2$、4、6、8、10、12、14，得到计算结果的对比如图 3.45 所示，相应的计算时长如图 3.46 所示及见表 3.1。

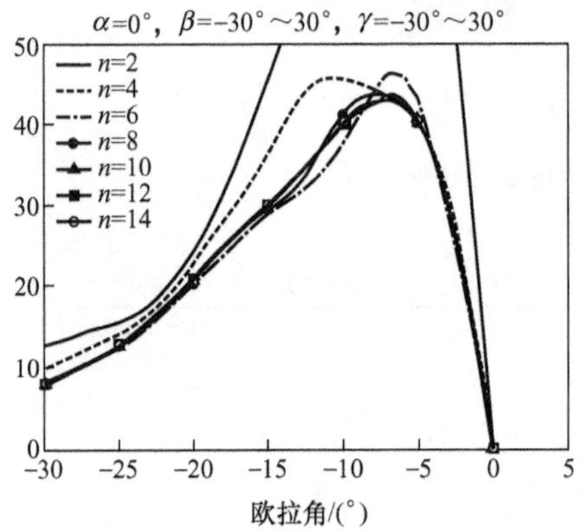

图 3.45 积分域区间数对计算精度影响

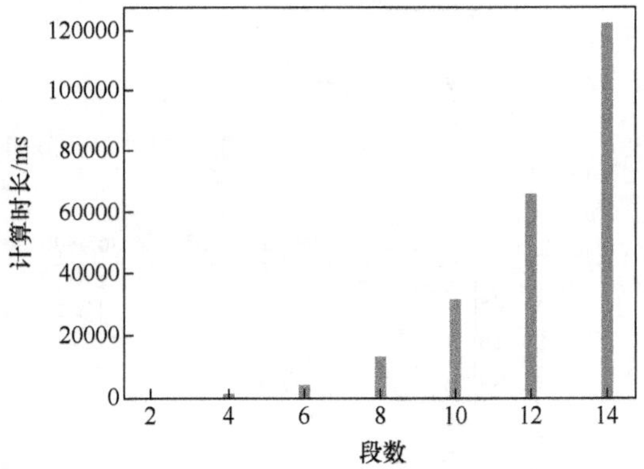

图 3.46 积分域段数对计算时长影响

表 3.1 积分域区间数对应计算时长

积分域段数	2	4	6	8	10	12	14
计算时长/ms	149	974	4375	13541	32299	66000	121496

由图 3.45 的结果对比，当积分计算段数过低时会产生明显的结果差异。在段数超过 8 之后，段数的增加对计算结果已经几乎没有影响。另一方面，在图 3.46 中显示，计算所消耗的时间基本随积分域段数呈指数规律增长。综合图 3.45、图 3.46 的结果，积分运算的区间段数选择为 10 最为合理。

最后将解析计算结果与有限仿真结果进行对比：给单线圈通单位正电流，转子由三欧拉角［0°，−30°，−30°］旋转至［0°，30°，30°］，解析计算效果与有限仿真结果比对如图 3.47所示。图中实线为解析计算结果，虚线为有限元仿真结果。

为验证力矩叠加定理的计算效果，设计双线圈通电算例如图 3.48 所示：给经度 30°、纬度 0°和经度 0°、纬度 −30°处两个线圈分别施加 1A 和 2A 的正方向电流，3 个欧拉角同步由 −30°转至 30°，解析计算结果和有限元仿真结果对比如图 3.49 所示，证明了转矩解析模型中叠加定理的运用是成功的。在图 3.47、图 3.49 有限元仿真过程中，网格剖分、收敛阈值等采用了软件默认设置，因而有限元结果波形出现了明显的振荡、毛刺现象，往往很多关键性的细节就被这些毛刺给掩盖掉了。而解析计算的结果则完全没有这种现象，由此说明了解析计算除了计算时间上的优势以外，还具有计算结果一致性高、计算误差小、受模型细节影响小的优势。

2. 基于 T_R 预存 Map 图的插值模型

基于磁感应强度/洛伦兹力双积分的转矩解析模型虽可以准确有效地计算出转子转矩的数值，但计算时长过长，如给出的两个算例在保证计算精度前提下，

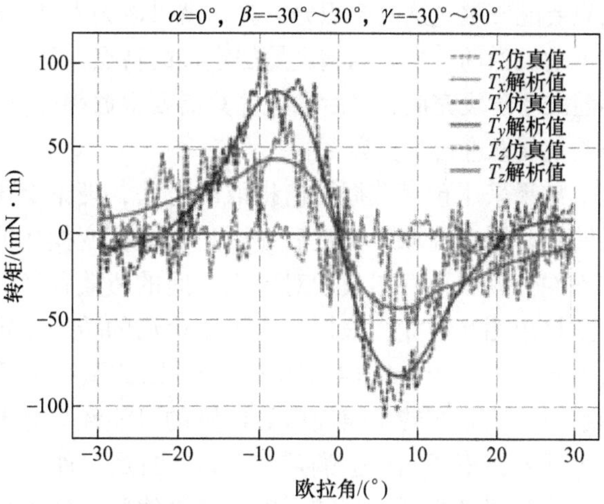

图 3.47　单线圈通电三欧拉角运动仿真与解析转矩对比

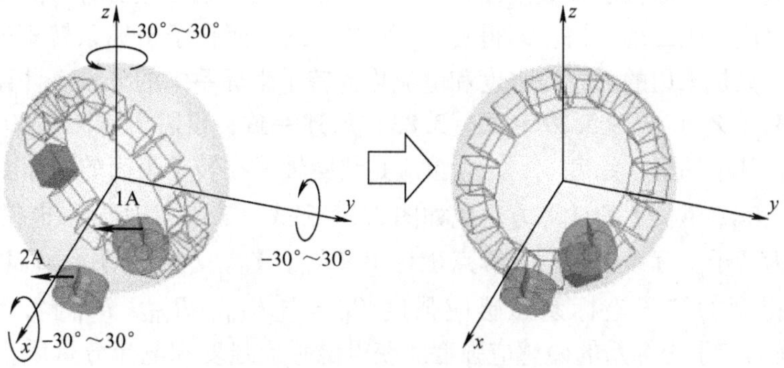

图 3.48　双线圈通电三欧拉角运动算例

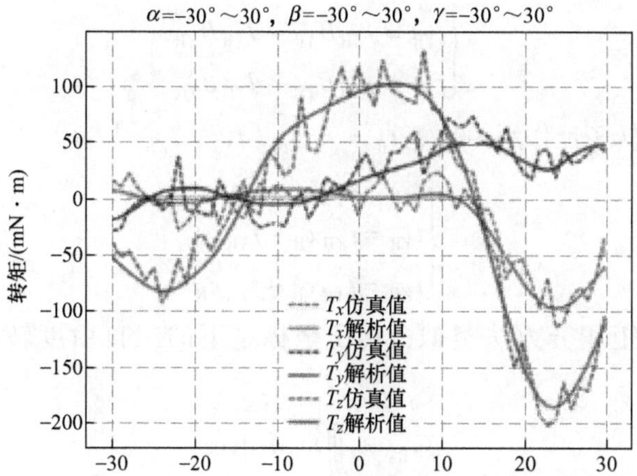

图 3.49　双线圈通电三欧拉角运动仿真与解析转矩对比

计算 60 个状态点数据耗时在 32s 左右，这样的计算效率是不能满足实时控制需要的。既然已经确定了整个计算的主要时间消耗是由磁感应强度和转矩两个相互嵌套的积分运算造成的，那

么只要能够跳过这两个积分运算，就可以大大加快转矩的计算速度。根据这一思路，利用所研究电动机磁场、力矩均满足叠加定理的特点，尝试预先存储转矩数值，将耗时的积分运算放在事前准备阶段完成，之后的运算只需要根据待计算的具体情况插值获得需要的转矩数值，而不需要重复地进行积分运算。

如果采用预存数据插值提取的方法，理论上预存定子坐标系转矩最方便，预存转子坐标系转矩，则在提取数值之后还要进行坐标变换才能得到定子坐标系转矩。但由于插值数据的准确性依赖于预存图或表对定义空间的覆盖程度。相对来说，如果以1°为采样间隔，由于3个欧拉角相互独立，根据三自由度运动的转子在定子静止坐标系可能的姿态，需要的采样点数为 $360 \times 360 \times 360 = 46656000$ 个。因此预存定子坐标系转矩的方法并不现实。而在转子坐标系中，线圈在转子表面所处位置的可能性只有 $180 \times 360 = 64800$ 种可能。相比而言采用转子坐标系转矩 T_{R} 作为预存转矩 Map 图是一种可行的方案。

将观察坐标系放到转子上，通电线圈在转子坐标系中可能出现的位置，相当于一颗近地卫星可能出现在地球表面的位置，范围在南、北纬90°到东、西经180°之间。将转子球面展开成平面，类似于将地球仪展开成地图，计算转子轴线处于地图上所有可能位置时三自由度方向转矩，预存成三张二维表格，即得到 T_{R} 的 Map 图。而转子坐标系转矩的计算与方案1方法基本一致，只是采用的磁感应强度和电流均为转子坐标系中的分量。计算点的空间位置坐标 P（X_{R}，Y_{R}，Z_{R}）与图3.39和式（3.83）所述一致，仅需要将图3.39中坐标系替换为转子坐标系，其中的经、纬度 θ_{lon}、θ_{lat} 也应是线圈轴线在转子表面的经纬度。点电流元分量 $J_{\mathrm{R}} = [J_{X\mathrm{R}}, J_{Y\mathrm{R}}, J_{Z\mathrm{R}}]^{\mathrm{T}}$ 的计算方法也如图3.39和式（3.85）所示，也仅需要将图3.40中坐标系替换为转子坐标系。根据计算点坐标 P（X_{R}，Y_{R}，Z_{R}）采用3.1.1节提出磁场解析模型，计算得到的转子坐标系磁感应强度 $B_{\mathrm{R}} = [B_{X\mathrm{R}}, B_{Y\mathrm{R}}, B_{Z\mathrm{R}}]^{\mathrm{T}}$，不需要再经过式（3.84）转换为定子坐标系的磁感应强度。获得磁感应强度和电流分量后，各计算点处洛伦兹力 f_{R} 的正交分量 $[f_{X\mathrm{R}}, f_{Y\mathrm{R}}, f_{Z\mathrm{R}}]^{\mathrm{T}}$ 为

$$\begin{cases} f_{X\mathrm{R}} = J_{Y\mathrm{R}}B_{Z\mathrm{R}} - J_{Z\mathrm{R}}B_{Y\mathrm{R}} \\ f_{Y\mathrm{R}} = J_{Z\mathrm{R}}B_{X\mathrm{R}} - J_{X\mathrm{R}}B_{Z\mathrm{R}} \\ f_{Z\mathrm{R}} = J_{X\mathrm{R}}B_{Y\mathrm{R}} - J_{Y\mathrm{R}}B_{X\mathrm{R}} \end{cases} \tag{3.95}$$

线圈受力转换为转子反作用力转矩 $t_{\mathrm{R}} = [t_{X\mathrm{R}}, t_{Y\mathrm{R}}, t_{Z\mathrm{R}}]^{\mathrm{T}}$ 为

$$\begin{cases} t_{X\mathrm{R}} = f_{Y\mathrm{R}}z_{\mathrm{R}} - f_{Z\mathrm{R}}y_{\mathrm{R}} \\ t_{Y\mathrm{R}} = f_{Z\mathrm{R}}x_{\mathrm{R}} - f_{X\mathrm{R}}z_{\mathrm{R}} \\ t_{Z\mathrm{R}} = f_{X\mathrm{R}}y_{\mathrm{R}} - f_{Y\mathrm{R}}x_{\mathrm{R}} \end{cases} \tag{3.96}$$

与定子坐标系转矩积分方法类似，转子坐标系下的三自由度转矩 $T_{\mathrm{R}} = [T_{X\mathrm{R}}, T_{Y\mathrm{R}}, T_{Z\mathrm{R}}]^{\mathrm{T}}$ 为

$$T_{X\mathrm{R}} = \iiint_V t_{X\mathrm{R}}\mathrm{d}x\mathrm{d}y\mathrm{d}z \tag{3.97}$$

再计算南、北纬90°到东、西经180°之间整个转子球面三自由度转矩数值，整理成转矩波形，如图3.50所示。

图3.50清楚地表现了正交方向转子转矩的多峰值特征，但不方便对比3个转矩分量的周期性特征。为此将图3.50的3个波形图转换为等高线以方便分析，如图3.51所示。等高

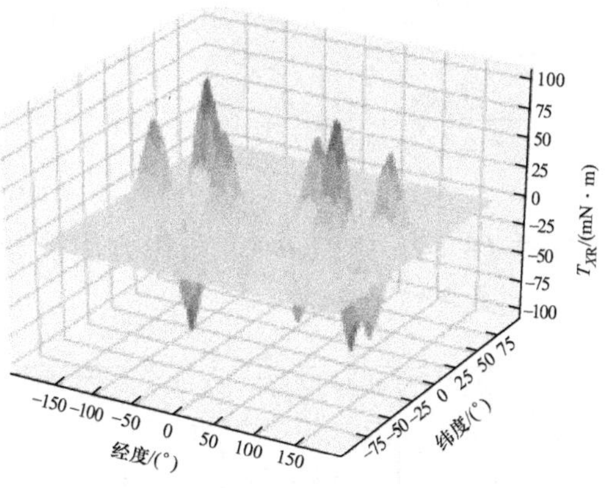

a) T_{XR}波形图

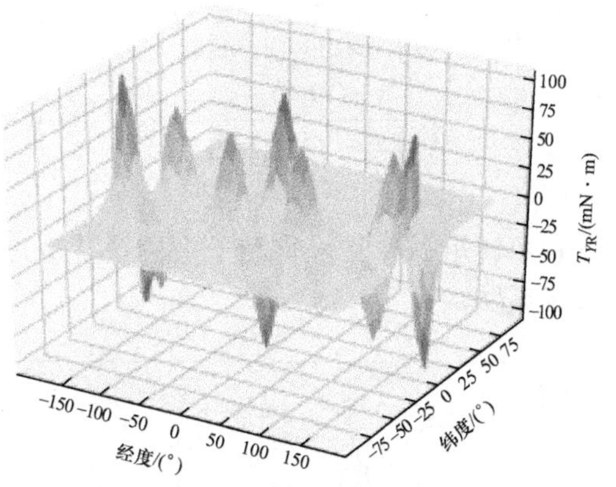

b) T_{YR}波形图

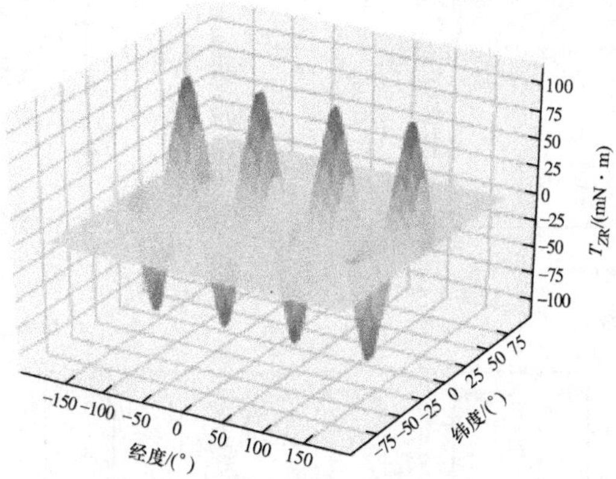

c) T_{ZR}波形图

图 3.50　转子坐标系转矩波形图

线图中红色部分或实线等高线部分表示转矩数值为正，蓝色部分或虚线等高线部分表示负值转矩。图 3.51a、b 中，转矩数值基本按赤道线呈反向镜像关系，这一现象符合转子永磁体仅有单层，通电线圈在永磁体队列两侧，即赤道面上下，受力方向相反的情况。相对于这一情况，图 3.51c 中 T_{ZR}的波峰、波谷沿赤道线接续分布，且峰谷数与转子磁场的极数一致，同为 8 个。而图 3.51a、b 在经度由 −180° ~ 180°过程中出现了 6 个交替的峰谷周期。由于通电线圈处于 0°和 180°经线上时，产生的电磁力以径向力为主，产生转矩的切向力几乎为 0，因此这两个区域的 X 方向转矩为 0。同样在 ±90°经线附近，线圈产生的 Y 方向电磁力也基本呈径向，因此 T_{YR}也在这两个区域缺少了两个峰谷周期。

根据图 3.37 所示的方案 2 流程图，在预存转子坐标系转矩 Map 图之后，每次计算需要先通过查 Map 图获取线圈处于当前位置时产生的转矩。在具体转矩数值的查取程序化过程中有两种处理方法。第一种方法：既然转矩 Map 图的采样间隔为 1°，已经足够小，可以通过计算点经纬度值的四舍五入，近似地以计算点最近的采样点数据作为插值结果，即就近取值。第二种方法是采用图 3.52 和式（3.98）所示的双线性插值公式，根据计算 P 点的最近 4 个点 Q_{11}、Q_{12}、Q_{21}、Q_{22}的采样值，先由 Q_{11}、Q_{21}插值获得 R_1 点数值，由 Q_{12}、Q_{22}插值获得 R_2 点数值，最后用 R_1、R_2 数值再一次插值获得 P 点数值。

$$f(x,y) \approx \frac{f(Q_{11})}{(x_2-x_1)(y_2-y_1)}(x_2-x)(y_2-y)+\frac{f(Q_{21})}{(x_2-x_1)(y_2-y_1)}(x-x_1)(y_2-y)+$$
$$\frac{f(Q_{12})}{(x_2-x_1)(y_2-y_1)}(x_2-x)(y-y_1)+\frac{f(Q_{22})}{(x_2-x_1)(y_2-y_1)}(x-x_1)(y-y_1) \tag{3.98}$$

在由转矩 Map 图获得转子坐标系转矩之后，与式（3.84）类似，采用投影方法获得定子坐标系转矩为

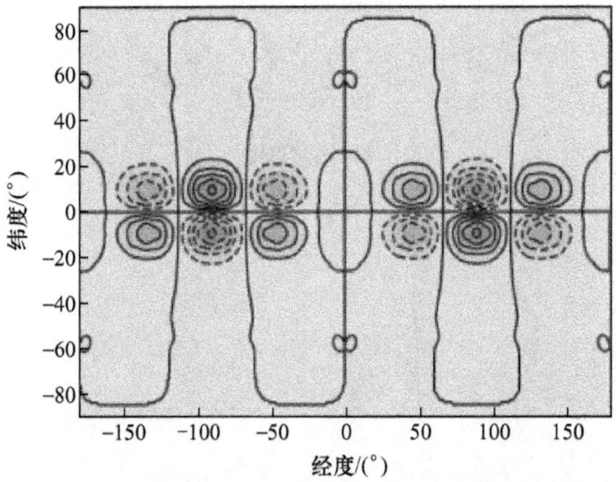

a) T_{XR}等高线

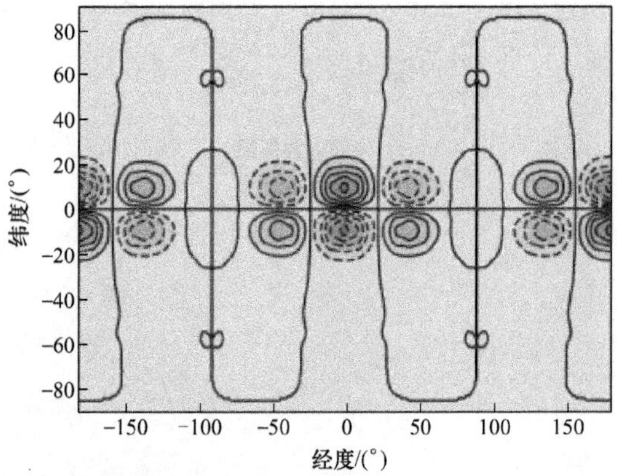

b) T_{YR}等高线

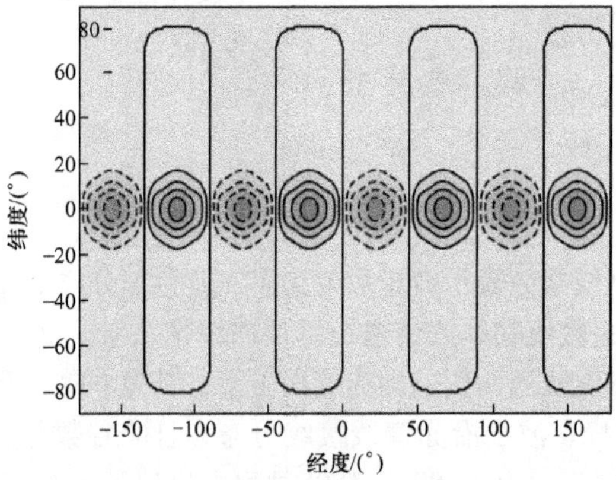

c) T_{ZR}等高线

图 3.51　转子坐标系转矩 T_R 等高线图

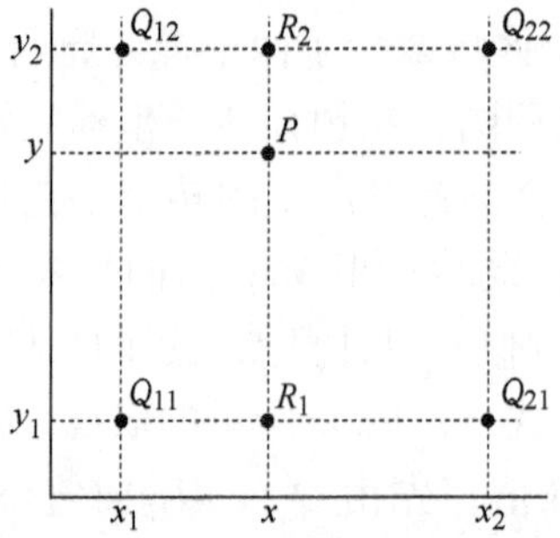

图 3.52　双线性插值原理

$$\begin{bmatrix} T_{XS} \\ T_{YS} \\ T_{ZS} \end{bmatrix} = \begin{bmatrix} \cos\angle XOx & \cos\angle XOy & \cos\angle XOz \\ \cos\angle YOx & \cos\angle YOy & \cos\angle YOz \\ \cos\angle ZOx & \cos\angle ZOy & \cos\angle ZOz \end{bmatrix} \begin{bmatrix} T_{XR} \\ T_{YR} \\ T_{ZR} \end{bmatrix} \tag{3.99}$$

需要特别指出的是，计算定子线圈在转子球面位置时，若转子的姿态是按照 $X-Y-Z$ 的顺序分别旋转 α, β、γ 而来，轴线在转子坐标系的位置，相当于发生了 $Z-Y-X$ 顺序 $-\gamma$、$-\beta$、$-\alpha$ 角度的旋转。

对于图 3.48 所示的双线圈通电转矩算例，分别采用双线性插值方法和就近取值对转矩 Map 图进行查取，经过转矩投影之后获得的定子坐标系转矩波形对比如图 3.53 所示。

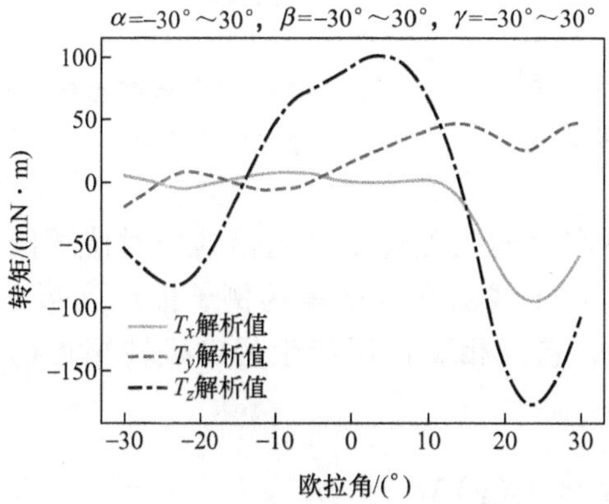

a) 双线性插值结果

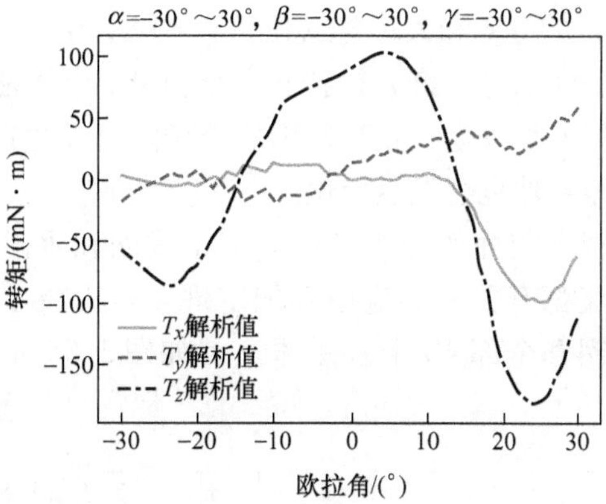

b) 就近取值结果

图 3.53 转矩插值模型计算结果

对比图 3.49，无论是双线性插值还是就近取值的查图方法，方案 2 的计算结果都与有限元仿真的结果高度吻合，证明了方案 2 的有效性。同时图 3.53a、b 的对比表明，双线性插值的曲线平滑度要明显优于就近取值的结果。

3.2.2 基于转矩线性叠加的力矩模型

球形电动机机体复杂的球面结构、定转子磁极不对称等因素，增大了转矩计算与建模的难度。而本书研究的永磁球形电动机在材料选择上具有一定的特殊性，除了定子线圈和永磁体，它的其他结构使用的材料均为非导磁性材料，这种设计使得该种球形电动机具有两个特殊的性质：①叠加定理的应用成为可能，即多对定子线圈与永磁体相互作用产生的电磁转矩可以直接由单对定子线圈与永磁体产生的电磁转矩相加得到；②由于定子线圈不含铁心，单对定子线圈与永磁体产生的电磁转矩的大小与经过定子线圈的电流呈线性关系。这在一定程度上降低了永磁球形电动机转矩建模的复杂性。本节将讨论两种利用这两个特殊性质的永磁球形电动机建模方法。

1. 基于叠加定理和电流线性相关的永磁球形电动机转矩建模方法

下面以第 j 个定子线圈和第 i 个永磁体为例，如图 3.54 所示，其相互作用产生的电磁转矩可以描述为

$$\boldsymbol{\tau}^{ij} = \boldsymbol{f}_c^{ij}(\boldsymbol{\chi}) N I_j \tag{3.100}$$

式中，I_j 表示经过第 j 个定子线圈的电流；N 表示线圈的匝数；$\boldsymbol{\tau}^{ij} = [\tau_x^{ij}, \tau_y^{ij}, \tau_z^{ij}]^{\mathrm{T}}$ 表示

第 j 个定子线圈和第 i 个永磁体相互作用产生的电磁转矩矢量，其中的元素分别表示投影到定子坐标系下 x 轴、y 轴、z 轴上的分量；$\boldsymbol{f}_{c}^{ij}(\boldsymbol{\chi})=[f_{cx}^{ij}(\boldsymbol{\chi}), f_{cy}^{ij}(\boldsymbol{\chi}), f_{cz}^{ij}(\boldsymbol{\chi})]^{T}$ 表示定子线圈电流为 1 A 时（即单位电流下）第 i 个定子线圈和第 j 个永磁体相互作用产生的电磁转矩矢量。为了方便后续描述，称 $\boldsymbol{f}_{c}^{ij}(\boldsymbol{\chi})$ 为第 j 个定子线圈和第 i 个永磁体相互作用的转矩贡献矢量，其中的元素 $f_{cx}^{ij}(\boldsymbol{\chi})$、$f_{cy}^{ij}(\boldsymbol{\chi})$、$f_{cz}^{ij}(\boldsymbol{\chi})$ 被称为转矩贡献因子函数。不难理解，转矩贡献矢量 $\boldsymbol{f}_{c}^{ij}(\boldsymbol{\chi})$ 的方向和大小与欧拉角 $\boldsymbol{\chi}=[\alpha, \beta, \gamma]^{T}$ 有关。当转子转动时，第 j 个定子线圈和第 i 个永磁体的相对位置发生改变，相互作用的磁场随之发生改变，电磁转矩自然也会发生变化。

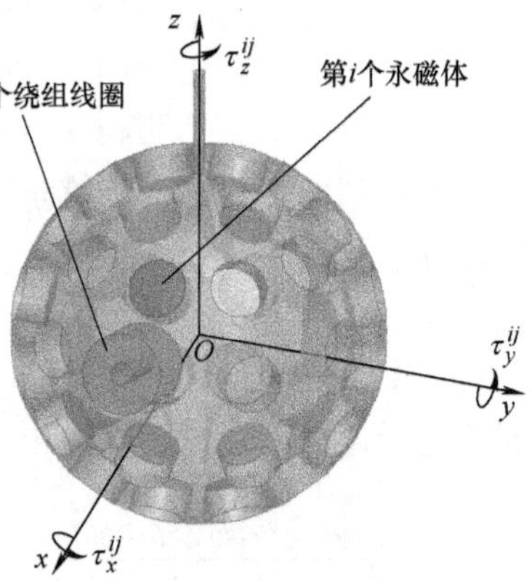

图 3.54　第 j 个定子线圈和第 i 个永磁体示意图

根据前面的介绍，单对定子线圈和永磁体产生的电磁转矩和它们的相对位置以及线圈电流都有关系。应用叠加定理，可以将单对定子线圈和永磁体的例子推广到第 j 个定子线圈和全部 40 个永磁体上，如图 3.55 所示，它们相互作用产生的电磁转矩可以被描述为

$$\boldsymbol{\tau}^{j}=\sum_{i=1}^{40}\boldsymbol{f}_{c}^{ij}(\boldsymbol{\chi})NI_{j}=\boldsymbol{f}_{c}^{j}(\boldsymbol{\chi})NI_{j} \tag{3.101}$$

式中，$\boldsymbol{\tau}^{j}=[\tau_{x}^{j}, \tau_{y}^{j}, \tau_{z}^{j}]^{T}$ 表示第 j 个定子线圈和所有永磁体相互作用产生的电磁转矩矢量；$\boldsymbol{f}_{c}^{j}(\boldsymbol{\chi})=[f_{cx}^{j}(\boldsymbol{\chi}), f_{cy}^{j}(\boldsymbol{\chi}), f_{cz}^{j}(\boldsymbol{\chi})]^{T}$ 表示第 j 个定子线圈和所有永磁体的转矩贡献矢量。

最后推广到所有定子线圈和永磁体，如图 3.56 所示，它们相互作用产生的电磁转矩可以被描述为

$$\boldsymbol{\tau}=\sum_{j=1}^{24}\sum_{i=1}^{40}\boldsymbol{f}_{c}^{ij}(\boldsymbol{\chi})NI_{j}=\sum_{j=1}^{24}\boldsymbol{f}_{c}^{j}(\boldsymbol{\chi})NI_{j} \tag{3.102}$$

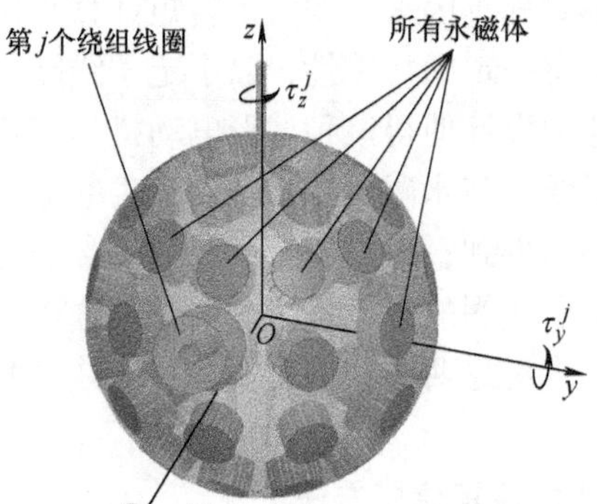

图 3.55　第 j 个定子线圈和所有永磁体示意图

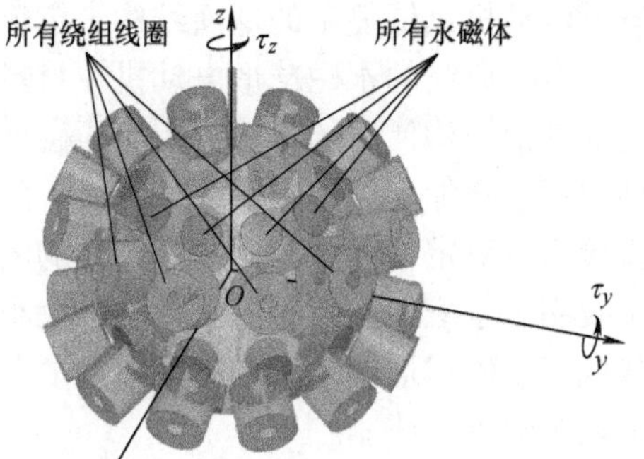

图 3.56　所有定子线圈和所有永磁体示意图

进一步，将式（3.102）写成矩阵形式为

$$\boldsymbol{\tau}=\begin{bmatrix}\tau_x\\ \tau_y\\ \tau_z\end{bmatrix}=\begin{bmatrix}f_{cx}^{1}(\boldsymbol{\chi}) & f_{cx}^{2}(\boldsymbol{\chi}) & \cdots & f_{cx}^{24}(\boldsymbol{\chi})\\ f_{cy}^{1}(\boldsymbol{\chi}) & f_{cy}^{2}(\boldsymbol{\chi}) & \cdots & f_{cy}^{24}(\boldsymbol{\chi})\\ f_{cz}^{1}(\boldsymbol{\chi}) & f_{cz}^{2}(\boldsymbol{\chi}) & \cdots & f_{cz}^{24}(\boldsymbol{\chi})\end{bmatrix}\begin{bmatrix}NI_1\\ NI_2\\ \vdots\\ NI_{24}\end{bmatrix}=N\boldsymbol{F}_c\boldsymbol{I}_c \tag{3.103}$$

式中，$\boldsymbol{\tau}=[\tau_x, \tau_y, \tau_z]^T$ 表示在定子坐标系下的永磁球形电动机整体电磁转矩；$\boldsymbol{I}_c\in\mathbb{R}^{24}$为定子线圈电流向量；$\boldsymbol{F}_c\in\mathbb{R}^{3\times24}$被称为转矩贡献矩阵，其中$f_{cx}^{j}(\boldsymbol{\chi})$、$f_{cy}^{j}(\boldsymbol{\chi})$、$f_{cz}^{j}(\boldsymbol{\chi})$ 被称为定子坐标系下第j个定子线圈的转矩贡献因子函数。

2. 基于线圈-永磁体最小模型的永磁球形电动机转矩叠加建模

当线圈和永磁体的形状、材料确定时，式（3.91）中的第j个定子线圈的转矩贡献因子函数$f_{cx}^{j}(\boldsymbol{\chi})$、$f_{cy}^{j}(\boldsymbol{\chi})$、$f_{cz}^{j}(\boldsymbol{\chi})$ 是关于欧拉角$\boldsymbol{\chi}$的非线性函数。如式（3.102）描述，它由第j个定子线圈和每个永磁体产生的单位电流转矩叠加得到。若所有的线圈和永磁体形状、材料均相同，那么对转子在空间运动时的整体单位电流转矩贡献因子函数的研究可以退化到对单对定子线圈与永磁体在二维平面上运动时的单位电流电磁转矩的研究，并最终推广到所有线圈定子和永磁体。这是由于结构的特殊性存在的最大简化情况。单对定子线圈与永磁体在二维平面运动的最小模型如图3.57所示。

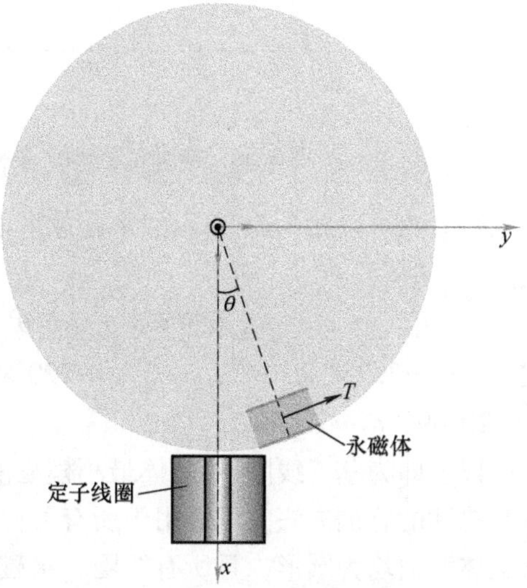

图3.57　单对定子线圈与永磁体在二维平面运动的最小模型

图3.57中，θ表示定子线圈与永磁体的夹角，T表示该夹角下线圈通以电流产生的电磁转矩。当电流为单位电流时，线圈产生的电磁转矩为夹角为θ时的最小模型的转矩贡献因子。通过计算单位电流时不同夹角θ下产生的电磁转矩，可以探究电磁转矩T与夹角θ的函数关系，进而确定最小模型的转矩贡献因子函数$f_{sc}(\theta)$ 的数学描述。

常用的电磁转矩计算方法主要有洛伦兹力法、麦克斯韦张量法和虚位移法。本章利用FEA软件ANSYS Maxwell对永磁球形电动机进行电磁分析，并采用虚位移法计算电磁转矩，得到$f_{sc}(\theta)$ 的拟合曲线如图3.58所示。

由于线圈和永磁体均为圆柱体，且所有永磁体大小、形状相同，所有线圈大小、形状相同，所以式（3.103）中的转矩贡献矩阵$\boldsymbol{F}_c$中的所有元素均可由最小模型的转矩贡献因子函数$f_{sc}(\theta)$ 叠加变换得到。此时，永磁球形电动机的转矩模型可以被描述为

$$\tau = \sum_{j=1}^{24}\sum_{i=1}^{40} f_{sc}(\theta_{ij})\frac{\boldsymbol{v}_{ri}\times\boldsymbol{v}_{sj}}{|\boldsymbol{v}_{ri}\times\boldsymbol{v}_{sj}|}NI_j \tag{3.104}$$

式中，$\boldsymbol{v}_{ri}\in\mathbb{R}^3$为转子上第$i$个永磁体相对于定子坐标系的位置向量；$\boldsymbol{v}_{sj}\in\mathbb{R}^3$为定子上第$j$个线圈相对于定子坐标系的位置向量；$\theta_{ij}$为$\boldsymbol{v}_{ri}$和$\boldsymbol{v}_{sj}$之间的夹角，根据平面向量夹角公式，$\theta_{ij}=\arccos\dfrac{\boldsymbol{v}_{ri}\boldsymbol{v}_{sj}}{|\boldsymbol{v}_{ri}|\ |\boldsymbol{v}_{sj}|}$；$f_{sc}(\theta_{ij})$ 为根据有限元计算值拟合得到的最小模型转矩贡献因子

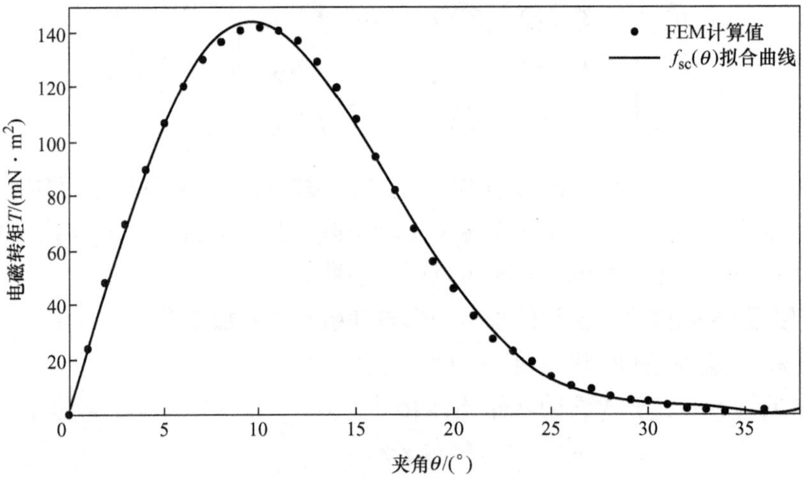

图 3.58 单对定子线圈与永磁体的转矩贡献因子函数$f_{sc}(\theta)$ 曲线

的函数表达。以图 3.56 所示的永磁球形电动机为对象，拟合得到的转矩贡献因子函数表达式为

$$f_{sc}(\theta)=p_1\theta^6+p_2\theta^5+p_3\theta^4+p_4\theta^3+p_5\theta^2+p_6\theta+p_7 \tag{3.105}$$

式中，$p_1=3.781\times10^{-6}$，$p_2=-4.729\times10^{-4}$，$p_3=0.02151$，$p_4=-0.4005$，$p_5=1.696$，$p_6=20.09$，$p_7=2.046$。

以上即为基于线圈-永磁体最小模型的永磁球形电动机转矩叠加方法。但需要注意的是，本节描述的叠加方法并不适用于所有可应用叠加定理的永磁球形电动机，它仅适用于线圈、永磁体截面均为圆形，且所有线圈、永磁体无差异的一类永磁球形电动机。对于永磁体截面为方形或其他形状，线圈形状各不相同的永磁球形电动机，该方法将不再适用，需要另做分析。

3.2.3 基于数据驱动的力矩预测模型

根据前文的讨论，不难发现，永磁球形电动机转矩建模的重点在于转矩贡献矩阵 $\boldsymbol{F}_c$ 的确定。3.2.2 节讨论了一种基于最小模型的确定转矩贡献矩阵 $\boldsymbol{F}_c$ 的叠加方法，表达式简单且易于应用，但其电动机结构的局限性非常明显。除了这类特殊结构的永磁球形电动机，适用于转矩叠加的永磁球形电动机最小模型未必存在，或者不够简单，所以式（3.103）中包含的非线性转矩贡献矩阵 $\boldsymbol{F}_c$，也并不容易由简单的最小模型转矩贡献因子函数组合得到。对于非特殊结构的永磁球形电动机，通常采用解析法或者利用 FEA 软件进行分析计算，前者需要在电磁分析的基础上进行，而后者的计算成本较高。本节尝试引入数据驱动的思想，利用已有的训练数据集，采用高斯过程（Gaussian Process，GP）模型建立仅与输入、输出数据相关的模型，来描述转矩贡献矩阵 $\boldsymbol{F}_c$。

高斯过程的概念源于概率论和统计学，它是随机过程（Stochastic Process）中一个特殊的例子。在高斯过程中，时间或空间中的每一个点都与服从高斯分布的随机变量相关联，这些随机变量的每一个有限集合都服从多元正态分布，即它们的每一个有限线性组合都服从正态分布，高斯过程的分布则是所有这些（无限个）随机变量的联合分布，它也可以被理解为是在具有连续域（如时间或空间）的函数上的分布。由此，高斯过程的数学定义如下：

对于所有 $\boldsymbol{x}=[x_1, x_2, \cdots, x_n]$，$\boldsymbol{f}(\boldsymbol{x})=[f(x_1), f(x_2), \cdots, f(x_n)]$ 服从多元高斯分布，则称 $\boldsymbol{f}$ 是一个高斯过程，表示为

$$\boldsymbol{f}(\boldsymbol{x}) \sim \mathcal{GP}(\boldsymbol{\mu}(\boldsymbol{x}), \boldsymbol{\kappa}(\boldsymbol{x}, \boldsymbol{x})) \tag{3.106}$$

式中，$\boldsymbol{\mu}(\boldsymbol{x})$：$\mathbb{R}^n \to \mathbb{R}^n$表示均值函数（Mean Function），$\boldsymbol{\kappa}(\boldsymbol{x}, \boldsymbol{x})$：$\mathbb{R}^n \times \mathbb{R}^n \to \mathbb{R}^{n\times n}$表示协方差函数（Covariance Function），也称为核函数（Kernel Function）。一个高斯过程可以被一个均值函数和协方差函数唯一定义。

机器学习中的监督学习问题可以被认为是从范例中学习一个函数，根据高斯过程的解释，这类问题可以被直接投射到高斯过程的框架中。在机器学习背景下的高斯过程模型是一种基于贝叶斯理论发展起来的学习方法，它主要分为高斯过程回归（Gaussian Process Regression，GPR）和高斯过程分类（Gaussian Process Classification，GPC）。高斯过程模型是一种非参数模型，有着严格的统计学习理论基础，它是核学习和贝叶斯推理学习结合的典范，并在处理高维度、小样本、复杂非线性的问题上展现出了优秀的能力。近年来，高斯过程模型以其在建模与预测方面的优异表现已经成为机器学习领域的热点之一，被广泛应用于各个领域，如生物医学工程、化学计量、能源工程、信息技术等。

根据回归模型的定义，式（3.103）描述的转矩贡献矩阵可以被视为若干个输入信号为欧拉角 $\boldsymbol{X}$、输出信号为转矩贡献因子的回归模型的组合，这使得高斯过程回归模型在永磁球形电动机转矩建模上的应用成为可能。

从模型允许的输出信号的维度上考虑，高斯过程回归模型可以分为单任务高斯过程回归（Single-task Gaussian Process Regression，SGPR）模型和多任务高斯过程回归（Multi-task Gaussian Process Regression，MGPR）模型。SGPR 模型的输入信号可以是一维或多维，但是输出信号必须是一维，即 SGPR 模型只能建立输入和一维输出之间的映射关系，如图 3.59a 所示。而 MGPR 模型考虑多维输出内部的关联，建立了输入与多维输出之间的映射关系，如图 3.59b 所示。下分别阐述采用 SGPR 模型和 MGPR 模型计算转矩贡献因子的具体方法。

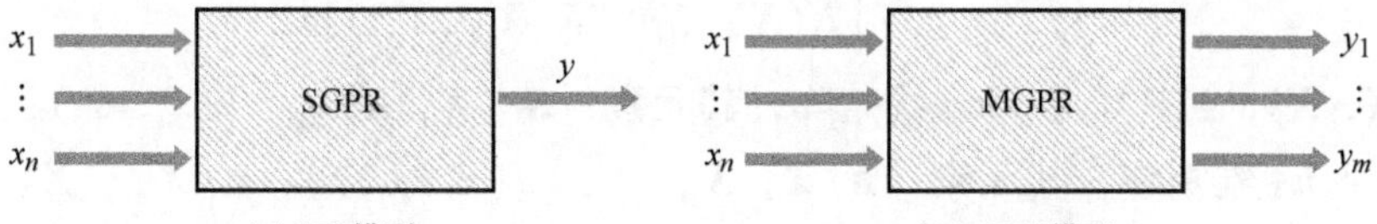

图 3.59　SGPR 模型与 MGPR 模型示意图

1. SGPR 模型

在给定一组欧拉角 $\boldsymbol{\chi}=\boldsymbol{\chi}^*$ 的情况下，如果将此时转矩贡献矩阵 $\boldsymbol{F}_{\mathrm{c}}$ 的每一个转矩贡献因子 $f_{\mathrm{cx}}^j(\boldsymbol{\chi}^*)$、$f_{\mathrm{cy}}^j(\boldsymbol{\chi}^*)$ 或 $f_{\mathrm{cz}}^j(\boldsymbol{\chi}^*)$ 都视为一个独立的输出，那么每一个转矩贡献因子函数都可以被看作是关于欧拉角 $\boldsymbol{\chi}$ 的回归问题，因此可以采用 SGPR 模型来描述一个转矩贡献因子与欧拉角 $\boldsymbol{\chi}$ 的映射关系，最后由多个 SGPR 模型描述完整转矩贡献矩阵。

回归模型的目标是通过给定的训练数据集（包含成对的输入、输出数据）学习输入信号与输出信号的映射关系。当给定一个新的输入时，模型能够根据该映射预测出输出值。在本节中，以描述转矩贡献因子函数 $f_{\mathrm{cx}}^1(\boldsymbol{\chi})$ 的 SGPR 模型为例，定义大小为 n 的训练集 $\mathcal{D}_x^1=\{(\boldsymbol{x}_i, y_i) \mid i=1, 2, \cdots, n\}$，其中 $\boldsymbol{x}_i \in \mathbb{R}^3$ 表示第 i 组欧拉角 $\boldsymbol{\chi}$，$y_i \in \mathbb{R}$ 表示观测到的与这组

欧拉角相对应的转矩贡献因子。接下来，将从两个角度推导 SGPR 模型。

考虑在函数空间中推导 SGPR 模型，定义一个随机过程 $f(\boldsymbol{x})$，并定义一个均值函数 $m(\boldsymbol{x})$ 和一个协方差函数 $k(\boldsymbol{x}, \boldsymbol{x}')$，它们满足以下关系

$$m(\boldsymbol{x}) = \mathbb{E}[f(\boldsymbol{x})] \tag{3.107}$$

$$k(\boldsymbol{x},\boldsymbol{x}') = \mathbb{E}[(f(\boldsymbol{x}) - m(\boldsymbol{x}))(f(\boldsymbol{x}') - m(\boldsymbol{x}'))] \tag{3.108}$$

根据高斯过程的定义，称 $f(\boldsymbol{x})$ 是一个以 $m(\boldsymbol{x})$ 为均值函数、$k(\boldsymbol{x}, \boldsymbol{x}')$ 为协方差函数的高斯过程，并记作

$$f(\boldsymbol{x}) \sim \mathcal{GP}(m(\boldsymbol{x}), k(\boldsymbol{x},\boldsymbol{x}')) \tag{3.109}$$

通常情况下，这里的均值函数 $m(\boldsymbol{x})$ 取 0。

考虑一个线性贝叶斯回归模型

$$f(\boldsymbol{x}) = \boldsymbol{\phi}(\boldsymbol{x})^{\mathrm{T}}\boldsymbol{w} \tag{3.110}$$

式中，$\boldsymbol{w}$ 的先验符合 $\boldsymbol{w} \sim \mathcal{N}(0, \boldsymbol{\Sigma}_p)$。可以得到 $f(\boldsymbol{x})$ 的均值和协方差为

$$\mathbb{E}[f(\boldsymbol{x})] = \boldsymbol{\phi}(\boldsymbol{x})^{\mathrm{T}}\mathbb{E}[\boldsymbol{w}] = 0 \tag{3.111}$$

$$\mathbb{E}[f(\boldsymbol{x})f(\boldsymbol{x}')] = \boldsymbol{\phi}(\boldsymbol{x})^{\mathrm{T}}\mathbb{E}[\boldsymbol{w}\boldsymbol{w}^{\mathrm{T}}]\boldsymbol{\phi}(\boldsymbol{x}') = \boldsymbol{\phi}(\boldsymbol{x})^{\mathrm{T}}\boldsymbol{\Sigma}_p\boldsymbol{\phi}(\boldsymbol{x}') \tag{3.112}$$

记作 $f(\boldsymbol{x}) \sim \mathcal{GP}(0, k(\boldsymbol{x}, \boldsymbol{x}'))$，其中 $\boldsymbol{k}(\boldsymbol{x}, \boldsymbol{x}') = \boldsymbol{\phi}(\boldsymbol{x})^{\mathrm{T}}\boldsymbol{\Sigma}_p\boldsymbol{\phi}(\boldsymbol{x}')$。实际上，对于 n 个输入 $\boldsymbol{x}_1, \boldsymbol{x}_2, \cdots, \boldsymbol{x}_n$，$f(\boldsymbol{x}_1), f(\boldsymbol{x}_2), \cdots, f(\boldsymbol{x}_n)$ 服从联合高斯分布，记作

$$\boldsymbol{f} \sim \mathcal{N}(\boldsymbol{0}, \boldsymbol{K}(\boldsymbol{X},\boldsymbol{X})) \tag{3.113}$$

式中，$\boldsymbol{f} = [f(\boldsymbol{x}_1), f(\boldsymbol{x}_2), \cdots, f(\boldsymbol{x}_n)]^{\mathrm{T}}$，$\boldsymbol{K}(\boldsymbol{X}, \boldsymbol{X}) \in \mathbb{R}^{n\times n}$ 是 $n\times n$ 维矩阵，其元素 $K_{ij} = k(\boldsymbol{x}_i, \boldsymbol{x}_j)$。

首先考虑无噪声下的预测模型，即 $y = f(\boldsymbol{x})$。令 $f_i \triangleq f(\boldsymbol{x}_i)$，$f_{i*} \triangleq f(\boldsymbol{x}_{i*})$，给定训练集 $\{(\boldsymbol{x}_i, f_i) \mid i = 1, 2, \cdots, n\}$，测试集 $\{(\boldsymbol{x}_{i*}, f_{i*}) \mid i = 1, 2, \cdots, n_*\}$，令 $\boldsymbol{X} = [\boldsymbol{x}_1, \boldsymbol{x}_2, \cdots, \boldsymbol{x}_n]^{\mathrm{T}}$，$\boldsymbol{X}_* = [\boldsymbol{x}_{1*}, \boldsymbol{x}_{2*}, \cdots, \boldsymbol{x}_{n*}]^{\mathrm{T}}$，那么训练集的输出 $\boldsymbol{f}$ 和测试集的输出 $\boldsymbol{f}_*$ 的联合高斯分布为

$$\begin{bmatrix}\boldsymbol{f}\\ \boldsymbol{f}_*\end{bmatrix} \sim \left(\boldsymbol{0}, \begin{bmatrix}\boldsymbol{K}(\boldsymbol{X},\boldsymbol{X}) & \boldsymbol{K}(\boldsymbol{X},\boldsymbol{X}_*)\\ \boldsymbol{K}(\boldsymbol{X}_*,\boldsymbol{X}) & \boldsymbol{K}(\boldsymbol{X}_*,\boldsymbol{X}_*)\end{bmatrix}\right) \tag{3.114}$$

式中，$\boldsymbol{K}(\boldsymbol{X}, \boldsymbol{X}) \in \mathbb{R}^{n\times n}$ 是 $n\times n$ 维矩阵，其元素 $[\boldsymbol{K}(\boldsymbol{X}, \boldsymbol{X})]_{ij} = k(\boldsymbol{x}_i, \boldsymbol{x}_j)$；$\boldsymbol{K}(\boldsymbol{X}, \boldsymbol{X}_*) \in \mathbb{R}^{n\times n_*}$ 是 $n\times n_*$ 维矩阵，其元素 $[\boldsymbol{K}(\boldsymbol{X}, \boldsymbol{X}_*)]_{ij} = k(\boldsymbol{x}_i, \boldsymbol{x}_{j*})$；$\boldsymbol{K}(\boldsymbol{X}_*, \boldsymbol{X}) \in \mathbb{R}^{n_*\times n}$ 是 $n_*\times n$ 维矩阵，其元素 $[\boldsymbol{K}(\boldsymbol{X}_*, \boldsymbol{X})]_{ij} = k(\boldsymbol{x}_{i*}, \boldsymbol{x}_j)$；$\boldsymbol{K}(\boldsymbol{X}_*, \boldsymbol{X}_*) \in \mathbb{R}^{n_*\times n_*}$ 是 $n_*\times n_*$ 维矩阵，其元素 $[\boldsymbol{K}(\boldsymbol{X}_*, \boldsymbol{X}_*)]_{ij} = k(\boldsymbol{x}_{i*}, \boldsymbol{x}_{j*})$。

根据高斯分布中的条件分布性质，可以得到后验分布为

$$\begin{gathered}\boldsymbol{f}_* \mid \boldsymbol{X}_*, \boldsymbol{X}, \boldsymbol{f} \sim \mathcal{N}(\boldsymbol{K}(\boldsymbol{X}_*,\boldsymbol{X})\boldsymbol{K}(\boldsymbol{X},\boldsymbol{X})^{-1}\boldsymbol{f},\\ \boldsymbol{K}(\boldsymbol{X}_*,\boldsymbol{X}_*) - \boldsymbol{K}(\boldsymbol{X}_*,\boldsymbol{X})\boldsymbol{K}(\boldsymbol{X},\boldsymbol{X})^{-1}\boldsymbol{K}(\boldsymbol{X},\boldsymbol{X}_*))\end{gathered} \tag{3.115}$$

通过这种方式，相应于 $\boldsymbol{X}_*$ 的预测值 $\boldsymbol{f}_*$ 可以通过计算式中的均值函数和协方差函数得到。

接下来考虑有噪声的情况下，即 $y = f(\boldsymbol{x}) + \varepsilon$。假设噪声 ε 服从一个独立的高斯分布，$\varepsilon \sim \mathcal{N}(0, \sigma_n^2)$，那么带噪声的 y 的协方差先验变为

$$\mathrm{cov}(y_i, y_j) = k(\boldsymbol{x}_i, \boldsymbol{x}_j) + \sigma_n^2\delta_{ij} \tag{3.116}$$

式中，当 $i = j$ 时，$\delta_{ij} = 1$；当 $i \neq j$ 时，$\delta_{ij} = 0$。

此时，可以写出观测值$\boldsymbol{y}$和测试值$\boldsymbol{f}_*$的联合分布为

$$\begin{bmatrix}\boldsymbol{y}\\ \boldsymbol{f}_*\end{bmatrix} \sim \mathcal{N}\left(0,\begin{bmatrix}\boldsymbol{K}(\boldsymbol{X},\boldsymbol{X})+\sigma_n^2\boldsymbol{I} & \boldsymbol{K}(\boldsymbol{X},\boldsymbol{X}_*)\\ \boldsymbol{K}(\boldsymbol{X}_*,\boldsymbol{X}) & \boldsymbol{K}(\boldsymbol{X}_*,\boldsymbol{X}_*)\end{bmatrix}\right) \tag{3.117}$$

根据高斯分布中的条件分布性质，可以得到高斯过程回归的关键预测方程为

$$\boldsymbol{f}_* \mid \boldsymbol{X},\boldsymbol{y},\boldsymbol{X}_* \sim \mathcal{N}(\bar{\boldsymbol{f}}_*,\mathrm{cov}(\boldsymbol{f}_*)) \tag{3.118}$$

式中

$$\bar{\boldsymbol{f}}_* = \mathbb{E}[\boldsymbol{f}_* \mid \boldsymbol{X},\boldsymbol{y},\boldsymbol{X}_*] = \boldsymbol{K}(\boldsymbol{X}_*,\boldsymbol{X})[\boldsymbol{K}(\boldsymbol{X},\boldsymbol{X})+\sigma_n^2\boldsymbol{I}]^{-1}\boldsymbol{y} \tag{3.119}$$

$$\mathrm{cov}(\boldsymbol{f}_*) = \boldsymbol{K}(\boldsymbol{X}_*,\boldsymbol{X}_*) - \boldsymbol{K}(\boldsymbol{X}_*,\boldsymbol{X})[\boldsymbol{K}(\boldsymbol{X},\boldsymbol{X})+\sigma_n^2\boldsymbol{I})^{-1}\boldsymbol{K}(\boldsymbol{X},\boldsymbol{X}_*) \tag{3.120}$$

值得注意的是，当定义$\boldsymbol{K}(\boldsymbol{X},\boldsymbol{X}_*)=\boldsymbol{\Phi}(\boldsymbol{X})^{\mathrm{T}}\boldsymbol{\Sigma}_p\boldsymbol{\Phi}(\boldsymbol{X}_*)$时，在函数空间角度推导出的预测模型式（3.118）~式（3.120）和在权重视角下推导出的预测模型有明显的对应关系。对于任意一组基函数，可以通过$\boldsymbol{k}(\boldsymbol{x}_i,\boldsymbol{x}_j)=\boldsymbol{\phi}(\boldsymbol{x}_i)^{\mathrm{T}}\boldsymbol{\Sigma}_p\boldsymbol{\phi}(\boldsymbol{x}_j)$计算出核函数（协方差函数）。同样的，对于每一个核函数$\boldsymbol{k}(\boldsymbol{x}_i,\boldsymbol{x}_j)$，也存在一个关于基函数$\boldsymbol{\phi}(\boldsymbol{x})$的表达式。这种对应关系同样反映了核函数对于高斯过程预测模型的重要性。

另一方面，当测试集中只有一个测试输入即$\boldsymbol{X}_*=\boldsymbol{x}_*$时，预测模型可以有更简洁的表达形式，并更容易分析其特殊的性质。令$\boldsymbol{K}=(\boldsymbol{X},\boldsymbol{X})$，$\boldsymbol{K}_*=\boldsymbol{K}(\boldsymbol{X},\boldsymbol{X}_*)$，则$\boldsymbol{K}(\boldsymbol{X}_*,\boldsymbol{X})=\boldsymbol{K}_*^{\mathrm{T}}$。当仅有一个测试输入$\boldsymbol{x}_*$时，令$\boldsymbol{K}(\boldsymbol{X},\boldsymbol{X}_*)=\boldsymbol{k}(\boldsymbol{x}_*)=\boldsymbol{k}_*\in\mathbb{R}^n$，用来表示一个测试输入和$n$个训练输入之间的协方差向量，则式（3.119）和式（3.120）可以简化为

$$\bar{\boldsymbol{f}}_* = \boldsymbol{k}_*^{\mathrm{T}}(\boldsymbol{K}+\sigma_n^2\boldsymbol{I})^{-1}\boldsymbol{y} \tag{3.121}$$

$$\mathbb{V}[\boldsymbol{f}_*] = k(\boldsymbol{x}_*,\boldsymbol{x}_*) - \boldsymbol{k}_*^{\mathrm{T}}(\boldsymbol{K}+\sigma_n^2\boldsymbol{I})^{-1}\boldsymbol{k}_* \tag{3.122}$$

仔细观察上式给出的预测分布，可以发现预测均值实际上是观测值$\boldsymbol{y}$的线性组合，即预测均值是关于观测输出$\boldsymbol{y}$的线性观测器。令$\boldsymbol{\rho}\in\mathbb{R}^n=(\boldsymbol{K}+\sigma_n^2\boldsymbol{I})^{-1}\boldsymbol{y}$，预测均值可以写为

$$\bar{\boldsymbol{f}}_* = \sum_{i=1}^{n}\rho_i k(\boldsymbol{x}_i,\boldsymbol{x}_*) \tag{3.123}$$

所以，预测均值可以被看作是以训练输入为中心的核函数的线性组合。另一点值得注意的是，式（3.121）和式（3.123）描述的预测方差式独立于训练观测值$\boldsymbol{y}$，这是只有高斯过程回归模型才有的特性。

2. MGPR 模型

如果考虑每个线圈的内在联系，采用 MGPR 模型可以降低模型的个数。

为了应用 MGPR 模型，首先将式（3.103）描述的转矩模型改写为

$$\boldsymbol{\tau}=\begin{bmatrix}\tau_x\\ \tau_y\\ \tau_z\end{bmatrix}=[\boldsymbol{f}_{cx}(\boldsymbol{\chi})\quad \boldsymbol{f}_{cy}(\boldsymbol{\chi})\quad \boldsymbol{f}_{cz}(\boldsymbol{\chi})]^{\mathrm{T}}\begin{bmatrix}NI_1\\ NI_2\\ \vdots\\ NI_{24}\end{bmatrix}=\boldsymbol{N}\boldsymbol{F}_c\boldsymbol{I}_c \tag{3.124}$$

式中，$\boldsymbol{f}_{cx}(\boldsymbol{\chi})=[f_{cx}^1(\boldsymbol{\chi}),f_{cx}^2(\boldsymbol{\chi}),\cdots,f_{cx}^{24}(\boldsymbol{\chi})]^{\mathrm{T}}\in\mathbb{R}^{24}$为所有线圈关于定子坐标系$x$轴的转矩贡献因子向量；类似的，$\boldsymbol{f}_{cy}(\boldsymbol{\chi})=[f_{cy}^1(\boldsymbol{\chi}),f_{cy}^2(\boldsymbol{\chi}),\cdots,f_{cy}^{24}(\boldsymbol{\chi})]^{\mathrm{T}}\in\mathbb{R}^{24}$为所有线圈关于定子坐标系$y$轴的转矩贡献因子向量；$\boldsymbol{f}_{cz}(\boldsymbol{\chi})=[f_{cz}^1(\boldsymbol{\chi}),f_{cz}^2(\boldsymbol{\chi}),\cdots,f_{cz}^{24}(\boldsymbol{\chi})]^{\mathrm{T}}\in\mathbb{R}^{24}$为

所有线圈关于定子坐标系 z 轴的转矩贡献因子向量。在给定一组欧拉角 $\boldsymbol{\chi}=\boldsymbol{\chi}^*$ 的情况下，如果将 $\boldsymbol{f}_{cx}(\boldsymbol{\chi})$、$\boldsymbol{f}_{cy}(\boldsymbol{\chi})$、$\boldsymbol{f}_{cz}(\boldsymbol{\chi})$ 分别视为一个多维输出，那么它们都可以被看作是关于欧拉角 $\boldsymbol{\chi}$ 的多任务（24 个任务）回归问题。因此，可以采用 MGPR 模型来描述转矩贡献因子向量与欧拉角 $\boldsymbol{\chi}$ 的映射关系，最后由 3 个 MGPR 模型描述完整转矩贡献矩阵。

按照这种思路，式（3.103）描述的转矩模型还可以被改写为

$$\boldsymbol{\tau}=\begin{bmatrix}\tau_x\\ \tau_y\\ \tau_z\end{bmatrix}=[\boldsymbol{f}_c^1(\boldsymbol{\chi})\quad \boldsymbol{f}_c^2(\boldsymbol{\chi})\quad \cdots \quad \boldsymbol{f}_c^{24}(\boldsymbol{\chi})]\begin{bmatrix}NI_1\\ NI_2\\ \vdots\\ NI_{24}\end{bmatrix}=N\boldsymbol{F}_c\boldsymbol{I}_c \tag{3.125}$$

其中，$\boldsymbol{f}_c^1(\boldsymbol{\chi})=[f_{cx}^1(\boldsymbol{\chi}), f_{cy}^1(\boldsymbol{\chi}), f_{cz}^1(\boldsymbol{\chi})]^T\in\mathbb{R}^3$ 为线圈 1 关于定子坐标系中 x 轴、y 轴、z 轴的转矩贡献因子向量。类似的，$\boldsymbol{f}_c^2(\boldsymbol{\chi})$，…，$\boldsymbol{f}_c^{24}(\boldsymbol{\chi})\in\mathbb{R}^3$ 也有同样的定义。在给定一组欧拉角 $\boldsymbol{\chi}=\boldsymbol{\chi}^*$ 的情况下，如果将此时式（3.123）中的 $\boldsymbol{f}_c^1(\boldsymbol{\chi})$，$\boldsymbol{f}_c^2(\boldsymbol{\chi})$，…，$\boldsymbol{f}_c^{24}(\boldsymbol{\chi})$ 分别视为一个多维输出，那么它们都可以被看作是关于欧拉角 $\boldsymbol{\chi}$ 的多任务（3 个任务）回归问题。因此，可以采用 MGPR 模型来描述转矩贡献因子向量与欧拉角 $\boldsymbol{\chi}$ 的映射关系，最后由 24 个 MGPR 模型描述完整转矩贡献矩阵。

以上两种方法都可以有效降低回归模型的个数，在本节中，以描述转矩贡献因子函数 $\boldsymbol{f}_{cx}(\boldsymbol{\chi})$ 的 MGPR 模型为例，定义大小为 n 的训练集 $\mathcal{D}_x=\{(\boldsymbol{x}_i, \boldsymbol{y}_{xi})\mid i=1, 2, \cdots, n\}$，其中 $\boldsymbol{x}_i\in\mathbb{R}^3$ 表示第 i 组欧拉角 $\boldsymbol{\chi}$，$\boldsymbol{y}_{xi}\in\mathbb{R}^{24}$ 表示观测到的与这组欧拉角相对应的转矩贡献因子向量（相对于定子坐标系的 x 轴）。接下来，将从函数空间的视角，利用矩阵变量高斯分布（Matrix-variate Gaussian Distribution）来推导 MGPR 模型。

首先引入矩阵变量高斯分布的定义和相关性质。

定义一个随机变量矩阵 $\boldsymbol{\chi}\in\mathbb{R}^{n\times d}$ 服从矩阵变量高斯分布，它的均值矩阵为 $\boldsymbol{M}\in\mathbb{R}^{n\times d}$，协方差矩阵为 $\boldsymbol{\Sigma}\in\mathbb{R}^{n\times n}$ 和 $\boldsymbol{\Omega}\in\mathbb{R}^{d\times d}$，记作

$$\boldsymbol{\chi}\sim\mathcal{MN}_{n,d}(\boldsymbol{M},\boldsymbol{\Sigma},\boldsymbol{\Omega}) \tag{3.126}$$

它的概率密度函数为

$$p(\boldsymbol{\chi}\mid \boldsymbol{M},\boldsymbol{\Sigma},\boldsymbol{\Omega})=(2\pi)^{-\frac{dn}{2}}\det(\boldsymbol{\Sigma})^{-\frac{d}{2}}\det(\boldsymbol{\Omega})^{-\frac{n}{2}}\mathrm{etr}\left(-\frac{1}{2}\boldsymbol{\Omega}^{-1}(\boldsymbol{\chi}-\boldsymbol{M})^T\boldsymbol{\Sigma}^{-1}(\boldsymbol{\chi}-\boldsymbol{M})\right) \tag{3.127}$$

其中，det（$\boldsymbol{A}$）表示计算矩阵 $\boldsymbol{A}$ 的行列式；etr($\boldsymbol{A}$) 表示以 e 为底，以矩阵 $\boldsymbol{A}$ 的迹为指数的函数，即 $\mathrm{etr}(\boldsymbol{A})=\exp(\mathrm{tr}(\boldsymbol{A}))$。通常 $\boldsymbol{\Sigma}$ 被称为列协方差矩阵，$\boldsymbol{\Omega}$ 被称为行协方差矩阵，它们都是半正定矩阵。

另外，矩阵变量高斯分布有两个重要的性质：可转置性和可向量化。

（1）可转置性 若 $\boldsymbol{\chi}\sim\mathcal{MN}_{n,d}(\boldsymbol{M}, \boldsymbol{\Sigma}, \boldsymbol{\Omega})$，那么有

$$\boldsymbol{\chi}^T\sim\mathcal{MN}_{d,n}(\boldsymbol{M}^T,\boldsymbol{\Omega},\boldsymbol{\Sigma}) \tag{3.128}$$

（2）可向量化 若 $\boldsymbol{\chi}\sim\mathcal{MN}_{n,d}(\boldsymbol{M}, \boldsymbol{\Sigma}, \boldsymbol{\Omega})$，那么有

$$\mathrm{vec}(\boldsymbol{\chi}^T)\sim\mathcal{N}_{nd}(\mathrm{vec}(\boldsymbol{M}^T),\boldsymbol{\Sigma}\otimes\boldsymbol{\Omega}) \tag{3.129}$$

其中，$\otimes$ 表示 Kronecker 积；vec($\boldsymbol{A}$) 表示向量运算符，它将 $\boldsymbol{A}\in\mathbb{R}^{n\times d}$ 的每一列按行序号在列方向重新组合，得到一个新的向量 $\mathrm{vec}(\boldsymbol{A})\in\mathbb{R}^{nd}$。

其次引入多元高斯过程（Multivariate Gaussian Process）的定义。

定义$\boldsymbol{f}$是关于连续域χ的多元高斯过程，并有均值函数向量$\boldsymbol{u}$：$\chi \to \mathbb{R}^d$，协方差函数（核函数）k：$\chi \times \chi \to \mathbb{R}$，半正定参数矩阵$\boldsymbol{\Omega} \in \mathbb{R}^{d \times d}$，记作

$$\boldsymbol{f} \sim \mathcal{MGP}(\boldsymbol{u}, k, \boldsymbol{\Omega}) \tag{3.130}$$

其中，$\boldsymbol{f}$，$\boldsymbol{u} \in \mathbb{R}^d$，其元素分别为$\{f_i\}_{i=1}^d$，$\{\mu_i\}_{i=1}^d$。并且，任意有限个多元高斯过程$f$的集合服从联合矩阵变量高斯分布，即

$$[\boldsymbol{f}(\boldsymbol{x}_1), \boldsymbol{f}(\boldsymbol{x}_2), \cdots, \boldsymbol{f}(\boldsymbol{x}_n)]^{\mathrm{T}} \sim \mathcal{MN}(\boldsymbol{M}, \boldsymbol{\Sigma}, \boldsymbol{\Omega}) \tag{3.131}$$

其中，均值矩阵$\boldsymbol{M} \in \mathbb{R}^{n \times d}$中的元素$[\boldsymbol{M}]_{ji} = \mu_j(\boldsymbol{x}_i)$，$i=1, 2, \cdots, d$，$j=1, 2, \cdots, n$；列协方差函数矩阵$\boldsymbol{\Sigma} \in \mathbb{R}^{n \times n}$中的元素$[\boldsymbol{\Sigma}]_{ij} = k(\boldsymbol{x}_i, \boldsymbol{x}_j)$，$i, j=1, 2, \cdots, n$。

当给定训练集$\mathcal{D}_x = \{(\boldsymbol{x}_i, \boldsymbol{y}_{xi}) \mid \boldsymbol{x}_i \in \mathbb{R}^3, \boldsymbol{y}_{xi} \in \mathbb{R}^{24}, i=1, 2, \cdots, n\}$时，假设$\boldsymbol{y}_{xi} = \boldsymbol{f}(\boldsymbol{x}_i)$是一个多元高斯过程，记作

$$\boldsymbol{f}(\boldsymbol{x}_i) \sim \mathcal{MGP}(\boldsymbol{u}, k_{\mathrm{c}}, \boldsymbol{\Omega}) \tag{3.132}$$

其中，$\boldsymbol{u} \in \mathbb{R}^{24}$是均值向量，$k_{\mathrm{c}} \in \mathbb{R}$和$\boldsymbol{\Omega} \in \mathbb{R}^{24 \times 24}$表示协方差函数。由于假设模型$\boldsymbol{y}_{xi} = \boldsymbol{f}(\boldsymbol{x}_i)$时并没有考虑服从独立高斯分布的观测噪声$\varepsilon \sim \mathcal{N}(0, \sigma_n^2)$，这里将在协方差函数中体现噪声，即

$$k_{\mathrm{c}} = k(\boldsymbol{x}_i, \boldsymbol{x}_j) + \sigma_n^2 \delta_{ij} \tag{3.133}$$

其中，δ_{ij}为 Kronecker delta 函数，有

$$\delta_{ij} = \begin{cases} 1, i=j \\ 0, i \neq j \end{cases} \tag{3.134}$$

在实际应用中，均值向量$\boldsymbol{u}$通常取$\boldsymbol{0}$。根据多元高斯分布的定义，可以知道$[\boldsymbol{f}(\boldsymbol{x}_1), \boldsymbol{f}(\boldsymbol{x}_2), \cdots, \boldsymbol{f}(\boldsymbol{x}_n)]^{\mathrm{T}}$服从一个矩阵变量高斯分布，即

$$[\boldsymbol{f}(\boldsymbol{x}_1), \boldsymbol{f}(\boldsymbol{x}_2), \cdots, \boldsymbol{f}(\boldsymbol{x}_n)]^{\mathrm{T}} \sim \mathcal{MN}(\boldsymbol{0}, \boldsymbol{K}_{\mathrm{c}}, \boldsymbol{\Omega}) \tag{3.135}$$

式中，$\boldsymbol{K}_{\mathrm{c}} \in \mathbb{R}^{n \times n}$为列协方差矩阵，其中第$(i, j)$个元素$[\boldsymbol{K}_{\mathrm{c}}]_{ij} = k_{\mathrm{c}}(\boldsymbol{x}_i, \boldsymbol{x}_j)$，$\boldsymbol{\Omega} \in \mathbb{R}^{24 \times 24}$表示行协方差矩阵。

令$\boldsymbol{f}_i \triangleq \boldsymbol{f}(\boldsymbol{x}_i)$，$\boldsymbol{f}_{i*} \triangleq \boldsymbol{f}(\boldsymbol{x}_{i*})$，训练集中的观测值$\boldsymbol{Y} = [\boldsymbol{y}_1, \boldsymbol{y}_2, \cdots, \boldsymbol{y}_n]^{\mathrm{T}}$，训练集中的输入$\boldsymbol{X} = [\boldsymbol{x}_1, \boldsymbol{x}_2, \cdots, \boldsymbol{x}_n]^{\mathrm{T}}$，假设对应测试集输入$\boldsymbol{X}_* = [\boldsymbol{x}_{1*}, \boldsymbol{x}_{2*}, \cdots, \boldsymbol{x}_{n*}]$的输出为$\boldsymbol{F}_* = [\boldsymbol{f}_{1*}, \boldsymbol{f}_{2*}, \cdots, \boldsymbol{f}_{n*}]^{\mathrm{T}}$，那么$\boldsymbol{Y}$和$\boldsymbol{F}_*$服从联合矩阵变量高斯分布

$$\begin{bmatrix} \boldsymbol{Y} \\ \boldsymbol{F}_* \end{bmatrix} \sim \mathcal{MN}\left(\boldsymbol{0}, \begin{bmatrix} \boldsymbol{K}_{\mathrm{c}}(\boldsymbol{X}, \boldsymbol{X}) & \boldsymbol{K}_{\mathrm{c}}(\boldsymbol{X}, \boldsymbol{X}_*) \\ \boldsymbol{K}_{\mathrm{c}}(\boldsymbol{X}_*, \boldsymbol{X}) & \boldsymbol{K}_{\mathrm{c}}(\boldsymbol{X}_*, \boldsymbol{X}_*) \end{bmatrix}, \boldsymbol{\Omega}\right) \tag{3.136}$$

其中，$\boldsymbol{K}_{\mathrm{c}}(\boldsymbol{X}, \boldsymbol{X}_*) \in \mathbb{R}^{n \times n_*}$中的元素$[\boldsymbol{K}_{\mathrm{c}}(\boldsymbol{X}, \boldsymbol{X}_*)]_{ij} = k_{\mathrm{c}}(\boldsymbol{x}_i, \boldsymbol{x}_{j*})$，$\boldsymbol{K}_{\mathrm{c}}(\boldsymbol{X}_*, \boldsymbol{X}) \in \mathbb{R}^{n_* \times n}$中的元素$[\boldsymbol{K}_{\mathrm{c}}(\boldsymbol{X}_*, \boldsymbol{X})]_{ij} = k_{\mathrm{c}}(\boldsymbol{x}_{i*}, \boldsymbol{x}_j)$；$\boldsymbol{K}_{\mathrm{c}}(\boldsymbol{X}_*, \boldsymbol{X}_*) \in \mathbb{R}^{n_* \times n_*}$中的元素$[\boldsymbol{K}_{\mathrm{c}}(\boldsymbol{X}_*, \boldsymbol{X}_*)]_{ij} = k_{\mathrm{c}}(\boldsymbol{x}_{i*}, \boldsymbol{x}_{j*})$。

根据条件分布性质，可以得到$\boldsymbol{F}_*$的预测分布为

$$p(\boldsymbol{F}_* \mid \boldsymbol{X}, \boldsymbol{Y}, \boldsymbol{X}_*) \sim \mathcal{MN}(\widehat{\boldsymbol{M}}, \widehat{\boldsymbol{\Sigma}}, \widehat{\boldsymbol{\Omega}}) \tag{3.137}$$

其中，均值矩阵$\widehat{\boldsymbol{M}}$、列协方差矩阵$\widehat{\boldsymbol{\Sigma}}$和行协方差矩阵$\widehat{\boldsymbol{\Omega}}$的表达式为

$$\widehat{\boldsymbol{M}} = \boldsymbol{K}_{\mathrm{c}}(\boldsymbol{X}, \boldsymbol{X}_*)^{\mathrm{T}} \boldsymbol{K}_{\mathrm{c}}(\boldsymbol{X}, \boldsymbol{X})^{-1} \boldsymbol{Y} \tag{3.138}$$

$$\widehat{\boldsymbol{\Sigma}} = \boldsymbol{K}_{\mathrm{c}}(\boldsymbol{X}_*, \boldsymbol{X}_*) - \boldsymbol{K}_{\mathrm{c}}(\boldsymbol{X}, \boldsymbol{X}_*)^{\mathrm{T}} \boldsymbol{K}_{\mathrm{c}}(\boldsymbol{X}, \boldsymbol{X})^{-1} \boldsymbol{K}_{\mathrm{c}}(\boldsymbol{X}, \boldsymbol{X}_*) \tag{3.139}$$

$$\widehat{\boldsymbol{\Omega}}=\boldsymbol{\Omega} \tag{3.140}$$

根据矩阵变量高斯分布的可转置性和可向量化，可以进一步得到

$$\mathrm{vec}(\boldsymbol{F}_{*}^{\mathrm{T}}) \sim \mathcal{N}(\mathrm{vec}(\widehat{\boldsymbol{M}}^{\mathrm{T}}),\widehat{\boldsymbol{\Sigma}}\otimes\widehat{\boldsymbol{\Omega}}) \tag{3.141}$$

由此得到了转矩贡献因子函数$\boldsymbol{f}_{cx}$（$\boldsymbol{\chi}$）的 MGPR 模型。

3. 核函数的选择

通过前文对 SGPR 模型和 MGPR 模型的推导，可以发现核函数在两种模型中都必不可少。对于 SGPR 模型，其均值函数和协方差函数都有核函数的身影。而对于 MGPR 模型，其均值矩阵和列协方差矩阵也与核函数息息相关。由此可见，核函数是 GPR 模型的关键部分。

核是一类函数的通称，它们将一对输入 $\boldsymbol{x}\in\boldsymbol{\chi}$，$\boldsymbol{\chi}'\in\boldsymbol{X}$ 映射到$\mathbb{R}$。核函数定义了数据的接近度和相似度，将点和点之间的关系浓缩在一个二元函数里。容易知道，数据集中点与点的两两关系是最基础的信息源，数据集是这些两两关系的集合。所以，核函数作为描述点与点之间关系的函数，其重要性不言而喻。

高斯过程模型中，核与协方差有非常紧密的联系。在一定程度上，高斯过程中的核函数等价于协方差。在统计学关于协方差的定义中可以知道，协方差对两个随机过程相关性的描述基于它们与各自期望的距离。将距离的概念推广开来，核函数实际上描述了特征空间里两个向量的内积，核函数组成了我们对希望学习的函数的假设。然而，并不是任何关于输入 $\boldsymbol{x}_i$ 和 $\boldsymbol{x}_j$ 的函数都是有效的核函数。类似于支持向量机（Support Vector Machine，SVM）中的核函数，高斯过程中的核函数也必须满足 Mercer 条件。那么，高斯过程中的核函数实际上为半正定（Positive Semi-Definite，PSD）核，由 PSD 核构成的矩阵也是半正定的。同时，核函数还具有对称性，即 $k(\boldsymbol{x}_i,\ \boldsymbol{x}_j)=k(\boldsymbol{x}_j,\ \boldsymbol{x}_i)$。

在工程应用中，高斯核以其优秀的性质成为最常用且实用的核函数，它可以实现非线性映射，具有参数少且无限可微的优点。如果对计算负担没有特别要求，高斯核通常为首选。对于本节描述的应用于永磁球形电动机转矩建模的 SGPR 模型和 MGPR 模型，均采用高斯核。

在高斯过程回归模型中使用的高斯核通常为

$$k_{\mathrm{SE}}(\boldsymbol{x}_i,\boldsymbol{x}_j)=\sigma_f^2\exp\left(-\frac{\|\boldsymbol{x}_i-\boldsymbol{x}_j\|^2}{2\,l^2}\right)+\sigma_n^2\delta_{ij} \tag{3.142}$$

其中，σ_f^2 表示信号方差，它用来控制输出空间上的波动；l 表示输入空间中的长度尺度。需要注意的是，在本例中，输入 $\boldsymbol{x}$ 为一组欧拉角，它很明显是一个多维输入。对于多维输入，若采用高斯核，则对于输入空间中长度尺度的考量便仅有 l 一个参数。这意味着多维输入中的每一个维度波动情况都相同，这显然是不合理的。所以，在式（3.142）的基础上引入自动确定相关性（Automatic Relevance Determination，ARD）的高斯核，其表达式为

$$k_{\mathrm{SEard}}(\boldsymbol{x}_i,\boldsymbol{x}_j)=\sigma_f^2\exp\left(-\frac{1}{2}(\boldsymbol{x}_i-\boldsymbol{x}_j)^{\mathrm{T}}\boldsymbol{P}(\boldsymbol{x}_i-\boldsymbol{x}_j)\right)+\sigma_n^2\delta_{ij} \tag{3.143}$$

式中，$\boldsymbol{P}=\mathrm{diag}\ (l_\alpha,\ l_\beta,\ l_\gamma)\in\mathbb{R}^{3\times 3}$为长度尺度矩阵，其中 l_α，l_β，l_γ 分别代表输入信号中每个维度的长度尺度。

4. SGPR 模型的训练

高斯过程回归模型的训练主要是通过对于核函数中超参数（Hyper-Parameter）的优化来

实现的。超参数的优化通常有两种方法。第一种利用贝叶斯思想，采用最大似然估计（Maximum Likelihood Estimation，MLE）或最大后验（Maximum a Posteriori，MAP）估计来优化；第二种利用数值的方法直接计算，典型代表有 Markov Chain Monte Carlo（MCMC）方法。第二种数值方法虽然普遍性很高，但所付出计算代价是巨大的。所以这里仍采用第一种方法，即采用较为常用的最大似然估计。

针对 SGPR 模型，对于核函数，可以定义超参数向量 $\boldsymbol{\Theta}=[l_\alpha,\ l_\beta,\ l_\gamma,\ \sigma_f^2,\ \sigma_n^2]^{\mathrm{T}}$，并用 θ_i（$i=1,2,\cdots,5$）代表 $\boldsymbol{\Theta}$ 中的元素，即超参数。利用 MLE 对超参数进行优化，首先需要给出边际似然（Marginal Likelihood）函数，即

$$p(\boldsymbol{y}\mid \boldsymbol{X},\boldsymbol{\Theta}) = \int p(\boldsymbol{y}\mid \boldsymbol{f},\boldsymbol{X},\boldsymbol{\Theta})p(\boldsymbol{f}\mid \boldsymbol{X},\boldsymbol{\Theta})\mathrm{d}\boldsymbol{f} \tag{3.144}$$

根据 SGPR 模型的推导，知道 $\boldsymbol{f}\mid \boldsymbol{X}\sim\mathcal{N}(\boldsymbol{0},\ \boldsymbol{K})$，而似然 $\boldsymbol{y}\mid\boldsymbol{f}\sim\mathcal{N}(\boldsymbol{f},\ \sigma_n^2\boldsymbol{I})$，那么它们经过积分运算后仍然服从高斯分布，可以得到

$$p(\boldsymbol{y}\mid \boldsymbol{X},\boldsymbol{\Theta}) = \int\mathcal{N}(\boldsymbol{0},\boldsymbol{K})\mathcal{N}(\boldsymbol{f},\sigma_n^2\boldsymbol{I})\mathrm{d}\boldsymbol{f} = \mathcal{N}(0,\boldsymbol{K}_{\mathrm{c}}) \tag{3.145}$$

其中，$\boldsymbol{K}_{\mathrm{c}}=\boldsymbol{K}_{\mathrm{c0}}+\sigma_n^2\boldsymbol{I}$，$\boldsymbol{K}_{\mathrm{c0}}$ 表示不考虑高斯噪声的协方差矩阵。写成负对数的形式，即可得到负对数边界似然（Negative log Marginal Likelihood，NLML）函数为

$$\mathcal{L} = -\ln p(\boldsymbol{y}\mid\boldsymbol{X},\boldsymbol{\Theta}) = \frac{1}{2}\boldsymbol{y}^{\mathrm{T}}\boldsymbol{K}_{\mathrm{c}}^{-1}\boldsymbol{y}+\frac{1}{2}\ln|\boldsymbol{K}_{\mathrm{c}}|+\frac{n}{2}\ln 2\pi \tag{3.146}$$

得到 NLML 函数后，可以通过求解它的最小值来达到超参数优化的目的。用这种方法将 SGPR 模型的训练转变成了一个优化问题，目标函数为 $\mathcal{L}$，优化目标为 $\mathcal{L}$ 的最小值。

为了通过求取 $\mathcal{L}$ 的最小值的方法获取超参数，需要求取式（3.66）描述的 NLML 函数关于超参数 θ_i 的偏导数，则

$$\begin{aligned}\frac{\partial\mathcal{L}}{\partial\theta_i} &= \frac{1}{2}\boldsymbol{y}^{\mathrm{T}}\boldsymbol{K}_{\mathrm{c}}^{-1}\frac{\partial\boldsymbol{K}_{\mathrm{c}}}{\partial\theta_i}\boldsymbol{K}_{\mathrm{c}}^{-1}\boldsymbol{y}-\frac{1}{2}\mathrm{tr}\left(\boldsymbol{K}_{\mathrm{c}}^{-1}\frac{\partial\boldsymbol{K}_{\mathrm{c}}}{\partial\theta_i}\right)\\ &= \frac{1}{2}\mathrm{tr}\left((\boldsymbol{\rho}\boldsymbol{\rho}^{\mathrm{T}}-\boldsymbol{K}_{\mathrm{c}}^{-1})\frac{\partial\boldsymbol{K}_{\mathrm{c}}}{\partial\theta_i}\right)\end{aligned} \tag{3.147}$$

其中，$\boldsymbol{\rho}=\boldsymbol{K}_{\mathrm{c}}^{-1}\boldsymbol{y}$；tr（$\boldsymbol{A}$）表示矩阵的迹。本例中，采取共轭梯度（Conjugate Gradient）法来求取 NLML 的最小值，以获取超参数的估计值。

根据前面推导的永磁球形电动机转矩贡献因子 $f_{\mathrm{cx}}^1(\boldsymbol{\chi})$ 的 SGPR 模型（式（3.118）~式（3.120）），结合选择的核函数（式（3.143））以及相应超参数的优化方法，可以总结基于 SGPR 模型的转矩贡献因子的完整建模方法，如图 3.60 所示。

5. MGPR 模型的训练

类似于 SGPR 模型，MGPR 模型也要进行超参数的优化，但与 SGPR 模型略有不同。观察式(3.137)~式(3.140)描述的 MGPR 模型容易发现，MGPR 模型中不仅有类似于 SGPR 模型的列协方差矩阵 $\widehat{\boldsymbol{\Sigma}}$，还有一个被称作行协方差矩阵的 $\boldsymbol{\Omega}$。列协方差矩阵 $\widehat{\boldsymbol{\Sigma}}$ 由核函数构成，而行协方差矩阵 $\boldsymbol{\Omega}$ 并不是由核函数构成。这意味着 SGPR 模型中的超参数并不能完全覆盖 MGPR 模型。为了对 MGPR 模型中的超参数进行优化，首先对行协方差矩阵 $\boldsymbol{\Omega}$ 进行讨论。

由于 $\boldsymbol{\Omega}$ 是正定矩阵，它可以被写为

$$\boldsymbol{\Omega}=\boldsymbol{\Psi}\boldsymbol{\Psi}^{\mathrm{T}} \tag{3.148}$$

其中，$\boldsymbol{\Psi}$为下三角矩阵，可以被表示为

$$\boldsymbol{\Psi}=\begin{bmatrix}\psi_{11} & 0 & \cdots & 0\\ \psi_{21} & \psi_{22} & \cdots & 0\\ \vdots & \vdots & & \vdots\\ \psi_{d1} & \psi_{d2} & \cdots & \psi_{dd}\end{bmatrix} \tag{3.149}$$

为了保证矩阵$\boldsymbol{\Psi}$的唯一性，这里规定对角线上的元素$\psi_{ii}(i=1, 2, \cdots, d)$必须大于0。在本例中，$d=24$，即所有线圈的个数。考虑另一个参数$\varphi_{ii}=\ln\psi_{ii}$，则行协方差矩阵$\boldsymbol{\Omega}$可以被向量$[\varphi_{11}, \varphi_{22}, \cdots, \varphi_{dd}]^{\mathrm{T}}$重新表示。

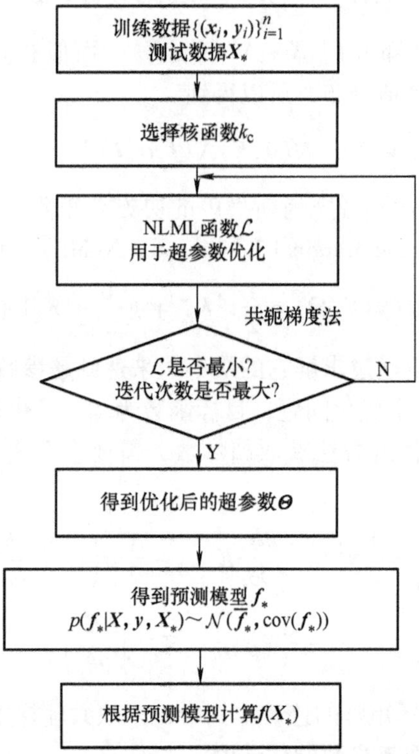

图3.60 基于SGPR模型的转矩贡献因子建模流程图

通过对行协方差矩阵$\boldsymbol{\Omega}$的定义，引入了两个SGPR模型中没有的超参数ψ_{ij}和φ_{ii}。因此，MGPR模型的超参数包括核函数k_c中的l_α、l_β、l_γ、σ_f^2、σ_n^2和行协方差矩阵$\boldsymbol{\Omega}$中的ψ_{ij}，φ_{ii}。为了方便描述，将其中一部分超参数定义为超参数向量$\boldsymbol{\Theta}=[\sigma_f^2, l_\alpha, l_\beta, l_\gamma]^{\mathrm{T}}$，并用$\theta_i$（$i=1, 2, 3, 4$）表示其中的元素。

类似于SGPR模型中的超参数优化，根据矩阵变量高斯分布的定义，首先给出NLML函数为

$$\mathcal{L}=\frac{nd}{2}\ln2\pi+\frac{d}{2}\ln|\boldsymbol{K}_c|+\frac{n}{2}\ln|\boldsymbol{\Omega}|+\frac{1}{2}\mathrm{tr}(\boldsymbol{K}_c^{-1}\boldsymbol{Y}\boldsymbol{\Omega}^{-1}\boldsymbol{Y}^{\mathrm{T}}) \tag{3.150}$$

其中，$\boldsymbol{K}_c=\boldsymbol{K}_{c0}+\sigma_n^2\boldsymbol{I}$，$\boldsymbol{K}_{c0}$表示不考虑高斯噪声的协方差矩阵。根据$\boldsymbol{K}_c$和$\boldsymbol{K}_{c0}$的关系，容易得到

$$\frac{\partial \boldsymbol{K}_c}{\partial \sigma_n^2}=\boldsymbol{I} \tag{3.151}$$

$$\frac{\partial \boldsymbol{K}_c}{\partial \theta_i}=\frac{\partial \boldsymbol{K}_{c0}}{\partial \theta_i} \tag{3.152}$$

式（3.150）描述的 NLML 函数关于超参数 σ_n^2、θ_i、ψ_{ij}，φ_{ii}的偏导数分别为

$$\frac{\partial \mathcal{L}}{\partial \sigma_n^2}=\frac{d}{2}\mathrm{tr}(\boldsymbol{K}_c^{-1})-\frac{1}{2}\mathrm{tr}(\boldsymbol{H}\boldsymbol{\Omega}^{-1}\boldsymbol{H}^{\mathrm{T}}) \tag{3.153}$$

$$\frac{\partial \mathcal{L}}{\partial \theta_i}=\frac{d}{2}\mathrm{tr}\left(\boldsymbol{K}_c^{-1}\frac{\partial \boldsymbol{K}_{c0}}{\partial \theta_i}\right)-\frac{1}{2}\mathrm{tr}\left(\boldsymbol{H}\boldsymbol{\Omega}^{-1}\boldsymbol{H}^{\mathrm{T}}\frac{\partial \boldsymbol{K}_{c0}}{\partial \theta_i}\right) \tag{3.154}$$

$$\frac{\partial \mathcal{L}}{\partial \psi_{ij}}=\frac{n}{2}\mathrm{tr}(\boldsymbol{\Omega}^{-1}(\boldsymbol{Q}_{ij}\boldsymbol{\Psi}^{\mathrm{T}}+\boldsymbol{\Psi}\boldsymbol{Q}_{ji}))-\frac{1}{2}\mathrm{tr}(\boldsymbol{S}\boldsymbol{K}_c^{-1}\boldsymbol{S}^{\mathrm{T}}(\boldsymbol{Q}_{ij}\boldsymbol{\Psi}^{\mathrm{T}}+\boldsymbol{\Psi}\boldsymbol{Q}_{ji})) \tag{3.155}$$

$$\frac{\partial \mathcal{L}}{\partial \varphi_{ii}}=\frac{n}{2}\mathrm{tr}(\boldsymbol{\Omega}^{-1}(\boldsymbol{G}_{ii}\boldsymbol{\Psi}^{\mathrm{T}}+\boldsymbol{\Psi}\boldsymbol{G}_{ii}))-\frac{1}{2}\mathrm{tr}(\boldsymbol{S}\boldsymbol{K}_c^{-1}\boldsymbol{S}^{\mathrm{T}}(\boldsymbol{G}_{ii}\boldsymbol{\Psi}^{\mathrm{T}}+\boldsymbol{\Psi}\boldsymbol{G}_{ii})) \tag{3.156}$$

其中，$\boldsymbol{H}=\boldsymbol{K}_c^{-1}\boldsymbol{Y}$，$\boldsymbol{S}=\boldsymbol{\Omega}^{-1}\boldsymbol{Y}^{\mathrm{T}}$。$\boldsymbol{Q}_{ij}$和$\boldsymbol{Q}_{ji}$都是方阵，矩阵$\boldsymbol{Q}_{ij}$中的第（$i$，$j$）个元素为1，其他为0；矩阵$\boldsymbol{Q}_{ji}$中的第（$j$，$i$）个元素为1，其他为0。$\boldsymbol{G}_{ii}$也是方阵，它的第（$i$，$i$）个元素为 $\exp\varphi_{ii}$，其余为0。本例中，同样采取共轭梯度法来求取 NLML 的最小值，以获取超参数的估计值。

根据永磁球形电动机转矩贡献因子$\boldsymbol{f}_x(\boldsymbol{\chi})$的 MGPR 模型（式（3.125）~式（3.127）），结合选择的核函数（式（3.131））和本节讨论的行协方差矩阵，以及它们相应超参数的优化方法，可以总结基于 MGPR 模型的转矩贡献因子的完整建模方法，如图3.61所示。

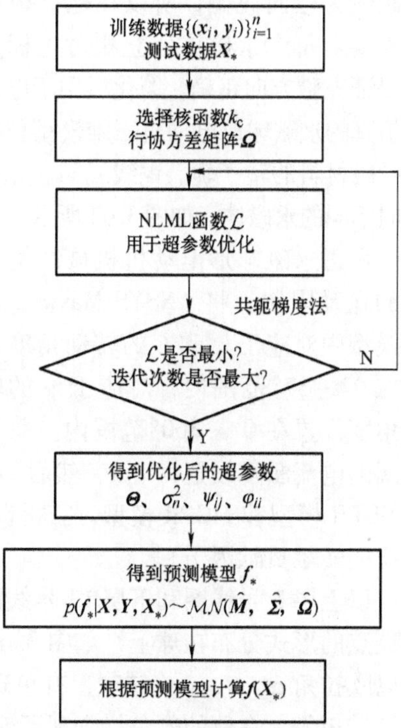

图3.61 基于 MGPR 模型的转矩贡献因子建模流程图

6. 训练数据的要求

训练数据通常指用于训练模型的数据集。若希望高斯过程回归模型真正可以应用在永磁球形电动机转矩建模上，必须要获得相应的训练数据。训练数据的选择一般有以下要求：①数据样本量尽可能大；②数据尽可能多样化；③数据样本质量尽可能高。

对于用于计算转矩贡献因子的 SGPR 模型和 MGPR 模型，训练数据集中的单组数据即为成对组合的欧拉角$\boldsymbol{\chi}$，和转子转动相应欧拉角$\boldsymbol{\chi}$时每个线圈通以单位电流产生的电磁转矩。在本例中，我们希望训练数据包含尽量准确且丰富的数据。数据的准确主要依靠获得数据的手段，利用工程中广泛使用的电磁仿真软件 ANSYS Maxwell，采用 FEA 的方法获得数据，以保证数据尽量准确；数据的丰富不仅体现在样本大上，也体现在特征多上。“样本量大”即为希望获得尽量多的数据，“特征多”则需要进一步解释。

首先需要明确，数据多不一定包含的特征多。对于本例中训练数据的不同特征，可以理解为转子运动的不同角度。我们希望获得尽量多的转子运动不同角度时线圈产生的电磁转

矩。如果以经、纬度来描述转子转动后线圈对应于转子体上的点的位置，那么训练数据集中的“不同角度”希望是线圈位置的经、纬度较分散的情况，而不希望是如经度相同、纬度不同的一系列位置。为了达到这种理想情况，可选的方法之一是获得转子运动在所有角度下的线圈电磁转矩，但对三维模型进行 FEA 的计算较为复杂，获取所有角度下的线圈电磁转矩需要耗费大量时间，并且高斯回归模型本身具有适合小样本的特点，所以获取所有数据显然不是最合适的方法。考虑到时间成本与模型本身的优点，尝试在相对少的数据中得到相对丰富的特征，实现这一目的可以采用在完备数据集中随机采样的方法。如果所有角度下的线圈电磁转矩为完备数据集，则只需要随机选择其中的少量数据，即可得到覆盖均匀的特征，而并未选择到的特征则由模型根据训练数据学习得到。达到这种效果的实际操作，即在有限元仿真软件中设置一系列随机角度，计算随机角度下线圈产生的电磁转矩。

由于定子壳、线圈基座、支撑结构均为非导磁材料，因此它们可以在电磁场仿真中被忽略。在 ANSYS Maxwell 中建立的永磁球形电动机三维模型不包含定子壳、线圈基座和支撑结构，这样做可以减少被剖分的部件。但是同样在设计中采用了非导磁材料的转子轭和输出轴予以保留，以方便分辨转子转动情况。模型中线圈的材料为铜，永磁体材料为铁钕硼（NdFeB）。由于设计中永磁体为径向充磁，所以在建立模型时需要对每个永磁体建立相对坐标系以保证充磁方向正确。简化后用于电磁场仿真的永磁球形电动机三维模型包括非导磁材料的转子轭、铜线线圈、充磁方向不同的永磁体，如图 3.62 所示。

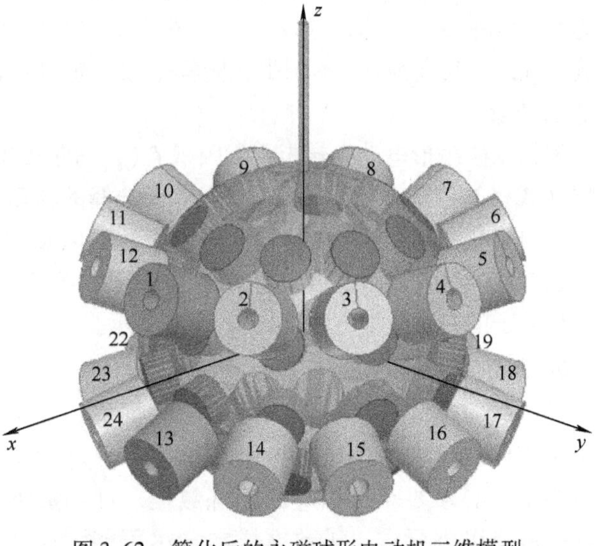

图 3.62 简化后的永磁球形电动机三维模型

考虑永磁球形电动机机械结构造成的运动限制，将 ANSYS Maxwell 仿真模型中对应于 α 和 β 的转动角度设置在 0° ~ 37°范围内，对应于 γ 的转动角度设置在 0° ~ 360°范围内。每个线圈的电流激励设置为 1 A，然后利用 FEA 计算每个线圈在单位电流下产生的电磁转矩。对于 SGPR 模型和 MGPR 模型，获得训练数据集大小为 800，即 800 对输入数据（欧拉角 $\boldsymbol{\chi}$ 和对应的转矩贡献因子）。

以上层 1 号线圈和下层 13 号线圈为例，它们关于 $\boldsymbol{x}$ 轴的转矩贡献因子的训练数据以有色斑点的形式分布在球上，如图 3.63 所示。图中，球体代表永磁球形电动机的转子。当转子以欧拉角 α、β、γ 旋转时，有色斑点的位置反映了转子面对线圈的点，而斑点的颜色反映了转矩值，右侧的颜色栏表现了颜色深度和转矩数值之间的映射。

7. 高斯回归过程预测

现在，将采用前文描述的 SGPR 模型和 MGPR 模型，利用训练数据计算未知的转矩贡献因子。并引入模型评价指标，将 SGPR 模型和 MGPR 模型与其他常用的机器学习回归模型进行比较分析。

为了直观地评估模型的好坏，包括准确性、误差的波动性等，引入了常用的模型评价指

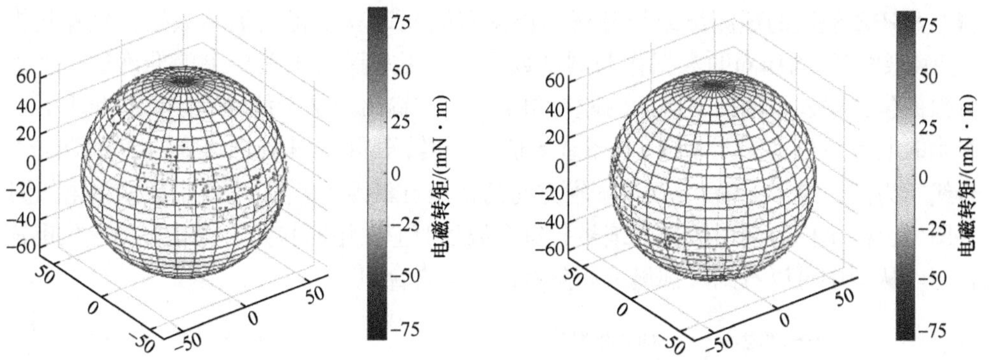

a) 1号线圈的训练数据　　b) 13号线圈的训练数据

图 3.63 训练数据分布图

标，分别为确定系数（R-Squared，R^2）、平均绝对误差（Mean Absolute Error，MAE）、方均根误差（RMSE）和归一化方均根误差（Normalized Root Squared Error，nRMSE%）。定义 $y_{r,i}$表示第 i 个参考值，$y_{p,i}$表示第 i 个模型计算出的预测值，下面给出这些评价指标的表达式及意义。

1）R-Squared。

$$R^2 = 1 - \frac{\sum_{i=1}^{N}(y_{r,i} - y_{p,i})^2}{\sum_{i=1}^{N}\left(y_{r,i} - \frac{1}{N}\sum_{i=1}^{N} y_{r,i}\right)^2} \tag{3.157}$$

R-Squared 通常用来判断模型拟合效果的好坏，其取值范围为［0，1］。一般来说，R-Squared 越大，表示拟合效果越好。

2）MAE。

$$\text{MAE} = \frac{1}{n}\sum_{i=1}^{N} | y_{r,i} - y_{p,i} | \tag{3.158}$$

MAE 是一种线性分数，它对残差直接计算平均，所有个体差异在平均值上的权重都相等。通常来说，MAE 越小，表示模型性能越好。

3）RMSE。

$$\text{RMSE} = \sqrt{\frac{1}{N}\sum_{i=1}^{N}(y_{r,i} - y_{p,i})^2} \tag{3.159}$$

RMSE 说明样本的离散程度，在非线性拟合中，RMSE 越小越好。对于较高的差异，RMSE 比 MAE 更为敏感。

4）nRMSE%。

$$\text{nRMSE\%} = \frac{\sqrt{\frac{1}{N}\sum_{i=1}^{N}(y_{r,i} - y_{p,i})^2}}{\max y_{r,i}} \tag{3.160}$$

nRMSE% 将 RMSE 变换成无量纲的表达形式，和 RMSE 一样，在非线性拟合中，nRMSE% 越小越好。

（1）SGPR 模型的预测结果与分析 根据有限元计算获得的训练数据，另外随机获取 50 对与训练数据结构相同的数据作为测试数据集，用来评估预测结果的准确性。训练集中的一对数据包含输入和输出，输入为欧拉角 $\boldsymbol{\chi} \in \mathbb{R}^3$，输出为某个线圈在该欧拉角下通以单位电流产生的电磁转矩（关于 x 轴、y 轴或 z 轴），即转矩贡献因子 $f_{cx}^i \in \mathbb{R}$，$f_{cy}^i \in \mathbb{R}$ 或 $f_{cz}^i \in \mathbb{R}$。以 1 号线圈为例，对于 x 轴、y 轴和 z 轴方向的转矩贡献因子 f_{cx}^1、f_{cy}^1 和 f_{cz}^1 预测结果如图 3.64 所示。图中，横坐标为测试数据的编号，每个编号对应一组欧拉角，纵坐标为单位电流下的电磁转矩。从图中可以看到，预测值和参考值基本吻合。

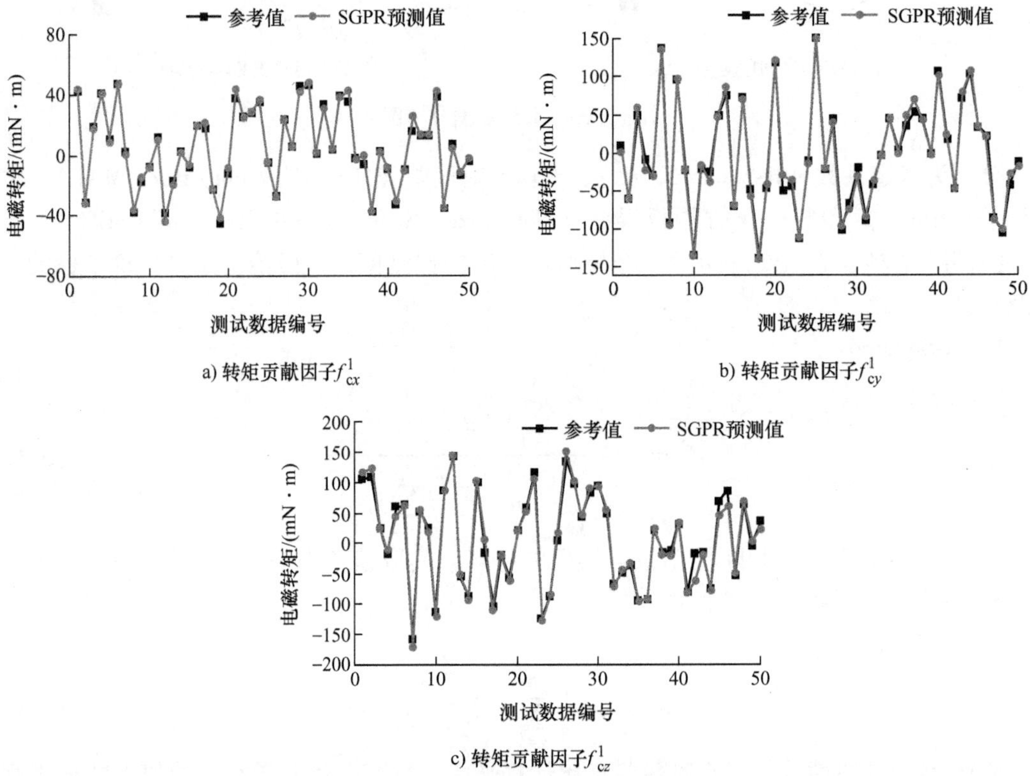

a) 转矩贡献因子 f_{cx}^1

b) 转矩贡献因子 f_{cy}^1

c) 转矩贡献因子 f_{cz}^1

图 3.64 1 号线圈转矩贡献因子 f_{cx}^1、f_{cy}^1 和 f_{cz}^1 的预测结果

为了更清晰地表示预测值与参考值的差异，利用评价指标对预测值进一步分析，见表 3.2。从表中可以看到，3 个 SGPR 模型的 R-Squared 都超过了 0.98，模型的拟合效果非常理想。训练数据容量的大小将会影响 SGPR 模型的性能，以 R-Squared 为评价指标，图 3.65 展示了训练数据容量对 3 个预测模型的性能的影响。从图中可以看出，当训练数据容量为 100 时，模型的拟合性能非常不理想。而当容量增大为 200 时，模型性能提升明显。当容量为 800 ~ 1200 时，模型的拟合性能趋于稳定。故而在本例中选取的训练数据容量为 800。

表 3.2 SGPR 模型性能指标

	R-Squared	MAE	RMSE	nRMSE%
转矩贡献因子 f_{cx}^1	0.987	2.365	3.565	4.048%
转矩贡献因子 f_{cy}^1	0.987	5.501	7.999	5.286%
转矩贡献因子 f_{cz}^1	0.983	6.0849	10.250	6.509%

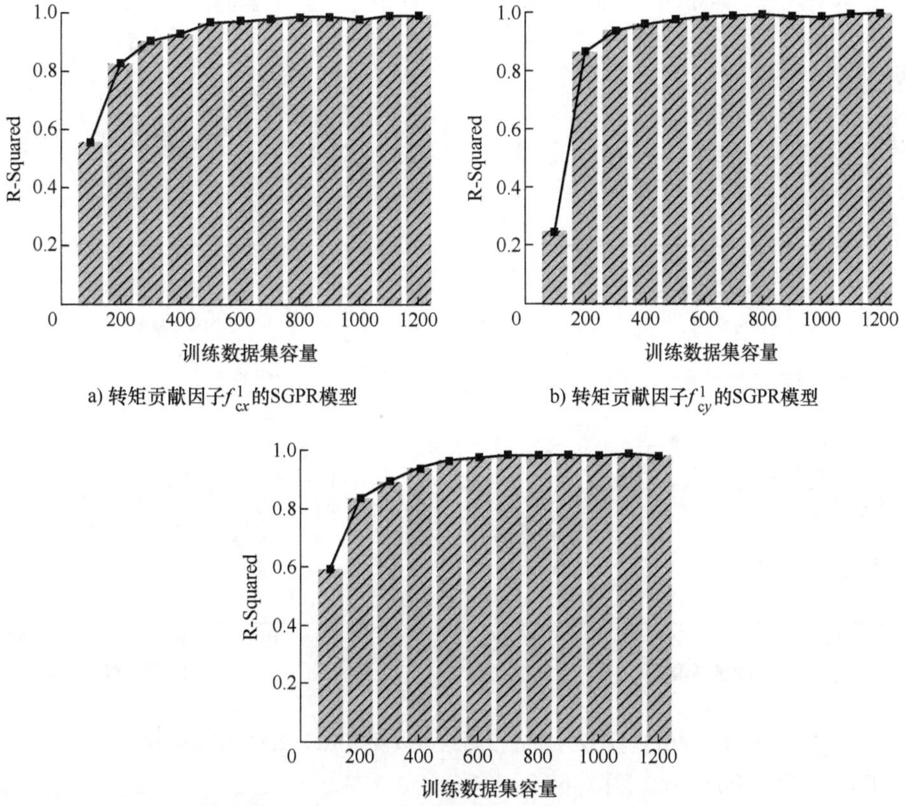

a) 转矩贡献因子f_{cx}^{1}的SGPR模型

b) 转矩贡献因子f_{cy}^{1}的SGPR模型

c) 转矩贡献因子f_{cz}^{1}的SGPR模型

图 3.65 训练数据容量的大小对 SGPR 模型的影响

（2）MGPR 模型的预测结果与分析 训练数据的容量大小为 800，与 SGPR 模型的训练数据不同是，训练数据输出为多维向量。按照 MGPR 模型，一对训练数据的输入为欧拉角 $\boldsymbol{\chi} \in \mathbb{R}^3$，输出为 24 个线圈在该欧拉角下通以单位电流产生的电磁转矩，即转矩贡献因子向量 $\boldsymbol{f}_{cx} \in \mathbb{R}^{24}$。由于一个 MGPR 模型的预测结果众多，这里以 1 号、2 号、13 号、14 号线圈为例，MGPR 模型对关于 x 轴的转矩贡献因子的预测结果如图 3.66 所示。除此之外，还将常用的基于数据驱动的学习方法，如随机森林（Random Forests，RF）模型和近邻（K-Nearest Neighbors，KNN）模型与 MGPR 模型进行比较，并将结果展示于图 3.66。

图 3.66 中，横坐标为测试数据的编号，每个编号对应一组欧拉角，纵坐标为单位电流下的电磁转矩。从图中可以看出，通过 MGPR 模型计算出的转矩贡献因子与参考值匹配得最好。

为了更全面地评估这些模型的性能，采用评价指标对预测值进一步分析。图 3.67 展示了 MGPR 模型、RF 模型和 KNN 模型在预测 1 号、2 号、13 号和 14 号线圈的转矩贡献因子时的 R-Squared。从图中可以看出，对于这 4 个线圈，MGPR 模型的拟合性能最好，它最低的 R-Squared 是 0.969。相比之下，RF 模型和 KNN 模型的最高 R-Squared 分别为 0.850 和 0.856，甚至低于 MGPR 模型的最低分。

此外，针对 MGPR 模型、RF 模型和 KNN 模型，我们计算了所有线圈的其他性能指标，包

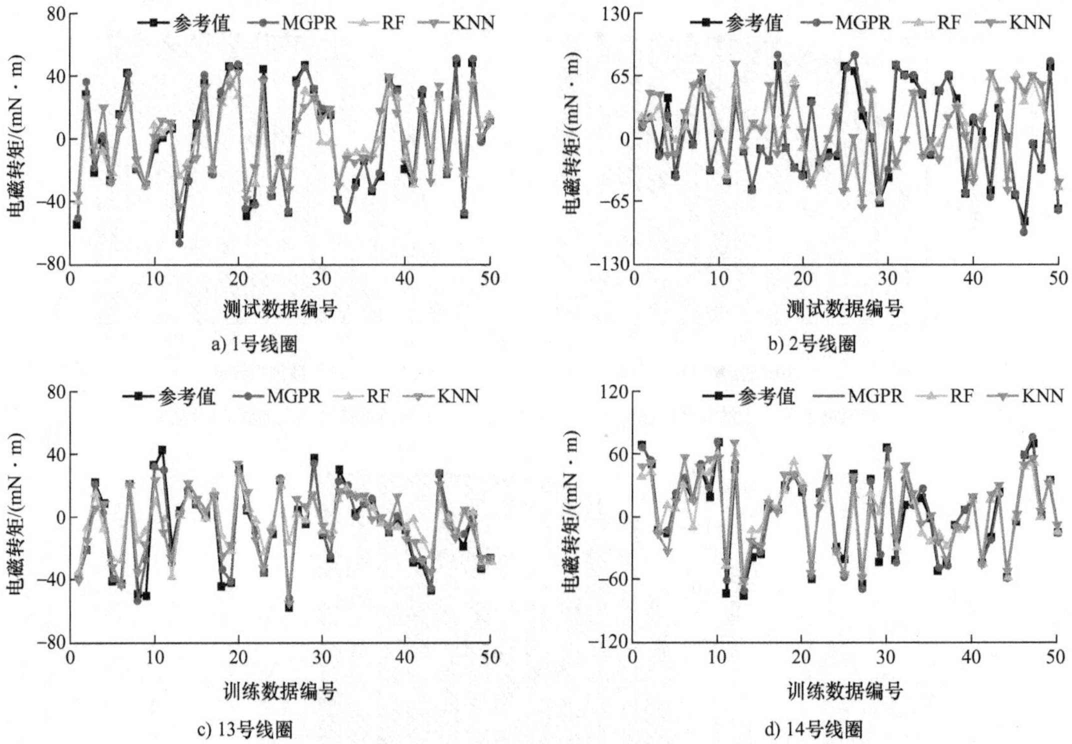

图 3.66 MGPR 模型的部分预测结果以及与 RF、KNN 模型的比较

括 MAE、RMSE 和 nRMSE%。图 3.68 利用箱线图显示了通过这些模型对所有 24 个线圈的性能指标的分布。

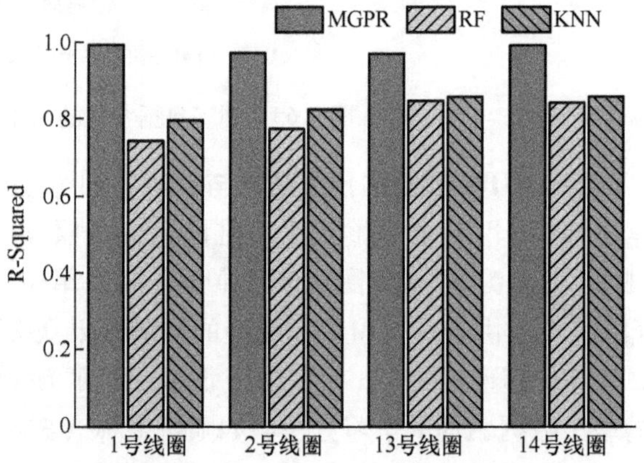

图 3.67 MGPR 模型、RF 模型和 KNN 模型的 R-Squared

图 3.68 中，最上方和最下方黑线分别代表最大值和最小值，红线代表中位数。可以看出，与其他两种模型相比，MGPR 模型的 MAE、RMSE 和 nRMSE% 的平均水平最低。方盒的上下宽度反映了指标的波动水平。从图中可以看出，MGPR 模型的方盒宽度比其他两种方法窄，这表明 MGPR 模型的效果更好。另外，R-Squared、MAE、RMSE 和 nRMSE% 的平均值在表 3.3 中列出，以表示 MGPR、RF、KNN 模型的优劣。

表 3.3 平均性能指标

	MGPR	RF	KNN
R-Squared	0.980	0.805	0.832
MAE	4.952	17.949	16.833
RMSE	7.632	23.267	22.126
nRMSE%	7.815%	23.545%	22.022%

必须承认的是，在训练集容量大小相同的情况下，MGPR 模型学习的时间比其他两种模型更长。但是，由于预测精度在本章中被认为是最重要的，因此在这种情况下，MGPR 方法被认为更合适。实际上，在本例中，最耗时的部分是利用 FEM 获取训练数据，因此训练集容量的大小是在相同计算精度下要考虑的因素之一。表 3.4 显示了用于 MGPR、RF 和 KNN 模型的训练集容量大小的比较，平均 R-Squared 被视为评估这 3 种模型的性能指标，且 R-Squared 大于 0.95 是可以被接受的，从表中可以看出，MGPR 模型需要的训练集容量最小，侧面反映了 MGPR 模型在一定程度上降低了时间成本。

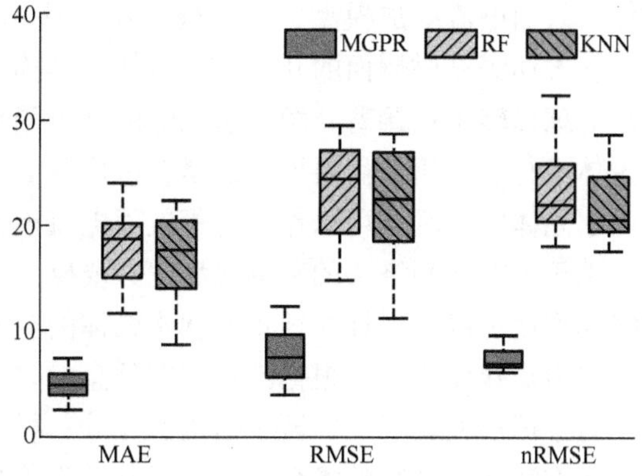

图 3.68　MGPR 模型、RF 模型、KNN 模型对所有线圈预测的性能指标分布

表 3.4　训练集容量的大小

	MGPR	RF	KNN
训练集容量大小	600	5000	4200
R-Squared	0.9541	0.9503	0.9539

对应于获取训练数据的范围，以 1 号线圈和 13 号线圈为例，采用 MGPR 模型预测出该范围内线圈的转矩贡献因子整体分布如图 3.69 所示。

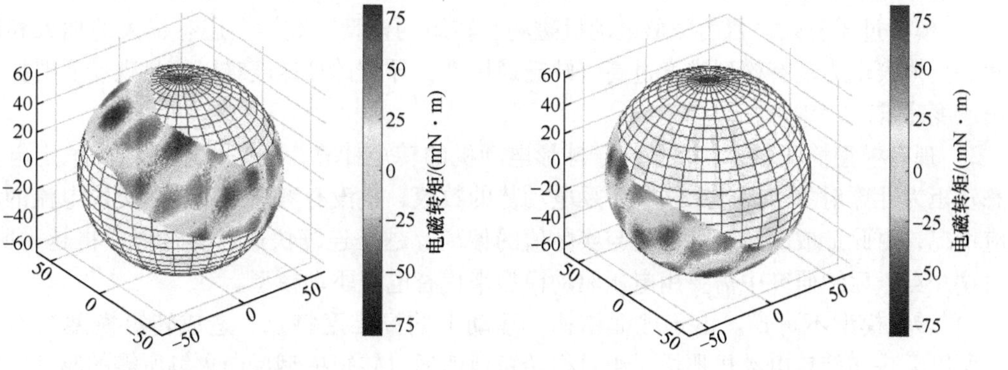

a) 1号线圈　　b) 13号线圈

图 3.69　训练数据范围内转矩贡献因子的整体分布

从图 3.69 中可以看出，转矩贡献因子的数值大小存在一定周期性，这与永磁球形电动机中永磁体的分布形式有关。

3.3　本章小结

本章从磁场和力矩建模角度出发，对永磁球形电动机展开研究，提出了多种建模方法。

在磁场建模方面，根据不同形状永磁体，介绍了 3 种等效模型。首先着重介绍了基于永磁体等效面电流叠加模型，这一模型特别适用于转子永磁体形状简单的情形，尤其是圆柱体、长方体等充磁侧面的几何形状方便数学描述及计算、顶部及底部端面为平面的永磁体所组成的球形转子；接着介绍了永磁体的球谐函数等效模型，虽然本章采用球谐函数对立方体永磁体进行了分析，需要说明的是，采用球面基函数的球谐函数模型是可以用来计算球面、弧面永磁体的，因此可以作为对等效面电流模型这方面计算能力不足的补充；另外，简要介绍了基于等效磁网络法的磁场模型，只要磁网络划分得当，各支路方向上磁阻表述合理，磁网络模型就可以用来计算任意形状永磁体的空间磁场。

在力矩建模方面，根据计算所需信息的多少及计算复杂程度的不同，介绍了三种模型。首先对于球形电动机定、转子结构、尺寸、材料等信息掌握最完整，磁场可以采用上述任一种解析方法详细计算的场合，介绍了基于洛伦兹力法的转矩解析模型，这也是三种模型中建模过程最简单、计算结果最可靠的一种，同时采用数据储备加线性插值的方法，对此模型进行了进一步简化，避免了耗时的双重积分环节和重复计算过程，将计算速度进一步提升；对于球形电动机所掌握信息有限，如磁场不方便解析计算，或者永磁体和线圈尺寸不详的场合，只要掌握永磁体/线圈分布，配合无论仿真还是实测得到的单对线圈/永磁体之间矩角关系数据，就可以采用第二种方法建立基于单对线圈/永磁体力矩线性叠加的模型；若所研究的球形电动机永磁体/线圈的位置信息缺少，甚至永磁体数目未知，并且由此导致连续的单对线圈/永磁体矩角特性数据也无法从测试数据中分离出来的场合，引入数据驱动的思想，提出了采用高斯过程的转矩贡献因子模型，只要能够采集足够多点的力矩实测数据作为训练集，就可以采用此方法达到与前两种模型等同的建模效果，从而完全摆脱对球形电动机设计结构数据的依赖。

就永磁球形电动机的磁场力矩模型研究而言，目前还存在以下几个主要问题亟待解决：

1）模型过于复杂。目前球形电动机磁场和转矩的模型，数学上还有很大的抽象和简化空间，具体表现为现有模型维度过高，缺乏通用性，导致计算速度难以满足现场实时控制的通信速度需求。

2）现有模型简化较多。目前对于球形电动机的转矩计算，还是以基于精确恒定电流的静态转矩为计算对象，而忽略线圈中反电动势的数值，也没有考虑控制器所提供电流的动态响应情况，由此造成的转矩计算值与实际值的偏离，越是连续快速运动过程中将越为明显，针对这一点，后续研究中需要用电压驱动模型来代替电流驱动模型。

3）转矩模型不可逆。由于球面结构、运动上的高维度特点，造成转矩模型的不可逆性，所以无法如旋转电动机那样，由目标转矩数值通过转矩模型反向求解所需的驱动电动流数值，这一点导致球形电动机的驱动控制遇到严重的问题，如第 5 章所展现的，要么采用伪逆矩阵的方法求解出实际上肯定不是最优的通电方案，要么配合组合优化算法，消耗大量时间来获得经过筛选的通电方案，而这种求解电流结果存在的不稳定性，又造成控制器输出电流缺乏连续，加剧动态相应偏差，这和第 1）点都要求对转矩模型进行尽可能的降维、简化。

4）过于依赖转子姿态信息。与旋转电动机研究中常用到电角度替换机械角度来简化分析不同，球形电动机几乎不存在空间周期性，因此需要随时随地掌握转子的三自由度姿态，而几乎没有周期规律可言，导致完全不可能实现开环控制。

另外，本章讨论的磁场和转矩建模，仅限于无铁心的永磁球形电动机，而有铁心、非永磁等其他类型球形电动机的磁场和力矩模型研究也是十分必要的。

第4章　永磁球形电动机的转子姿态检测

永磁球形电动机由于转子结构的特点，可以完成三自由度空间运动，这是球形电动机有别于二自由度传统电动机的主要特点。但对球形电动机进行闭环控制的前提是必须知道电动机转子的当前姿态，球形电动机运动控制的精准性与姿态检测的精准度和实时性息息相关，所以球形电动机转子姿态检测的研究对球形电动机的闭环控制具有十分重要的意义。

由于球形电动机的三维特点，传统的电动机姿态检测方法不适合应用在球形电动机。目前常用的检测方法有接触式和非接触式两类。接触式检测方法的装置复杂度高，传感器与转子的接触限制了电动机的运动范围，也会引起摩擦力从而减小电动机的输出转矩，影响电动机本身的性能。所以，研究人员更倾向于非接触式或无传感器的转子姿态检测方法。

检测精度和实时性是转子姿态检测需要考虑的两个主要因素。本章将介绍几种非接触式球形电动机姿态检测方法，并分析它们的优缺点，为球形电动机的闭环运动控制提供基础。

4.1　基于 MEMS 的转子姿态检测

传统陀螺仪为利用角动量守恒原理不停转动的高速回转的物体，它的转轴正交于承载它的支架，从而旋转方向不会随支架的旋转而变化。MEMS 陀螺仪是采用微电子和微机械加工技术生产出来的新型传感器，它采用科里奥利效应的原理测量物体运动过程中的角速率，如图 4.1 所示，在该效应的作用下，一个物体朝着 $\boldsymbol{v}$ 所在方向做直线运动的同时绕着 z 轴以速率 $\boldsymbol{\Omega}_z$ 转动。那么应有一个力 $\boldsymbol{F}$ 作用于该物体，该力被称作科里奥利力。该力作为一种惯性力，让物体在自身坐标系下的运动轨迹变为曲线的形式。可以通过一种电容感应式的结构来测量在科里奥利效应作用下引起的电容大小的变化量。

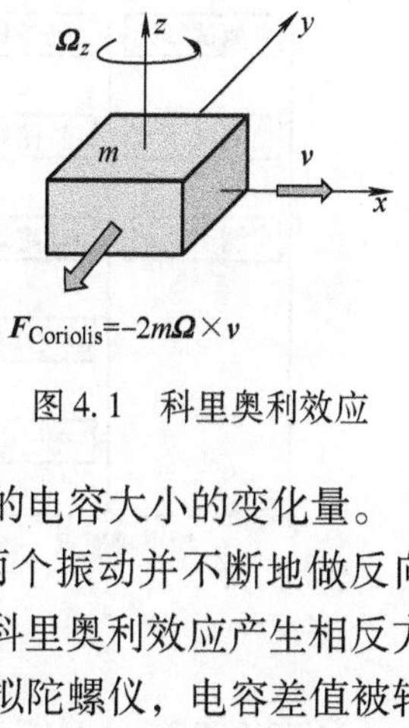

图 4.1　科里奥利效应

目前销售的 MEMS 陀螺仪多数采用调音叉结构，这种结构由两个振动并不断地做反向运动的物体组成，如图 4.2 所示。当施加角速率时，每个物体上的科里奥利效应产生相反方向的力，从而引起电容变化，电容差值与角速率成正比。如果是模拟陀螺仪，电容差值被转换成电压信号输出；如果是数字陀螺仪，则转换成最低有效位。如果在两个物体上施加线性加速度，两个物体则向同一方向运动，因此不会检测到电容变化。

MEMS 由于体积小、耐冲击、功耗低、成本低等特点，在日常消费电子产品中得到广泛应用，包括汽车加速计、手机、计算机、无人机遥控导航等。目前，主流的 MEMS 传感器主要有 MPU6050。本章选择 MPU6050 作为永磁球形电动机转子姿态检测的核心部件。

MPU6050 是 Inven Sense 公司推出的一款低成本、低功耗的惯性组件传感器，属于集成

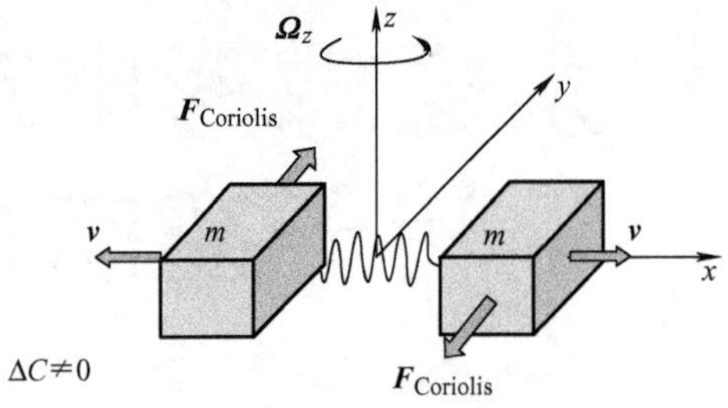

图 4.2 调音叉结构 MEMS 陀螺仪

加速度计和陀螺仪的常见空间运动传感器芯片，是全球首款整合六轴运动的测量单元，包含三轴陀螺仪以及三轴加速度传感器，同时融合了一个可扩展的数字运动处理器（Digital Motion Processor，DMP），相比加速度计和陀螺仪分立设计，可以从设计上免除陀螺仪和加速度计之间的轴向误差，减少空间尺寸，方便安装使用；同时在设计中提供了传感器融合单元和自我校正装置，方便使用。因此在该产品推出之后，得到广泛使用。MPU6050 的内部硬件框图如图 4.3 所示。

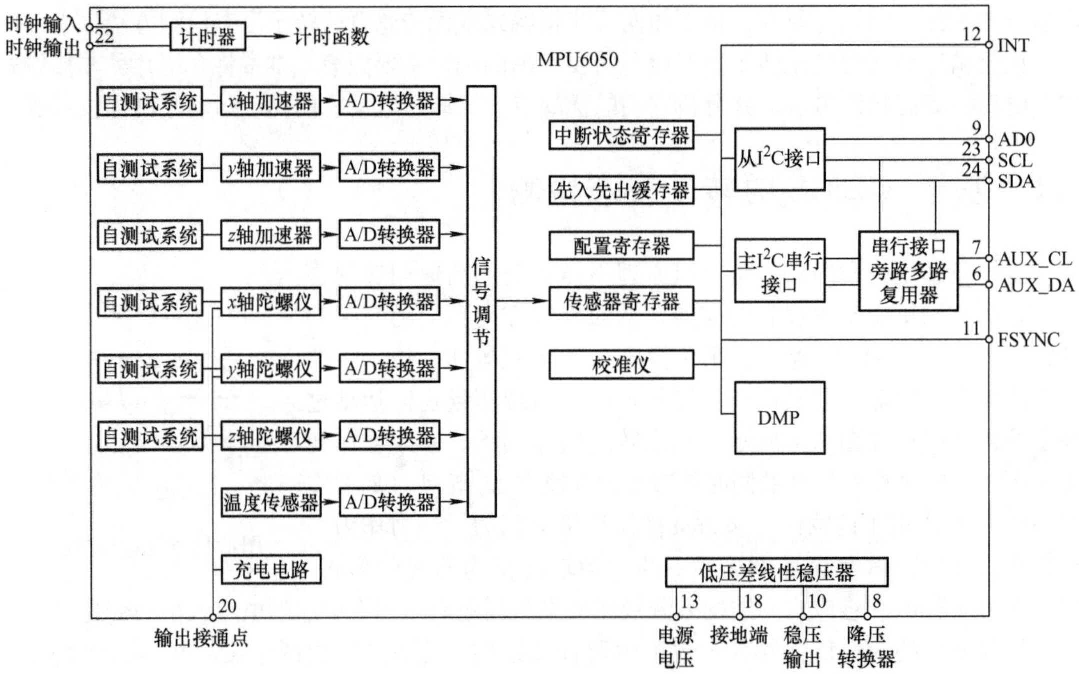

图 4.3 MPU6050 内部硬件框图

MPU6050 通过 I^2C（Inter-Integrated Circuit）接口，可以方便实现传感器与控制器之间的通信，如三轴角速度、三轴加速度、传感器温度等信息，可以实现精确校准，具有多参数可编程性，如系统内部自动校正、采样率设定、动态范围设定等。对陀螺仪和加速度计分别用了 3 个 16 位的 A/D 转换器，将其测量的模拟量转化为可输出的数字量。陀螺仪的测量范围具有 ±250°/s ~ ±2000°/s 多个档位，可通过指令自行调节，方便追踪不同速度的物体运动角速度。MPU6050 的性能参数见表 4.1。

表 4.1　MPU6050 性能参数

性能参数	参数值	单位
电压	2.375 ~ 3.46	V
精度	0.00763(±250°/s) 0.01531(±500°/s) 0.03048(±1000°/s) 0.06097(±2000°/s)	(°)/s/LSB
零位漂移	0.1	°/s/g
数据传输频率	20/100	Hz
通电起动时间	30	ms
工作电流	8	mA

4.1.1　基于 MEMS 的转子姿态检测系统构成

基于 MEMS 的姿态检测系统主要由移动端的数据采集系统和处理信息的上位机两部分构成。数据采集系统包含姿态检测传感器、蓝牙射频发射模块、供电单元和安装平台，上位机负责数据信号的接收和处理。系统框图如图 4.4 所示。

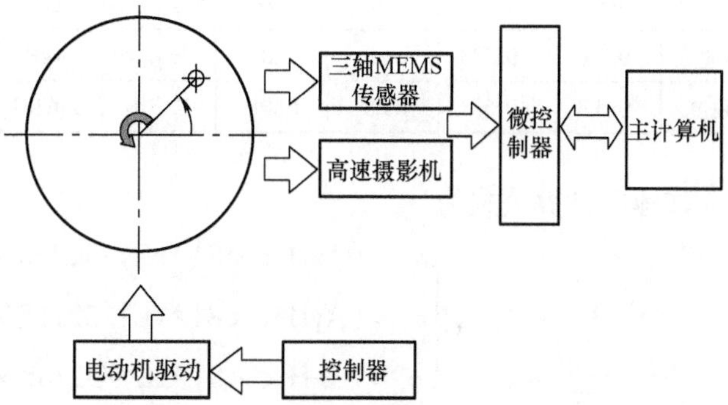

图 4.4　基于 MEMS 的姿态检测系统框图

基于 MEMS 的姿态检测系统如图 4.5 所示，由于球形电动机运动的空间多自由度特性以及无接触测量的要求，通过 3D 打印设计了一个安装平台，将检测装置放置于转子输出轴顶端位置，并且留有其他检测装置如高速摄像机、激光检测装置的安装空间。

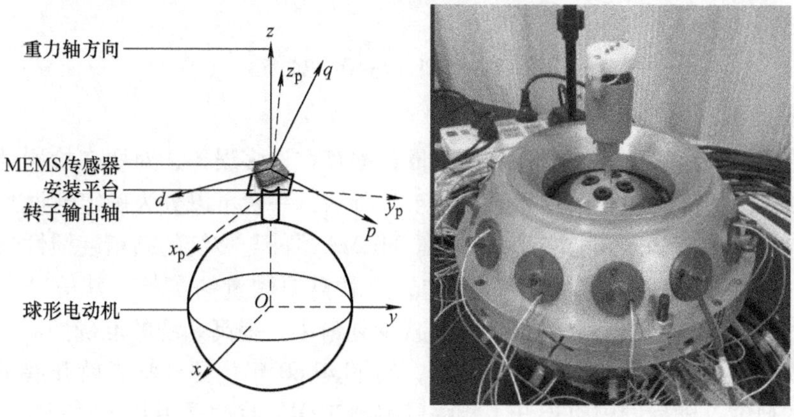

图 4.5　基于 MEMS 的姿态检测系统结构图与实物图

转子姿态检测的算法框图如图 4.6 所示。

图 4.6　转子姿态检测算法框图

4.1.2　MEMS 数据采集与误差处理

1. MEMS 数据采集

MPU6050 采集的信号通过蓝牙传递给上位机，每一帧数据包括三轴加速度、三轴角速度、三轴角度以及温度、串口通信协议见表 4.2。MPU6050 发送的数据包以 0x55 开头，第二帧 0x51、0x52 和 0x53 分别代表加速度、角速度和角度，H 和 L 分别为高 8 位数据和低 8 位数据，TL 和 TH 表示温度的低高字节，Sum 为数据帧校验和。

表 4.2　传感器数据帧对应的数据信息

	头字节				→						尾字节
加速度	0x55	0x51	AxL	AxH	AyL	AyH	AzL	AzH	TL	TH	Sum
角速度	0x55	0x52	wxL	wxH	wyL	wyH	wzL	wzH	TL	TH	Sum
角度	0x55	0x53	RollL	RollH	PitchL	PitchH	YawL	YawH	TL	TH	Sum

加速度计算公式为

$$\begin{cases} a_x = (\mathrm{AxH} << 8 \mid \mathrm{AxL})/32768 \times 16 \times 9.8(\mathrm{m/s^2}) \\ a_y = (\mathrm{AyH} << 8 \mid \mathrm{AyL})/32768 \times 16 \times 9.8(\mathrm{m/s^2}) \\ a_z = (\mathrm{AzH} << 8 \mid \mathrm{AzL})/32768 \times 16 \times 9.8(\mathrm{m/s^2}) \end{cases} \tag{4.1}$$

角速度计算公式为

$$\begin{cases} w_x = (\mathrm{wxH} << 8 \mid \mathrm{wxL})/32768 \times 2000(^\circ/\mathrm{s}) \\ w_y = (\mathrm{wyH} << 8 \mid \mathrm{wyL})/32768 \times 2000(^\circ/\mathrm{s}) \\ w_z = (\mathrm{wzH} << 8 \mid \mathrm{wzL})/32768 \times 2000(^\circ/\mathrm{s}) \end{cases} \tag{4.2}$$

温度计算公式为

$$T = (\mathrm{TH} << 8 \mid \mathrm{TL})/340 + 36.53(^\circ\mathrm{C}) \tag{4.3}$$

2. 卡尔曼滤波

MEMS 传感器采用的微机械结构，其测量数据存在许多误差，对姿态检测结果可能产生重大影响。MEMS 器件的主要误差类型如图 4.7 所示，一般可以分为确定性误差和随机漂移误差两大类，前者包括静态误差和动态误差。MEMS 器件与传统的高精度惯性器件不同，其误差参数随时间变化，每次通电重复性较差，这就需要大量的实验对其信号进行详细的分析，以确定其规律，将上述类型的错误影响减少到最小，提高系统的准确性。

对陀螺仪的随机漂移误差研究时间较早，20 世纪 60 年代国外学者就开展了随机漂移误差补偿方法的研究，随后国内也展开了相关的科研工作。我们采用基于时间序列分析的卡尔曼滤波方法，补偿 MEMS 的随机漂移误差来提高测量数据的精度，主要思路是建立一个基于观测的模型，根据测量数据修正经验模型，最终输出观测结果。

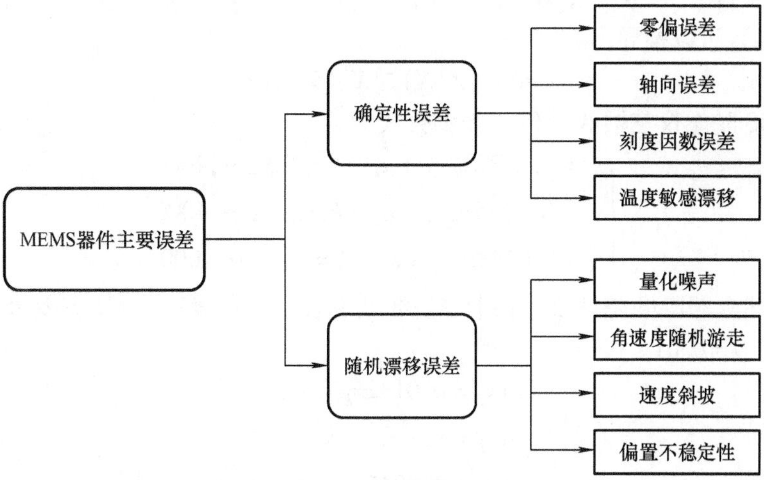

图 4.7　MEMS 器件的主要误差类型

（1）MEMS 陀螺仪静态原始数据采集　将姿态检测单元置于水平面上，等状态稳定后，测量 40s 数据，采样频率 100Hz，共采样 4000 个点。该静态数据主要用来建立姿态传感器滤波模型，采集数据如图 4.8 所示。

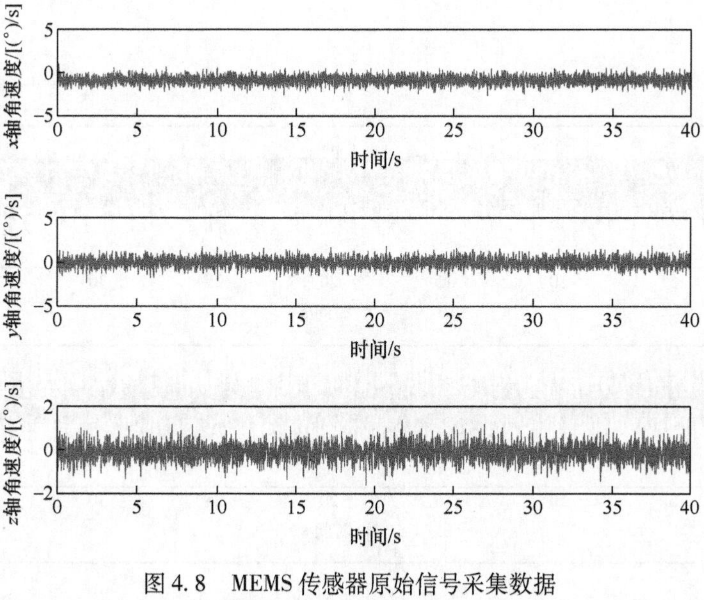

图 4.8　MEMS 传感器原始信号采集数据

由静态原始数据可以看出，测量数据不仅存在随机漂移误差，还有确定性的常值误差。确定性误差可以通过常量偏移滤除，偏移量通过数据点平均值方法取得，其中 x 轴常值偏移分量为 −0.8732°/s，y 轴常值偏移分量为 −0.1205°/s，z 轴常值偏移分量为 −0.9024°/s。滤除确定性误差之后，一般信号中剩余的就是随机漂移误差。

（2）建立 AR 误差模型　采用基于时间序列的 1 阶自回归模型来建立误差模型，即 AR（1）模型，写成矩阵形式为

$$\boldsymbol{Y}=\boldsymbol{X\Phi}+\boldsymbol{A} \tag{4.4}$$

其中，$\boldsymbol{Y}=[y_2\quad y_3\quad\cdots\quad y_n]^{\mathrm{T}}$，$\boldsymbol{A}=[a_2\quad a_3\quad\cdots\quad a_n]^{\mathrm{T}}$，$\boldsymbol{X}=[x_1\quad x_2\quad\cdots\quad x_{n-1}]^{\mathrm{T}}$。

由式（4.4）可以推导出

$$\boldsymbol{\Phi}=(\boldsymbol{X}^{\mathrm{T}}\boldsymbol{X})^{-1}\boldsymbol{X}^{\mathrm{T}}(\boldsymbol{Y}-\boldsymbol{A}) \tag{4.5}$$

可以得出 MEMS 陀螺仪三轴 AR（1）模型公式为

$$\begin{cases}x_k=0.0132x_{k-1}+a_k & k=2,3,\cdots,4000\\ y_k=0.0245y_{k-1}+a_k & k=2,3,\cdots,4000\\ z_k=0.0243z_{k-1}+a_k & k=2,3,\cdots,4000\end{cases} \tag{4.6}$$

因此可以建立 MEMS 陀螺仪三轴卡尔曼滤波方程，测量噪声 w_k 协方差 $R=0.01$，过程校正 a_k 协方差 $Q=0.01$。

$$\begin{cases}x_k=0.0132x_{k-1}+a_k\\ c_k=x_k+w_k\end{cases} \tag{4.7a}$$

$$\begin{cases}y_k=0.0245y_{k-1}+a_k\\ c_k=y_k+w_k\end{cases} \tag{4.7b}$$

$$\begin{cases}z_k=0.0243z_{k-1}+a_k\\ c_k=z_k+w_k\end{cases} \tag{4.7c}$$

（3）滤波补偿结果 根据上述滤波方程，分别对三轴原始数据进行滤波处理，结果如图 4.9 所示。

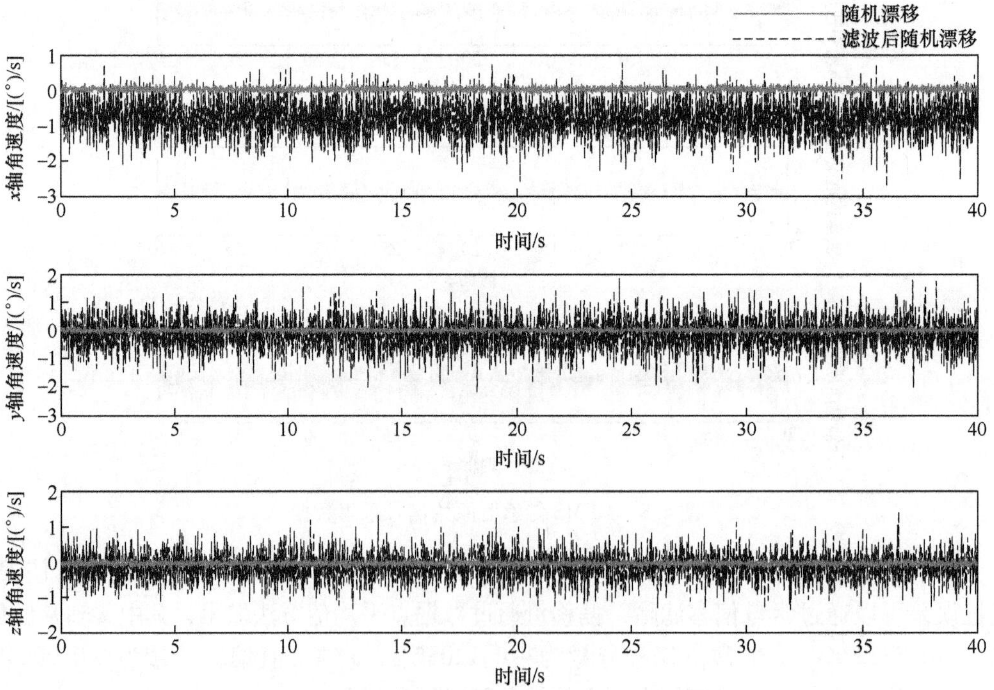

图 4.9 MEMS 陀螺仪随机漂移信号滤波前后对比

在水平静止状态下，MEMS 陀螺仪输出角速度的数据应该是接近 0°/s，从图 4.9 中可以看出，滤波后效果较好，可以滤除大部分随机漂移误差。

3. 轴向角误差矫正

对于 MEMS 器件本体而言，内部敏感轴坐标系和理想载体坐标系在静止位置应该是相互重合的，当 MEMS 器件作为整个测量系统中的一个组成部件、与其他组件共同构成测量系统时，不可避免地会在组装过程中产生轴向安装误差，这个误差会大大降低系统姿态测量的精度。误差角示意图如图 4.10 所示，其中 θ_{zx}、θ_{zy} 分别表示 z 轴偏向 x 轴和 y 轴的失准角，θ_{yx}、θ_{yz} 分别表示 y 轴偏向 x 轴和 z 轴的失准角，θ_{xy}、θ_{xz} 分别表示 x 轴偏向 y 轴和 z 轴的失准角。

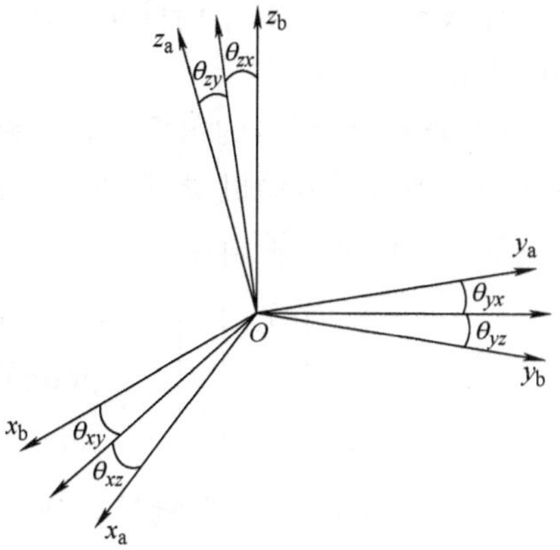

图 4.10　MEMS 器件轴向误差角示意图

因此，MEMS 器件敏感轴坐标系和理想载体坐标系之间的转换关系为

$$\begin{bmatrix} x_a \\ y_a \\ z_a \end{bmatrix} = \begin{bmatrix} \cos\theta_{xy}\cos\theta_{xz} & \sin\theta_{xz} & -\sin\theta_{xy}\cos\theta_{xz} \\ -\sin\theta_{yz}\cos\theta_{yx} & \cos\theta_{yz}\cos\theta_{yx} & \sin\theta_{yx} \\ \sin\theta_{zy} & -\sin\theta_{zx}\cos\theta_{zy} & \cos\theta_{zx}\cos\theta_{zy} \end{bmatrix} \begin{bmatrix} x_b \\ y_b \\ z_b \end{bmatrix} \tag{4.8}$$

忽略二次项，则有

$$\begin{bmatrix} x_a \\ y_a \\ z_a \end{bmatrix} = \boldsymbol{C}_b^a \begin{bmatrix} x_b \\ y_b \\ z_b \end{bmatrix} = \begin{bmatrix} 1 & \theta_{xz} & -\theta_{xy} \\ -\theta_{yz} & 1 & \theta_{yx} \\ \theta_{zy} & -\theta_{zx} & 1 \end{bmatrix} \begin{bmatrix} x_b \\ y_b \\ z_b \end{bmatrix} \tag{4.9}$$

因此轴向非正交误差矩阵可表述为

$$\delta \boldsymbol{A} = \boldsymbol{C}_b^a - \boldsymbol{I} = \begin{bmatrix} 0 & \theta_{xz} & -\theta_{xy} \\ -\theta_{yz} & 0 & \theta_{yx} \\ \theta_{zy} & -\theta_{zx} & 0 \end{bmatrix} \tag{4.10}$$

MEMS 器件与系统组件之间的轴向安装误差是周期性可重复的，这种周期性误差可以通过多组重复性实验确定规律，从而行之有效地针对误差进行补偿，提高测量系统的准确性。

如图 4.11 所示，球形电动机定子坐标系为 O-xyz，MEMS 传感器的安装平台位于转子输出轴顶端，设为虚线坐标系 $O_n-x_ny_nz_n$，其中 O_n 表示安装平台与球形电动机转子输出轴的连接点，平面 $x_nO_ny_n$ 代表安装平台表面坐标，z_n 轴垂直于平台平面并与重力轴（即球形电动机坐标系中的 Oz 轴）存在夹角 α。安装在平台上的 MEMS 传感器坐标系为 dpq。在这个检测系统结构图中，可以清楚地看到在 MEMS 传感器和球形电动机之间，明显存在轴向对准的结构性误差，形成了固定的误差角度。当球形电动机以 Oz 轴为中心、以角速度 ω_0 匀速转动时，姿态检测系统中，MEMS 传感器将以 Oz 轴为中心，以俯仰

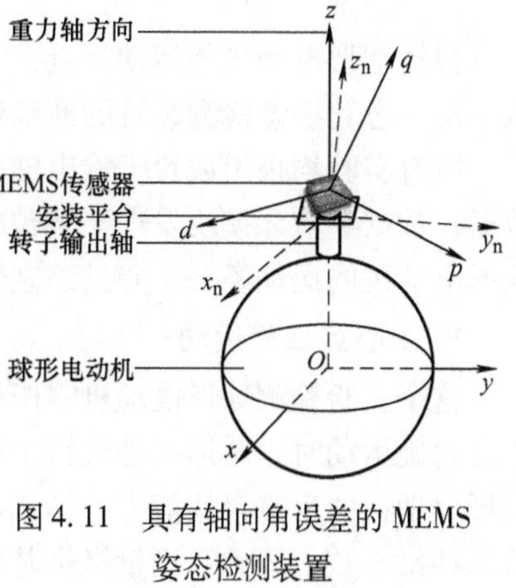

图 4.11　具有轴向角误差的 MEMS 姿态检测装置

角 α 做圆锥运动，其中俯仰角 α 即为球形电动机坐标系 $O-xyz$ 和安装平台 $O_n-x_ny_nz_n$ 之间的夹角。

设 MEMS 传感器的角度安装误差为（ψ_0，θ_0，0），φ_0 为 MEMS 传感器与输出轴的初始转动角，当球形电动机绕 Oz 轴以角速度 ω_0 恒定旋转时，测量系统平台以 ω_1 的角速度做圆锥运动，可以将三轴角速度 $[\omega_{x1},\ \omega_{y1},\ \omega_{z1}]^{\mathrm{T}}$ 表示为

$$\begin{bmatrix}\omega_{x1}\\ \omega_{y1}\\ \omega_{z1}\end{bmatrix}=\begin{bmatrix}-2\sin^2(\alpha/2) & 0 & 0\\ -\sin\alpha\cos\varphi_0 & 0 & 0\\ -\sin\alpha\sin\varphi_0 & 0 & 0\end{bmatrix}\begin{bmatrix}\omega_0\\ 0\\ 0\end{bmatrix}=\begin{bmatrix}-2\omega_0\sin^2(\alpha/2)\\ -\omega_0\sin\alpha\cos\varphi_0\\ -\omega_0\sin\alpha\sin\varphi_0\end{bmatrix} \tag{4.11}$$

因此，MEMS 传感器测量得到的三轴角速度 $[\omega_{x2},\ \omega_{y2},\ \omega_{z2}]^{\mathrm{T}}$ 可以相应的从 dpq 坐标系转换到 $O\text{-}xyz$ 坐标系，转换关系为

$$\begin{bmatrix}\omega_{x2}\\ \omega_{y2}\\ \omega_{z2}\end{bmatrix}=\boldsymbol{C}\begin{bmatrix}\omega_{x1}\\ \omega_{y1}\\ \omega_{z1}\end{bmatrix} \tag{4.12}$$

其中，$\boldsymbol{C}$ 是转换矩阵，有

$$\boldsymbol{C}=\begin{bmatrix}\cos\theta_0 & \sin\theta_0 & 0\\ -\sin\theta_0 & \cos\theta_0 & 0\\ 0 & 0 & 1\end{bmatrix}\begin{bmatrix}\cos\psi_0 & 0 & -\sin\psi_0\\ 0 & 1 & 0\\ \sin\psi_0 & 0 & \cos\psi_0\end{bmatrix} \tag{4.13}$$

结合式（4.11）和式（4.13），可以得出系统轴间安装误差角度为

$$\begin{cases}\psi_0=\arctan\left(\dfrac{\omega_{z2}}{\sqrt{\omega_{x2}^2+\omega_{y2}^2}}\right)\\ \theta_0=-\arctan\dfrac{\omega_{x2}}{\omega_{y2}}\\ \alpha=\arcsin\left(\dfrac{\sqrt{\omega_{x1}^2+\omega_{y1}^2}}{\omega_0}\right)\end{cases} \tag{4.14}$$

通过角度变换可以得出球形电动机转子的三轴旋转角速度。

4.1.3 基于 MEMS 的转子姿态检测实验

根据球形电动机的运动特点，考虑到电动机控制策略，设计了以下几组实验，测试电动机运动状态和姿态检测装置的准确性。

所有实验均采用放置于输出轴平台上的 MPU6050 采集数据，通过 STM32 处理采集到的数据，数据经蓝牙模块发送至上位机。在对原始数据补偿滤波之后，利用 MATLAB 计算出球形电动机的运动姿态，并且绘制轨迹图形。

1. 中心点自旋运动

这个实验检测球形电动机零俯仰角度的运动状态。该实验的目的主要有两点：第一，中心点自旋运动时，球形电动机转子输出轴与定子坐标系中 Oz 轴相重合，这个实验可以检测球形电动机的定点自持能力；第二，采集中心点自旋的原始数据，可以用来计算轴向安装误差的补偿参数，为后续测量提供基础。预设运动姿态如图 4.12 所示。

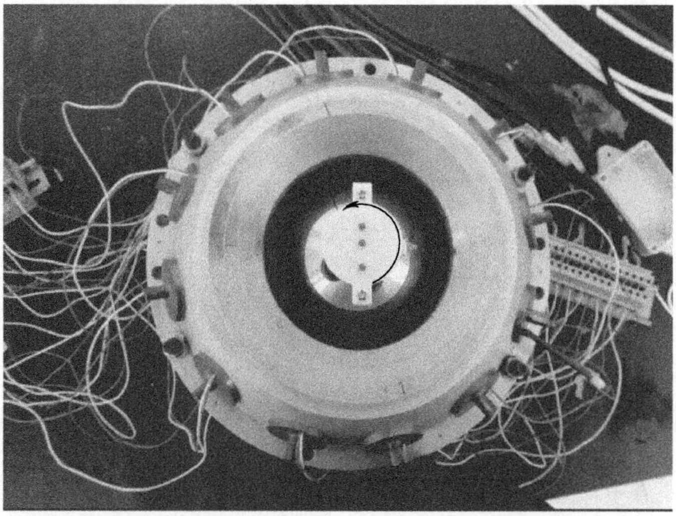

图 4.12 中心点自旋运动实验预设运动姿态

首先将球形电动机转子输出轴位于初始点，即重力方向也就是定子坐标系 Oz 轴，初始点设为 $P_0(0, 0, 1)$，通过校正使测量装置与转子输出轴尽量同轴。在定子线圈通电之后，转子围绕竖直方向即 Oz 轴做匀速旋转运动，旋转速度 $\omega_0=200^\circ/\mathrm{s}$，此时 MEMS 传感器测量到三轴角速度 $[\omega_{x2}, \omega_{y2}, \omega_{z2}]^\mathrm{T}$，如图 4.13 所示。

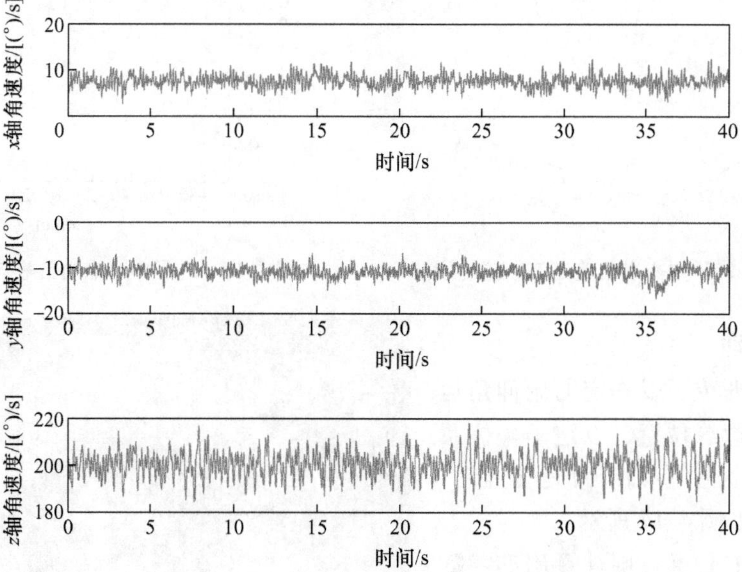

图 4.13 未滤波补偿前三轴角速度测量数据

由 MEMS 传感器得到的三轴角速度数据，根据式（4.14）可以得到轴向安装角度误差 $\psi_0=2.1621^\circ$，$\theta_0=-3.1462^\circ$，$\alpha=3.8374^\circ$，通过滤波补偿和轴向角误差矫正，可以得出球形电动机转子的姿态信息，如图 4.14～图 4.16 所示。

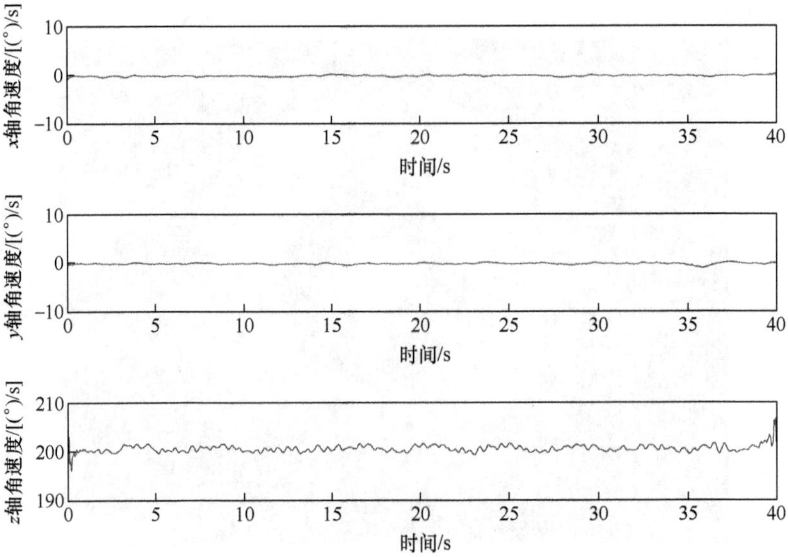

图 4.14 轴向误差滤波补偿后的三轴角速度数据

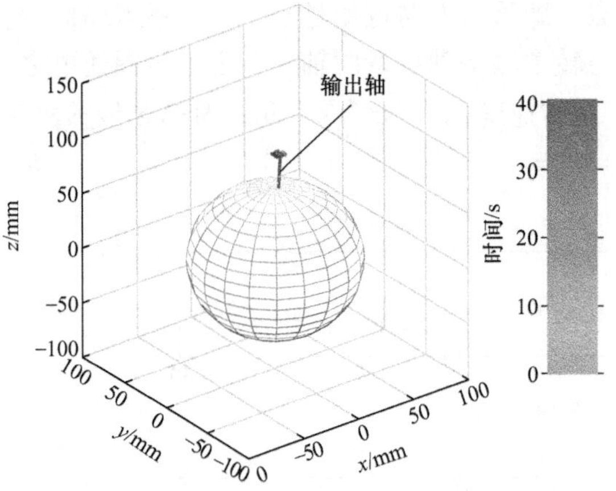

图 4.15 转子中心点自旋姿态轨迹主视图

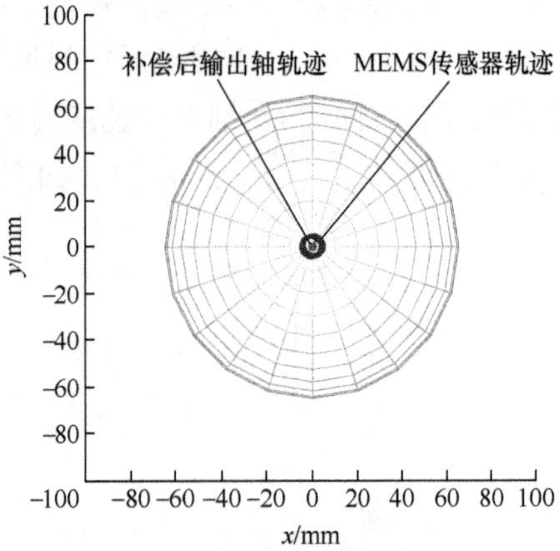

图 4.16 转子中心点自旋姿态轨迹俯视图

2. 偏航运动

球形电动机转子以一定的俯仰角运行到定子框体边缘位置，以定子坐标系 $O\text{-}xyz$ 中 Oz 轴为中心轴，做旋转运动，预设运动姿态如图 4.17 所示。

采用上述中心点自旋计算出的参数进行滤波补偿和轴向角误差矫正之后，转子姿态轨迹如图 4.18 所示。

3. 轴向俯仰运动

设定子静止坐标系 $O\text{-}xyz$ 为参考坐标系，转子输出轴初始位置记为 P_0(0,

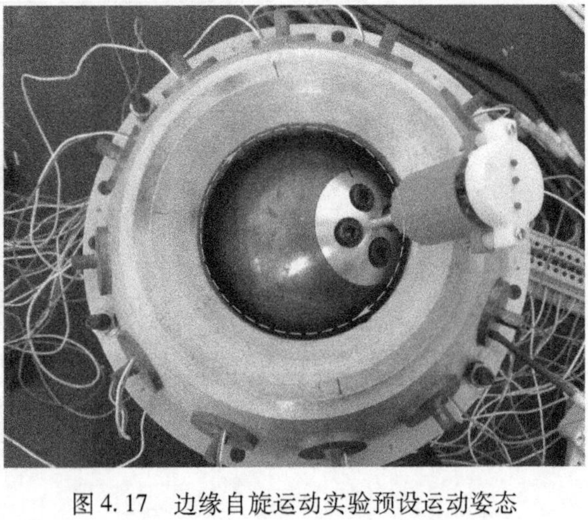

图 4.17 边缘自旋运动实验预设运动姿态

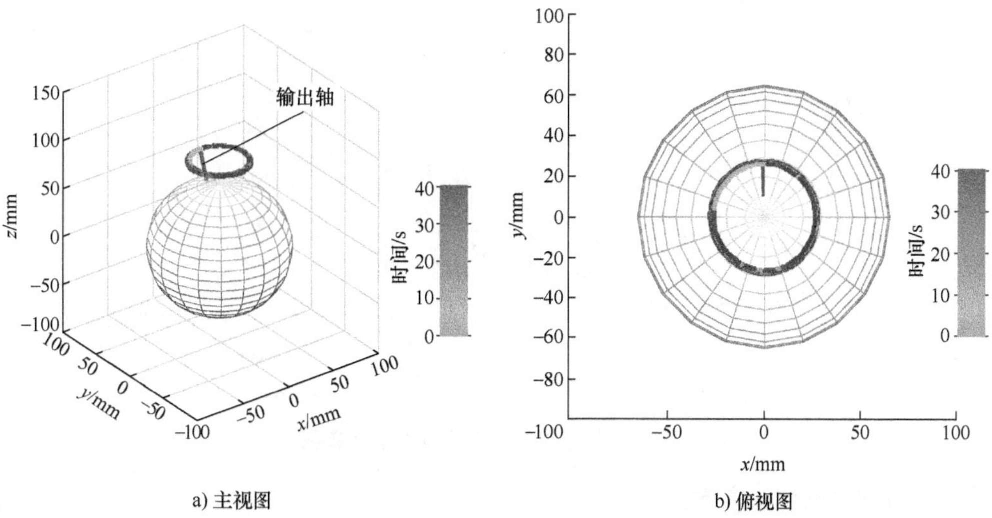

图 4.18　转子边缘自旋运动姿态轨迹图

0，1），将转子沿着坐标轴方向俯仰运动至定点位置，预设运动姿态如图 4.19 所示。

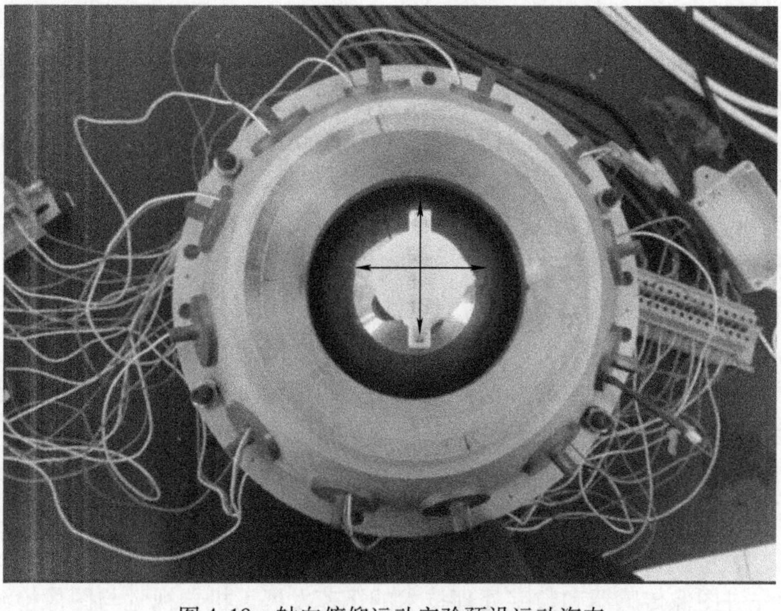

图 4.19　轴向俯仰运动实验预设运动姿态

滤波补偿和轴向角误差矫正后的转子轴向俯仰运动姿态轨迹如图 4.20 所示，图中☆代表根据 MEMS 传感器测量的位置，球形半圆代表转子的上半部分。

4.1.4　基于 MEMS 的转子姿态检测的优缺点

相较传统机械式测量结构，MEMS 传感器为球形电动机转子姿态检测提供了新手段，基于 MEMS 的姿态检测方法，将微传感器嵌入电动机本体结构中，可以避开以往姿态检测装置烦琐复杂、无法移动、对电动机本体运转造成影响、实时性差影响闭环控制等困境，特别是新型、更高精度 MEMS 的不断出现，为永磁球形电动机转子姿态检测、进而实现闭环控

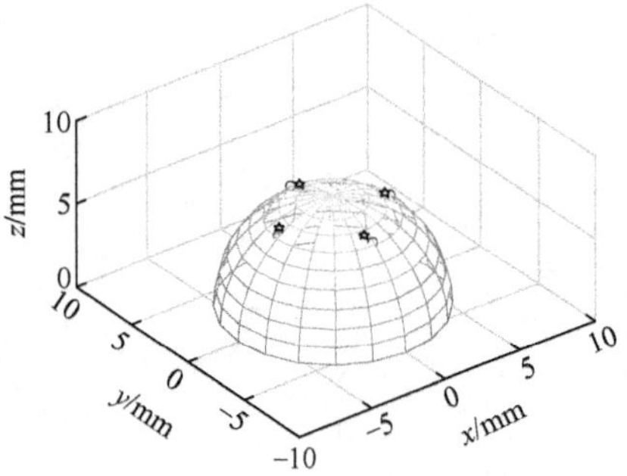

a) 主视图

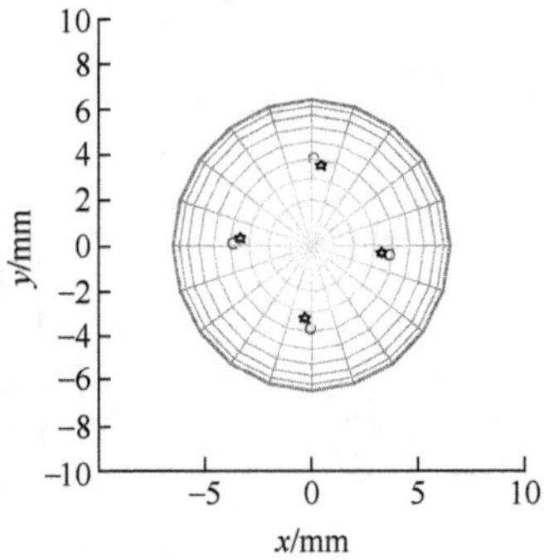

b) 俯视图

图 4.20 转子轴向俯仰运动姿态轨迹图

制提供了一种很好的解决方案。

但是，由于 MEMS 本身测量精度、结构安装位置偏差、电动机磁场及其他外界干扰等问题，从与其他测量方法的实验结果比较可以看出，MEMS 传感器在球形电动机姿态检测中存在如下问题：①传感器尺寸大小在测量中并不能被忽略，MEMS 的三维尺寸为 12mm × 20mm × 2mm，球形电动机轴向运动轨迹最大距离 39.56mm，传感器尺寸大小以及安装位置对测量结果有较大影响；②球形电动机运动状态受本体结构影响较大，支撑杆结构的摩擦力对控制单元和姿态检测单元数据的对准产生影响。

因此，为了实现姿态检测方法的稳、准、快，以满足电动机快速控制响应的要求，还需要在以下两个方面开展工作：

1）在电动机本体设计中考虑姿态检测平台的一体化设计，使姿态检测装置与电动机本体输出轴的安装偏差尽量减小。

2）考虑到球形电动机转子空间运动的轨迹尺度与 MEMS 传感器大小的相对关系，虽然 MEMS 的机械结构尺寸已经足够小，但它仍是影响测量精度的因素之一。因此，为了达到足够的测量精度，应该考虑更全面的误差补偿，相关的理论支撑必不可少，同时还要减少误差补偿时矩阵运算的时间消耗，从而提高姿态测量的精度和速度。

4.2 基于机器视觉的转子姿态检测

随着各种先进图像传感器和数字处理技术的迅速发展，机器视觉与图像检测技术成为现代科学技术研究领域的重要发展方向。

机器视觉检测技术涉及光学成像、传感器、图像处理、模拟与数字视频技术和计算机软硬件技术等，该技术还具备精度高、噪声小、抗干扰能力强等优点。

机器视觉检测技术凭借非接触性、工作时长稳定性、检测实时性等优点，被广泛应用于工业现场。

机器视觉检测技术通常获得的是感兴趣目标的图像，即三维物体在二维平面的投影，要想获得物体的三维位置，还需要相关的几何知识。

目前，本书编者所在的团队基于机器视觉的转子姿态检测方法主要开展了三方面的研究：

第一种是在转子表面喷涂网格，通过图像传感器获得转子表面的图像，获得特征点坐标，经过旋转矩阵变换，确定转子的三维姿态。但是该方法需要对转子进行精确喷涂，给检测方法的实现提高了难度。

第二种是利用光学特征点，通过图像处理来检测转子的姿态。

第三种是首先在转子表面或相关位置做标记，用摄像机获得标记的二维图像，然后利用快速跟踪算法，检测出转子在二维平面的位置，最后通过坐标系变换和几何变换关系将转子的二维位置转换成三维空间姿态。

本节将介绍第二种和第三种转子姿态检测方法。

4.2.1　基于高速摄像机和光学特征点的转子姿态检测系统构成

这是一种非接触式转子姿态检测方法，检测系统主要由高速摄像机、LED 光学特征点生成模块以及球形电动机构成，如图 4.21 所示。

LED 光学特征点生成模块固定在球形电动机转子输出轴上，输出轴固定 LED 光学特征点生成模块后，其轴底端至 LED 光学特征点生成模块顶端的高为 90mm，高速摄像机由三脚架固定，其镜头至 LED 光学特征点生成模块顶端的距离为 l。LED 光学特征点生成模块顶端平面由 3 只 LED 构成，其中一只 LED L_{c} 位于光学特征点生成模块顶端平面的中心位置，另有两只 LED L_{l}、L_{s} 分布于 L_{c} 的两侧，并与 L_{c} 位于一条直线上，3 只 LED 发光后生成可供高速摄像机识别的光学特征点。其中 L_{l} 与 L_{c} 的距离为 10mm，L_{s} 与 L_{c} 的距离为 7mm，如图 4.22所示。在图像处理环节，不同的光学特征点可通过它们之间距离的不同加以识别。在摄像机图像坐标系中，3 个光学特征点生成的光点图像分别用 $L_{\mathrm{c}}^{\square}$、$L_{\mathrm{l}}^{\square}$ 及 $L_{\mathrm{s}}^{\square}$ 表示。所选用的高速摄像机参数见表 4.3。

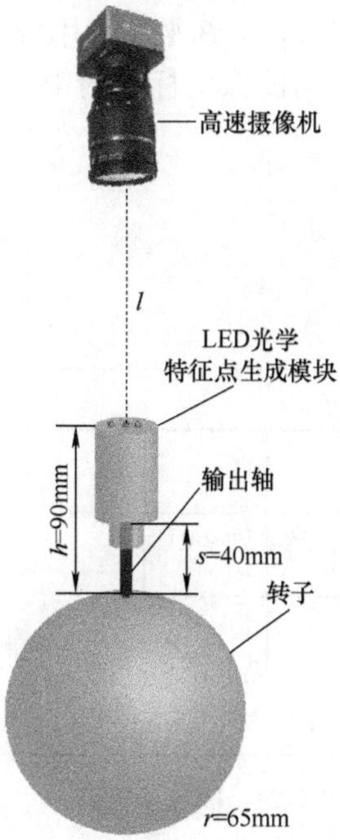

图 4.21　基于高速摄像机和光学特征点的转子姿态检测系统示意图

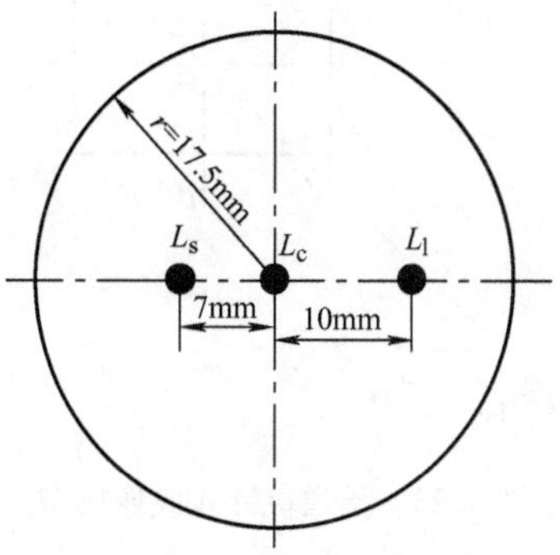

图 4.22　光学特征点生成模块顶端的 LED 分布示意图

表 4.3 高速摄像机参数

最大分辨率	2320×1720	
像元尺寸	7μm×7μm	
帧率（USB 3.0 接口）	帧率/fps	分辨率
	96	2320×1720
	180	1920×1080
	360	1024×1024
	490	1080×720
	1000	640×480
	1400	512×512
动态范围	60dB	
精度	8 位	
灵敏度	5200DN/(lux·s)，550nm	
曝光时间	>2μs	
尺寸	82mm×77mm×57.5mm	

4.2.2 基于高速摄像机和光学特征点的转子姿态检测原理

1. 摄像机成像原理

在机器视觉中，常用针孔模型来表述摄像机成像的几何关系。如图 4.23 所示，点 O_C 为摄像机的光心，与坐标轴 X_C、Y_C 及 Z_C 组成摄像机坐标系（CCF）。图像坐标系（ICF）由成像平面 I 构成，α 为横轴，β 为纵轴，且 X_C 与 α 平行，Y_C 与 β 平行。用像素值来表达图像坐标系如图 4.24 所示，u 为横轴，v 为纵轴。光心 O_C 与图像坐标系的中点 $O_{\alpha\beta}$之间的距离为摄像机的焦距 f。

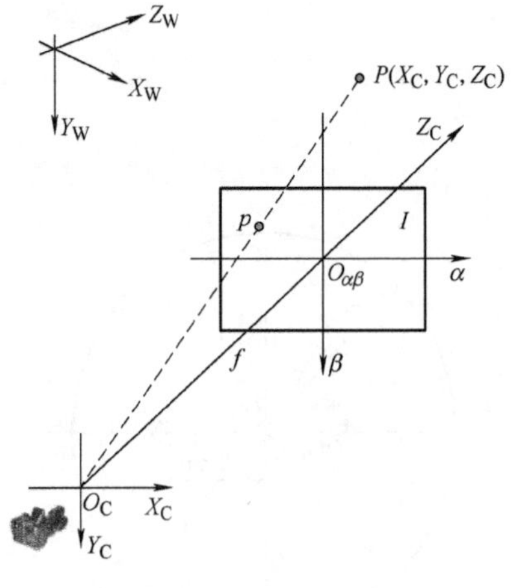

图 4.23 摄像机针孔成像模型

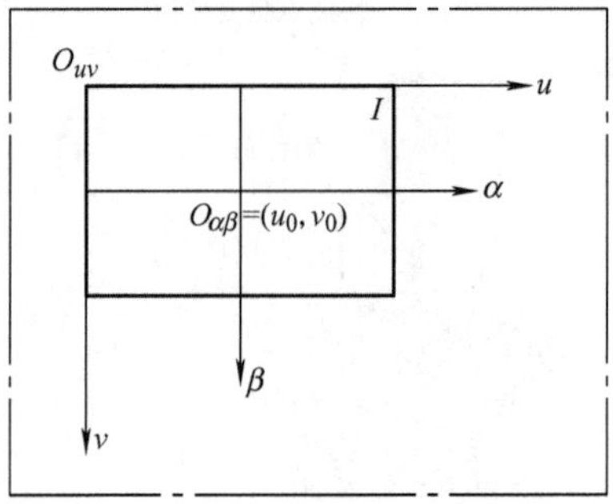

图 4.24 图像坐标系

设摄像机的像元尺寸为 d_α、d_β，则图像中像素坐标中任意一点（u，v）与实际的物理坐标满足

$$\begin{cases} u = \dfrac{\alpha}{d_\alpha} + u_0 \\ v = \dfrac{\beta}{d_\beta} + v_0 \end{cases} \tag{4.15}$$

式中，u_0、v_0 为图像坐标系中点 $O_{\alpha\beta}$的坐标。

将式（4.15）写成矩阵形式为

$$\begin{bmatrix} u \\ v \\ 1 \end{bmatrix} = \begin{bmatrix} \dfrac{1}{d_\alpha} & 0 & u_0 \\ 0 & \dfrac{1}{d_\beta} & v_0 \\ 0 & 0 & 1 \end{bmatrix} \begin{bmatrix} \alpha \\ \beta \\ 1 \end{bmatrix} \tag{4.16}$$

定义由 X_W、Y_W 与 Z_W 构成的世界坐标系来描述摄像机的安装位置，摄像机坐标系与世界坐标系的关系可用旋转矩阵 $\boldsymbol{R}$ 和平移向量 $\boldsymbol{t}$ 来表达，即

$$\begin{bmatrix} X_C \\ Y_C \\ Z_C \\ 1 \end{bmatrix} = \begin{bmatrix} \boldsymbol{R} & \boldsymbol{t} \\ 0^T & 1 \end{bmatrix} \begin{bmatrix} X_W \\ Y_W \\ Z_W \\ 1 \end{bmatrix} = \boldsymbol{M}_b \begin{bmatrix} X_W \\ Y_W \\ Z_W \\ 1 \end{bmatrix} \tag{4.17}$$

式中，$\boldsymbol{R}$ 为 3×3 的旋转矩阵；$\boldsymbol{t}$ 为 3×1 的平移向量；$\boldsymbol{M}_b$ 为 4×4 的矩阵，通常也被称为摄像机的外部参数矩阵。

根据几何比例关系从图 4.23 中可以得出

$$\begin{cases} \alpha = \dfrac{fX_C}{Z_C} \\ \beta = \dfrac{fY_C}{Z_C} \end{cases} \tag{4.18}$$

将式（4.18）写成矩阵的形式为

$$Z_C \begin{bmatrix} \alpha \\ \beta \\ 1 \end{bmatrix} = \begin{bmatrix} f & 0 & 0 & 0 \\ 0 & f & 0 & 0 \\ 0 & 0 & 1 & 0 \end{bmatrix} \begin{bmatrix} X_C \\ Y_C \\ Z_C \\ 1 \end{bmatrix} \tag{4.19}$$

将式（4.17）、式（4.18）代入式（4.19）中可得

$$Z_C \begin{bmatrix} u \\ v \\ 1 \end{bmatrix} = \begin{bmatrix} a_\alpha & 0 & u_0 & 0 \\ 0 & a_\beta & v_0 & 0 \\ 0 & 0 & 1 & 0 \end{bmatrix} \begin{bmatrix} \boldsymbol{R} & \boldsymbol{t} \\ 0^T & 1 \end{bmatrix} \begin{bmatrix} X_W \\ Y_W \\ Z_W \\ 1 \end{bmatrix} = \boldsymbol{M}_a \boldsymbol{M}_b \boldsymbol{p}_W \tag{4.20}$$

式中，$a_\alpha = f/d_\alpha$、$\alpha_\beta = f/d_\beta$ 为图像传感器分别在 u、v 轴上的尺度因子；$\boldsymbol{M}_a$ 为摄像机内部参数矩阵；$\boldsymbol{M}_b$ 为摄像机的外部参数矩阵。

在获取了摄像机的内部参数矩阵及外部参数矩阵后，根据式（4.20）可得出摄像机所拍摄的图片中的物体在世界坐标系中的位置信息。

2. 摄像机参数标定

摄像机的参数标定对于机器视觉至关重要。以下使用线性变换法对摄像机参数进行标定。

将式（4.21）进行简化为

$$Z_{\mathrm{C}}\begin{bmatrix}u\\v\\1\end{bmatrix}=\boldsymbol{M}_{\mathrm{a}}\boldsymbol{M}_{\mathrm{b}}\boldsymbol{p}_{\mathrm{W}}=\boldsymbol{M}\boldsymbol{p}_{\mathrm{W}} \tag{4.21}$$

式中，$\boldsymbol{M}$ 为投影矩阵，为内部参数矩阵和外部参数矩阵的乘积。

将矩阵 $\boldsymbol{M}$ 中的元素用 $M_1 \sim M_{12}$ 表示，则有

$$Z_{\mathrm{C}}\begin{bmatrix}u\\v\\1\end{bmatrix}=\begin{bmatrix}M_1 & M_2 & M_3 & M_4\\M_5 & M_6 & M_7 & M_8\\M_9 & M_{10} & M_{11} & M_{12}\end{bmatrix}\begin{bmatrix}X_{\mathrm{W}}\\Y_{\mathrm{W}}\\Z_{\mathrm{W}}\\1\end{bmatrix} \tag{4.22}$$

为避免参数 $M_1 \sim M_{12}$ 的值太小，需采用正则化的方法，令 $M_{12}=1$，则式（4.22）变为

$$w\begin{bmatrix}u\\v\\1\end{bmatrix}=\begin{bmatrix}M_1 & M_2 & M_3 & M_4\\M_5 & M_6 & M_7 & M_8\\M_9 & M_{10} & M_{11} & 1\end{bmatrix}\begin{bmatrix}X_{\mathrm{W}}\\Y_{\mathrm{W}}\\Z_{\mathrm{W}}\\1\end{bmatrix} \tag{4.23}$$

消去式（4.23）中的比例项 w，则可得

$$\begin{cases}u=\dfrac{M_1X_{\mathrm{W}}+M_2Y_{\mathrm{W}}+M_3Z_{\mathrm{W}}+M_4}{M_9X_{\mathrm{W}}+M_{10}Y_{\mathrm{W}}+M_{11}Z_{\mathrm{W}}+1}\\[2ex] v=\dfrac{M_5X_{\mathrm{W}}+M_6Y_{\mathrm{W}}+M_7Z_{\mathrm{W}}+M_8}{M_9X_{\mathrm{W}}+M_{10}Y_{\mathrm{W}}+M_{11}Z_{\mathrm{W}}+1}\end{cases} \tag{4.24}$$

当场景特征点的数量为 N 时，式（4.24）可表达为

$$\boldsymbol{BL}=\boldsymbol{b} \tag{4.25}$$

其中

$$\boldsymbol{B}=\begin{bmatrix}X_{\mathrm{W1}} & Y_{\mathrm{W1}} & Z_{\mathrm{W1}} & 1 & 0 & 0 & 0 & 0 & -X_{\mathrm{W1}}u_1 & -Y_{\mathrm{W1}}u_1 & -Z_{\mathrm{W1}}u_1\\0 & 0 & 0 & 0 & X_{\mathrm{W1}} & Y_{\mathrm{W1}} & Z_{\mathrm{W1}} & 1 & -X_{\mathrm{W1}}v_1 & -Y_{\mathrm{W1}}v_1 & -Z_{\mathrm{W1}}v_1\\\vdots & \vdots & \vdots & \vdots & \vdots & \vdots & \vdots & \vdots & \vdots & \vdots & \vdots\\X_{\mathrm{W}N} & Y_{\mathrm{W}N} & Z_{\mathrm{W}N} & 1 & 0 & 0 & 0 & 0 & -X_{\mathrm{W}N}u_N & -Y_{\mathrm{W}N}u_N & -Z_{\mathrm{W}N}u_N\\0 & 0 & 0 & 0 & X_{\mathrm{W}N} & Y_{\mathrm{W}N} & Z_{\mathrm{W}N} & 1 & -X_{\mathrm{W}N}v_N & -Y_{\mathrm{W}N}v_N & -Z_{\mathrm{W}N}v_N\end{bmatrix}$$

$$\boldsymbol{L}=[M_1\quad M_2\quad M_3\quad M_4\quad M_5\quad M_6\quad M_7\quad M_8\quad M_9\quad M_{10}\quad M_{11}]^T$$

$$\boldsymbol{b}=[u_1\quad v_1\cdots u_N\quad v_N]^{\mathrm{T}}$$

利用最小二乘法对式（4.25）进行求解，可得到 $\boldsymbol{L}$ 的解为

$$\boldsymbol{L}=(\boldsymbol{B}^{\mathrm{T}}\boldsymbol{B})^{-1}\boldsymbol{B}^{\mathrm{T}}\boldsymbol{b} \tag{4.26}$$

得到 6 个以上特征点可确定 $\boldsymbol{L}$ 的值。由于矩阵 $\boldsymbol{L}$ 的值没有实际的物理意义，因此该标定方法为隐式标定方法。

3. 球形电动机转子姿态解算原理

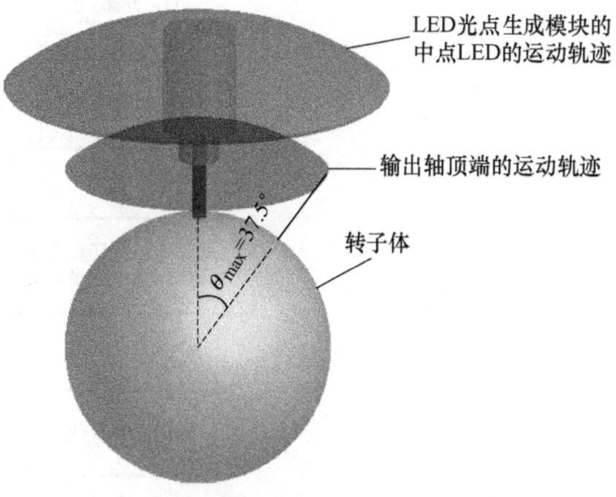

图 4.25　球形电动机转子输出轴的运动范围

在球形电动机转子输出轴的顶端安装光学特征点生成模块后，输出轴的顶端和光学特征点 L_c 在三自由度的最大运动范围内运转形成的轨迹为球面的一部分，两者在球极坐标中俯仰角与偏航角相同，但半径不同，如图 4.25 所示。因此，在得出 L_c 的位置后，即可计算出球形电动机转子输出轴在球面上的指向位置。

在不同的曝光时间下，高速摄像机所拍摄的图像如图 4.26 所示。当曝光时间 Et = 5000μs 时，高速摄像机所拍摄的图像中只有 3 只光学特征点的图像信息，其余部分皆为黑色背景，这为后续的图像处理工作带来极大的便利。

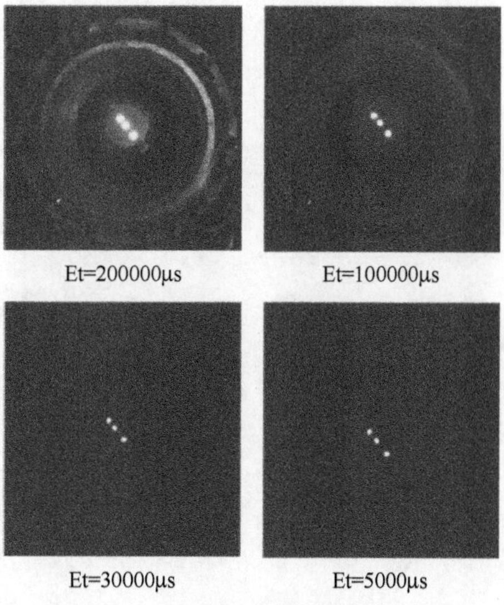

图 4.26　高速摄像机在不同曝光时间下所获得的图像

准确地获取球形电动机转子输出轴的俯仰角、偏航角及绕 q 轴自转的自转角度即可确定输出轴的位置，根据高速摄像机所获取的图像信息经过图像处理并计算即可得出转子在拍摄时刻的姿态，算法流程如图 4.27 所示。计算光学特征点坐标采用了 MATLAB 中相关的图像处理算法，主要包括：im2bw ( )、bwlabel ( )、bwareaopen (A, B) 及 regionprops (X, 'Centroid') 4 个函数。其作用如下：

1）im2bw( ) ——对图像进行二值化处理。

2）bwlabel( ) ——找出图像中的八连通区域，即光学特征点（纯白色区域）的图像信息。

3）bwareaopen(A, B) ——删除二值图像中面积小于 B 的区域，该函数的作用是删除图像中的噪声干扰。

4）regionprops(X, 'Centroid') ——找出 X 区域的重心位置，即找出所需的光学特征点的中心坐标值。

（1）俯仰角计算　当球形电动机转子输出轴位于任意一俯仰角 θ 时，摄像机与球面上的中点 LED 位置关系如图 4.28 所示。

其中，R 为转子球心位置至中点 LED 的距离。当 $\theta = 0°$ 即转子输出轴位于中心垂直位置时，高速摄像机镜头至中点 LED 的距离为 l，当转子偏转任意一角度 θ 时，其在水平方向偏转距离为 d，在竖直方向下降 Δr，根据三角关系可得

$$d = R\sin\theta \tag{4.27}$$

$$\Delta r = R(1 - \cos\theta) \tag{4.28}$$

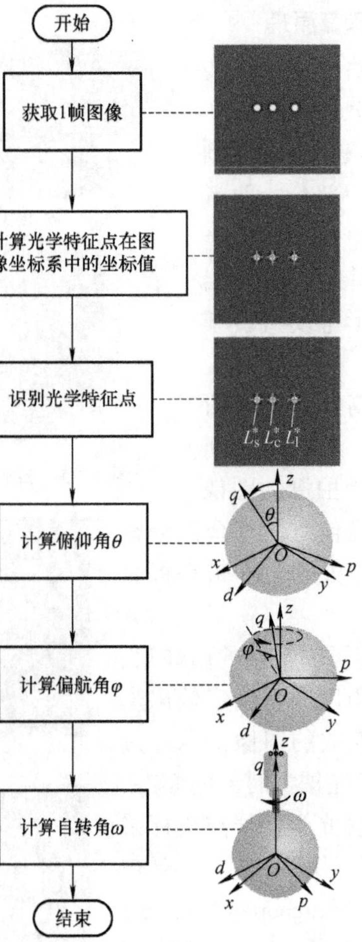

图 4.27　通过图像计算球形电动机转子姿态算法流程图

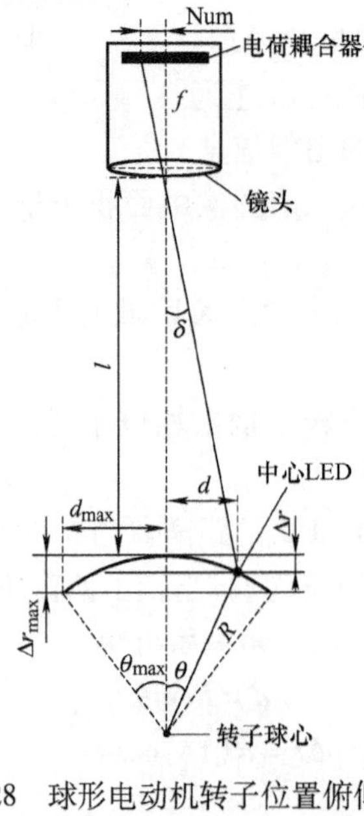

图 4.28　球形电动机转子位置俯仰角计算

$$\tan\delta = \frac{d}{l+\Delta r} = \frac{\text{Num}}{f} \tag{4.29}$$

$$\text{Num} = \sqrt{[(u-u_0)d_\alpha]^2 + [(v-v_0)d_\beta]^2} \tag{4.30}$$

式中，Num 为摄像机图像坐标系中的像素距离；f 为摄像机的焦距。

将式（4.27）、式（4.28）代入式（4.29）可得

$$\tan\delta = \frac{R\sin\theta}{l+R(1-\cos\theta)} = \frac{\text{Num}}{f} \tag{4.31}$$

令 $A=\tan\delta$，则式（4.31）可转化为

$$\sqrt{1+A^2}\sin(\theta+\arctan A) = \frac{A(l+R)}{R} \tag{4.32}$$

$$\sin\left(\theta+\arctan\frac{\text{Num}}{f}\right) = \frac{A(l+R)}{R\sqrt{1+A^2}} \tag{4.33}$$

从而可以计算出俯仰角为

$$\theta = \arcsin\frac{\text{Num}(l+R)}{R\sqrt{f^2+\text{Num}^2}} - \arctan\frac{\text{Num}}{f} \tag{4.34}$$

（2）偏航角计算　无论球形电动机的转子在三自由度的最大运动范围内如何运动，LED 光学特征点在摄像机图像坐标系中的成像都处于如图 4.29 所示的半径为 VR_{max} 的圆内（VR_{max} 的值与实验条件相关）。

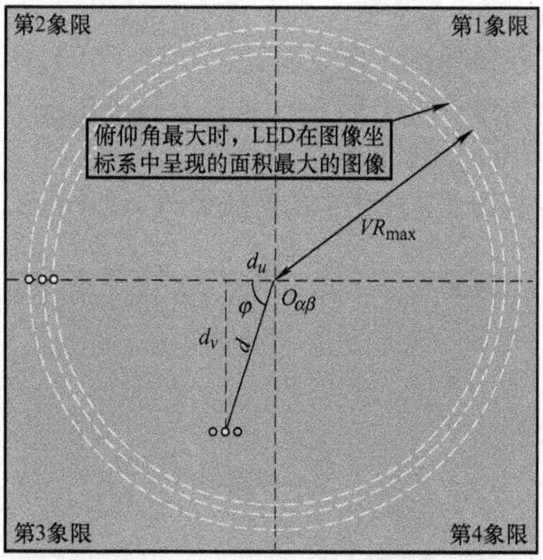

图 4.29　球形电动机转子位置偏航角计算

当转子位于任意位置时，根据其顶端的 LED 的中心像素点坐标可得出在相应象限内的偏转角为

$$\varphi' = \arctan\frac{d_v}{d_u} \tag{4.35}$$

式中，d_u 和 d_v 为图像图标系中 LED 光学特征点生成模块的中点 LED 与中心原点分别在 u、v 方向的距离。

中心原点 $O_{\alpha\beta}$ 由实验过程中不断调整确定。通过四象限的划分和计算出的 φ'，可以得到 0～2π 范围的偏航角 φ，且偏航角在 0～2π 内的表达式为

$$\begin{cases} \varphi = \varphi' & 第 1 象限 \\ \varphi = \pi - \varphi' & 第 2 象限 \\ \varphi = \pi + \varphi' & 第 3 象限 \\ \varphi = 2\pi - \varphi' & 第 4 象限 \end{cases} \tag{4.36}$$

得出转子位置的俯仰角和偏航角后，即可确定输出轴顶端的空间指向位置，且以俯仰角和偏航角表达的球极坐标可以转换为直角坐标，其转换关系为

$$\begin{bmatrix} x \\ y \\ z \end{bmatrix} = R_s \begin{bmatrix} \sin\theta\cos\varphi \\ \sin\theta\sin\varphi \\ \cos\theta \end{bmatrix} \tag{4.37}$$

式中，R_s 为转子球体中心位置至输出轴顶端的距离。

(3) 自转角计算 球形电动机的转子不但可以转动至三自由度最大运动范围内的任意一点，还可以绕输出轴自转，因此要确定转子的位置，不仅需要确定其输出轴的空间指向位置，还要确定其围绕输出轴旋转的角度 ω，如图 4.30 所示。

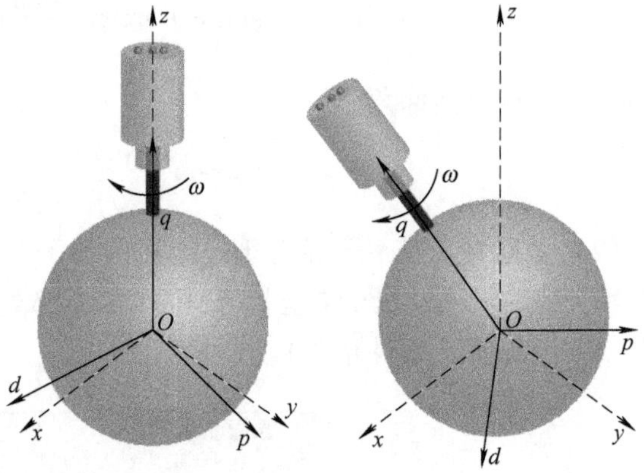

图 4.30 球形电动机转子绕输出轴自转示意图

球形电动机转子绕输出轴自转时，其顶端的 LED 光学特征点可在高速摄像机所拍摄的图像中呈现不同的状态特征，获取 3 只 LED 光学特征点在摄像机图像坐标系中的坐标后，经计算后可得出球形电动机转子绕输出轴自转的旋转角度 ω，LED 光学特征点在摄像机图像坐标系中的特征如图 4.31 所示。

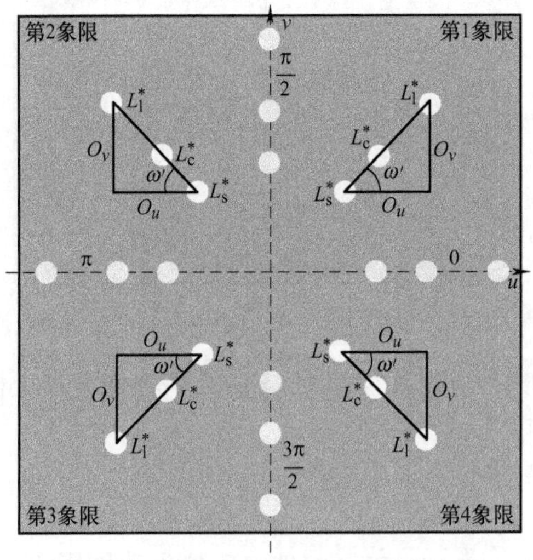

图 4.31 球形电动机转子绕输出轴自转角度计算

无论转子绕输出轴转动至哪个象限，均可通过三角关系计算出转动角度 ω' 为

$$\omega' = \arctan \frac{O_v}{O_u} \tag{4.38}$$

式中，O_v 为光学特征点的图像 L_1^* 和 L_s^* 在图像坐标系中 v 轴上的轴向距离；O_u 为 L_1^* 和 L_s^* 在图像坐标系中 u 轴上的轴向距离。

结合光学特征点所处的象限，可以计算出转子绕输出轴自转角度 ω，其在 $0\sim2\pi$ 范围内的表达式为

$$\begin{cases} \omega = \omega' & \text{第 1 象限} \\ \omega = \pi - \omega' & \text{第 2 象限} \\ \omega = \pi + \omega' & \text{第 3 象限} \\ \omega = 2\pi - \omega' & \text{第 4 象限} \end{cases} \tag{4.39}$$

通过俯仰角 θ、偏航角 φ 可以确定转子输出轴在其运动范围内的空间指向位置，自转角 ω 可以确定转子围绕输出轴的自转状态，因此准确地测量出俯仰角 θ、偏航角 φ 和自转角 ω，可以得到准确的球形电动机转子的姿态信息。

4.2.3 基于高速摄像机和光学特征点的转子姿态检测实验

为了验证该转子姿态检测方法的有效性，搭建了如图 4.32 所示的实验平台，该平台由球形电动机、LED 光学特征点生成模块、高速摄像机及三脚架、控制电路及其供电电源、驱动电路及其供电电源和计算机构成。

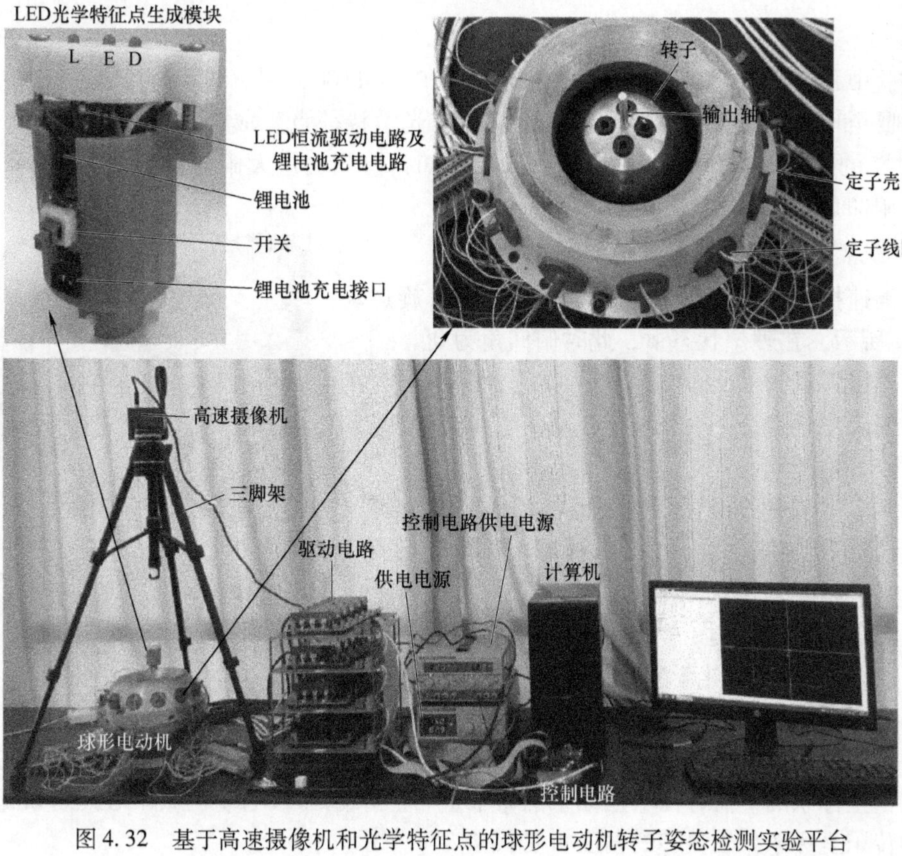

图 4.32　基于高速摄像机和光学特征点的球形电动机转子姿态检测实验平台

球形电动机转子姿态检测系统的结构如图 4. 33 所示。

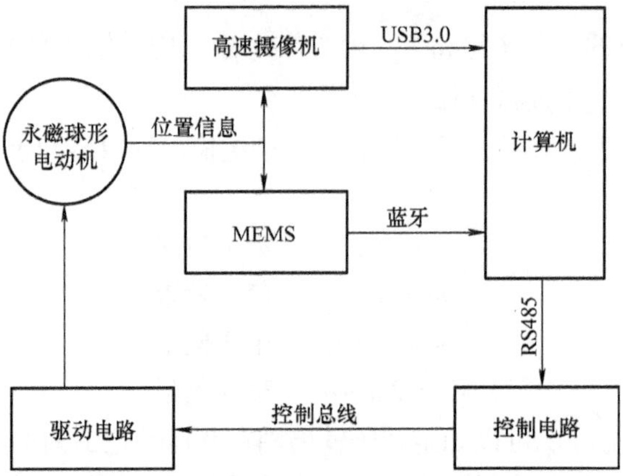

图 4. 33 球形电动机转子姿态检测系统结构框图

使用张氏标定法对高速摄像机的参数进行标定，可得到摄像机的内部参数为

$$\boldsymbol{M}_{\mathrm{a}}=\begin{bmatrix}2295.71 & 0 & 55.51 & 0\\ 0 & 2295.71 & 554.87 & 0\\ 0 & 0 & 1 & 0\end{bmatrix} \tag{4.40}$$

根据表 4. 3 可知，高速摄像机的像元尺寸为 $d_{\alpha}=d_{\beta}=0.007\mathrm{mm}$，因此可以得出高速摄像机的焦距为

$$f=a_{\alpha}d_{\alpha}=16.07\mathrm{mm} \tag{4.41}$$

在实验中，设定高速摄像机的分辨率为 1100 × 1100，采样时间为 20ms（即帧率为 50eps），曝光时间为 5000μs。高速摄像机镜头与光学特征点生成模块顶端平面（转子俯仰角为 0°时）的距离为 420mm，由式（4. 41）可知，检测的最大俯仰角为 42°，满足球形电动机最大俯仰角 37. 5°的需求。

1. 中心点自旋运动

基于高速摄像机和光学特征点时，中心点自旋运动如图 4. 34 所示，在理想状态下，此时俯仰角为 0°。

用高速摄像机对其运动过程进行拍摄，在不同时刻获得的图像及光学特征点在图像坐标系中的坐标信息如图 4. 35 所示。

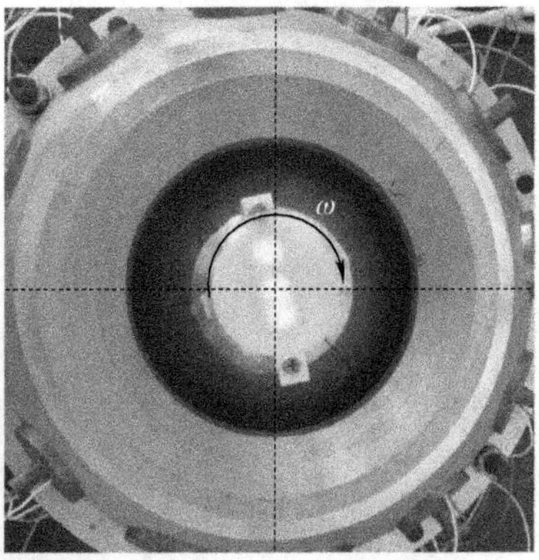

图 4. 34 中心点自旋运动实验

运用 4. 2. 1 节中的运算方法，可计算得出光学特征点 L_{c} 的俯仰角 θ 和偏航角 φ，从而获得光学特征点及永磁球形电动机转子输出轴顶端的位置信息。永磁球形电动机做中心点自旋运动时，其输出轴顶端的运动轨迹如图 4. 36 所示。将获取的光学特征点 L_{s} 及 L_{l} 在图像坐标系中的中心点坐标值代入式（4. 37）、式（4. 38）并结合图 4. 31，可以计算出永磁球形电动机绕转子坐标系的 q 轴自转的角度。在理想情况下，永磁球形电动机在做中心点自旋运动时，其定子坐标系的 z 轴与转子坐标系的 q 轴重合。永磁球形电动机做中心点自旋运动时，转子围绕转子坐标系 q 轴自转的角度 ω 如图 4. 37e 所示。

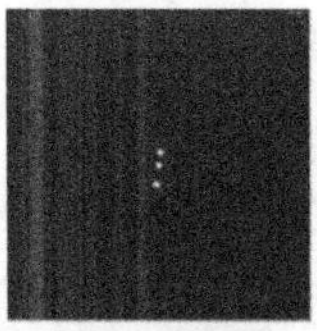

点	u	v
L_{c}^*	554.04	554.53
L_{l}^*	544.85	620.42
L_{s}^*	559.32	508.27

a) t=0.06s

点	u	v
L_{c}^*	588.37	552.58
L_{l}^*	648.08	581.19
L_{s}^*	545.92	533.52

b) t=1.5s

点	u	v
L_{c}^*	571.04	552.81
L_{l}^*	625.79	515.71
L_{s}^*	533.07	579.85

c) t=3s

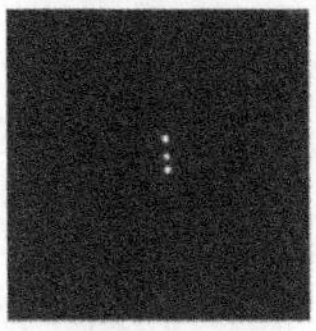

点	u	v
L_{c}^*	584.72	522.15
L_{l}^*	580.32	456.46
L_{s}^*	588.58	568.76

d) t=4.5s

点	u	v
L_{c}^*	582.92	533.89
L_{l}^*	522.20	505.10
L_{s}^*	624.51	553.36

e) t=6s

点	u	v
L_{c}^*	571.27	546.28
L_{l}^*	514.97	582.93
L_{s}^*	609.23	520.32

f) t=7.5s

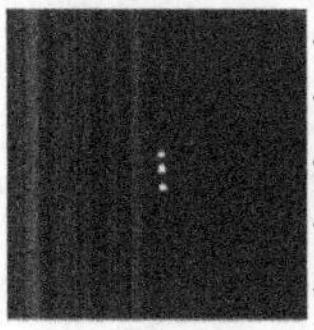

点	u	v
L_{c}^*	570.54	562.25
L_{l}^*	573.88	628.58
L_{s}^*	567.21	515.77

g) t=9s

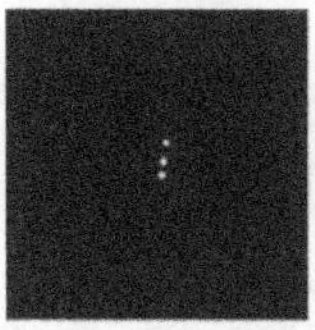

点	u	v
L_{c}^*	574.06	541.48
L_{l}^*	568.41	587.62
L_{s}^*	583.33	475.98

h) t=9.96s

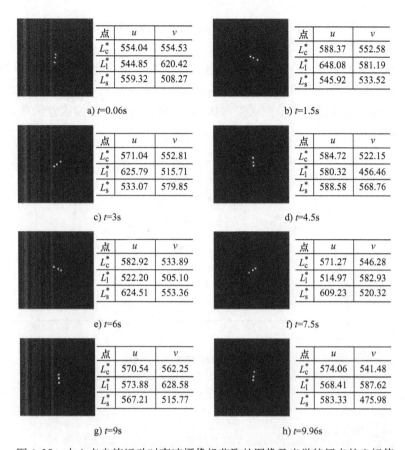

图 4.35　中心点自旋运动时高速摄像机获取的图像及光学特征点的坐标值

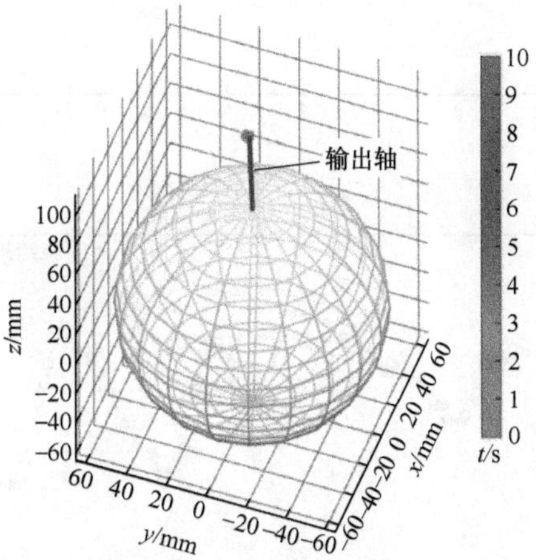

图 4. 36　球形电动机做中心点自旋运动时转子输出轴顶端的运动轨迹

将球形电动机在做中心点自旋运动 10s 时间内的转子位置信息以俯仰角、偏航角及绕转子动坐标系的 q 轴自转的自转角的方式表达，并与参考值（以同时实验的 MEMS 测量结果为参考值）对比，如图 4. 37 所示。由图 4. 37 知，球形电动机沿中心点自旋运动时，其转子输出轴并不与定子坐标系的 z 轴重合，俯仰角也不是理想状态下的 0°，导致这种现象的原因可能是球形电动机的机械结构误差导致定、转子间的气隙不均匀以及通电的定子线圈中流过的电流不均匀等。由图 4. 37a 知，球形电动机在做中心点自旋运动时，产生了一定的俯仰角，最大俯仰角约 2. 8°。图 4. 37c 显示球形电动机的偏航角变化范围为 90° ~ 210°。在 10s 的运动时间内，永磁球形电动机转子沿转子输出轴顺时针旋转约 5. 5 圈。永磁球形电动机做中心点自旋运动时，俯仰角最大检测误差约 0. 25°，偏航角最大检测误差约 0. 3°，绕 q 轴自旋角度检测误差约 0. 3°。

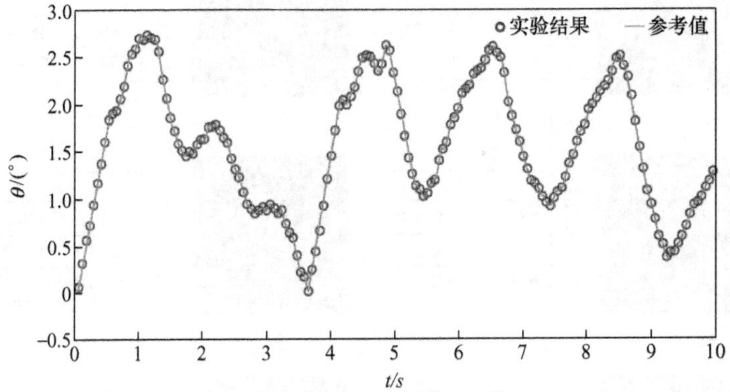

a) 俯仰角检测实验结果及参考值

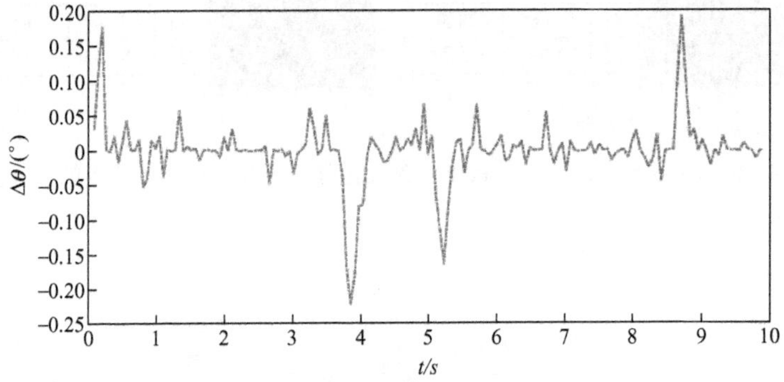

b) 俯仰角检测误差

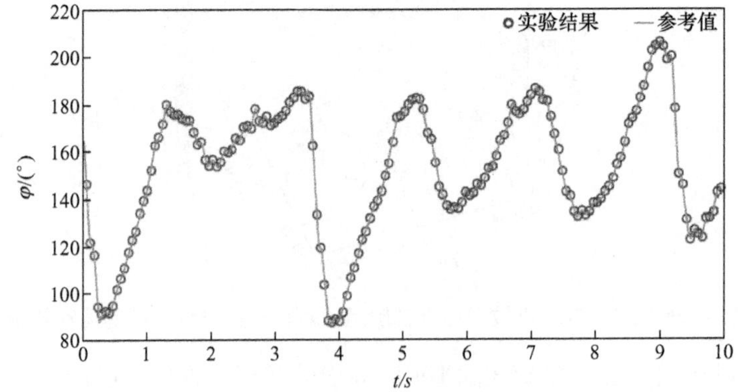

c) 偏航角检测结果及参考值

图 4. 37　球形电动机中心点自旋运动实验结果

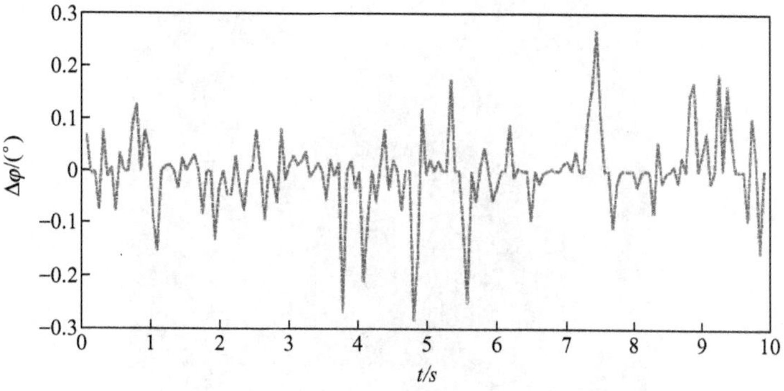

d) 偏航角检测误差

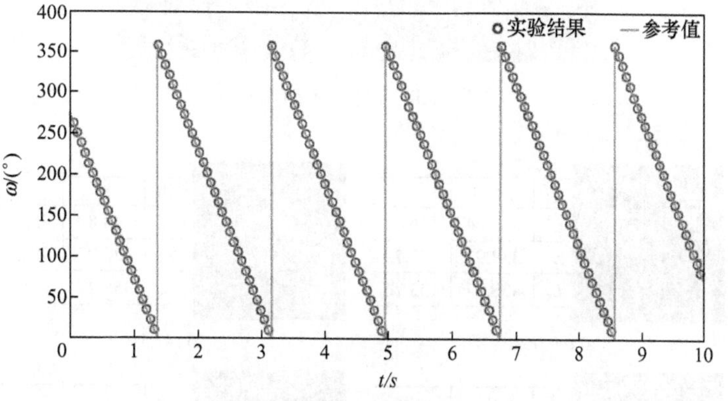

e) 绕q轴自旋角检测实验结果及参考值

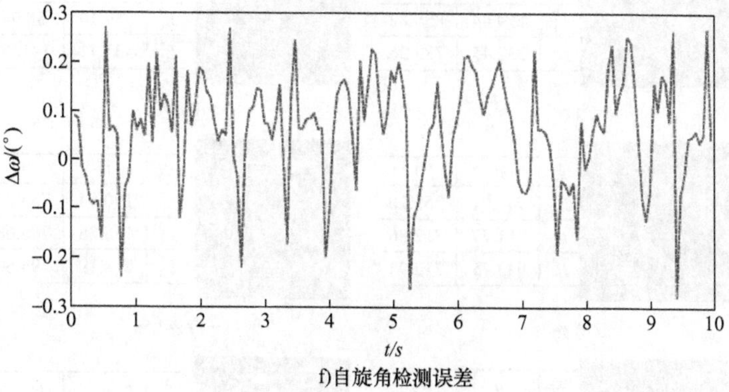

f)自旋角检测误差

图 4. 37　球形电动机中心点自旋运动实验结果（续）

2. 偏航运动

基于高速摄像机和光学特征点时，偏航运动如图 4. 38 所示。

使用高速摄像机对球形电动机偏航运动的过程进行拍摄，其在不同时刻所获得的图像及光学特征点在图像坐标系中的坐标信息如图 4. 39 所示。

运用4. 2. 1 节中的运算方法，可计算得出光学特征点 L_c 的俯仰角 θ 和偏航角 φ，从而确定永磁球形电动机转子输出轴顶端的位置信息。永磁球形电动机偏航运动时，其输出轴顶端的运动轨迹如图 4. 40 所示。将获取的光学特征点 L_s 及 L_1 在图像坐标系中的中心点坐标值代入式（4. 37）、式（4. 38）并结合图 4. 31，可以计算出永磁球形电动机在做偏航运动的同时

图 4. 38　偏航运动实验

点	u	v
L_c^*	395.24	146.67
L_l^*	333.92	157.73
L_s^*	438.87	133.76

a) t=0.06s

点	u	v
L_c^*	388.89	952.45
L_l^*	425.77	999.57
L_s^*	359.22	921.24

b) t=1.5s

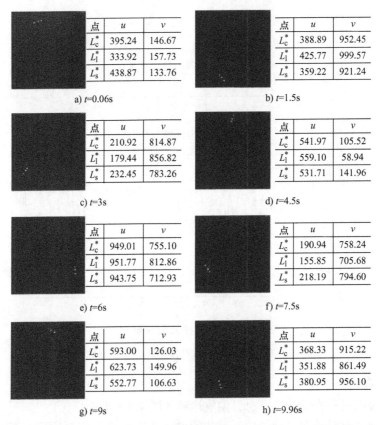

点	u	v
L_c^*	210.92	814.87
L_l^*	179.44	856.82
L_s^*	232.45	783.26

c) t=3s

点	u	v
L_c^*	541.97	105.52
L_l^*	559.10	58.94
L_s^*	531.71	141.96

d) t=4.5s

点	u	v
L_c^*	949.01	755.10
L_l^*	951.77	812.86
L_s^*	943.75	712.93

e) t=6s

点	u	v
L_c^*	190.94	758.24
L_l^*	155.85	705.68
L_s^*	218.19	794.60

f) t=7.5s

点	u	v
L_c^*	593.00	126.03
L_l^*	623.73	149.96
L_s^*	552.77	106.63

g) t=9s

点	u	v
L_c^*	368.33	915.22
L_l^*	351.88	861.49
L_s^*	380.95	956.10

h) t=9.96s

图 4. 39　球形电动机偏航运动时高速摄像机获取的图像及光学特征点的坐标值

绕转子输出轴自旋的角度 ω。

将球形电动机偏航运动的 10s 实验时间中的转子位置信息以俯仰角、偏航角及绕输出轴自旋的自旋角的方式表达，并与 MEMS 测量参考值对比，如图 4. 41 所示。永磁球形电动机偏航运动时，其俯仰角的平均值约 24°，且其最大俯仰角约为 25. 3°，俯仰角的最小值约

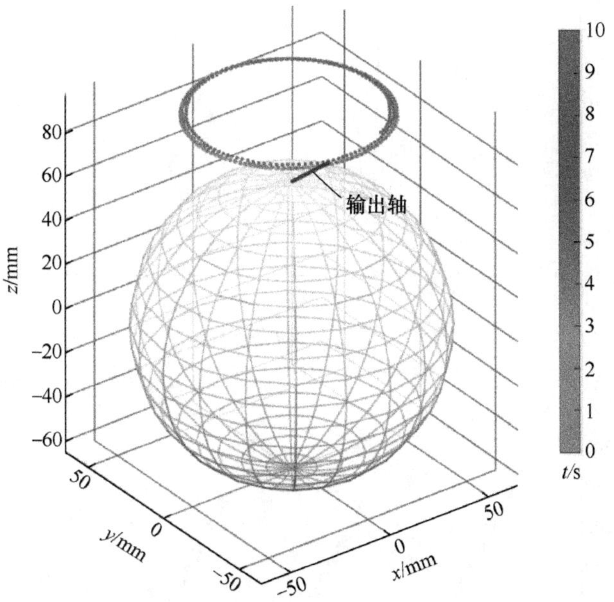

图 4.40　边缘偏航运动时转子输出轴顶端的运动轨迹

22°。俯仰角变动的原因可能是永磁球形电动机的气隙不均匀及流过定子线圈电流的波动等。从图 4.41c 可知，永磁球形电动机偏航运动时，其转子体围绕定子坐标系的 z 轴逆时针旋转约 4.5 圈，旋转角速度较稳定，约 162°/s。其球形转子体在围绕定子坐标系的 z 轴做逆时针旋转的同时，转子体也围绕着其转子输出轴做顺时针的自旋运动。在 10s 的实验时间内，球形转子体围绕着转子输出轴顺时针旋转约 4 圈，旋转角速度约为 144°/s。俯仰角最大检测误差 $\Delta\theta_{max}$ 约为 0.22°，偏航角最大检测误差 $\Delta\varphi_{max}$ 约 0.3°，绕转子输出轴自旋角最大检测误差 $\Delta\omega_{max}$ 约 0.45°，绕转子输出轴自旋角检测误差较大的原因可能是球形电动机偏航运动时，LED 光学特征点生成模块中的 LED 未处于同一水平面上。

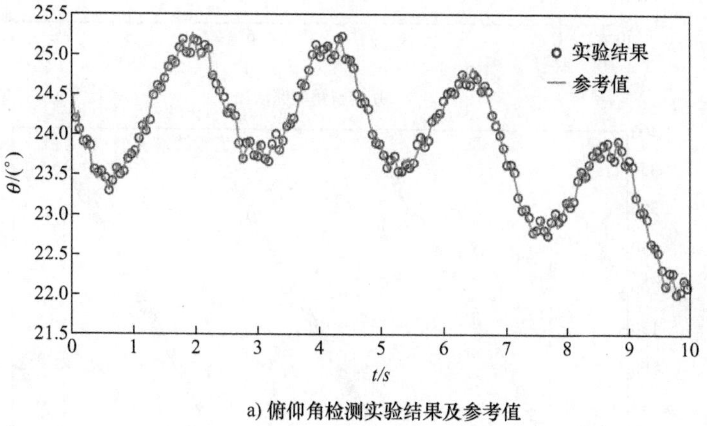

a) 俯仰角检测实验结果及参考值

图 4.41　球形电动机偏航运动实验结果

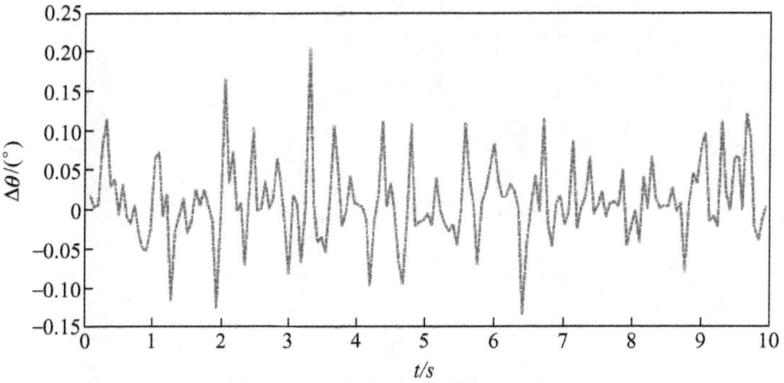

b) 俯仰角检测误差

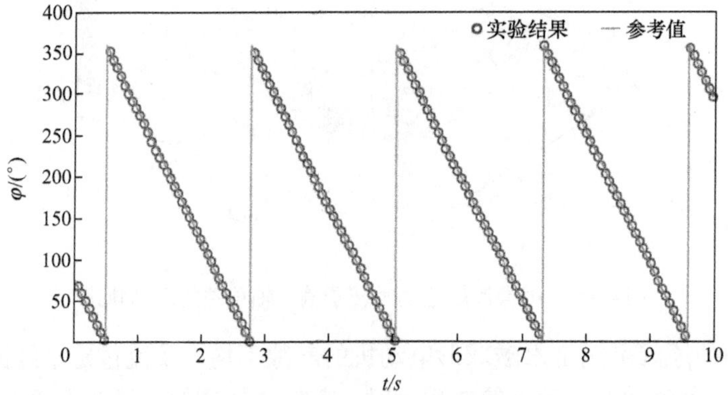

c)偏航角检测实验结果及参考值

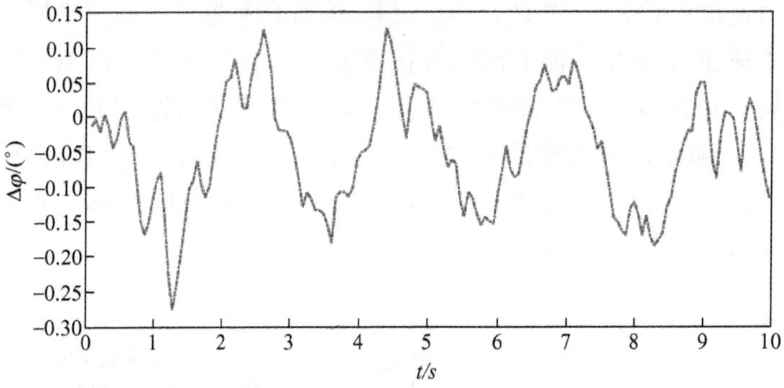

d) 偏航角检测误差

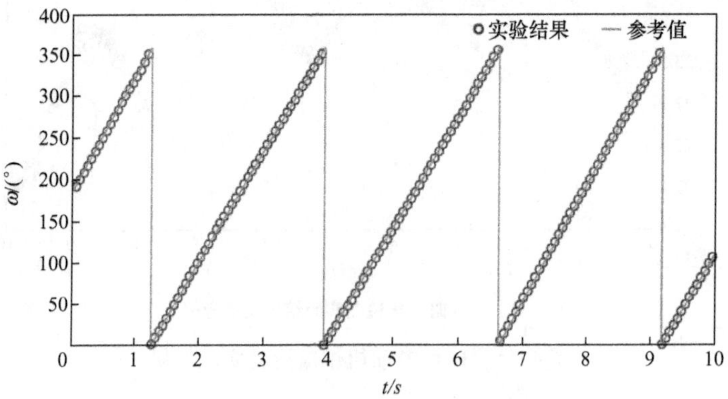

e) 绕q轴自旋角检测实验结果及参考值

图 4.41　球形电动机偏航运动实验结果（续）

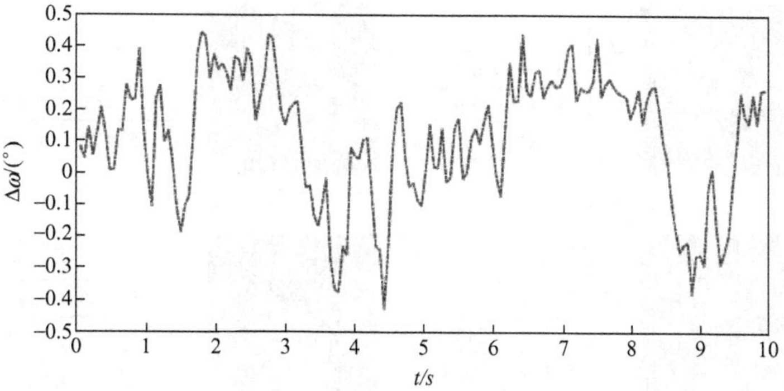

f) 自旋角检测误差

图 4.41　球形电动机偏航运动实验结果（续）

3. 轴向俯仰运动

球形电动机做轴向俯仰运动如图 4.42 所示，为了确定球形电动机的初始位置，分别在球形电动机的球形定子壳和球形转子体上画直线段，并在保证球形转子体垂直的情况下，使两条直线段位于同一条直线上。球形电动机可沿定子坐标系的 z 轴做俯仰运动，其俯仰角范围为 0°～37.5°。

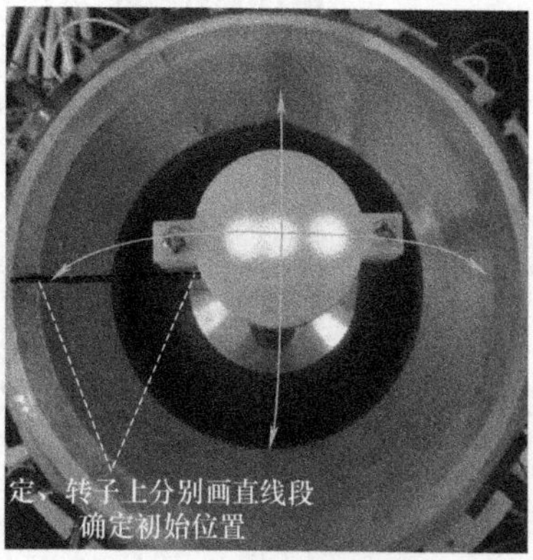

图 4.42　轴向俯仰运动实验

用高速摄像机对做轴向切斜运动的球形电动机转子进行拍摄，在不同时刻拍摄获得的图像以及经图像处理计算得到的 3 只光学特征点在图像坐标系中的坐标值如图 4.43 所示。

将光学特征点 L_c 在图像坐标系中的中心坐标值代入式（4.34）可以计算出光学特征点 L_c 在球极坐标位置中的俯仰角 θ；根据式（4.35）和式（4.36）可以计算出光学特征点在球极坐标位置中的偏航角 φ。在获取俯仰角 θ、偏航角 φ 后，即可获得光学特征点的位置信息。由图 4.25 可知，获得光学特征点 L_c 的位置信息后，更改球极坐标的半径值，即将光学特征点 L_c 至转子体球心位置的距离 R 更改为球形电动机转子输出轴顶端至转子体球心的距离 R_s，即可获得输出轴顶端的空间位置。永磁球形电动机转子输出轴顶端在实验过程中的运动轨迹如图 4.44 所示。

将球形电动机在 10s 实验过程中转子的位置信息以俯仰角、偏航角及绕转子输出轴自旋的自旋角的方式表达，同时与 MEMS 所获取的角度信息参考值进行对比，如图 4.45 所示。

由图 4.45 可知，永磁球形电动机做轴向俯仰运动时，其最大俯仰角约为 22°，在 10s 的实验时间内，转子摆动约 11.5 次。在 0～5s 时，转子沿定子坐标系 xz 平面附近运动，其偏航角在约 90°和 270°附近两个角度区域间变化；在 5～10s 时，转子沿定子坐标系 yz 平面附近运动，其偏航角在约 180°和 360°附近两个角度区域内变化，如图 4.45c 所示。转子绕转子输出轴角度如图 4.45e 所示。在前 5s 时，其自旋角度约为 330°，后 5s 时，自旋角度变化为约 255°。转子做轴向俯仰运动时，俯仰角的最大检测误差 $\Delta\theta_{max}$ 约 0.32°，偏航角的最大检测误差 $\Delta\varphi_{max}$ 约 0.3°，转子绕转子输出轴自旋的自旋角最大检测误差约 0.31°。

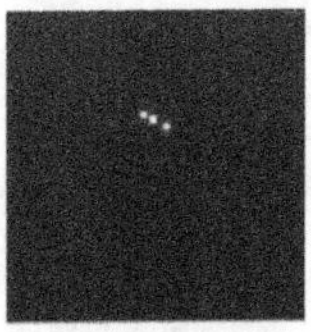

点	u	v
L_c^*	531.57	384.86
L_l^*	581.37	409.80
L_s^*	497.87	368.48

a) t=0.06s

点	u	v
L_c^*	569.20	856.44
L_l^*	614.02	879.08
L_s^*	538.23	840.49

b) t=1.5s

点	u	v
L_c^*	541.12	485.80
L_l^*	589.26	513.46
L_s^*	507.78	467.62

c) t=3s

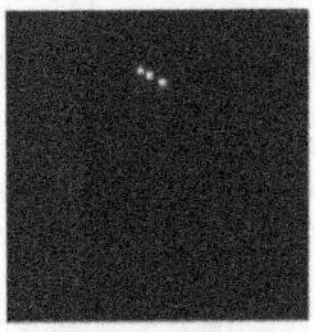

点	u	v
L_c^*	518.28	228.81
L_l^*	565.44	254.00
L_s^*	486.25	212.27

d) t=4.5s

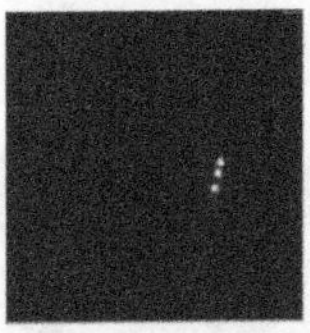

点	u	v
L_c^*	784.46	573.50
L_l^*	792.50	537.17
L_s^*	771.73	626.83

e) t=6s

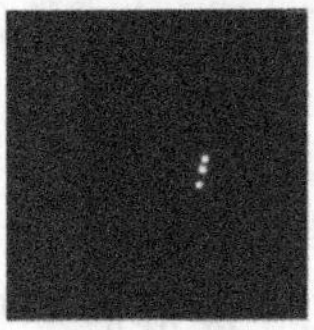

点	u	v
L_c^*	714.33	566.79
L_l^*	722.76	530.15
L_s^*	701.30	620.48

f) t=7.5s

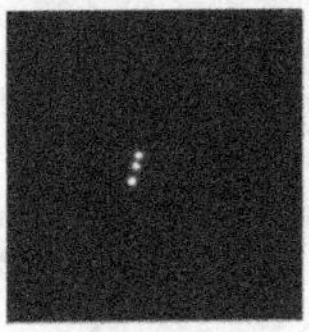

点	u	v
L_c^*	481.50	551.00
L_l^*	466.44	603.81
L_s^*	490.64	513.95

g) t=9s

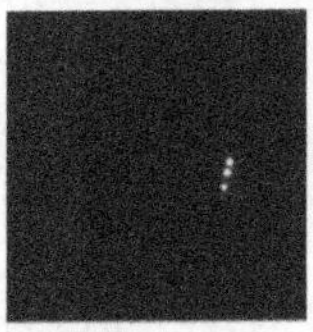

点	u	v
L_c^*	805.86	573.52
L_l^*	793.70	626.71
L_s^*	813.76	537.24

h) t=9.96s

图 4.43　轴向俯仰运动时高速摄像机获取的图像及光学特征点的坐标值

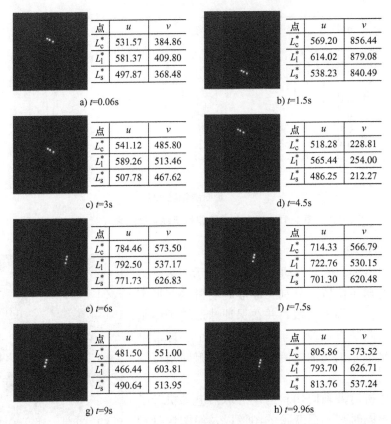

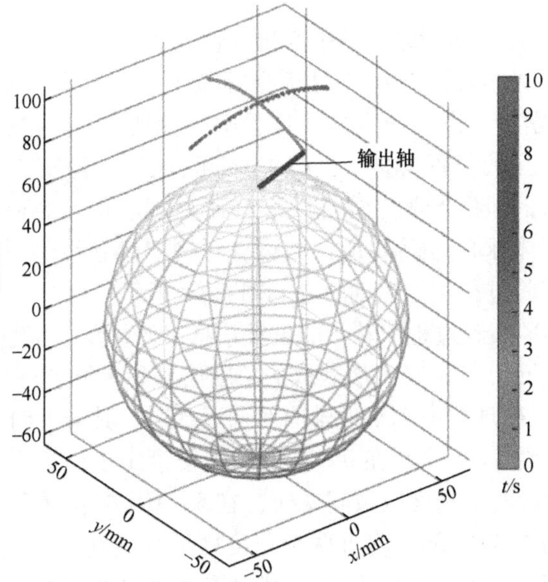

图 4.44　球形电动机做轴向俯仰运动时转子输出轴顶端的运动轨迹

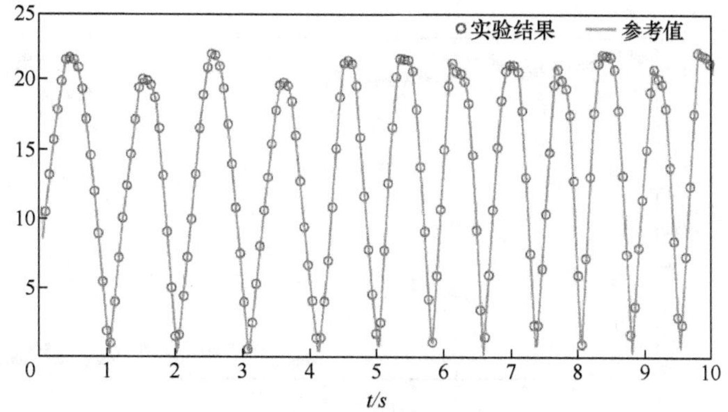

a) 俯仰角的实验结果与参考值

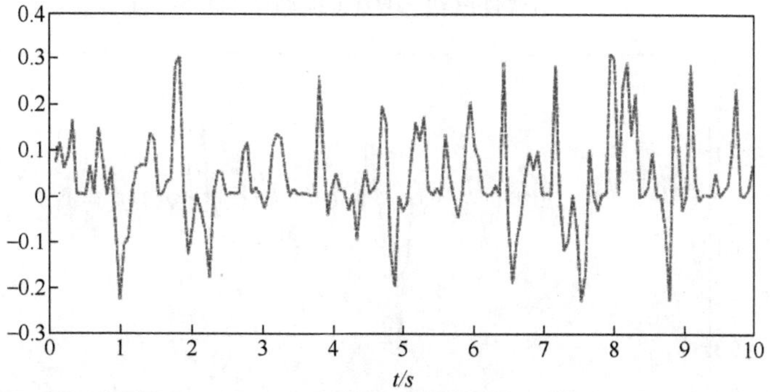

b) 俯仰角检测误差

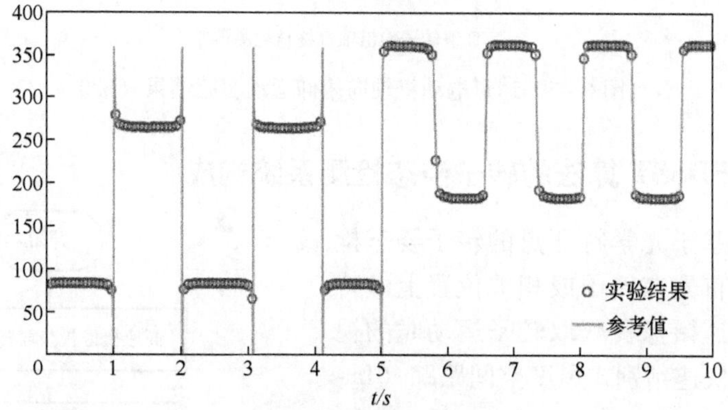

c) 偏航角的实验结果与参考值

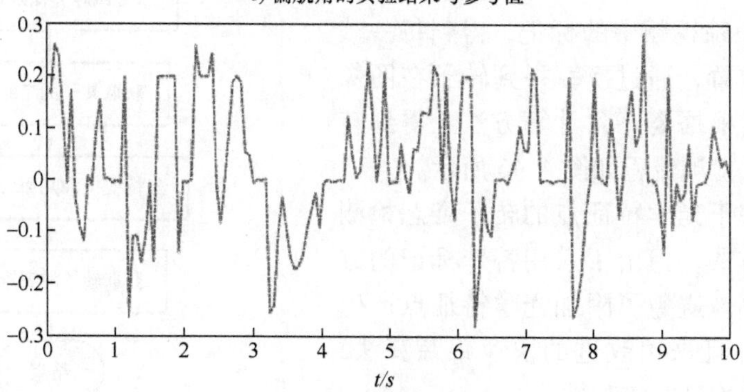

d) 偏航角检测误差

图 4.45　球形电动机轴向俯仰运动实验结果

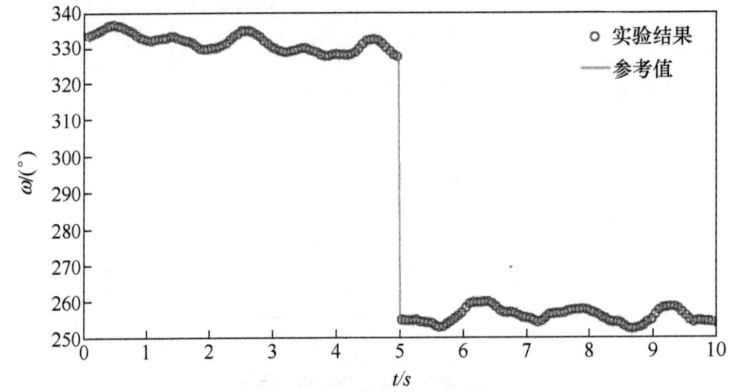

e) 绕转子输出轴自旋角的实验结果与参考值

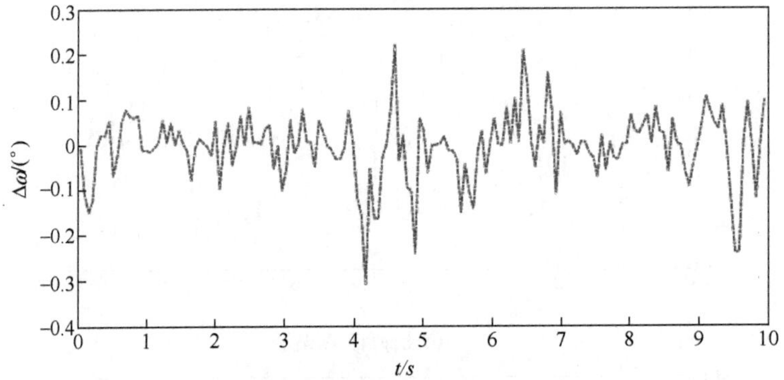

f) 绕转子输出轴自旋角检测误差

图 4.45　球形电动机轴向俯仰运动实验结果（续）

4.2.4　基于 IFDSST 算法的转子姿态检测系统构成

有别于上述基于光学特征点的转子姿态检测方法，该方法首先在转子或相关位置上做特殊标记，通过高速摄像机获取转子运动时的视频，使用改进的快速判别式尺度空间跟踪（Improved Fast Discriminative Scale Space Tracking，IFDSST）算法跟踪视频中的标记，得到每一帧图像中标记的位置，通过换算得到转子在图像中的位置，然后根据姿态角计算方法，得到转子的三维姿态。检测流程如图 4.46 所示。

该方法与基于光学特征点的转子姿态检测方法属于同类方式，但由于采用特殊标记的方法进行姿态检测，避免了附加光学特征点产生模块的问题，并且采用改进的快速跟踪算法，提高了转子姿态检测的实时性。

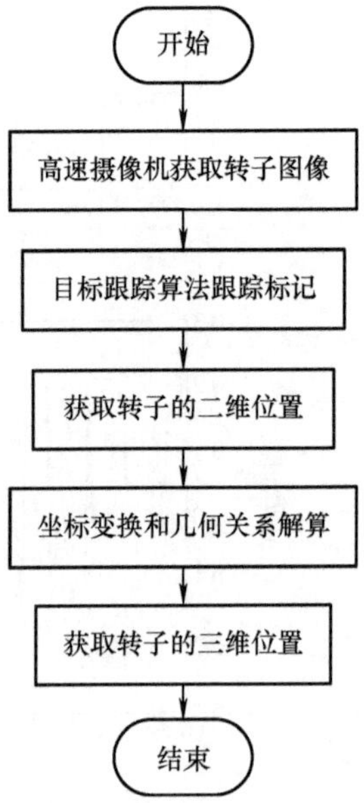

图 4.46　基于 IFDSST 算法的转子姿态检测流程

去掉图 4.21 中的 LED 光学特征点生成模

块，在转子表面做关于输出轴对称的标记（该标记可以是在转子表面，也可以在相关位置，后面的实验中就是在 MEMS 模块表面做的标记），如图 4.47 所示，构成本方法的转子姿态检测系统。在图 4.47 中，大圆表示转子，大圆中心的小圆表示输出轴端面，四个圆环表示所做的标记。

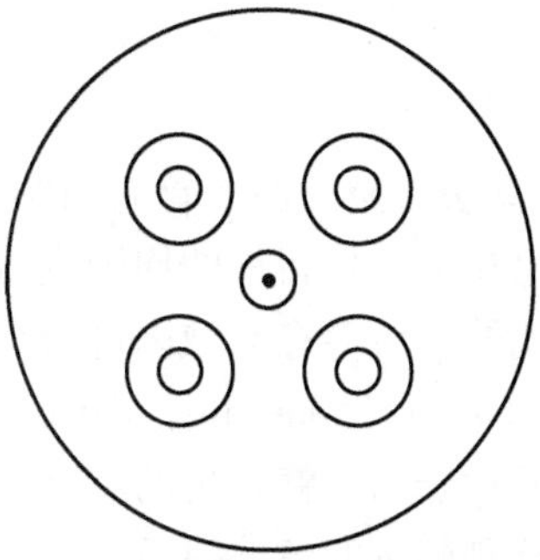

图 4.47　转子表面的标记俯视示意图

4.2.5　基于 IFDSST 算法的转子姿态检测原理

1. IFDSST 原理

目标跟踪就是在目标先验知识未知的情况下，给定视频序列第一帧中的目标位置和尺寸，检测出视频序列中的目标，并确定其位置和尺寸大小。整个目标跟踪过程大体分为三部分：特征提取、模型训练和模型更新。

快速判别式尺度空间跟踪（FDSST）算法属于判别式目标跟踪算法，它的原理来源于相关滤波算法。关于相关滤波跟踪算法的内容，见参考文献［104］。相关滤波来自于信号处理理论。两个信号相关，就是求两个信号的相似度。两个信号越相似，相关系数越大。求两个信号相关是将两个信号进行卷积运算。假设有两个信号 f 和 g，它们的相关性为

$$(f*g)(\tau) = \int_{-\infty}^{+\infty} f^*(t)g(t+\tau)\mathrm{d}t \tag{4.42}$$

其中，$*$ 表示卷积运算。将时域转换到频域，则卷积操作转变成点乘运算，大大减少了运算量，则

$$(f*g)(\tau) = F(F(t)\cdot G(t+\tau)) \tag{4.43}$$

其中，$\cdot$ 表示元素相乘，F 表示傅里叶变换。

相关滤波跟踪算法将相关滤波器和检测样本看作两个信号，将这两个信号进行相关运算，得到响应图像。响应图像上响应越大的位置，对应的检测样本上的位置越接近目标的中心位置。响应图像上最大的响应值就是被跟踪目标相对于上一帧图像发生的位移。相关滤波应用到跟踪问题上，最大的优势在于将时域里的卷积运算转换到频域的点乘运算，加快了计算速度。

设 x 是检测样本或者特征图，h 表示相关滤波器。空间域卷积可通过傅里叶变换转换到频域。设 $\hat{x}$、$\hat{h}$ 分别表示 x、h 的傅里叶变换，则有

$$x*h = F(\hat{x}\cdot\hat{h}^*) \tag{4.44}$$

其中，$*$ 表示复共轭，F 表示离散傅里叶变换（Discrete Fourier Transform，DFT）。定义滤波

响应的傅里叶变换为 $\hat{y}$，由式（4.43）得

$$\hat{y} = \hat{x} \cdot \hat{h}^* \tag{4.45}$$

从而可以求得相关滤波器为

$$\hat{h}^* = \frac{\hat{y}}{\hat{x}} \tag{4.46}$$

式中，$\hat{y}/\hat{x}$ 为元素间的除法运算。

图 4.48 所示为相关滤波跟踪算法的流程图。首先由第一帧图像中目标的位置来训练并建立相关滤波器。随后的每一帧都在前一帧目标的周围进行检测，提取检测区域的特征。特征图通过 DFT，与前一帧训练得到的滤波器在频域内进行点乘运算，得到响应图，再通过离散傅里叶逆变换（Inverse Discrete Fourier Transform，IDFT）得到时域里的响应图，认为响应图上峰值的位置是目标在当前帧相对于前一帧发生的位移。每一帧检测到的目标作为训练样本更新相关滤波器，作为下一帧检测样本的滤波模板。

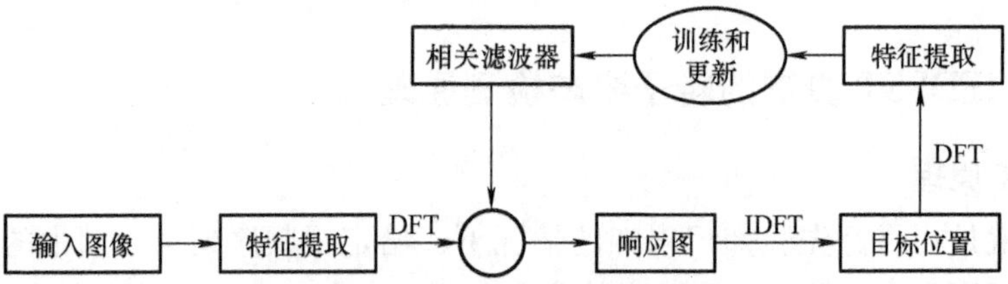

图 4.48 相关滤波跟踪算法流程图

FDSST 算法通过位置和尺度滤波器分别估计目标的位移和尺度变化，从而得到目标在每一帧图像中的位置。算法的实现主要分为 5 个部分：滤波器参数初始化、位置估计、尺度估计、位置滤波器更新和尺度滤波器更新，如图 4.49 所示。

具体流程如下。

第一帧：

1）获取第一帧图像中目标的位置和尺度大小。

2）根据第一帧目标的位置和尺度大小初始化位置滤波器和尺度滤波器。

第一帧之后的每一帧，对目标进行位置和尺度估计：

3）根据上一帧图像中目标的位置和尺度在当前图像中提取位置检测样本。

4）提取检测样本的特征。

5）计算位置和尺度相关响应。

6）位置和尺度响应图上的峰值就是目标发生的位移和尺度变化。目标在上

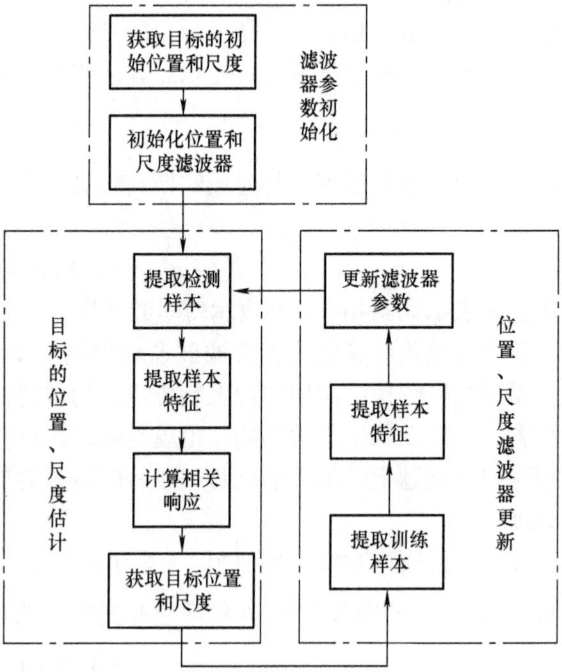

图 4.49 FDSST 算法流程

一帧图像中的中心位置加上位移变化大小就是目标中心在当前图像中的位置。

对位置和尺度滤波器进行更新：

7）根据新一帧图像中估计的目标位置和尺度，提取位置滤波器训练样本。

8）提取训练样本的特征。

9）更新位置和尺度滤波器。

转子表面标记（见图 4.47）后，由于需要跟踪的目标不止一个，所以需要对单目标 FDSST 算法进行改进，使之成为多目标跟踪算法——IFDSST。

IFDSST 算法首先需要获得每个标记在视频序列的第一帧图像中的位置和尺度大小，然后利用标记的初始位置和尺度大小对每个标记建立滤波器模型，在后面的每一帧图像中，对每个标记进行位置和尺度估计、位置和尺度滤波器更新。在每一帧图像中，滤波器通过式（4.47）和式（4.48）进行更新。

$$\tilde{A}_{t,i}^{l} = \overline{G_i}\,\tilde{U}_{t,i}^{l} \quad l = 1,2,\cdots,\tilde{d} \tag{4.47}$$

$$\tilde{B}_{t,i}^{l} = (1-\eta)\,\tilde{B}_{t-1,i} + \eta\sum_{k=1}^{\tilde{d}} \overline{F_{t,i}^{k}}F_{t,i}^{k} \tag{4.48}$$

其中，i 表示标记数。对每个标记提取检测样本，即

$$\tilde{Z}_{t,i} = F(P_{t-1,i}z_{t,i}) \tag{4.49}$$

则标记的相关响应为

$$Y_{t,i} = \frac{\sum_{l=1}^{\tilde{d}} \overline{\tilde{A}_{t-1,i}^{l}}\,\tilde{Z}_{t,i}^{l}}{\tilde{B}_{t-1,i} + \lambda} \tag{4.50}$$

2. 球形电动机转子姿态解算原理

电动机在运动时，通过高速摄像机获得转子的视频序列，IFDSST 算法处理视频中每一帧图像之后，可以获得特殊标记在图像上的位置。要得到转子在定子坐标系下的三维空间姿态，还需要进行坐标转换。

图像是由成像系统经过处理后得到的数字信号。假设一幅数字图像 I 的大小为 $M\times N$，则可以用一个实数矩阵表示该幅图像，即

$$\boldsymbol{I} = \begin{bmatrix} a_{0,0} & a_{0,1} & \cdots & a_{0,N-1} \\ a_{1,0} & a_{1,1} & \cdots & a_{1,N-1} \\ \vdots & \vdots & & \vdots \\ a_{M-1,0} & a_{M-1,1} & \cdots & a_{M-1,N-1} \end{bmatrix} \tag{4.51}$$

式中，$a_{i,j}$（$0\leqslant i\leqslant M$，$0\leqslant j\leqslant N$）为该点的像素值。

如图 4.50 所示为像素坐标系和图像坐标系的关系，其中矩形框表示图像。像素坐标系 O_0-uv 是将图像的左上角 $a_{0,0}$ 作为原点，用指向下方和右方的坐标轴来代替向右和向上的坐标轴，这种表示符合标准的右手笛卡尔坐标系统。像素坐标系的单位是像素，像素的纵坐标 u 和横坐标 v 分别表示图像的行数和列数。图像坐标系 O_1-UV 以成像平面的中点（u_0，v_0）为原点，坐标轴方向与像素坐标系一致。图像坐标系中将像素通过物理单位表示。

假设 $\mathrm{d}u$ 和 $\mathrm{d}v$ 分别表示每个像素在 u 轴和 v 轴上的物理尺寸，称为像元尺寸，即每个像

素的物理长度，取决于摄像机的感光芯片，那么由图 4.50 可推导出像素坐标系和图像坐标系之间的转换关系为

$$U=(u-u_0)\mathrm{d}u \tag{4.52}$$

$$V=(v-v_0)\mathrm{d}v \tag{4.53}$$

如果 du 和 dv 的单位是 μm/pixel，那么图像坐标系的单位就是 μm。

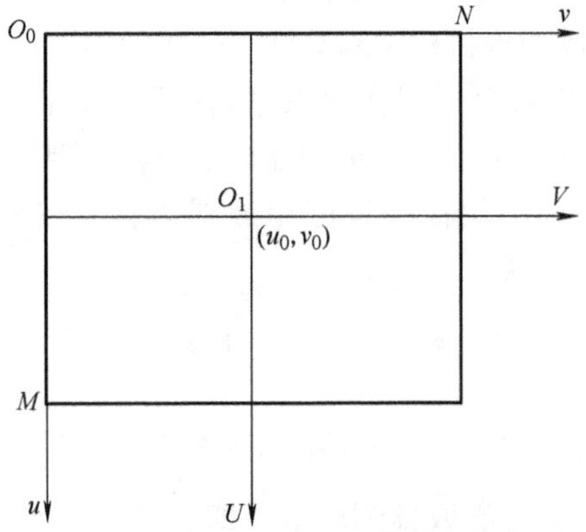

图 4.50　像素坐标系和图像坐标系

根据像素坐标系和图像坐标系的转换关系，就可以通过转子在图像上的位置计算出转子的姿态角。为了计算简便，图像坐标系的原点即图像的中心 O_1 与定子坐标系原点 O 在同一条直线上。从装置上看，就是摄像机的光心与转子的球心在一条直线上。图像坐标系的 U 轴和 V 轴的方向分别与定子坐标系的 X 轴和 Y 轴平行，且正方向一致。

（1）偏航角计算方法　偏航运动时输出轴与 Z 轴正方向保持一个角度不变并绕着 Z 轴做旋转运动，由摄像机的成像几何关系知，图像坐标系的位置通过旋转和平移的变换，可以得到定子坐标系下的位置。转子做偏航运动时，转过的角度大小在定子坐标系和图像坐标系中是相同的，所以转子的偏航角可以直接通过图像坐标系来计算。

图 4.51 所示为偏航角计算的示意图，点 $S(U,\ V)$ 表示图像中输出轴端面的位置，虚线圆表示转子做偏航运动时输出轴端面的运动轨迹，弧线箭头表示偏航运动的方向。偏航角 α 是点 S 与 O_1 连线与 U 轴正方向的夹角。所以，偏航角 α 为

$$\alpha=\arctan\frac{V}{U} \tag{4.54}$$

将式（4.52）、式（4.53）代入式（4.54）得

$$\alpha=\arctan\frac{(v-v_0)\mathrm{d}v}{(u-u_0)\mathrm{d}u} \tag{4.55}$$

在偏航运动过程中，输出轴偏离 Z 轴，其端面不可能与球心 O 重合。而 O 与 O_1 在一条直线上，所以图 4.51 中的点 S 不会运动至 O_1 点，即 $U\neq0$。所以由式（4.52）知，$u\neq u_0$，而且 du 是像元尺寸，不可能为0。所以，式（4.55）在任何情况下无奇点。转子在做偏航运动时，输出轴位于不同的象限。

为了区别输出轴分别在第1和第3象限、第2和第4象限，将偏航角 α 表示在 $0\sim2\pi$ 范围内，有

$$\alpha=\begin{cases}\alpha_0 & \text{第 1 象限}\\ \pi-\alpha_0 & \text{第 2 象限}\\ \pi+\alpha_0 & \text{第 3 象限}\\ 2\pi-\alpha_0 & \text{第 4 象限}\end{cases} \tag{4.56}$$

其中，α_0 通过式（4.55）求解，并取其绝对值。

（2）自旋角计算方法　中心点自旋运动时输出轴竖直向上，转子围绕 Z 轴做旋转运动，所以输出轴位于初始位置保持不变，因此一段时间内转子自旋转过的角度只能通过标记来计算。图 4.52 所示为自旋角计算的示意图，虚线圆表示标记自旋运动的轨迹。

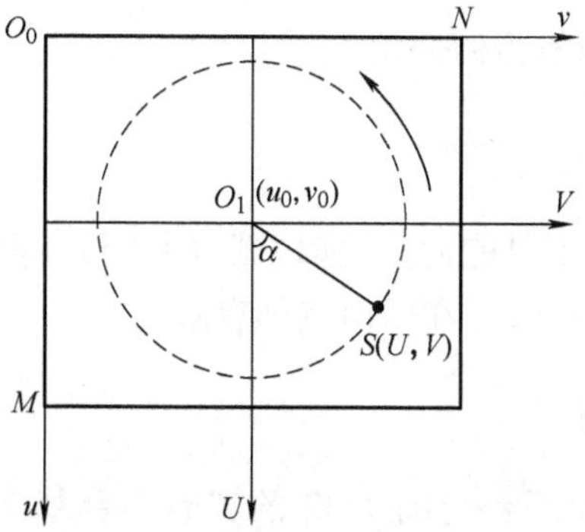

图 4.51　偏航角计算的示意图

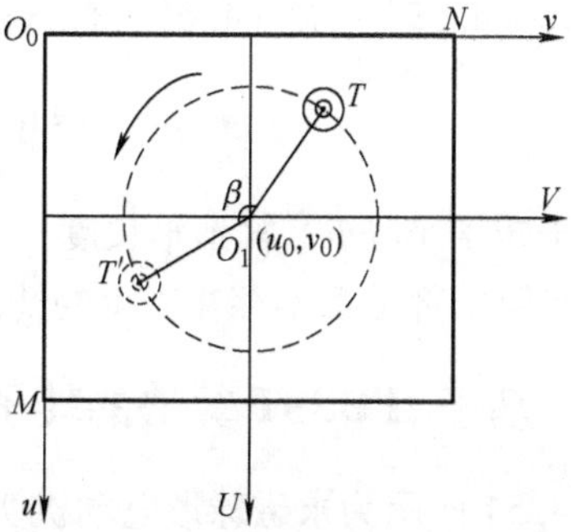

图 4.52　自旋角计算的示意图

假设自旋方向为逆时针方向，表示标记 T 经过一段时间运动到 T' 位置。自旋转过的角度为 β。假设线段 O_1T 与 U 轴正方向的夹角为 α_1，线段 O_1T' 与 U 轴正方向的夹角为 α_2，则自旋角 β 为

$$\beta=\alpha_1-\alpha_2 \tag{4.57}$$

其中，α_1 和 α_2 通过式（4.55）求解。

自旋运动中，图像上输出主端面的中心位置位于 O_1 点，而标记的位置不在输出轴上，所以在自旋运动的情况下，式（4.55）依然不存在有奇点的情况，故式（4.57）在任何情况下都有解。

（3）轴向俯仰角计算方法　轴向俯仰运动时输出轴从初始位置朝着一个方向偏离 Z 轴运动，俯仰角计算的示意图如图 4.53 所示。图上方的圆柱体表示高速摄像机，圆柱体内的黑色粗线表示感光元件，是摄像机的核心成像部分。图下方的球体表示电动机转子，在球体上方并与其连接的小圆柱体是输出轴。实线圆柱体表示转子在做俯仰运动之前，输出轴位于初始位置，虚线圆柱体表示转子俯仰一个角度 γ 之后输出轴所在的位置。f_c 表示摄像机的焦距，h_c 表示输出轴在初始位置上其端面与摄像机镜头的垂直距离。r_s 表示输出轴的长度，R 表示转子的半

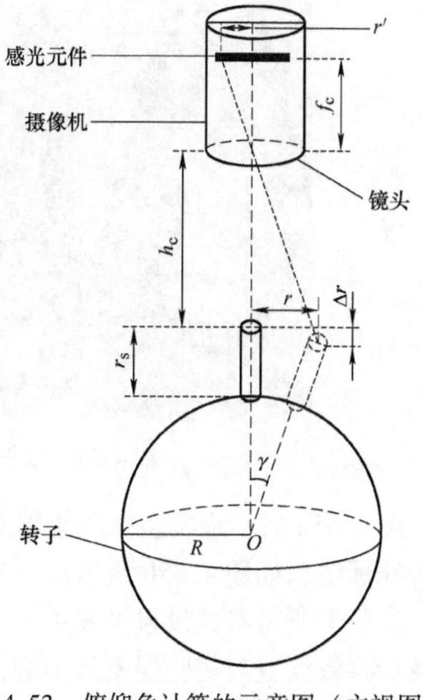

图 4.53　俯仰角计算的示意图（主视图）

径。俯仰运动过程中，转子通过镜头在感光元件上成像。假设当俯仰角为γ时，输出轴端面在水平方向上的位移为r，在竖直方向上的位移为Δr。r'表示图像上输出轴端面的物理位移。

图4.53所示的几何关系可以推导出

$$\frac{f_c}{h_c+\Delta r}=\frac{r'}{r} \tag{4.58}$$

其中

$$r'=\sqrt{[(u-u_0)\mathrm{d}u]^2+[(v-v_0)\mathrm{d}v]^2} \tag{4.59}$$

$$\Delta r=(R+r_s)(1-\cos\gamma) \tag{4.60}$$

$$r=(R+r_s)\sin\gamma \tag{4.61}$$

将式（4.59）~式（4.61）代入式（4.58），可以解得俯仰角为

$$\gamma=\arcsin\frac{r'[h_c+(R+r_s)]}{R+r_s+\sqrt{f_c^2+r'^2}}-\arctan\frac{r'}{f_c} \tag{4.62}$$

由于转子半径R、输出轴长度r_s和摄像机镜头f_c不可能为0，所以式（4.56）等号右边的第一和第二部分都不存在奇点的情况，因此，式（4.62）在任何点都有解。

4.2.6 基于IFDSST算法的转子姿态检测实验

图4.54所示为永磁球形电动机实验平台。该实验平台与图4.32的实验平台基本相同，不同之处在于去掉了LED光学特征点生成模块，转子输出轴上的MEMS传感器（陀螺仪MPU6050）是为取得比较数据而设置的。

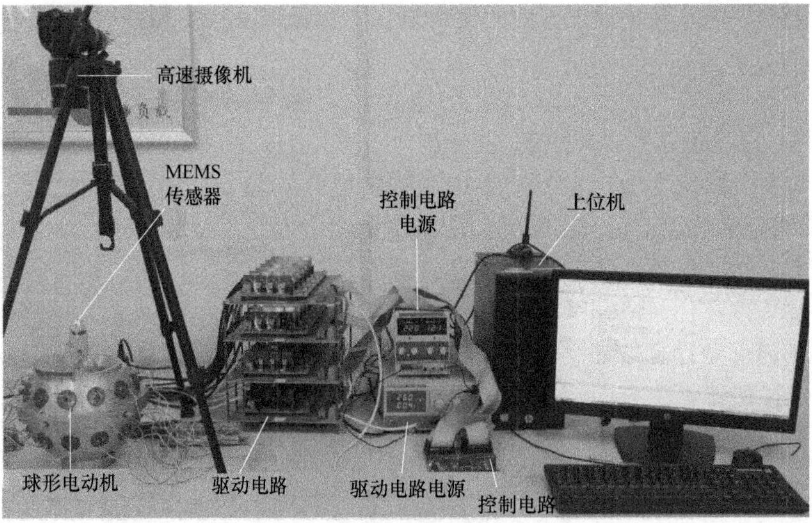

图4.54 基于IFDSST算法的转子姿态检测实验平台

图4.55a所示为实验中所使用的MEMS传感器装置，在传感器上表面做关于输出轴对称的特殊标记，如图4.55b所示。

实验中所需参数设置见表4.4。像元尺寸由高速摄像机的硬件决定。在实验过程中，为了减少参数设置对实验误差的影响，采用固定不变的摄像机焦距，设为17mm，且摄像机镜头到输出轴端部的距离保持不变，大小为485mm。

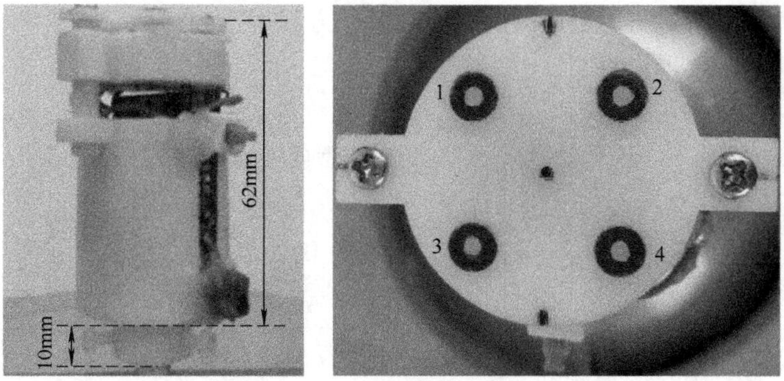

a)　　　　b)

图 4.55　MEMS 传感器

表 4.4　转子姿态检测实验参数

实验参数	参数值	
像元尺寸	du	7μm
	dv	7μm
摄像机焦距 f_c	17mm	
摄像机分辨率	1200×1200	
镜头到输出轴端部的距离 h_c	485mm	

1. 对比实验方法设计

(1) 对比方法1——四元数姿态估计方法　三维空间中的物体旋转可以用欧拉角描述的方向余弦矩阵表示，即

$$
\boldsymbol{C}_{\mathrm{r}}^{\mathrm{b}}=\boldsymbol{C}_{2}^{\mathrm{b}}\boldsymbol{C}_{1}^{2}\boldsymbol{C}_{\mathrm{r}}^{1}=\begin{bmatrix}\cos\varphi & 0 & -\sin\varphi\\ 0 & 1 & 0\\ \sin\varphi & 0 & \cos\varphi\end{bmatrix}\begin{bmatrix}1 & 0 & 0\\ 0 & \cos\theta & -\sin\theta\\ 0 & \sin\theta & \cos\theta\end{bmatrix}\begin{bmatrix}\cos\psi & -\sin\psi & 0\\ \sin\psi & \cos\psi & 0\\ 0 & 0 & 1\end{bmatrix}
$$

$$
=\begin{bmatrix}\cos\varphi\cos\psi+\sin\varphi\sin\psi\sin\theta & -\cos\varphi\sin\psi+\sin\varphi\cos\psi\sin\theta & \sin\varphi\cos\theta\\ \sin\psi\cos\theta & \cos\psi\cos\theta & -\sin\theta\\ -\sin\varphi\cos\psi+\cos\varphi\sin\psi\sin\theta & \sin\varphi\sin\psi+\cos\varphi\cos\psi\sin\theta & \cos\varphi\cos\theta\end{bmatrix} \tag{4.63}
$$

其中，$\boldsymbol{C}_{\mathrm{r}}^{\mathrm{b}}$ 表示由参考坐标系 $O-X_{\mathrm{n}}Y_{\mathrm{n}}Z_{\mathrm{n}}$ 到载体坐标系 $O-X_{\mathrm{b}}Y_{\mathrm{b}}Z_{\mathrm{b}}$ 的方向余弦矩阵，$\boldsymbol{C}_{\mathrm{r}}^{1}$、$\boldsymbol{C}_{1}^{2}$ 和 $\boldsymbol{C}_{2}^{\mathrm{b}}$ 分别表示坐标系 $O-X_{\mathrm{r}}Y_{\mathrm{r}}Z_{\mathrm{r}}$ 依次绕 Z、X、Y 轴旋转 ψ、θ、φ 的方向余弦矩阵。为避免大量的运算和万向节锁死现象，通常引入四元数代替欧拉角来表示物体在三维空间的旋转。

在三维空间中，可以用单位四元数来表述一个旋转。因此，定义一个单位四元数为

$$
\boldsymbol{q}=a+\boldsymbol{u}=q_0+q_1\boldsymbol{i}+q_2\boldsymbol{j}+q_3\boldsymbol{k} \tag{4.64}
$$

其中，a 是标量，表示旋转角度，$\boldsymbol{u}=q_1\boldsymbol{i}+q_2\boldsymbol{j}+q_3\boldsymbol{k}$ 是矢量，表示旋转轴。因为 $\boldsymbol{q}$ 是单位四元数，所以 $q_0^2+q_1^2+q_2^2+q_3^2=1$。将 $\boldsymbol{C}_{\mathrm{r}}^{\mathrm{b}}$ 用四元数表示为

$$
\boldsymbol{C}_{\mathrm{r}}^{\mathrm{b}}=\begin{bmatrix}q_0^2+q_1^2-q_2^2-q_3^2 & 2(q_0q_3+q_1q_2) & 2(q_1q_3-q_0q_2)\\ 2(q_1q_2-q_0q_3) & q_0^2-q_1^2+q_2^2-q_3^2 & 2(q_0q_1+q_2q_3)\\ 2(q_0q_2+q_1q_3) & 2(q_2q_3-q_0q_1) & q_0^2-q_1^2-q_2^2+q_3^2\end{bmatrix} \tag{4.65}
$$

物体的转动与角速率的关系可以用四元数微分方程表示为

$$\begin{aligned}\frac{\mathrm{d}\boldsymbol{q}_{\omega,t}}{\mathrm{d}t}&=\frac{1}{2}\boldsymbol{\Omega}\boldsymbol{q}_{\omega,t-1}\\&=\frac{1}{2}\begin{bmatrix}0&-\omega_x&-\omega_y&-\omega_z\\\omega_x&0&\omega_z&-\omega_y\\\omega_y&-\omega_z&0&\omega_x\\\omega_z&\omega_y&-\omega_x&0\end{bmatrix}\boldsymbol{q}_{\omega,t-1}\end{aligned}\tag{4.66}$$

其中，$\boldsymbol{\omega}=[\omega_x,\omega_y,\omega_z]^{\mathrm{T}}$ 表示物体角速度，$\boldsymbol{q}_{\omega,t}$表示在 t 时刻通过陀螺仪迭代计算出的四元数。使用一阶 Runge-Kutta 求解式（4.66），并写成矩阵形式为

$$\begin{bmatrix}q_0\\q_1\\q_2\\q_3\end{bmatrix}_{t+\Delta t}=\begin{bmatrix}q_0\\q_1\\q_2\\q_3\end{bmatrix}_t+\frac{\Delta t}{2}\begin{bmatrix}0&-\omega_x&-\omega_y&-\omega_z\\\omega_x&0&\omega_z&-\omega_y\\\omega_y&-\omega_z&0&\omega_x\\\omega_z&\omega_y&-\omega_x&0\end{bmatrix}\tag{4.67}$$

陀螺仪 MPU6050 中的数据运动处理器（动态运动基元）对姿态进行融合。由于陀螺仪具有随机游走的特征，会在短时间产生积分漂移，因此利用三轴加速度计的输出来补偿陀螺仪的误差。具体做法是：计算陀螺仪积分结果和加速度计测量结果之间的向量积误差，并且用 PI 控制器来消除向量积误差，补偿纠正陀螺仪的输出。将补偿后的陀螺仪输出带入式（4.67），以更新四元数。最后根据四元数求解欧拉角，则

$$\psi=\arctan\frac{2(q_0q_3+q_1q_2)}{1-2q_2^2-2q_3^2}\tag{4.68}$$

$$\theta=\arcsin(-2q_1q_3+2q_0q_2)\tag{4.69}$$

$$\varphi=\arctan\frac{2(q_0q_1+q_2q_3)}{1-2q_1^2-2q_2^2}\tag{4.70}$$

（2）对比方法 2——快速互补滤波姿态估计方法 快速互补滤波（Fast Complementary Filter，FCF）将姿态确定方法转换为一个线性系统，利用矩阵乘法就可以求解该系统的稳定解，并利用解的增量，将陀螺仪和加速度计融合在一起。该方法避免了迭代算法的使用，具有更快的收敛速度。

加速度在不同坐标系的转换可以表示为

$$\boldsymbol{A}^{\mathrm{b}}=\boldsymbol{C}_{\mathrm{r}}^{\mathrm{b}}\boldsymbol{A}^{\mathrm{r}}=[\boldsymbol{C}_1,\boldsymbol{C}_2,\boldsymbol{C}_3]\boldsymbol{A}^{\mathrm{r}}\tag{4.71}$$

其中，$\boldsymbol{A}^{\mathrm{b}}=[a_x,a_y,a_z]^{\mathrm{T}}$ 和 $\boldsymbol{A}^{\mathrm{r}}=[0,0,1]^{\mathrm{T}}$ 分别表示载体坐标系和参考坐标系下加速度计的观测向量，$\boldsymbol{C}_1$、$\boldsymbol{C}_2$ 和 $\boldsymbol{C}_3$ 是方向余弦矩阵的列向量。将 $\boldsymbol{A}^{\mathrm{r}}=[0,0,1]^{\mathrm{T}}$ 代入式（4.71）得

$$\boldsymbol{A}^{\mathrm{b}}=[\boldsymbol{C}_1,\boldsymbol{C}_2,\boldsymbol{C}_3]\boldsymbol{A}^{\mathrm{r}}=\boldsymbol{C}_3\tag{4.72}$$

假设

$$\boldsymbol{C}_3=\begin{bmatrix}2(q_1q_3-q_0q_2)\\2(q_0q_1+q_2q_3)\\q_0^2-q_1^2-q_2^2+q_3^2\end{bmatrix}=\begin{bmatrix}-q_2&q_3&-q_0&q_1\\q_1&q_0&q_3&q_2\\q_0&-q_1&-q_2&q_3\end{bmatrix}\begin{bmatrix}q_0\\q_1\\q_2\\q_3\end{bmatrix}=\boldsymbol{P}_3\boldsymbol{q}_a\tag{4.73}$$

那么 $\boldsymbol{P}_3\boldsymbol{q}_a=\boldsymbol{A}^{\mathrm{b}}$，可以转换为

$$\boldsymbol{q}_a=\boldsymbol{P}_3^{-1}\boldsymbol{A}^{\mathrm{b}} \tag{4.74}$$

其中，$\boldsymbol{q}_a$ 是通过加速度计获得的单位四元数，$\boldsymbol{P}_3^{-1}$ 是 $\boldsymbol{P}_3$ 的 Moore-Penrose 伪逆矩阵。因为 $\boldsymbol{q}_a$ 是单位四元数，所以可以推导出 $\boldsymbol{P}_3^{\mathrm{T}}=\boldsymbol{P}_3^{-1}$，代入式（4.74）得

$$\boldsymbol{q}_a=\boldsymbol{P}_3^{-1}\boldsymbol{A}^{\mathrm{b}}=\boldsymbol{P}_3^{\mathrm{T}}\boldsymbol{A}^{\mathrm{b}}$$

$$\Rightarrow\begin{bmatrix}q_0\\q_1\\q_2\\q_3\end{bmatrix}=\begin{bmatrix}-a_xq_2+a_yq_1+a_zq_0\\a_xq_3+a_yq_0-a_zq_1\\-a_xq_0+a_yq_3-a_zq_2\\a_xq_1+a_yq_2+a_zq_3\end{bmatrix}\Rightarrow\begin{bmatrix}a_z-1 & a_y & -a_x & 0\\a_y & -a_z-1 & 0 & a_x\\-a_x & 0 & -a_z-1 & a_y\\0 & a_x & a_y & a_z-1\end{bmatrix}\boldsymbol{q}_a=\boldsymbol{0} \tag{4.75}$$

令

$$\boldsymbol{W}_a=\begin{bmatrix}a_z & a_y & -a_x & 0\\a_y & -a_z & 0 & a_x\\-a_x & 0 & -a_z & a_y\\0 & a_x & a_y & a_z\end{bmatrix} \tag{4.76}$$

将式（4.76）代入式（4.75）得

$$\boldsymbol{W}_a\boldsymbol{q}_a=\boldsymbol{q}_a \tag{4.77}$$

可以证明，对于任何形式的 $\boldsymbol{q}_0$，$\boldsymbol{q}_a=\dfrac{\boldsymbol{W}_a+\boldsymbol{I}_{4\times4}}{2}\boldsymbol{q}_a$ 可以满足式（4.77）。特别地，当 $\boldsymbol{q}_0=(1,0,0,0)^{\mathrm{T}}$ 时，有

$$\boldsymbol{q}_a=\frac{\boldsymbol{W}_a+\boldsymbol{I}}{2}\boldsymbol{q}_0=\frac{1}{2}[a_z+1,\ a_y,\ -a_x,\ 0]^{\mathrm{T}} \tag{4.78}$$

所以四元数增量为

$$\boldsymbol{q}_a=\frac{\boldsymbol{W}_a+\boldsymbol{I}}{2}\boldsymbol{q}_0\Rightarrow\Delta\boldsymbol{q}_a=\frac{\boldsymbol{W}_a-\boldsymbol{I}}{2}\boldsymbol{q}_0 \tag{4.79}$$

四元数估计为

$$\boldsymbol{q}_{\mathrm{est},a\omega,t}=\hat{\boldsymbol{q}}_{\mathrm{est},a\omega,t-1}+\tilde{\boldsymbol{q}}_{a\omega,t}\Delta t \tag{4.80}$$

其中，$\tilde{\boldsymbol{q}}_{a\omega,t}$是融合加速度计和陀螺仪输出的四元数，有

$$\tilde{\boldsymbol{q}}_{a\omega,t}=(1-\delta)\tilde{\boldsymbol{q}}_{\omega,t}+\delta\tilde{\boldsymbol{q}}_{a,t}\quad\delta\in(0,1) \tag{4.81}$$

其中，δ 是互补增益。将式（4.81）代入式（4.80）得

$$\begin{aligned}\boldsymbol{q}_{\mathrm{est},a\omega,t}&=\hat{\boldsymbol{q}}_{\mathrm{est},a\omega,t-1}+[(1-\delta)\tilde{\boldsymbol{q}}_{\omega,t}+\delta\tilde{\boldsymbol{q}}_{a,t}]\Delta t\\&=\hat{\boldsymbol{q}}_{\mathrm{est},a\omega,t-1}+\frac{(1-\delta)}{2}\boldsymbol{\Omega}\hat{\boldsymbol{q}}_{\mathrm{est},a\omega,t-1}\Delta t+\delta\Delta\boldsymbol{q}_{a,t}\\&=\left[\frac{(1-\delta)\Delta t}{2}\boldsymbol{\Omega}+\boldsymbol{I}\right]\hat{\boldsymbol{q}}_{\mathrm{est},a\omega,t-1}+\delta\frac{\boldsymbol{W}_{\mathrm{a}}-\boldsymbol{I}}{2}\hat{\boldsymbol{q}}_{\mathrm{est},a\omega,t-1}\\&=\left[\boldsymbol{I}+\frac{(1-\delta)\Delta t}{2}\boldsymbol{\Omega}+\delta\frac{\boldsymbol{W}_{\mathrm{a}}-\boldsymbol{I}}{2}\right]\hat{\boldsymbol{q}}_{\mathrm{est},a\omega,t-1}\end{aligned} \tag{4.82}$$

将式（4.82）归一化得

$$\widehat{\boldsymbol{q}}_{\mathrm{est},a\omega,t}=\frac{\boldsymbol{q}_{\mathrm{est},a\omega,t}}{\|\boldsymbol{q}_{\mathrm{est},a\omega,t}\|} \tag{4.83}$$

四元数通过式（4.82）和式（4.83）进行更新。最后通过式（4.68）~式（4.70）计算欧拉角。将加速度计和陀螺仪融合的 FCF 的伪代码见表 4.5。

表 4.5 FCF 伪代码

FCF 算法
初始化：$t=0$，$\widehat{\boldsymbol{q}}_{\mathrm{est},a\omega,t=0}=[1,0,0,0]^{\mathrm{T}}$
循环执行下列命令：//当没有接收到停止命令或者陀螺仪处于工作状态时
1）输入加速度 $\boldsymbol{\omega}$、角速度 $\boldsymbol{A}^{\mathrm{b}}$
2）$t=t+1$，$\boldsymbol{A}^{\mathrm{b}}=\dfrac{\boldsymbol{A}^{\mathrm{b}}}{\|\boldsymbol{A}^{\mathrm{b}}\|}$
3）$\boldsymbol{q}_{\mathrm{est},a\omega,t}=\left[\boldsymbol{I}+\dfrac{(1-\delta)\ \Delta t}{2}\boldsymbol{\Omega}+\delta\dfrac{\boldsymbol{W}_a-\boldsymbol{I}}{2}\right]\widehat{\boldsymbol{q}}_{\mathrm{est},a\omega,t-1}$
4）$\widehat{\boldsymbol{q}}_{\mathrm{est},a\omega,t}=\dfrac{\boldsymbol{q}_{\mathrm{est},a\omega,t}}{\|\boldsymbol{q}_{\mathrm{est},a\omega,t}\|}$
5）输出 $\widehat{\boldsymbol{q}}_{\mathrm{est},a\omega,t}$
结束循环

2. 转子姿态检测对比实验结果

（1）中心点自旋运动 球形电动机做中心点自旋运动时，输出轴的端面在定子坐标系下的坐标理论上为（0，0，105）。图 4.56 所示为经过 IFDSST 算法处理后的自旋运动视频序列中的部分图像。虚线箭头表示转子的自旋方向，左上角的数字表示该图像在视频序列中的帧数。从图可以看出，IFDSST 算法可以成功地检测出标记并对其进行跟踪。

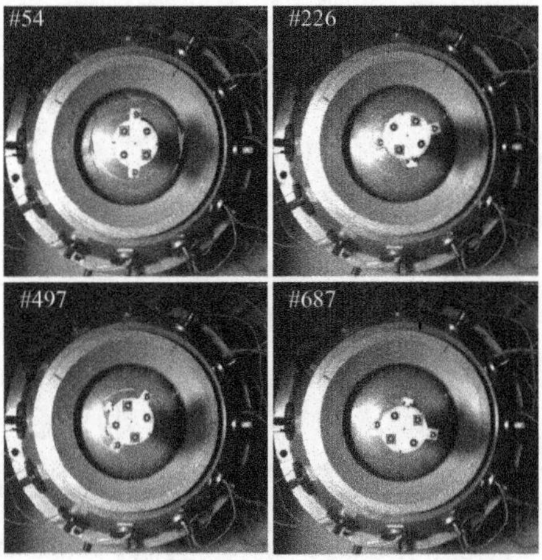

图 4.56 自旋运动视频序列中的部分图像

图 4.57 所示为 DMP、FCF 和 IFDSST 3 种方法得到的转子轨迹图。图中，球体上方的粗实线表示电动机的输出轴。从图中可以看出，3 种方法得到的轨迹点都在（0，0，105）附近。但是 IFDSST 算法测量的结果更集中于点（0，0，105），而通过其他两种方法测量得到的轨迹接近于以点（0，0，105）为中心、半径较大的圆，比较分散。

为了便于比较，计算每种方法测量的轨迹点在 x、y 和 z 3 个轴上的平均值和相对于理论值的误差，见表 4.6。误差的计算公式为

$$\Delta=\frac{\sqrt{(x_{\mathrm{m}}-x_{\mathrm{t}})^2+(y_{\mathrm{m}}-y_{\mathrm{t}})^2+(z_{\mathrm{m}}-z_{\mathrm{t}})^2}}{\sqrt{x_{\mathrm{t}}^2+y_{\mathrm{t}}^2+z_{\mathrm{t}}^2}} \tag{4.84}$$

其中，$(x_{\mathrm{m}},y_{\mathrm{m}},z_{\mathrm{m}})$ 表示轨迹中某个点的测量值，$(x_{\mathrm{t}},y_{\mathrm{t}},z_{\mathrm{t}})$ 表示该点的理论值。

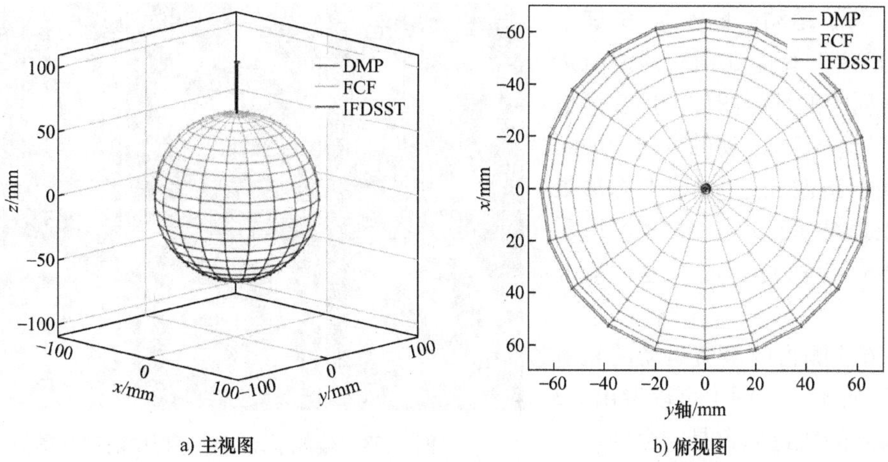

图 4.57　自旋运动的轨迹图

表 4.6　DMP、FCF 和 IFDSST 算法测量自旋轨迹的平均值和误差

坐标轴		x 轴	y 轴	z 轴
理论值/mm		0	0	105
DMP	姿态/mm	0.0497	0.6339	104.9928
	误差（%）	—	**0.606**	—
FCF	姿态/mm	-0.2281	0.6900	104.9902
	误差（%）	—	**0.692**	—
IFDSST	姿态/mm	-0.1573	0.2805	104.9920
	误差（%）	—	**0.306**	—

从表 4.6 可以看出，3 种方法的自旋姿态测量误差都不超过 1%。在误差允许的范围内，3 种方法对自旋姿态的检测都是有效和准确的。但是，IFDSST 算法的测量误差只有 0.306%，约为其他两种方法误差的 1/2。所以对转子自旋姿态的测量，IFDSST 算法的准确度比其他两种方法更高。

为了进一步验证 IFDSST 算法对自旋角测量的有效性和准确度，让转子分别围绕 z 轴旋转 90°、180°和 270°，自旋角的测量结果和误差见表 4.7。可见，3 种方法测量的自旋角的误差都在 2% 以内。分别计算 3 种方法测量 3 个角度对应的误差的平均值，DMP 和 FCF 对自旋角测量的平均误差在 1.3% 以上，而 IFDSST 算法的平均误差为 1.099%。

表 4.7　DMP、FCF 和 IFDSST 算法测量自旋角的结果和误差

方法	理论值/(°)	90	180	270	平均误差（%）
DMP	角度/(°)	88.572	177.504	267.083	—
	误差（%）	1.587	1.387	1.080	1.351
FCF	角度/(°)	88.625	177.457	267.154	—
	误差（%）	1.528	1.413	1.054	1.332
IFDSST	角度/(°)	88.793	181.973	267.682	—
	误差（%）	**1.341**	**1.096**	**0.859**	**1.099**

（2）偏航运动 图 4.58 中展示了经过 IFDSST 算法处理后的偏航运动视频序列中的部分图像。虚线箭头表示偏航运动转子运动的方向。两个矩形框表示图像经过 IFDSST 算法处理后的跟踪结果。从图 4.58 可以看出，IFDSST 算法可以成功地检测并跟踪标记。

3 种方法测得的偏航运动的轨迹如图 4.59 所示。从图中可以看出，3 种方法得到的轨迹大致是吻合的。

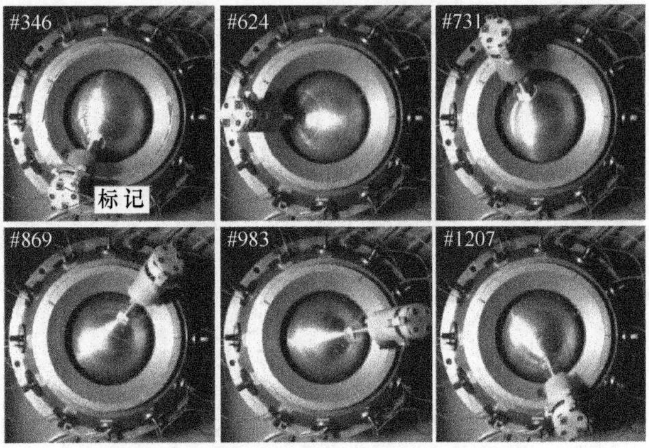

图 4.58 偏航运动视频序列中的部分图像

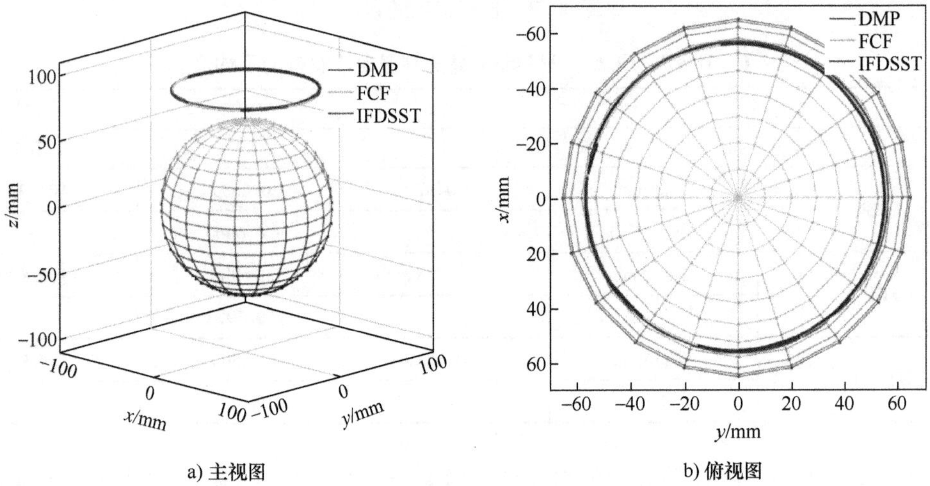

图 4.59 偏航运动的轨迹图

让电动机分别偏转 90°、180°和 270°，3 种方法测量的偏航角的结果和相应的误差见表 4.8。从表中可以看出，与理论值相比，3 种方法测得偏航角的误差都在 2% 之内。对 3 个偏航角度对应的误差求平均值，IFDSST 算法的误差只有 1.018%，而其他两种方法的测量误差都接近 1.5%。

表 4.8 DMP、FCF 和 IFDSST 算法测量偏航角的结果与误差

方法	理论值/（°）	90	180	270	平均误差（%）
DMP	角度/（°）	88.374	177.271	266.922	—
	误差（%）	1.807	1.516	1.140	1.487
FCF	角度/（°）	88.353	177.169	267.037	—
	误差（%）	1.830	1.572	1.097	1.499
IFDSST	角度/（°）	89.185	177.936	267.294	—
	误差（%）	**0.906**	**1.147**	**1.002**	**1.018**

（3）轴向俯仰运动 图 4.60 所示为经 IFDSST 算法处理后的输出轴俯仰运动视频序列

中的部分图像。同一行的4张图像来自一个俯仰方向的电动机运动视频序列，第一列4张图像中的虚线箭头表示转子做俯仰运动的方向。在这个实验中，让转子分别沿着 x 和 y 轴的正、负方向俯仰，从图中可以看出，IFDSST 算法对标记的跟踪效果是比较稳定和准确的。

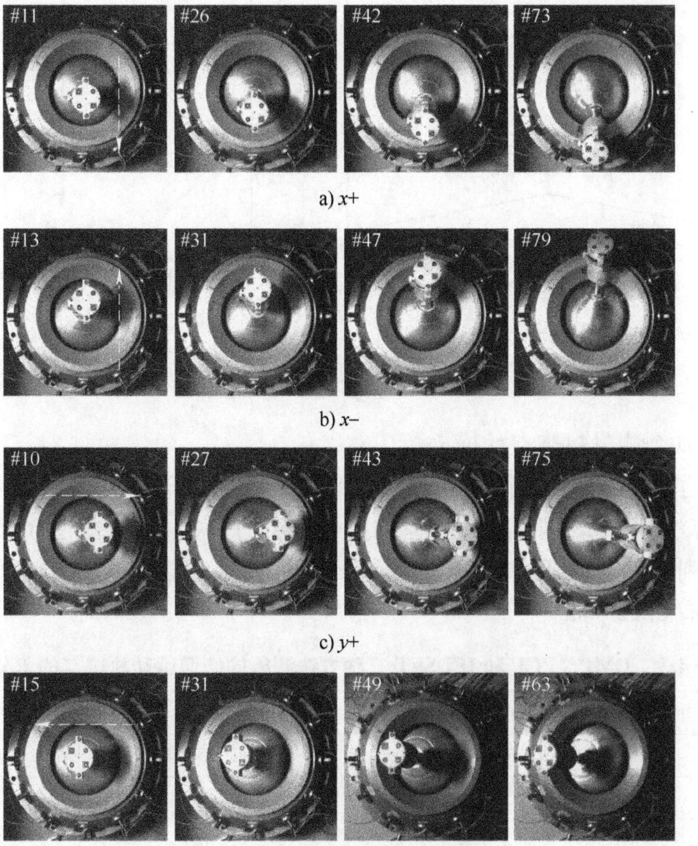

图4.60　俯仰运动视频序列中的部分图像

图4.61所示为3种方法测量转子做俯仰运动的轨迹。图4.61b中，4个方向上的3条轨迹大致是吻合的，但是IFDSST算法测得的轨迹与 x 和 y 轴的重合度更高，其他两种方法得到的轨迹有比较大的偏差。为了比较3种方法测量俯仰运动的轨迹的精度，用方均根误差RMSE来衡量测得的位置相对 x 和 y 轴的离散程度。假设每个轨迹点在 xOy 平面的坐标理论值为（x_t，y_t），测量值为（x_m，y_m）。当转子沿着 x 轴运动时，无论 x_t 为何值，y_t 都为0。因此，x 轴上的所有测量点的二维平面坐标的RMSE为

$$\sigma_x = \sqrt{\frac{1}{N}\sum_{w=1}^{N} y_{m,w}^2} \tag{4.85}$$

其中，N 表示所测得的轨迹点数，$y_{m,w}$ 表示第 w 个测量轨迹点的纵坐标。当转子沿着 y 轴运动时，无论 y_t 为何值，x_t 都为0。因此，y 轴上的所有测量点的二维平面坐标的RMSE为

$$\sigma_y = \sqrt{\frac{1}{N}\sum_{w=1}^{N} x_{m,w}^2} \tag{4.86}$$

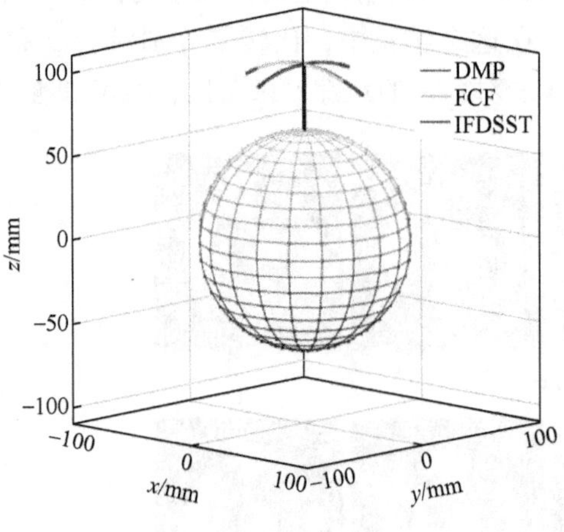

a) 主视图

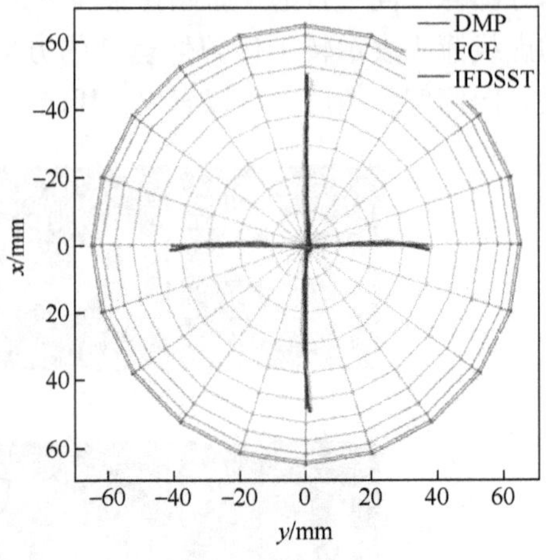

b) 俯视图

图 4.61 俯仰运动的轨迹图

式中，$x_{m,w}$为第 w 个测量轨迹点的横坐标。

表 4.9 列出了图 4.61 中 4 个方向上的所有轨迹点的 RMSE。从表中可以看出，在 4 个方向上，IFDSST 算法的 RMSE 比其他两种方法都小。计算各个方法的 RMSE 的平均值，如表 4.9中最后一列所示。DMP 和 FCF 的 RMSE 平均值都超过了 1.0mm，而 IFDSST 算法的 RMSE 平均值仅有 0.229mm。

表 4.9 DMP、FCF 和 IFDSST 三种方法测得的俯仰运动轨迹点的 RMSE

俯仰运动的方向	DMP/mm	FCF/mm	IFDSST/mm
$x+$	0.963	1.224	0.183
$x-$	1.052	1.135	0.270
$y+$	1.128	1.562	0.208
$y-$	1.309	0.447	0.256
RMSE 平均值	1.113	1.092	0.229

4.2.7 基于 OpenMV 的转子姿态检测系统构成

该方法仍然属于基于光学特征点的转子姿态检测方法，将红绿标志点模块安装在转子输出轴顶部，采用价格相对低廉的 OpenMV 智能摄像头识别转子运动时的红绿标志点并拍摄图像，然后将图像发给上位机，实时解算出转子位置信息，从而实现转子姿态检测。检测系统主要由 OpenMV 摄像机、红绿标志点模块以及永磁球形电动机构成，示意图如图 4.62 所示。

红绿标志点模块固定在转子输出轴顶部，其中，红色标志点的圆心位于转子输出轴中心线上，红色标志点与绿色标志点是两个半径均为 2.5mm 的圆，且两圆保持相切。转子输出轴底部到红绿标志点模块顶端的距离 $h=55$mm，摄像头至红绿标志点模块顶端的距离为 l，球形转子半径 $r=65$mm，转子输出轴的长度 $s=40$mm。

转子姿态检测流程如图 4.63 所示。首先利用 OpenMV 摄像机获取转子输出轴顶部的红绿标志点图像。鉴于红绿标志点特有的颜色以及形状特征，利用相应的识别算法识别标志点，并获取红绿标志点在图像坐标系中的坐标值，最后根据坐标变换以及几何关系解算出转子的姿态角，从而得出转子的空间位置。

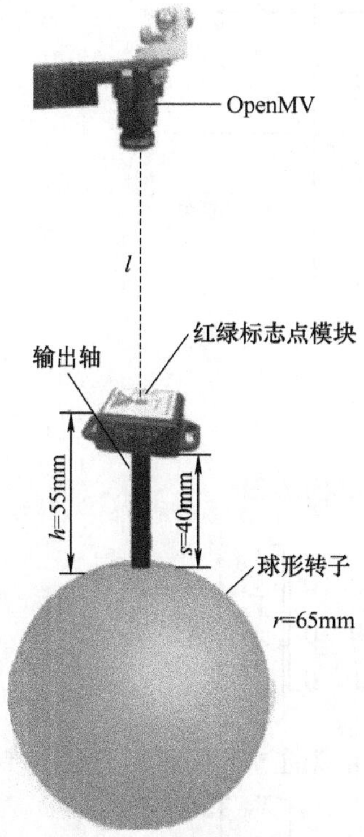

图 4.62 基于 OpenMV 的转子姿态检测系统示意图

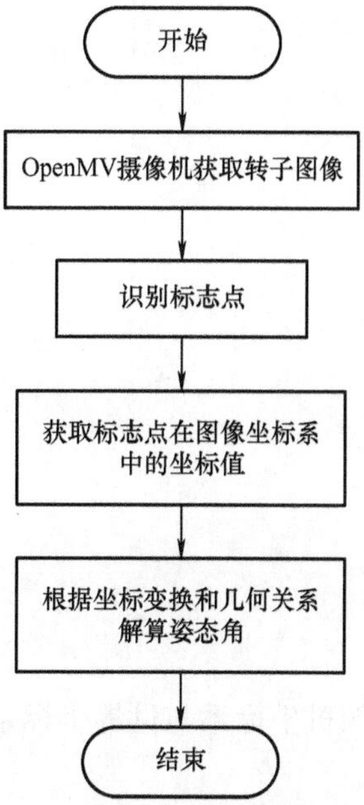

图 4.63 转子姿态检测流程图

4.2.8 基于 OpenMV 的转子姿态检测原理

1. 摄像机标定

为了确定空间中某点在世界坐标系和图像坐标系中位置之间的对应关系，需要进行摄像机标定，如图 4.64 所示。其中，$O_W - X_W Y_W Z_W$ 为世界坐标系，用于表示摄像机的位置。$O_C - X_C Y_C Z_C$ 为摄像机坐标系，摄像机光心位于坐标系原点处。$O_{uv} - uv$ 是像素坐标系，坐标系的原点位于左上角。$O_{xy} - xy$ 为图像坐标系，由成像平面构成，原点是成像平面的中点。f 是摄像机焦距，为 O_C 到 O_{xy} 的距离。

设摄像机的像元尺寸为 dx、dy，则像素坐标系与图像坐标系的转换关系可通过对应点坐标的平移变换得出，则

$$\begin{bmatrix} u \\ v \\ 1 \end{bmatrix} = \begin{bmatrix} \frac{1}{\mathrm{d}x} & 0 & u_0 \\ 0 & \frac{1}{\mathrm{d}y} & v_0 \\ 0 & 0 & 1 \end{bmatrix} \begin{bmatrix} x \\ y \\ 1 \end{bmatrix} \tag{4.87}$$

根据三角形的相似原理，则图像坐标系与摄像机坐标系的转换关系为

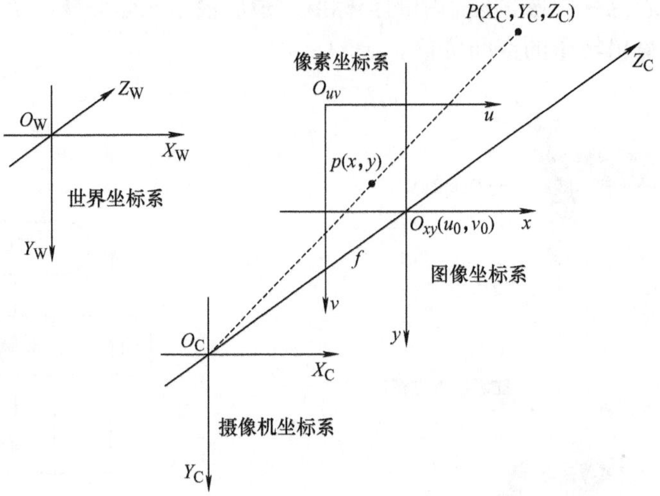

图 4.64 摄像机标定示意图

$$Z_C\begin{bmatrix}x\\y\\1\end{bmatrix}=\begin{bmatrix}f&0&0&0\\0&f&0&0\\0&0&1&0\end{bmatrix}\begin{bmatrix}X_C\\Y_C\\Z_C\\1\end{bmatrix}\tag{4.88}$$

摄像机坐标系与世界坐标系之间的对应关系可以通过平移和旋转变换推出，有

$$\begin{bmatrix}X_C\\Y_C\\Z_C\\1\end{bmatrix}=\begin{bmatrix}\boldsymbol{R}_{3\times3}&\boldsymbol{T}_{3\times1}\\0&1\end{bmatrix}\begin{bmatrix}X_W\\Y_W\\Z_W\\1\end{bmatrix}\tag{4.89}$$

其中，$\boldsymbol{R}_{3\times3}$为旋转矩阵，$\boldsymbol{T}_{3\times1}$为平移矩阵。

根据式（4.87）~式（4.89）可知像素坐标系与世界坐标系的关系为

$$Z_C\begin{bmatrix}u\\v\\1\end{bmatrix}=\begin{bmatrix}f_x&0&u_0&0\\0&f_y&v_0&0\\0&0&1&0\end{bmatrix}\begin{bmatrix}\boldsymbol{R}_{3\times3}&\boldsymbol{T}_{3\times1}\\\boldsymbol{0}&1\end{bmatrix}\begin{bmatrix}X_W\\Y_W\\Z_W\\1\end{bmatrix}=\boldsymbol{M}_a\boldsymbol{M}_b\begin{bmatrix}X_W\\Y_W\\Z_W\\1\end{bmatrix}\tag{4.90}$$

其中，$f_x=\dfrac{f}{\mathrm{d}x}$、$f_y=\dfrac{f}{\mathrm{d}y}$分别是图像传感器在 u 轴和 v 轴上的尺度因子，$\boldsymbol{M}_a=\begin{bmatrix}f_x&0&u_0&0\\0&f_y&v_0&0\\0&0&1&0\end{bmatrix}$、$\boldsymbol{M}_b=\begin{bmatrix}\boldsymbol{R}_{3\times3}&\boldsymbol{T}_{3\times1}\\\boldsymbol{0}&1\end{bmatrix}$分别为摄像机内部、外部参数矩阵。

通过摄像机标定获得了摄像机的内部和外部参数后，根据式（4.90）可求出摄像机所摄取的目标对应在世界坐标系中的位置。

2. 单目视觉测距

单目视觉测距，顾名思义，使用一台摄像机拍摄被测目标，然后对拍摄到的图像进行测量判断。与双目视觉测距相比，单目视觉测距结构简易，便于标定和识别，检测装置成本低。

单目视觉测距原理如图4.65所示。其中，O_C 是摄像机透镜的光心，λ 为摄像机的成像平面，点 O_C 到平面 λ 的距离为 f，O 为实际目标的中心，e 是实际目标的直径，实际目标物体的中心到摄像机透镜光心的距离为 d，α 为实际目标的圆心与摄像机光心的连线相对于摄像机光轴的倾角，O_1 为图像中目标的圆心，c 为实际目标物体映射在图像中的图形直径（如果由于成像角度的原因导致目标在图像中呈椭圆形，则 c 为椭圆形较长轴的长度），a 为实际目标的圆心到成像平面 λ 的距离。

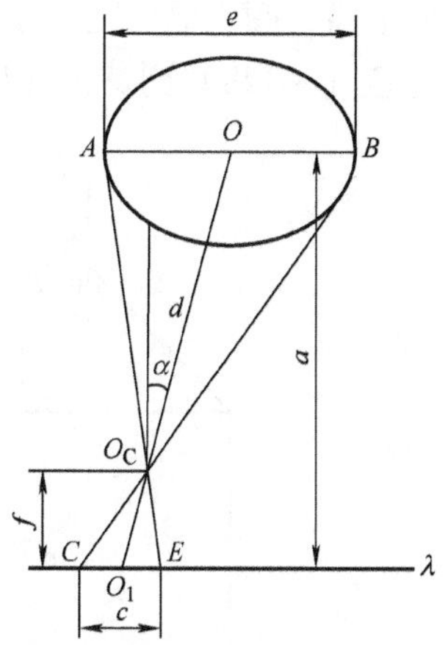

图4.65　单目视觉测距原理图

根据相似三角形原理可知

$$\frac{e}{c}=\frac{a-f}{f} \tag{4.91}$$

故

$$a=\left(\frac{e}{c}+1\right)f \tag{4.92}$$

又因为

$$\tan\alpha=\frac{\sqrt{[(u-u_0)\mathrm{d}x]^2+[(v-v_0)\mathrm{d}y]^2}}{f} \tag{4.93}$$

$$\cos\alpha=\frac{a-f}{d} \tag{4.94}$$

式中，u、v 为点 O_1 在像素坐标系中的像素坐标。

根据式（4.92）~式（4.94），可知实际目标的圆心到摄像头光心的直线距离为

$$d=\frac{ef}{c\cos\left(\arctan\left(\frac{\sqrt{[(u-u_0)\mathrm{d}x]^2+[(v-v_0)\mathrm{d}y]^2}}{f}\right)\right)} \tag{4.95}$$

式中，dx、dy 为摄像机的像元尺寸。

3. 基于颜色特征的目标识别

为了对颜色进行具象化的描述说明，需要建立颜色模型，把空间中的每个颜色都使用坐标表示，目前常用的颜色模型有RGB以及Lab等。

RGB颜色模型始于三原色原理，是人们日常生活中接触较多的一种颜色模型。如图4.66所示，利用笛卡儿坐标系为每一种颜色都设置坐标来描述RGB颜色模型，每个轴向的分量取值范围都为［0，255］。例如，位于 B 轴上的蓝色坐标为（0，0，255），位于原点的黑色坐标为（0，0，0），位于 G 轴上的绿色坐标为（0，255，0），位于 R 轴上的红色坐标为（255，0，0）。在RGB彩色模型下，可以产生的颜色一共有256×256×256种，即约1678万种。

国际照明委员会在基于测定颜色的国际标准下建立了Lab颜色模型。该模型主要由三个分量构成，分别是 L、a 和 b。L 代表亮度，$L=0$ 时表示黑，$L=100$ 时表示白；a 和 b 代表

色彩通道，颜色取值区间为［−128，127］，$a=-128$ 时为绿色，$a=127$ 时为红色，b 表示从蓝色（−128）到黄色（127）的颜色区间，如图 4.67 所示。

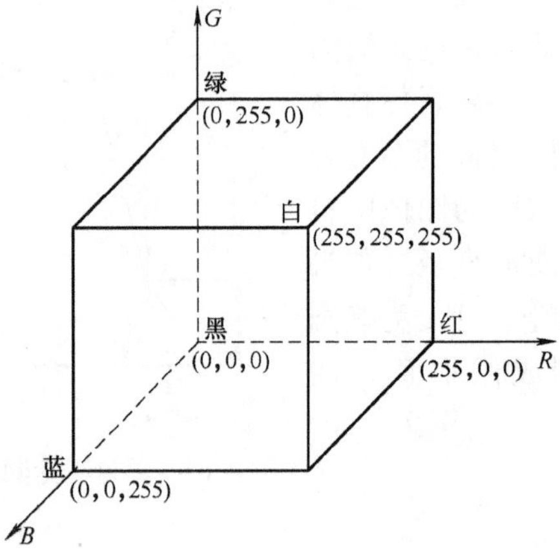

图 4.66 RGB 颜色模型

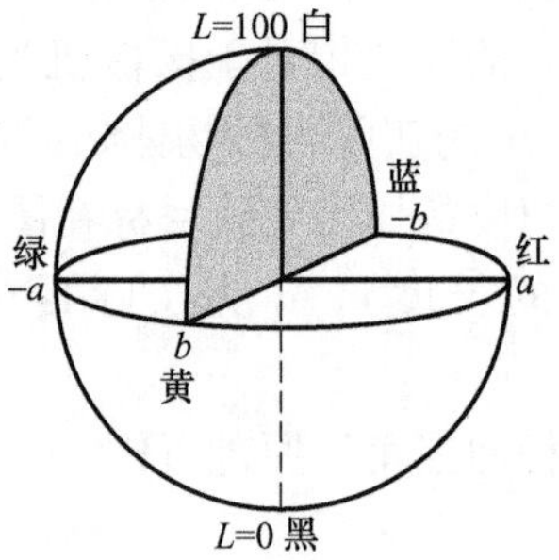

图 4.67 Lab 颜色模型

OpenMV 中基于颜色特征的目标识别算法是在 Lab 颜色模型的基础上实现的，L 主要用于改变色彩的亮度，通过调整 a 和 b 的值可以实现精确的颜色平衡。具体步骤是先在 OpenMV IDE 的帧缓冲区（Frame Buffer）中确定目标颜色的阈值，颜色阈值的结构为

$$\text{color}=(\min L,\ \max L,\ \min a,\ \max a,\ \min b,\ \max b) \tag{4.96}$$

其中，color 代表颜色，数组中的 6 个元素分别表示 L、a、b 三个分量的最小值和最大值。

根据相应的颜色阈值即可确定图像中目标色块的颜色，再利用 find_blobs（）函数结合 for 循环寻找目标色块，通过 blob. cx（）、blob. cy（）函数分别返回目标色块的中心 x、y 坐标。

4. 基于形状特征的目标识别

OpenMV 通过 image. find_circles（）函数在摄像机拍摄的图像中识别圆形，这个函数主要利用了霍夫变换原理。霍夫变换是图像处理中常用的特征提取方法，可以有效快速地检测出圆形目标。霍夫变换的示意图如图 4.68 所示。具体步骤是：将二维图像空间中的一个圆转换为三维霍夫空间中一个点（a_0，b_0，r_0），而这个点由该圆的半径 r_0 以及圆心坐标（a_0，b_0）所确定，因此圆周上任意 3 个点所确定的一个圆，经过霍夫变换后在三维霍夫空间中对应一确定点。

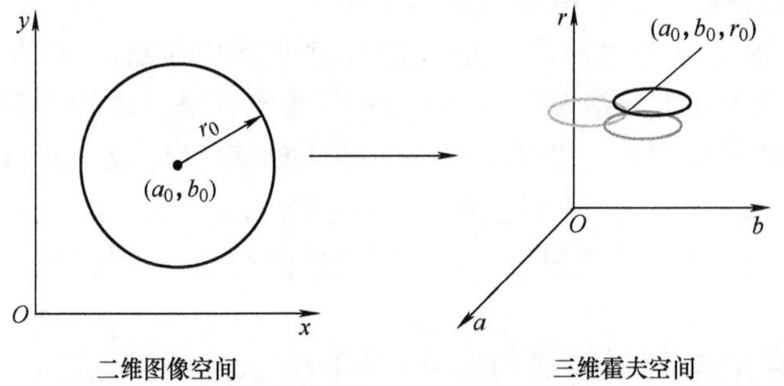

图 4.68 霍夫变换的示意图

那么，基于颜色特征和形状特征融合的目标识别算法流程如图 4.69 所示。

5. 球形电动机转子姿态解算原理

（1）轴向俯仰角计算　当转子输出轴偏离 z 轴一定角度 θ 时，轴向俯仰角计算示意图如图 4.70 所示。O_C 为摄像机透镜光心，P 为转子输出轴初始位置，Q 为转子输出轴偏离 z 轴 θ 时的位置，l 为初始位置时摄像机透镜光心到红绿标志模块顶部的距离，O 为转子球心，R_S 为球心到红绿标志模块顶部的距离，d 为透镜光心到红色标志点中心的距离。

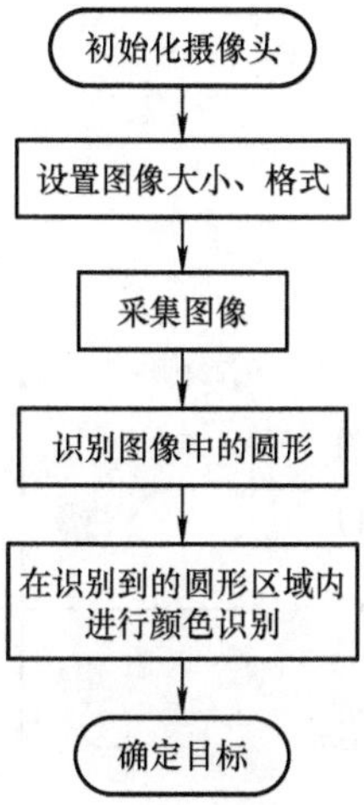

图 4.69　目标识别算法流程图

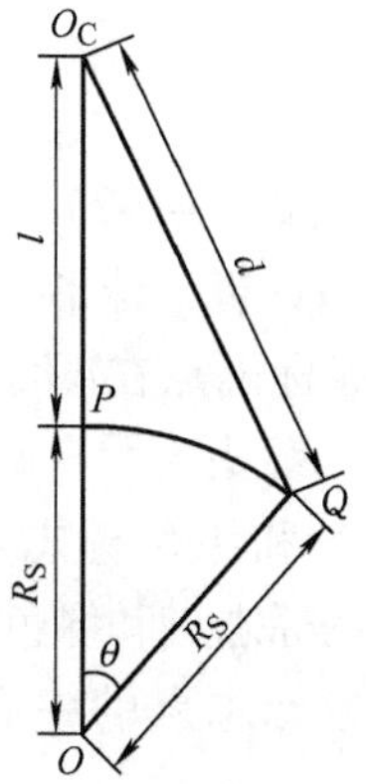

图 4.70　转子俯仰角计算示意图

根据图 4.70 可得俯仰角 θ 为

$$\theta = \arccos\left[\frac{(l+R_S)^2 + R_S^2 - d^2}{2(l+R_S)R_S}\right] \tag{4.97}$$

其中，d 可由式（4.95）计算得出。

由于 R_S、l 均大于 0，故式（4.97）在任何情况下均有解。

（2）偏航角计算　根据摄像机标定原理可知，球形电动机运动时的偏航角 φ 可根据转子输出轴顶部的红绿标志点在图像坐标系中的坐标计算，如图 4.71 所示。实心和空心的圆分别代表红色和绿色标志点，虚线的圆代表做偏航运动的过程中球形电动机转子输出轴顶部端面的运动轨迹，偏航运动的方向用弧线箭头表示，O_{xy} 是图像坐标系的原点，从 O_{xy} 到红色标志点中心的连线与 x 轴正方向形成的夹角记作偏航角 φ。

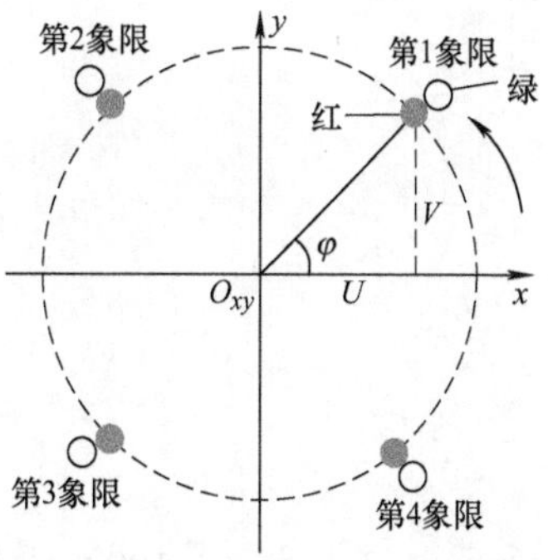

图 4.71　转子偏航角计算示意图

根据图 4.71，偏航角 φ 为

$$\varphi = \arctan\left|\frac{V}{U}\right| = \arctan\left|\frac{(v-v_0)\mathrm{d}y}{(u-u_0)\mathrm{d}x}\right| \tag{4.98}$$

其中，(u, v) 是红色标志点中心处的像素坐标，(u_0, v_0) 是图像坐标系原点 O_{xy} 的像素坐标，$\mathrm{d}x$、$\mathrm{d}y$ 为像元尺寸。

另外，由于转子的位置时刻改变，运动轨迹涵盖了 4 个象限，φ 的取值范围为 $0\sim2\pi$，故偏航角 φ 的表达式可改写为

$$\begin{cases}\varphi=0 & x\text{ 轴正半轴}\\ \varphi=\varphi_0 & \text{第 1 象限}\\ \varphi=\pi/2 & y\text{ 轴正半轴}\\ \varphi=\pi-\varphi_0 & \text{第 2 象限}\\ \varphi=\pi & x\text{ 轴负半轴}\\ \varphi=\pi+\varphi_0 & \text{第 3 象限}\\ \varphi=3\pi/2 & y\text{ 轴负半轴}\\ \varphi=2\pi-\varphi_0 & \text{第 4 象限}\end{cases} \tag{4.99}$$

其中，φ_0 可根据式（4.98）求解得出。

（3）自旋角计算 球形电动机进行自旋运动时，转子输出轴顶部的红绿标志点在图像中呈现不同的状态特征，如图 4.72 所示。弧线箭头表示自旋方向为逆时针，实心和空心的圆分别代表红色和绿色标志点，O_{xy} 是图像坐标系的原点。Δx 和 Δy 是红色标志点和绿色标志点的中心像素坐标之差。

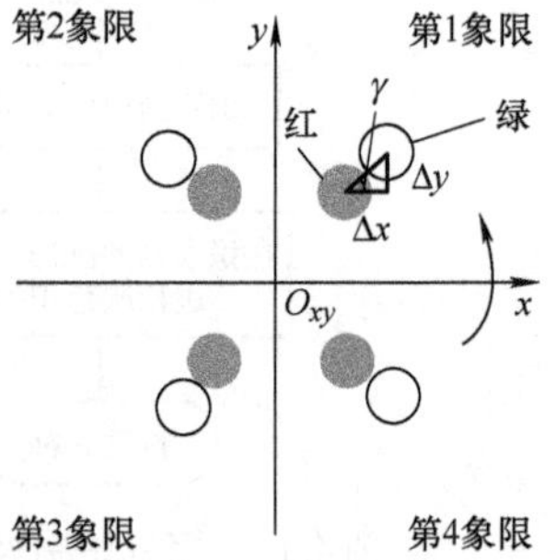

图 4.72 转子自旋角计算示意图

根据红、绿标志点的中心像素坐标可以计算出自旋角 γ 为

$$\gamma=\arctan\left|\frac{\Delta y}{\Delta x}\right|=\arctan\left|\frac{(v_2-v_1)\mathrm{d}y}{(u_2-u_1)\mathrm{d}x}\right| \tag{4.100}$$

其中，(u_1, v_1) 是红色标志中心处的像素坐标，(u_2, v_2) 是绿色标志中心处的像素坐标。

根据图 4.72 可知，γ 的取值范围在 $0\sim2\pi$ 之间。故自旋角 γ 的表达式可写为

$$\begin{cases}\gamma=0 & x\text{ 轴正半轴}\\ \gamma=\gamma_0 & \text{第 1 象限}\\ \gamma=\pi/2 & y\text{ 轴正半轴}\\ \gamma=\pi-\gamma_0 & \text{第 2 象限}\\ \gamma=\pi & x\text{ 轴负半轴}\\ \gamma=\pi+\gamma_0 & \text{第 3 象限}\\ \gamma=3\pi/2 & y\text{ 轴负半轴}\\ \gamma=2\pi-\gamma_0 & \text{第 4 象限}\end{cases} \tag{4.101}$$

其中，γ_0 可由式（4.100）求得。

4.2.9 基于 OpenMV 的转子姿态检测实验

永磁球形电动机实验平台如图 4.73 所示。主要由上位机、OpenMV 摄像机、永磁球形电动机、红绿标志点模块、驱动电路以及电源组成。

OpenMV 模块由 OpenMV4 H7 摄像头构成。它是一个智能摄像头，通过 Micro Python 语言编程实现相应的逻辑功能。主处理器是 STM32H743VI ARM Cortex M7，拥有一个标准 M12 镜头底座，配置了一个能够自主拆卸的感光元件，其型号为 OV7725，能够处理 8 位分辨率

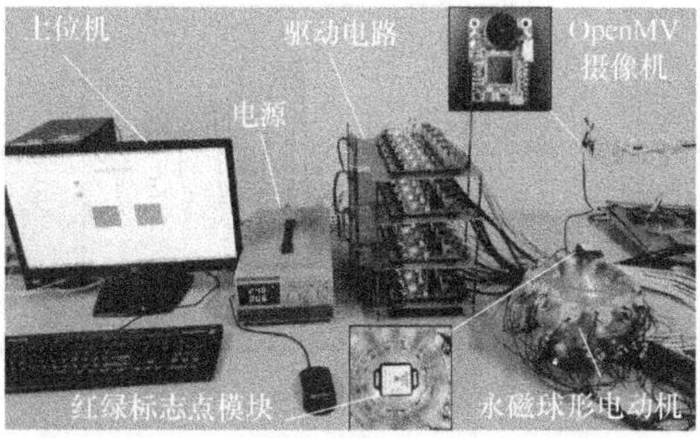

图 4.73　永磁球形电动机实验平台

为 640×480 的灰度格式图像，或者 16 位分辨率为 640×480 的 RGB565 彩色格式图像。

在初始位置时，摄像头光心和转子输出轴上的红绿标志点模块顶端之间的距离为 150mm，对 OpenMV 摄像机参数进行标定，可以得到摄像机的内部参数矩阵为

$$\boldsymbol{M}_{\mathrm{a}}=\begin{bmatrix}280.3080 & 0 & 181.1217 & 0\\ 0 & 280.4248 & 106.5465 & 0\\ 0 & 0 & 1 & 0\end{bmatrix} \tag{4.102}$$

由式（4.100）和式（4.102）可求出摄像机的像元尺寸为 10μm×10μm。

在姿态检测实验中，采用的图像分辨率为 320×240，像素模式为 RGB565 彩色格式，每个像素 16 位，帧率为 20fps 左右，其实时性可以满足要求。通过式（4.95）以及式（4.97）可知，此时可以检测的俯仰角最大值为 39.4°，满足球形电动机最大俯仰角 37.5°的要求。分别进行球形电动机转子中心自旋运动、偏航运动以及轴向俯仰运动实验，并与 MEMS 所检测的结果进行对比验证。

1. 中心自旋运动

永磁球形电动机在初始位置绕定子坐标系的 z 轴旋转时，转子坐标系的 p 轴和定子坐标系的 z 轴重合，此时输出轴顶端轨迹在理论上为一个点。在 5s 内检测的输出轴顶端运动轨迹如图 4.74 所示。

图 4.75 所示为中心自旋运动时转子姿态检测结果与 MEMS 检测结果（作为基准值）的对比。图 4.75a 为 x 轴位置的检测误差，为 −2 ~ 1.8mm；图 4.75b 为 y 轴位置的检测误差，为 −1.9 ~ 1.3mm；图 4.75c 为 z 轴位置的检测误差，为 −0.004 ~ 0.03mm。

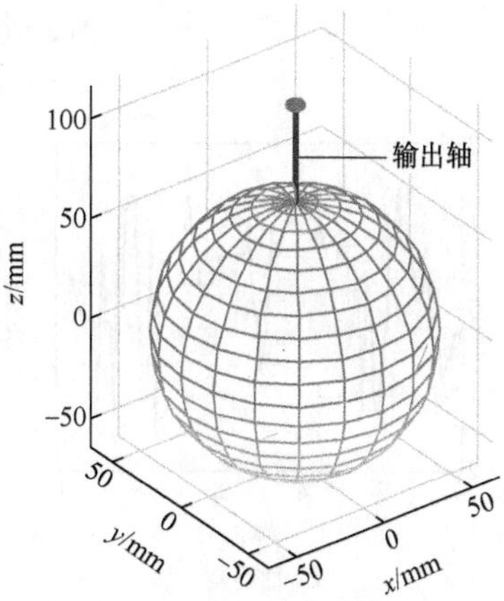

图 4.74　中心自旋运动转子输出轴顶端轨迹

2. 偏航运动

在偏航运动实验中，令转子输出轴偏离定子坐标系的 z 轴 30°，并绕 z 轴做旋转运动。此时，俯仰角 θ 为 30°保持不变，偏航角 φ 以及自旋角 γ 由 0°逐渐增加到 360°。在 10s 内检测的转子输出轴顶部轨迹如图 4.76 所示。

在偏航运动实验过程中，转子姿态检测结果与 MEMS 检测结果的对比如图 4.77 所示。图 4.77a 为 x 轴位置的检测误差，为 −1.6 ~ 1.8mm；图 4.77b 为 y 轴位置的检测误差，为 −2.2 ~ 1.5mm；图 4.77c 为 z 轴位置的检测误差，为 −0.8 ~ 1mm。

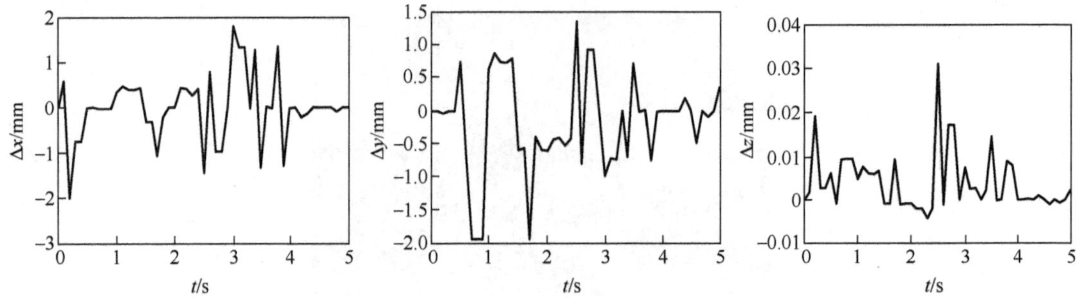

a) x轴误差　　b) y轴误差　　c) z轴误差

图 4.75　中心自旋运动转子姿态检测误差

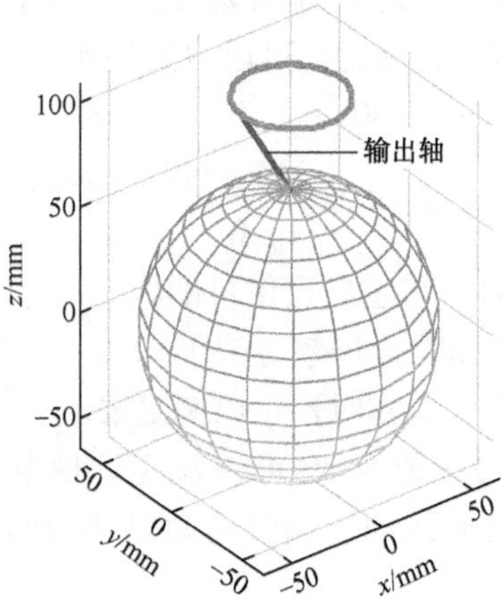

图 4.76　偏航运动的转子输出轴顶部轨迹图

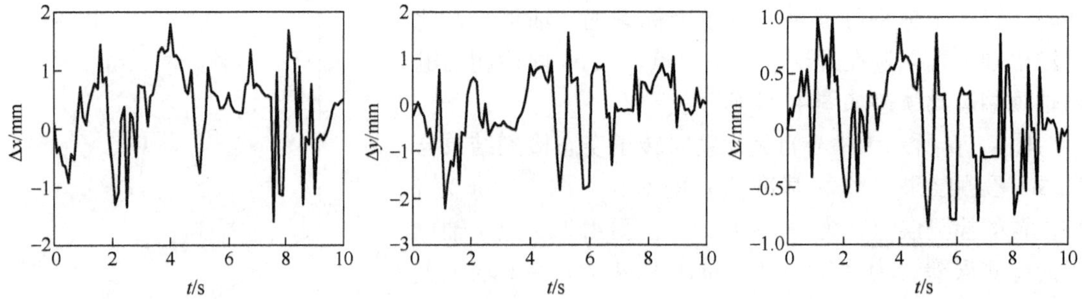

a) x轴误差　　b) y轴误差　　c) z轴误差

图 4.77　偏航运动的转子姿态检测误差

3. 轴向俯仰运动

当球形电动机的转子位于初始位置时，令球形电动机朝着 x 轴方向做轴向俯仰运动，此时转子输出轴顶部轨迹如图 4.78 所示。

在轴向俯仰运动实验过程中，转子姿态检测结果与 MEMS 检测结果的对比如图 4.79 所示。图 4.79a 为 x 轴位置的检测误差，为 $-1.8 \sim 2$mm；图 4.79b 为 y 轴位置的检测误差，为 $-0.5 \sim 0.9$mm；图 4.79c 为 z 轴位置的检测误差，为 $-0.8 \sim 0.7$mm。

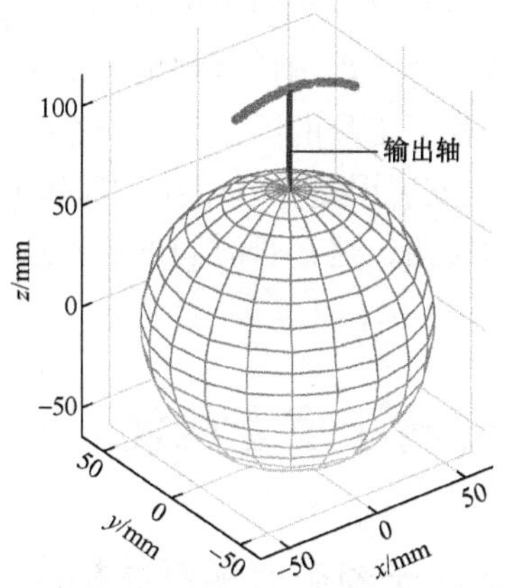

图 4.78　轴向俯仰运动的转子输出轴顶部轨迹图

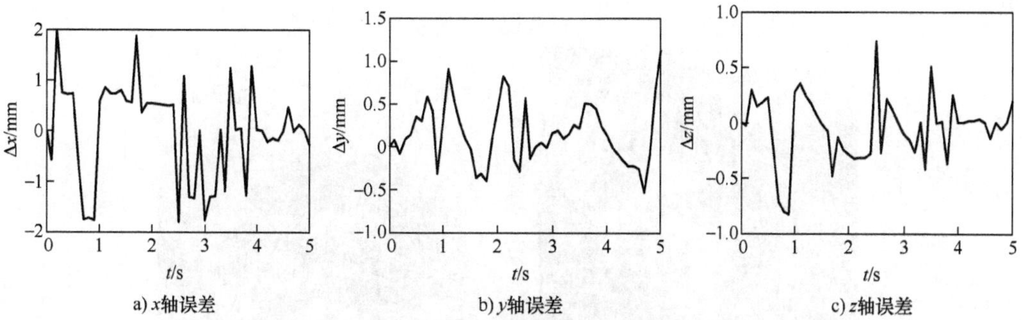

图 4.79　轴向俯仰运动的转子姿态检测误差

4.2.10　基于图像处理的转子姿态检测的优缺点

本节的 3 种方法都属于基于图像处理的转子姿态检测方法，由于是非接触式测量，对球形电动机本体的运动影响都很小。

基于光学特征点产生模块的方法，尽管 LED 光学特征点生成模块的体积很小，对球形电动机的运动产生的不利影响很小，但毕竟是在球形电动机的输出轴附加了 LED 模块，这对球形电动机输出轴带负载是不利的，并且获得姿态信息的实时性也不好，检测时延较大，这对球形电动机的闭环运动控制的实现造成障碍。基于 IFDSST 算法的转子姿态检测，除了可以将特殊图案标记在转子表面、避免输出轴额外附加模块外，IFDSST 算法也加速了转子姿态检测的实时性，对闭环控制更加有利。

但是，两种方法都使用高速摄像机进行图像采集，增加了系统成本。采用 OpenMV 就是出于降低系统成本的考虑，同时也避免了复杂的算法过程，以实现高精度、转子位置实时检测的目的。

但无论是哪种方法，与 MEMS 同时实验的数据比对，都存在一定的误差，其主要原因可能有以下 3 点：

1）基于机器视觉的方法都需要采集图像，实验环境的光照强弱会影响检测的图像数据输出噪声的大小，导致检测结果出现一定的误差。

2）摄像头本身的精度不够，能够实时处理的图像分辨率较低，这是限制检测精度的一个重要因素；另外摄像头的摆放位置会影响检测精度，摄像机的光轴应该和转子球体的球心位于同一条直线上，实验中由于检测工具的限制，可能会导致检测的结果出现误差。

3）MEMS 检测装置可能存在安装误差，且采用 MEMS 传感器检测的方法是对角速度和加速度数据进行处理从而计算欧拉角，这在长时间的检测过程中可能会形成累计误差导致最终的检测结果出现偏差。

4.3 基于光学传感器的转子姿态检测

4.3.1 基于双光学传感器的转子姿态检测系统构成

本节介绍一种基于双光学传感器的永磁球形电动机转子姿态检测方法，系统构成如图 4.80 所示。

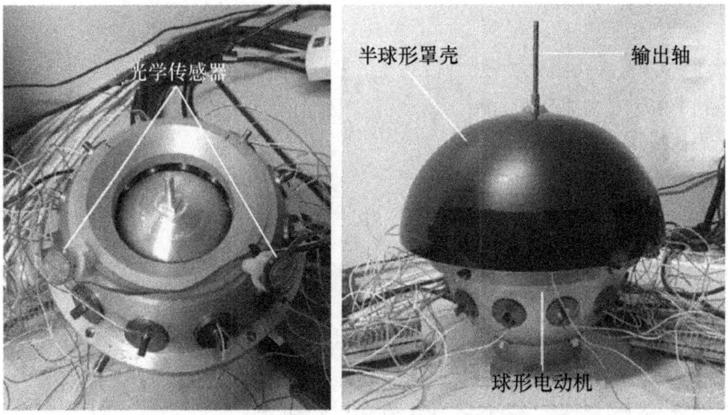

图 4.80 基于双光学传感器姿态检测系统实物图

在转子输出轴上安装半球形罩壳，半球形罩壳的圆心与球形转子的圆心重合，在定子外壳上间隔90°固定安装两个光学传感器，两个光学传感器在定子静坐标系的 xOy 面上的投影分别落在 x、y 轴上，两个光学传感器分别称为第一光学传感器和第二光学传感器。两个传感器的中心和转子体的圆心之间的连线和定子静坐标系 $O\text{-}xyz$ 的 xOy 平面之间夹角为45°。当转子以最大倾角进行运动时，也可以确保光学传感器可以检测到半球形罩壳的运动。

系统选用的是 ADNS－9800 型光学传感器，其参数特性见表 4.10。

表 4.10 ADNS－9800 型光学传感器主要技术参数

性能参数	参数值	单位
最高检测速度	150	ips
最高加速度	30	g
供电电压	3/5	V
每秒传输帧数	12000	fps
检测距离范围	1～5	mm
分辨率	8200	cpi

该传感器基于激光技术，通过获取物体表面连续的图像变化来确定物体的运动方向和移动的位移，其基本组成单元分为四部分，即激光源、光学透镜组件、光学感应器和控制芯片，它们各自的功能如下。

1）激光源：用来产生光学传感器工作时所需要的光源，其工作时所产生的激光源被分为两个部分，一部分透过光学透镜元件照射到被检测物体的表面，另一部分照射到光学感应器上，被光学感应器所接收。

2）光学透镜组件：由一个棱光镜和一个圆形透镜组合而成，激光源所发出的激光线透过棱光镜传送到被检测物体的表面，圆形透镜作用是将被激光源所照亮的物体的图像传送至传感器内部的光学感应器进行接收。

3）光学感应器：光学透镜组件所传送回的被检测物体的图像，经由光学感应器进行接收，并做出相应的处理。

4）控制芯片：用来控制和协调传感器内部各个元器件协同工作，并充当传感器与外部电子设备进行通信以及信息交换的媒介。

在上述各元件中，由激光源、光学透镜组件以及光学感应器 3 个部分组成了光学传感器的图像采集系统，光学传感器的数字信号处理系统是由控制芯片所组成，可以实现对图像采集系统所采集运动物体图像的处理。另外传感器上还集成了通信模块，用于将数字信号处理系统所处理的物体运动方向和位移数据传送到外部设备。光学传感器的感测原理示意图如图 4. 81 所示。

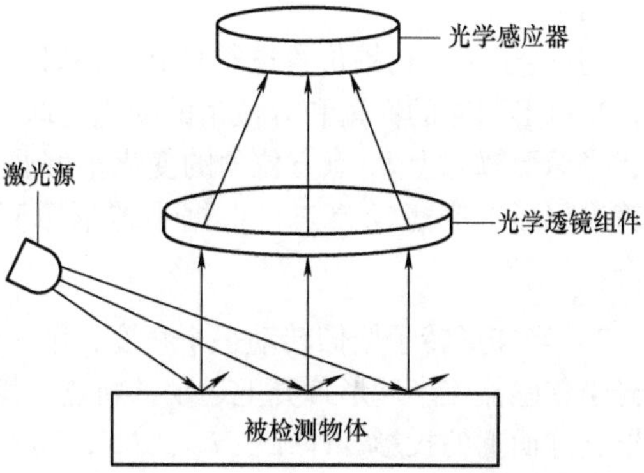

图 4. 81 光学传感器的感测原理示意图

ADNS－9800 型光学传感器通过串行外设接口（Serial Peripheral Interface，SPI）实现与外部设备的通信，即

1）NCS：片选引脚，用于开启和关断传感器，低电平有效，只有当 NCS 引脚满足低电平信号时，传感器才被开启，其余引脚才能工作。

2）SCLK：时钟输入引脚，用于为传感器提供时钟信号，时钟信号通常由主机（微控制器）提供。

3）MOSI：主机发送以及从机接收引脚。

4）MISO：从机发送以及主机接收引脚。

SPI 通信中，NCS、SCLK、MOSI 引脚都是由主机（微控制器）进行驱动控制，MISO 是由从机驱动控制。其芯片引脚如图 4. 82 所示。

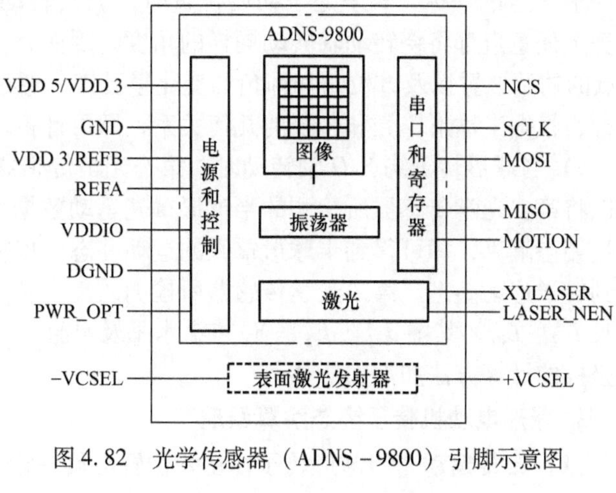

图 4. 82 光学传感器（ADNS－9800）引脚示意图

4.3.2 基于双光学传感器的转子姿态检测系统原理

1. 系统检测原理

如图 4.83 所示，C 表示半球形罩壳，U 为球形转子，半球形罩壳上有一点 P，设 P 点为待求点，球形转子上有一点 S，设 S 点是待求点，转子输出轴的初始位置定义为与定子静坐标系的 Z 轴重合，当转子位于初始位置时，第一光学传感器位于 S_1 点、第二光学传感器位于 S_2 点，S_1 点方位角为$\angle MOX$，仰角为$\angle S_1OP$，S_2 点方位角为$\angle QOX$，仰角为$\angle S_2OP$，光学传感器的放置位置决定 S_1 和 S_2 点的初始方位角和仰角。

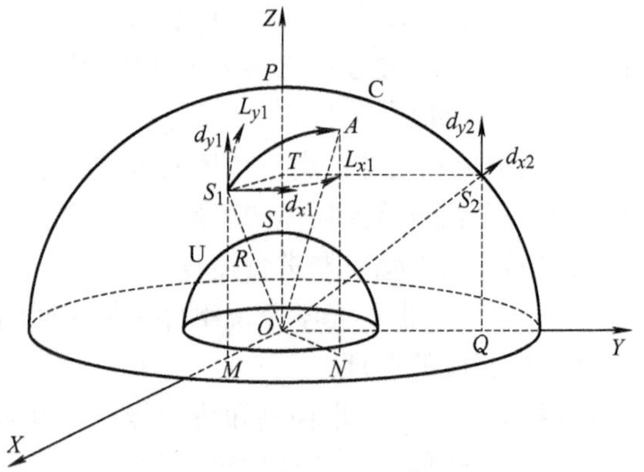

图 4.83 姿态检测原理图

1）转子位于初始位置进行自旋运动时，该过程中转子仰角不变，而转子的方位角会变化，半球形罩壳的仰角和方位角的变化与球形转子仰角和方位角的变化相同，在该运动过程中，半球形罩壳上 S_1 点方位角的变化量可通过第一光学传感器测得，根据所测得的方位角计算半球形罩壳运动姿态，根据半球形罩壳和转子的几何关系，进而可以计算转子运动姿态。

2）当球形转子俯仰转动一个角度，第一光学传感器运动的轨迹是从 S_1 点到 A 点，$\overset{\frown}{S_1A}$ 是光学传感器在半球形罩壳上运动的轨迹，第一光学传感器所测得的位移是 d_{x1}、d_{y1} 在半球形罩壳球面上的投影，即弧长 L_{x1}、L_{y1}，其中 d_{x1}、d_{y1} 是 S_1 点沿水平及竖直方向的切线，弧长分量 L_{x1} 是以输出轴上的 T 点为圆心，以长度 S_1T 为半径的弧，可通过该弧长数据计算半球形罩壳运动的方位角，弧长分量 L_{y1} 是以球形转子的球心 O 为原点，以半球形罩壳的半径 R 为半径的弧，可通过该弧长数据计算半球形罩壳运动的仰角，因此可通过 L_{x1}、L_{y1} 计算半球形罩壳的方位角和仰角的变化。

在半球形罩壳上 S_1 点的方位角和仰角的变化量确定后，可通过如下的方法计算半球形罩壳上 P 点的坐标：转子处于初始位置时，当其转动一个角度后，除转动轴以外，半球形罩壳上任意点都将绕转动轴转动同样的角度，因而 P 点和 S_1 点方位角和仰角的变化量相同，P 点的初始位置以及方位角和仰角的变化量已知，通过姿态解算即可得到 P 点运动后的姿态坐标，根据半球形罩壳和转子的几何关系，即可计算球形转子上待求点 S 的姿态坐标。

3）当球形转子绕 S_1O 轴转动时，第一光学传感器无法检测半球形罩壳运动数据，此时可以将第二光学传感器所检测的半球形罩壳运动数据用于计算半球形罩壳的方位角及仰角，通过姿态解算，即可得到半球形罩壳的运动姿态，根据半球形罩壳和转子的几何关系，即可得到转子运动姿态。第二光学传感器所检测的量为 d_{x2}、d_{y2} 在半球形罩壳球面上的投影，即弧长 L_{x2}、L_{y2}，其中 d_{x2}、d_{y2} 是 S_2 点沿水平及竖直方向的切线，这种情况下，P 点及 S 点姿态坐标的计算方法如前面所述。

2. 球形电动机转子姿态解算原理

（1）自旋运动 当球形转子在初始位置自旋一个角度时，设弧长分量 L_{x1} 的值为正，弧

长分量 L_{y1} 的值为零，该运动过程中半球形罩壳的仰角不变，可以用 S_1 点的方位角来表示半球形罩壳自旋的角度，其初始方位角及仰角分别为：$\angle MOX_0$、$\angle S_1OP_0$，S_1 点运动后的方位角及仰角表述为

$$\angle MOX_{S_1} = \angle MOX_0 - \frac{L_{x1}}{R/\sqrt{2}} \frac{180°}{\pi}$$

$$\angle S_1OP_{S_1} = \angle S_1OP_0$$

球坐标（r，θ，φ）可以转换为对应的直角坐标（x，y，z），它们之间进行转换的关系为

$$\begin{cases} x = r\sin\theta\cos\varphi \\ y = r\sin\theta\sin\varphi \\ z = r\cos\theta \end{cases} \tag{4.103}$$

因此，根据式（4.103）可得，S_1 点在三维空间的坐标为

$$\begin{cases} S_{1X} = R\sin(\angle S_1OP_{S_1})\cos(\angle MOX_{S_1}) \\ S_{1Y} = R\sin(\angle S_1OP_{S_1})\sin(\angle MOX_{S_1}) \\ S_{1Z} = R\cos(\angle S_1OP_{S_1}) \end{cases} \tag{4.104}$$

（2）轴向俯仰运动　当球形转子轴向俯仰转动一个角度时，半球形罩壳上 S_1 点方位角及仰角计算方法如下：

S_1 点初始方位角为 $\angle MOX_0$，初始仰角为 $\angle S_1OP_0$。在转子运动过程中，S_1 点方位角及仰角的变化量分别为

$$\angle MOX_{S_1} = \frac{L_{x1}}{R/\sqrt{2}} \frac{180°}{\pi}$$

$$\angle S_1OP_{S_1} = \frac{L_{y1}}{R} \frac{180°}{\pi}$$

以 S_1 为参考点，传感器向 d_{x1}、d_{y1} 方向移动检测位移量为正，反之则为负。

俯仰运动过程中球形转子的位置可以用球形转子上的 S 点来表征，由于半球形罩壳圆心与转子圆心重合，因此只需计算 P 点的运动轨迹，即可求出转子上 S 点运动轨迹，而 P 点的方位角及仰角的变化量为

$$\angle MOX_P = \frac{L_{x1}}{R/\sqrt{2}} \frac{180°}{\pi}$$

$$\angle S_1OP_P = \frac{L_{y1}}{R} \frac{180°}{\pi}$$

因此，当球形转子运动后，关于半球形罩壳上的 P 点在三维空间的坐标计算方法如下：

1）当光学传感器检测弧长分量 L_{x1}、L_{y1} 值均为正时，P 点在定子静坐标系 XOY 面上的投影在 X 轴正半轴、Y 轴负半轴。P 点方位角为 $270° + \angle MOX_P$，仰角为 $\angle S_1OP_P$，根据式（4.103）可得，P 点在三维空间的坐标为

$$\begin{cases} P_X = R\sin(\angle S_1OP_P)\cos(\angle MOX_P) \\ P_Y = -R\sin(\angle S_1OP_P)\sin(\angle MOX_P) \\ P_Z = R\cos(\angle S_1OP_P) \end{cases} \tag{4.105}$$

2）当光学传感器检测弧长分量 L_{x1}、L_{y1} 值均为负时，P 点在定子静坐标系 XOY 面上投影在 X 轴负半轴、Y 轴正半轴。P 点方位角为$90° + \angle - MOX_P$，仰角为 $\angle - S_1OP_P$，根据式（4.103）可得，P 点在三维空间的坐标为

$$\begin{cases} P_X = R\sin(\angle S_1OP_P)\cos(\angle MOX_P) \\ P_Y = R\sin(\angle S_1OP_P)\sin(\angle MOX_P) \\ P_Z = -R\cos(\angle S_1OP_P) \end{cases} \tag{4.106}$$

3）当光学传感器检测弧长分量 L_{x1} 值为负、L_{y1} 值为正时，P 点在定子静坐标系 XOY 面上投影在 X 轴和 Y 轴的正半轴。P 点方位角为$\angle - MOX_P$，仰角为$\angle S_1OP_P$，根据式（4.103）可得，P 点在三维空间的坐标为

$$\begin{cases} P_X = R\sin(\angle S_1OP_P)\cos(\angle MOX_P) \\ P_Y = -R\sin(\angle S_1OP_P)\sin(\angle MOX_P) \\ P_Z = R\cos(\angle S_1OP_P) \end{cases} \tag{4.107}$$

4）当光学传感器检测弧长分量 L_{x1} 值为正、L_{y1} 为负时，P 点在定子静坐标系 XOY 面上投影在 X 轴和 Y 轴的负半轴。P 点方位角为 $180° + \angle MOX_P$，俯仰角为 $\angle - S_1OP_P$，根据式（4.103）可得，P 点在三维空间的坐标为

$$\begin{cases} P_X = R\sin(\angle S_1OP_P)\cos(\angle MOX_P) \\ P_Y = R\sin(\angle S_1OP_P)\sin(\angle MOX_P) \\ P_Z = R\cos(\angle S_1OP_P) \end{cases} \tag{4.108}$$

（3）特殊运动情况 1 当转子输出轴的运动轨迹在定子静坐标系 XOZ 平面时，第一光学传感器所检测的半球形罩壳的运动轨迹是以 Y 轴为旋转轴，以 R 为半径的圆，此时 L_{x1}、L_{y2} 弧长分量为零，只有 L_{y1}、L_{x2} 方向有弧长分量，此时半球形罩壳上 P 点姿态计算方法如下：

1）当光学传感器检测的弧长分量 L_{y1} 的值为正时，表示转子输出轴偏向 X 轴正半轴，此时半球形罩壳上 P 点仰角的变化量为$\dfrac{L_{y1}}{R}\dfrac{180°}{\pi}$，根据式（4.103）可得，$P$ 点在三维空间的坐标为

$$\begin{cases} P_X = R\sin\left(\dfrac{L_{y1}}{R}\dfrac{180°}{\pi}\right) \\ P_Y = 0 \\ P_Z = R\cos\left(\dfrac{L_{y1}}{R}\dfrac{180°}{\pi}\right) \end{cases} \tag{4.109}$$

2）当光学传感器检测的弧长分量 L_{y1} 的值为负时，表示转子输出轴偏向 X 轴负半轴，此时半球形罩壳上 P 点仰角的变化量为$\dfrac{-L_{y1}}{R}\dfrac{180°}{\pi}$，根据式（4.103）可得，$P$ 点在三维空间的坐标为

$$\begin{cases} P_X = R\sin\left(\dfrac{-L_{y1}}{R}\dfrac{180°}{\pi}\right) \\ P_Y = 0 \\ P_Z = R\cos\left(\dfrac{-L_{y1}}{R}\dfrac{180°}{\pi}\right) \end{cases} \tag{4.110}$$

（4）特殊运动情况 2　当转子输出轴轨迹在定子静坐标系 YOZ 平面时，第二光学传感器检测的半球形罩壳运动轨迹是以 X 轴为旋转轴，以 R 为半径的圆，此时 L_{y1}，L_{x2} 弧长分量为零，光学传感器检测的只有 L_{x1}，L_{y2} 方向的弧长分量，此时半球形罩壳上 P 点姿态计算方法如下：

1）当光学传感器检测的弧长分量 L_{y2} 的值为正时，表示转子输出轴偏向 Y 轴正半轴，此时半球形罩壳上 P 点仰角的变化量为$\frac{L_{y2}}{R}\frac{180°}{\pi}$，根据式（4.103）可得，$P$ 点在三维空间的坐标为

$$\begin{cases} P_X = 0 \\ P_Y = R\sin\left(\frac{L_{y2}}{R}\frac{180°}{\pi}\right) \\ P_Z = R\cos\left(\frac{L_{y2}}{R}\frac{180°}{\pi}\right) \end{cases} \tag{4.111}$$

2）当光学传感器检测的弧长分量 L_{y2} 的值为负时，表示转子输出轴偏向 Y 轴负半轴，半球形罩壳上 P 点的仰角变化量为$\frac{-L_{y2}}{R}\frac{180°}{\pi}$，根据式（4.103）可得，$P$ 点在三维空间的坐标为

$$\begin{cases} P_X = 0 \\ P_Y = R\sin\left(\frac{-L_{y2}}{R}\frac{180°}{\pi}\right) \\ P_Z = R\cos\left(\frac{-L_{y2}}{R}\frac{180°}{\pi}\right) \end{cases} \tag{4.112}$$

综上所述，球形转子上待求点 S 的三维空间坐标计算方法如下：

根据半球形罩壳半径 R、球形转子半径 r，令 $r = kR$，其中 k 是比例系数，因此转子上 S 点的姿态坐标为

$$\begin{cases} S_X = kP_X \\ S_Y = kP_Y \\ S_Z = kP_Z \end{cases} \tag{4.113}$$

4.3.3　基于双光学传感器的转子姿态检测实验

为了验证该转子姿态检测方法的有效性，搭建了如图 4.84 所示的实验平台，该平台由永磁球形电动机、半球形罩壳、控制电路、驱动电路、电源、基于光学传感器的硬件检测电路、STM32F4 开发板及上位机等构成。光学传感器用来检测半球形罩壳的位移数据，STM32F4 开发板用来接收光学传感器采集的半球形罩壳的位移数据并将其发送给上位机，上位机用来接收 STM32F4 开发板发送的数据并对其进行处理操作。为了获取对比实验数据，将 MEMS 传感器固定在转子输出轴上。控制电路实现对球形电动机定子线圈通电方式的控制，驱动电路用来给定子线圈施加电流，用以驱动转子实现自旋、俯仰等运动，电源模块用于给驱动电路以及球形电动机提供电源。

对比实验中，误差计算公式定义为

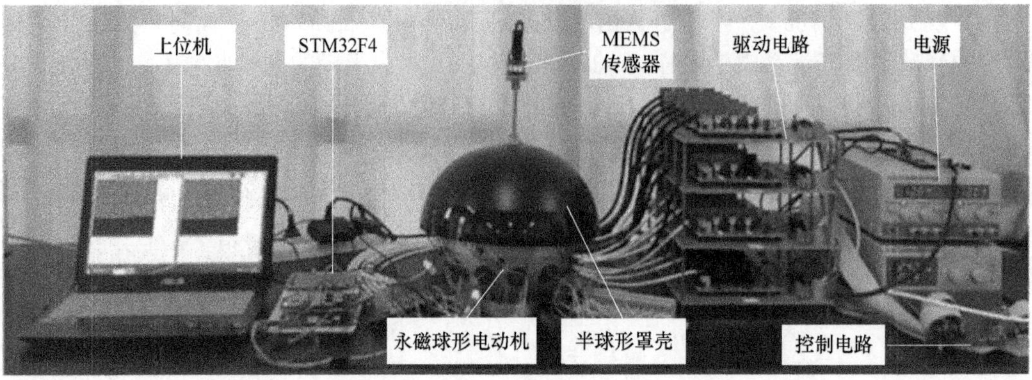

图 4.84 基于双光学传感器的转子姿态检测系统实验平台

$$\begin{cases} \text{error}_{X3} = X_1 - X_2 \\ \text{error}_{Y3} = Y_1 - Y_2 \\ \text{error}_{Z3} = Z_1 - Z_2 \end{cases} \tag{4.114}$$

其中，X_1、Y_1、Z_1 是基于光学传感器的姿态检测方法计算出的转子姿态坐标分量，X_2、Y_2、Z_2 是基于 MEMS 传感器姿态检测方法计算出的转子姿态坐标分量。

1. 中心点自旋运动

在该实验中，给定子线圈施加电流，转子完成自旋运动两周，实验时间持续 8s，如图 4.85 所示，箭头表示转子旋转方向。在实际实验过程中，转子受重力、电磁力等因素的影响，转子输出轴并不是严格的在中心点进行自旋运动，半球形罩壳上的 P 点偏离 Z 轴约 5mm。

图 4.85 中心点自旋运动实验

将光学传感器以及 MEMS 传感器采集到的转子运动数据用上位机进行接收，用转子姿态解算程序对所采集到的转子运动数据进行处理和计算，最终得到转子上 S 点在该实验过程中的运动轨迹，将该轨迹在三维球坐标上画出，如图 4.86、图 4.87 所示。

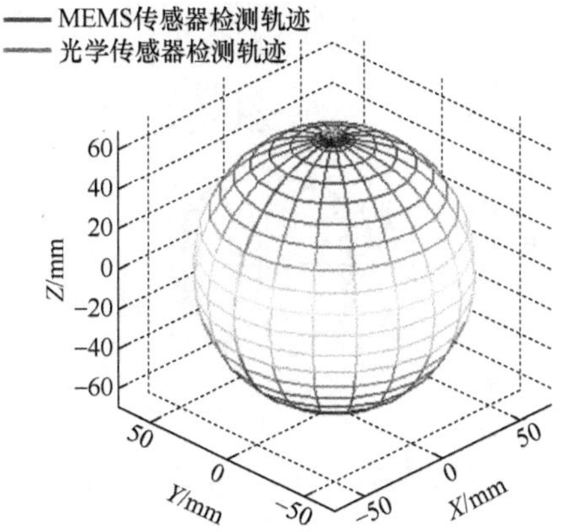

图 4.86　中心点自旋运动对比实验 S 点的运动轨迹（主视图）

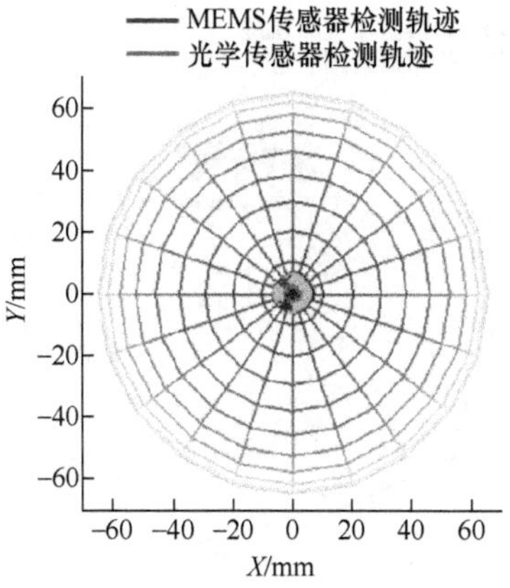

图 4.87　中心点自旋运动对比实验 S 点的运动轨迹（俯视图）

两种姿态检测方法的误差曲线如图 4.88 所示。从误差曲线图可以看出，Z 轴误差在 0 附近波动，相较于 X、Y 要小得多，X 轴正反向误差在 −4 ~ 4mm，Y 轴正反向误差在 −3 ~ 3.8mm，因此该实验最大误差范围在 −4 ~ 4mm 区间。

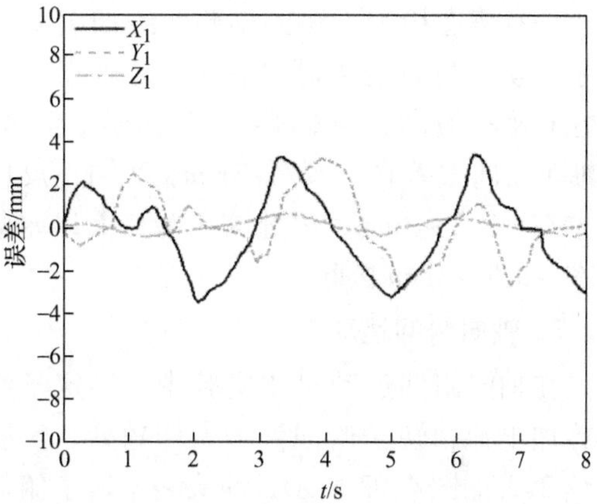

图 4.88　中心点自旋运动对比实验误差曲线图

2. 偏航运动

偏航本质上属于自旋运动的一种，因此其姿态解算方法可以参考中心点自旋运动。转子在最大仰角下，绕定子静坐标系的 OZ 轴旋转，在对比实验中，给定子线圈施加电流，转子绕定子静坐标系 OZ 轴旋转两周，实验时间持续 8s，如图 4.89 所示，箭头表示转子旋转方向，旋转中心表示定子坐标系 OZ 轴所在的位置。

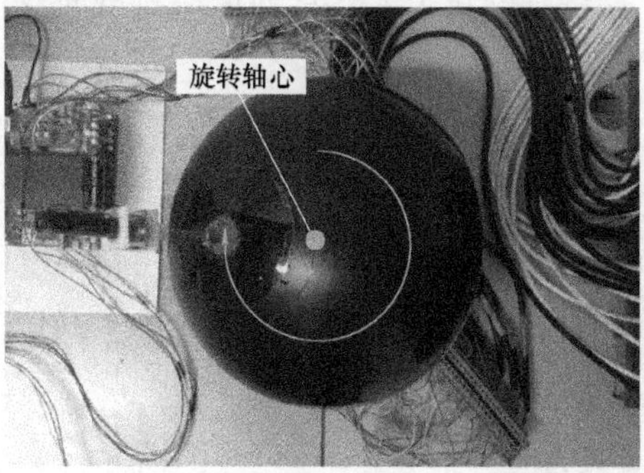

图 4.89　边缘自旋运动实验

将光学传感器以及 MEMS 传感器采集的转子运动数据用上位机进行接收，并用相应的姿态解算程序对数据进行处理，得到对比实验中两种姿态检测方法计算得到的转子上 S 点的运动轨迹曲线，分别将两条轨迹曲线在三维球坐标上画出，如图 4.90、图 4.91 所示。

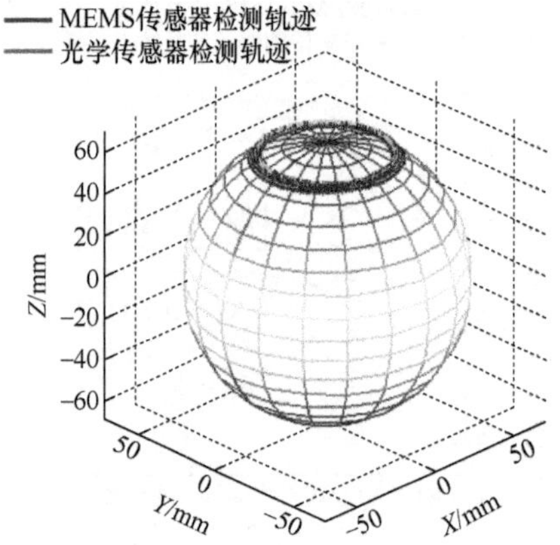

图 4.90　边缘自旋运动对比实验 S 点的运动轨迹（主视图）

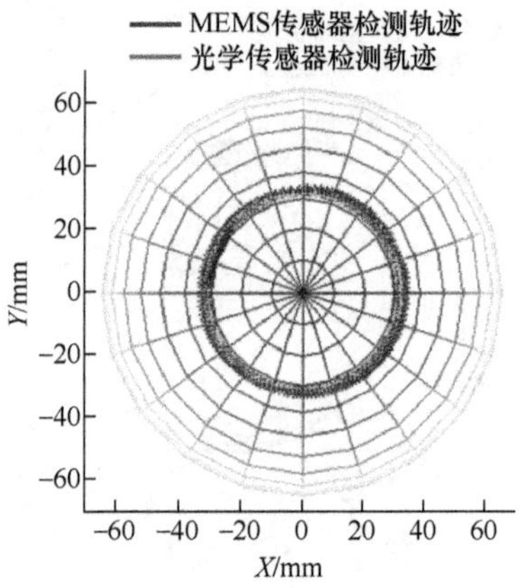

图 4.91　边缘自旋运动对比实验 S 点的运动轨迹（俯视图）

两种姿态检测方法的误差曲线如图 4.92 所示。从误差曲线图可以看出，Z 轴误差稳定在 0 附近波动，相对于 X、Y 轴要小得多，X 轴正反向误差在 -3.7 ~ 3mm，Y 轴正反向误差在 -2.2 ~ 3mm，因此该实验最大误差范围在 -3.7 ~ 3mm 区间。

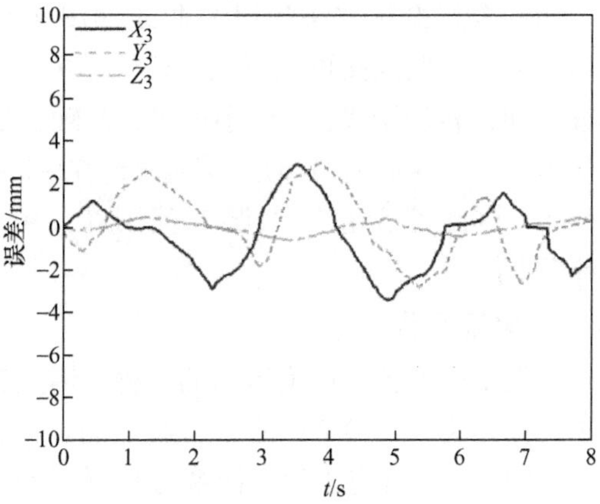

图 4.92　边缘自旋运动对比实验误差曲线图

3. 轴向俯仰运动

在轴向俯仰运动对比实验中，给定子线圈施加电流，转子俯仰到最大仰角处，实验持续 2s，如图 4.93 所示，箭头表示转子俯仰运动的方向。

将基于光学传感器以及 MEMS 传感器采集的转子运动数据用上位机进行接收，并用相应的姿态解算程序对数据进行处理，得到对比实验中两种姿态检测方法计算得到的转子上 S 点的运动轨迹曲线，分别将两条轨迹曲线在三维球坐标上画出，如图 4.94 所示。

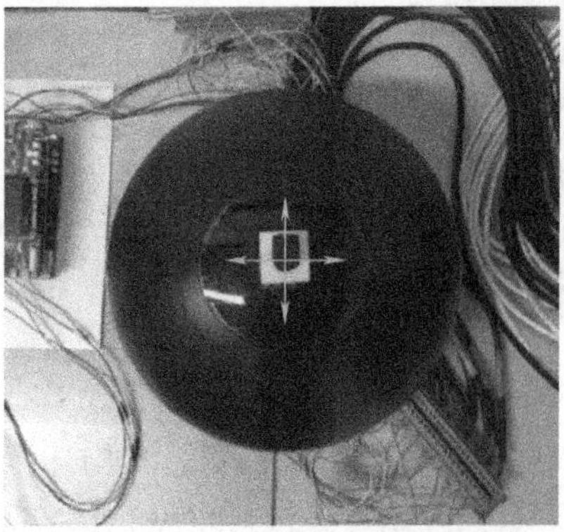

图 4.93　轴向俯仰运动实验

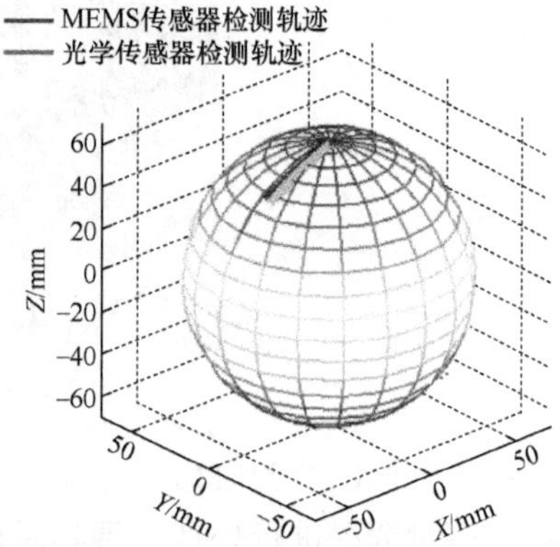

图 4.94　轴向俯仰运动对比实验 S 点的运动轨迹

两种姿态检测方法的误差曲线如图 4.95 所示。从误差曲线图可以看出，Z 轴误差范围在 $-0.5 \sim 1$mm 之间，相对于 X、Y 轴要小，X 轴正反向误差在 $-3 \sim 2$mm，Y 轴正反向误差在 $-3.2 \sim 1.8$mm，因此该实验最大误差范围在 $-3.2 \sim 2$mm 区间。

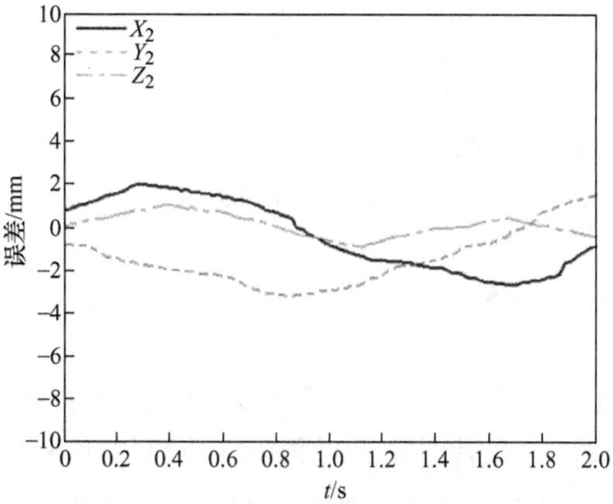

图 4.95　轴向俯仰运动对比实验误差曲线图

4.3.4　基于单光学传感器的转子姿态检测方法

1. 基本原理

实际上，球形电动机的转子是一个刚体，描述这个刚体的三维旋转运动，可以用更少的光学传感器实现。

通常采用欧拉角、旋转矩阵或者四元数的方法描述刚体的三维运动。欧拉角是刚体姿态描述的一组最小实现，但是它需要进行的三角运算量很大，不能满足一些应用场合对于实时性的高要求；旋转矩阵和四元数的方法对欧拉角方法的不足进行了弥补，但是旋转矩阵的方法存在的约束条件太多，对于计算效率的问题难以从根本上解决；而四元数法存在非最小实现的缺陷，使得其应用效果在一定程度上受到了制约。

1840 年，法国数学家 Rodrigues 提出了用于描述刚体定点运转的 Rodrigues 参数。Rodrigues 参数既满足了刚体姿态运动描述的最小实现，又具有高计算速度，同时具备物理上的可靠性与数学计算上的优势。其缺陷是在等效旋转角逐渐接近 ±180°时会产生奇异，所以它对于一般姿态运动的描述是不适用的。但对于永磁球形电动机的位置检测来说，旋转角度的范围一般小于 ±180°，用 Rodrigues 参数来描述是合适的。

一个向量与旋转矩阵相乘和向量经过某种方式旋转是等价的。向量的旋转既可以通过旋转矩来描述，也可以通过旋转向量来描述。从欧拉的旋转理论中得知：任何旋转都可以被表示为绕某些旋转轴的单次旋转运动，该旋转轴是在旋转过程中唯一恒定的向量，相对应的旋转角的大小也是唯一的，其正负根据旋转轴的正负而定。

如图 4.96 所示，该旋转轴可以被表示为一个三维向量 $\boldsymbol{e}$，旋转角表示为标量 θ。由于旋转轴被标准化，它仅有两个自由度。刚体的旋转所增加的第三个自由度是旋转角。我们希望用一个旋转向量来表示旋转，它是一个非标准化的三维向量，其方向由旋转轴而定，其长度为 θ，则

$$\boldsymbol{v}=\theta\boldsymbol{e} \tag{4.115}$$

假设 $\boldsymbol{R}$ 为具有三自由度的三阶正交旋转矩阵。$\boldsymbol{S}$ 是一个三阶对称矩阵，有

$$\boldsymbol{S}=\begin{pmatrix}0 & -c & -b\\ c & 0 & -a\\ b & a & 0\end{pmatrix} \tag{4.116}$$

式中，a、b、c 为 3 个独立的未知数。

因此，$\boldsymbol{R}$ 可以看作一个由矩阵 $\boldsymbol{S}$ 建立的 Rodrigues 矩阵，有

$$\boldsymbol{R}=(\boldsymbol{I}+\boldsymbol{S})(\boldsymbol{I}-\boldsymbol{S})^{-1} \tag{4.117}$$

式中，$\boldsymbol{I}$ 为三阶单位矩阵。

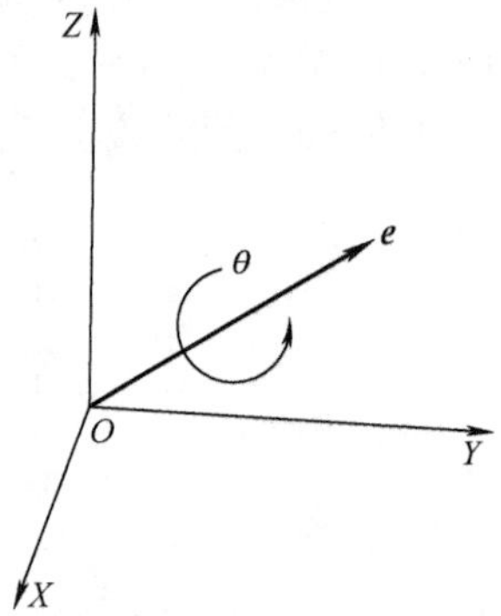

图 4.96　三维旋转运动的向量表示

如图 4.97 所示，在电动机球体上建立一个坐标系，以转子中心为坐标原点。为了使运算过程简化，设定球半径为 1。在转子旋转过程中，传感器从 S 点移动到 S_1 点，传感器的位置向量表示为$\overrightarrow{SS_1}$，传感器在转子表面检测到的两自由度位移量分别为 dx、dy。

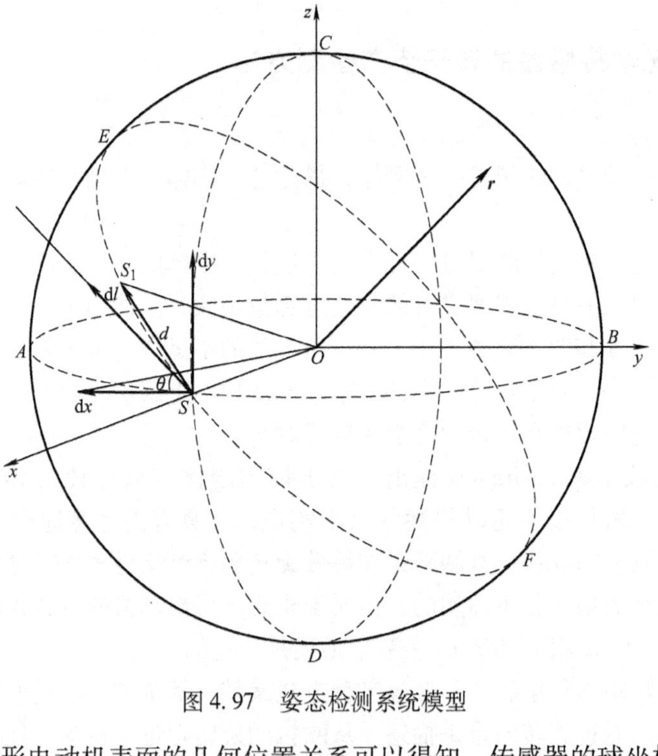

图 4.97　姿态检测系统模型

从传感器在球形电动机表面的几何位置关系可以得知，传感器的球坐标为

$$X=\cos\sqrt{d_x^2+d_y^2} \tag{4.118}$$

$$Y=\frac{d_x}{\sqrt{d_x^2+d_y^2}}\sin\sqrt{d_x^2+d_y^2} \tag{4.119}$$

$$Z=\frac{d_y}{\sqrt{d_x^2+d_y^2}}\sin\sqrt{d_x^2+d_y^2} \tag{4.120}$$

转子的三自由度旋转运动可以看作以向量 $\boldsymbol{r}$ 为旋转轴的单次旋转。$\boldsymbol{r}=(r_x, r_y, r_z)$ 是唯一确定的。旋转角表示为 θ。旋转向量的长度（模）表示成向量绕轴逆时针转动的角度（弧度）。这里，旋转向量可以通过罗德里格斯（Rodrigues）变换转化为旋转矩阵。

$$norm(\boldsymbol{r})\to\theta \tag{4.121}$$

$$\boldsymbol{r}/\theta\to\boldsymbol{e} \tag{4.122}$$

$$\boldsymbol{R}=\boldsymbol{I}\cos\theta+(1-\cos\theta)\boldsymbol{e}\boldsymbol{e}^{\mathrm{T}}+\sin\theta\begin{bmatrix}0 & -e_z & e_y\\ e_z & 0 & -e_x\\ -e_y & e_x & 0\end{bmatrix} \tag{4.123}$$

其中，向量 $\boldsymbol{e}$ 是向量 $\boldsymbol{r}$ 的单位向量。根据 Rodrigues 变换原理，向量 $\boldsymbol{r}$ 可以转化为旋转矩阵 $\boldsymbol{R}$，矩阵 $\boldsymbol{R}$ 可以转化为相应的欧拉角，即

$$\boldsymbol{R}=\begin{bmatrix}\cos\beta\cos\gamma & -\cos\beta\sin\gamma & \sin\beta\\ \cos\alpha\sin\gamma+\sin\alpha\sin\beta\cos\gamma & \cos\alpha\cos\gamma-\sin\alpha\sin\beta\sin\gamma & -\sin\alpha\cos\beta\\ \sin\alpha\sin\gamma-\cos\alpha\sin\beta\cos\gamma & \sin\alpha\cos\gamma+\cos\alpha\sin\beta\sin\gamma & \cos\alpha\cos\beta\end{bmatrix} \tag{4.124}$$

2. 与双光学传感器检测方法的仿真比较

对基于单个传感器的转子位置测量方法进行仿真，其算法流程图如图 4.98 所示。表4.11所示为当传感器输出为 $d_x=0.5$、$d_y=0.5$ 时的仿真结果，其中 X、Y、Z 为传感器的球面坐标，α、β、γ 表明转子的位置，用欧拉角表示。

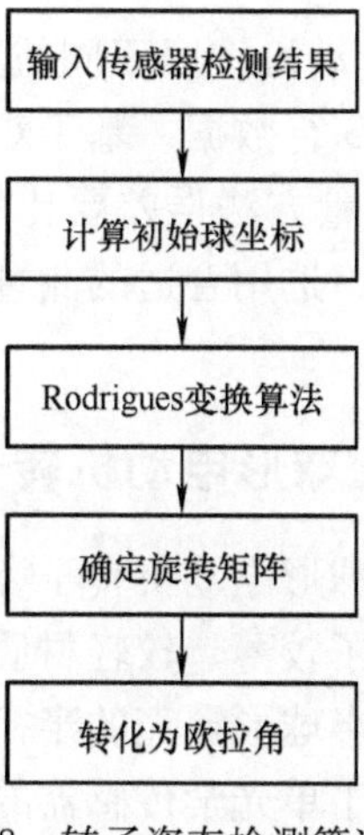

图 4.98 转子姿态检测算法流程

表 4.11 转子姿态仿真结果

参数	值
X	0.7602
Y	0.4594
Z	0.4594
α/（°）	7.7563
β/（°）	27.3460
γ/（°）	31.1416

选择在MATLAB软件对基于双光学传感器和单光学传感器的两种球形电动机转子姿态检测方法进行仿真，表4.12给出了当球形电动机转子根据指定的不同轨迹运动时，两种不同的转子位置测量方法的仿真结果，并分别计算出在双传感器测量和单传感器测量时的旋转角度的误差情况。

表4.12 不同轨迹运动仿真结果比较

(α, β, γ)	旋转角（实际值）/(°)	旋转角（基于单传感器测量值）/(°)	误差（基于单传感器）(%)	旋转角（基于双传感器测量值）/(°)	误差（基于双传感器）(%)
(0.2874, 5.7200, 5.7487)	9.0703	8.1028	10.67	8.9499	1.33
(0.5734, 5.6913, 11.4972)	13.4642	12.8117	4.85	13.1670	2.21
(0.8565, 5.6437, 17.2452)	18.6090	18.1185	2.64	18.1786	2.31
(1.1352, 5.5774, 22.9926)	24.0266	23.6237	1.68	23.5148	2.13
(1.4082, 5.4929, 28.7390)	29.5669	29.2152	1.19	29.0213	1.84
(1.6742, 5.3907, 34.4845)	35.1713	34.8517	0.91	34.6320	1.53
(1.9317, 5.2713, 40.2286)	40.8130	40.5142	0.73	40.3089	1.24
(2.1796, 5.1356, 45.9714)	46.4778	46.1933	0.61	46.0259	0.97
(2.4167, 4.9843, 51.7127)	52.1577	51.8835	0.53	51.7632	0.76

从表4.12中可以看出，当球形电动机按照不同轨迹运行时，两种测量方法都存在测量误差。当旋转角度较小时，如表中前3行数据，基于双传感器的测量方法误差较小；但随着旋转角度的增大，基于单传感器的测量方法误差要比基于双传感器的测量方法误差小。因此，针对球形电动机的不同运动要求，选用合适的测量方法，使测量误差减小，可以提高姿态检测的精确度。

4.3.5 基于三光学传感器的永磁球形电动机转子姿态检测系统

前述的基于双光学传感器的永磁球形电动机转子姿态检测方法，需要在输出轴上固定放置半球形罩壳，虽然半球形罩壳选用了较薄、较轻材质，但仍具有一定的重量，这影响球形电动机转子转矩的输出。同时，由于半球形罩壳的半径要大于定子外壳的外径，这使得检测装置体积较大，不利于实际应用。基于单光学传感器的方法如果要实际实现，也存在类似的问题。鉴于上述原因，提出了一种基于三光学传感器的永磁球形电动机转子姿态检测方法，本方法通过光学传感器直接检测球形转子的运动信息，具有一定的实用性。

1. 基于三光学传感器的转子姿态检测系统构成

如图4.99所示，用3D打印支架将3个光学传感器 S_1、S_2、S_3 固定在定子外壳上，其中传感器 S_1 在定子静坐标系的 XOY 平面的投影落在 X 轴上，S_2、S_3 传感器分别与传感器 S_1 间隔120°，为实现非接触式姿态检测，光学传感器光学透镜组的外表面与球形转子的外表面距离1mm左右，并使球形转子外表面与光学传感器的光学透镜组件外表面相切。

2. 基于三光学传感器的转子姿态检测系统原理

如图4.100所示，$O-XYZ$ 表示定子静坐标系，C表示球形转子，点 S_1、S_2、S_3 表示3

个光学传感器在转子球面上所处的位置，S_1 点在转子赤道平面的投影在 X 轴上，S_1、S_2、S_3 之间互成 120°，它们的球坐标由光学传感器所在的实际位置确定。$\boldsymbol{P}_1$、$\boldsymbol{P}_2$、$\boldsymbol{P}_3$ 分别表示 S_1、S_2、S_3 所在的位置向量，它们的坐标可以通过光学传感器的实际位置进行计算得到。

$\boldsymbol{x}_i$、$\boldsymbol{y}_i(i=1,2,3)$ 是 3 个光学传感器的感测方向，$\boldsymbol{x}_i$ 与 $\boldsymbol{y}_i$ 相互垂直，且 $\boldsymbol{x}_i$、$\boldsymbol{y}_i$ 分别与 $\boldsymbol{P}_i(i=1,2,3)$ 垂直。S_1、S_2、S_3 采集到球形转子表面的速度大小为 v_{xi}、$v_{yi}(i=1,2,3)$，它们是沿着 x_i、y_i 方向的速度分量，x_i、y_i 的向量坐标由它们所在的空间位置计算得到。

图 4.99　基于三光学传感器的转子姿态检测系统构成

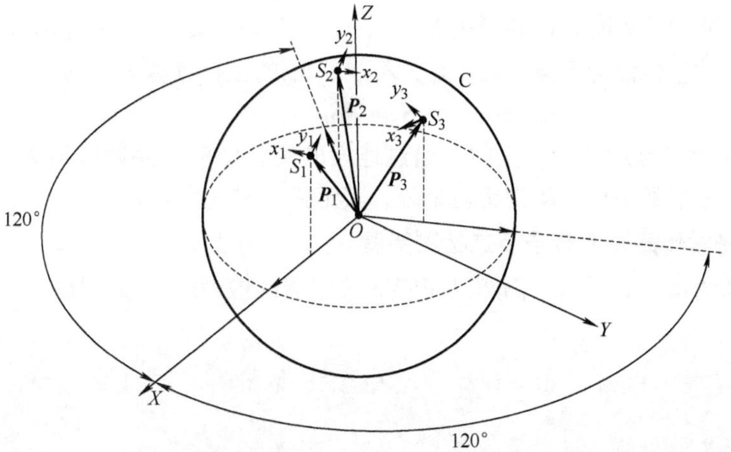

图 4.100　基于三光学传感器的转子姿态检测原理图

光学传感器采集到的转子表面的速度 v_{xi}、v_{yi} 与转子运动的角速度 $\boldsymbol{\omega}$ 之间的关系可以表述为

$$\begin{cases} v_{xi} = \boldsymbol{\omega} \cdot (\boldsymbol{P}_i \times \boldsymbol{x}_i) \\ v_{yi} = \boldsymbol{\omega} \cdot (\boldsymbol{P}_i \times \boldsymbol{y}_i) \end{cases} \tag{4.125}$$

令

$$\boldsymbol{M} = \begin{bmatrix} \boldsymbol{P}_1 \times x_1 \\ \boldsymbol{P}_1 \times y_1 \\ \boldsymbol{P}_2 \times x_2 \\ \boldsymbol{P}_2 \times y_2 \\ \boldsymbol{P}_3 \times x_3 \\ \boldsymbol{P}_3 \times y_3 \end{bmatrix}, \boldsymbol{v} = \begin{bmatrix} v_{x1} \\ v_{y1} \\ v_{x2} \\ v_{y2} \\ v_{x3} \\ v_{y3} \end{bmatrix}, \boldsymbol{\omega} = \begin{bmatrix} \boldsymbol{\omega}_x \\ \boldsymbol{\omega}_y \\ \boldsymbol{\omega}_z \end{bmatrix} \tag{4.126}$$

由式（4.125）可以得到 $\boldsymbol{v}=\boldsymbol{M\omega}$，$\boldsymbol{\omega}=\boldsymbol{M}^{+}\boldsymbol{v}$，其中 $\boldsymbol{M}^{+}$ 是矩阵 $\boldsymbol{M}$ 的广义逆矩阵，$\boldsymbol{M}$ 矩阵的广义逆矩阵计算方法为 $\boldsymbol{M}^{+}=(\boldsymbol{M}^{\mathrm{T}}\boldsymbol{M})^{-1}\boldsymbol{M}^{\mathrm{T}}$，因此结合式（4.125）和式（4.126）可得

$$\begin{bmatrix}\boldsymbol{\omega}_x\\ \boldsymbol{\omega}_y\\ \boldsymbol{\omega}_z\end{bmatrix}=(\boldsymbol{M}^{\mathrm{T}}\boldsymbol{M})^{-1}\boldsymbol{M}^{\mathrm{T}}\begin{bmatrix}v_{x1}\\ v_{y1}\\ v_{x2}\\ v_{y2}\\ v_{x3}\\ v_{y3}\end{bmatrix}\tag{4.127}$$

v_{xi}、v_{yi}是由光学传感器所采集到的转子表面特定位置的速度数据，结合式（4.127），即可求得转子运动的三轴角速度分量 $\boldsymbol{\omega}_x$、$\boldsymbol{\omega}_y$、$\boldsymbol{\omega}_z$。

通过对转子运动的三轴角速度分量 $\boldsymbol{\omega}_x$、$\boldsymbol{\omega}_y$、$\boldsymbol{\omega}_z$ 进行积分运算，可以得到转子运动的三轴角位移分量，即转子运动的姿态角 θ、φ、γ。在 θ、φ、γ 已知的情况下，通过三维坐标旋转变换的方法，可计算转子上任意点在转子运动后的三维空间坐标，实现了转子姿态检测。

在转子位于初始位置时，设转子上有一点 S，其初始坐标为 $\boldsymbol{S}_0=[X_0,\ Y_0,\ Z_0]^{\mathrm{T}}$，当转子转动后，该点的坐标设为 $\boldsymbol{S}_{\mathrm{e}}=[X_{\mathrm{e}},\ Y_{\mathrm{e}},\ Z_{\mathrm{e}}]^{\mathrm{T}}$，$\boldsymbol{S}_{\mathrm{e}}$ 的坐标计算方法为

$$\boldsymbol{S}_{\mathrm{e}}=\boldsymbol{RS}_0\tag{4.128}$$

$\boldsymbol{S}_{\mathrm{e}}$ 表示转子上 S 点运动后的坐标，通过连续的旋转坐标变换即可得到转子上 S 点在运动过程的连续三维空间坐标。$\boldsymbol{R}$ 为旋转矩阵，其定义见式（4.124）。

3. 基于三光学传感器的转子姿态检测实验

实验平台如图4.101所示，仍然以MEMS传感器的检测结果做对比。

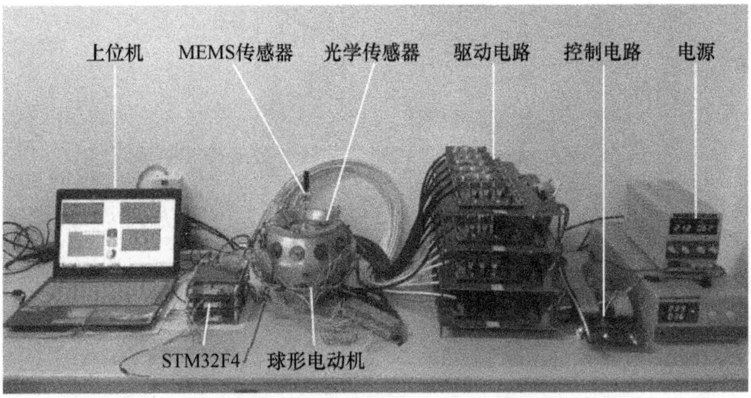

图4.101　基于三光学传感器的转子姿态检测系统实验平台

（1）中心点自旋运动　在该组对比实验中，给定子线圈施加电流，转子完成自旋运动两圈，实验时间持续8s，如图4.102所示，箭头表示转子通电后的旋转方向。选取转子上一点 P_0，其初始坐标为（0，0，R），R 表示球形转子半径，本实验以及下述实验中，都是以 P_0 点为研究对象。在转子通电运行的过程中，转子因受重力、电磁转矩等的影响，转子输出轴并不是严格的在中心点进行自旋运动，转子上的 P_0 点偏离 Z 轴一个微小的角度。

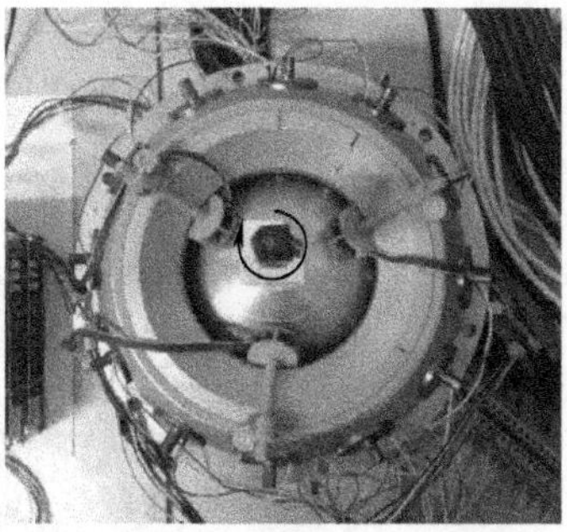

图 4.102　中心点自旋运动实验

在中心点自旋运动实验中，用姿态解算程序对 3 个光学传感器采集的转子速度信息进行处理和计算，得到转子运动的三轴角速度分量分别为 ω_{1x}、ω_{1y}、ω_{1z}，可以计算转子上 P_0 点在该实验过程中的运动轨迹图，并将该轨迹图在三维球坐标上画出。同时，将 MEMS 传感器采集的转子运动数据进行处理和计算，得到基于 MEMS 传感器的 P_0 点运动轨迹图，将两种方法得到的转子上 P_0 点的运动轨迹图在同一个三维球坐标上画出，如图 4.103、图 4.104 所示。

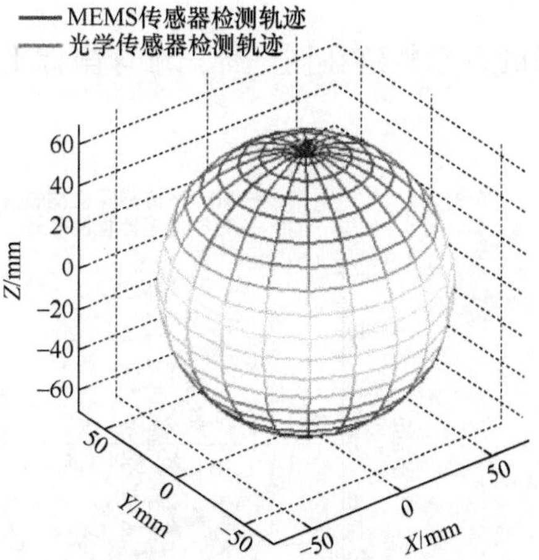

图 4.103　中心点自旋运动对比实验 P_0 点的运动轨迹（主视图）

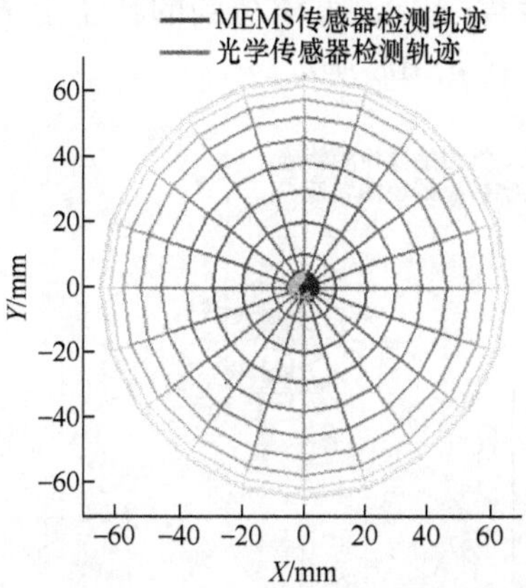

图 4.104　中心点自旋运动对比实验 P_0 点的运动轨迹（俯视图）

定义误差计算公式为

$$\begin{cases} \text{error}_{X1} = X_{11} - X_{12} \\ \text{error}_{Y1} = Y_{11} - Y_{12} \\ \text{error}_{Z1} = Z_{11} - Z_{12} \end{cases} \tag{4.129}$$

其中，X_{11}、Y_{11}、Z_{11} 是基于三光学传感器的转子姿态检测坐标分量，X_{12}、Y_{12}、Z_{12} 是基于 MEMS 传感器的姿态检测坐标分量。

根据式（4.129），可以计算出两种姿态检测方法的相对误差，并做出误差曲线图，如图 4.105 所示。从误差曲线图可以看出，Z 轴误差范围在 0 附近波动，X 轴正反向误差在 −2 ~ 2mm，Y 轴正反向误差在 −1.7 ~ 2mm，因此该实验最大误差范围在 −2 ~ 2mm 区间。

(2) 偏航运动 给定子线圈施加电流，转子绕定子静坐标系的 OZ 轴旋转，由于光学传感器安装位置的限制，转子大约运动 0.6s 后停止，如图 4.106 所示，红色箭头表示转子旋转方向，旋转中心表示定子坐标系的 OZ 轴所在的位置。

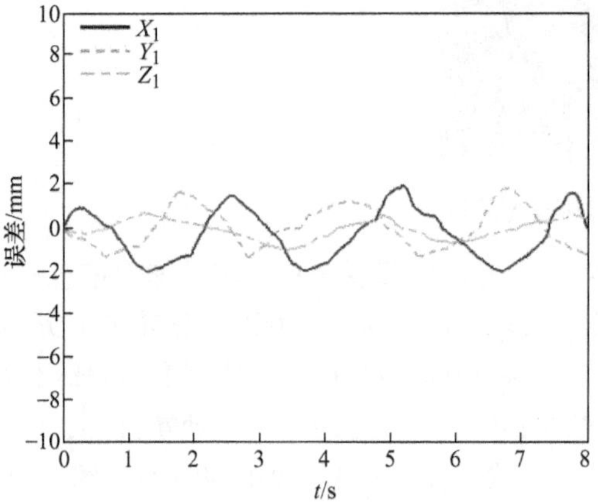

图 4.105 中心点自旋运动对比实验误差曲线图

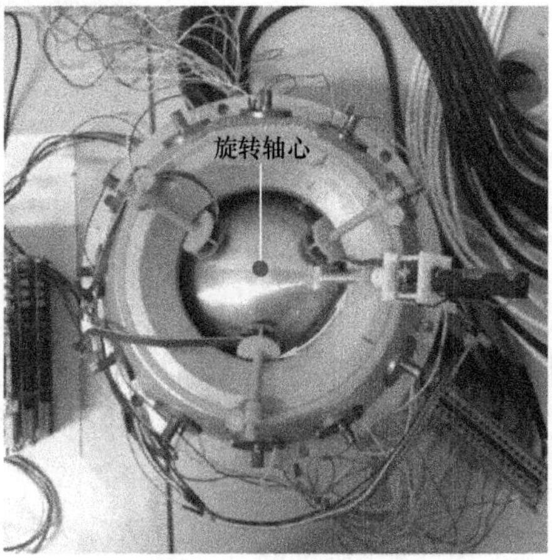

图 4.106 边缘自旋运动实验

将两种姿态检测方法得到的转子上 P_0 点的运动轨迹在同一个三维球坐标上画出，如图 4.107、图 4.108 所示。

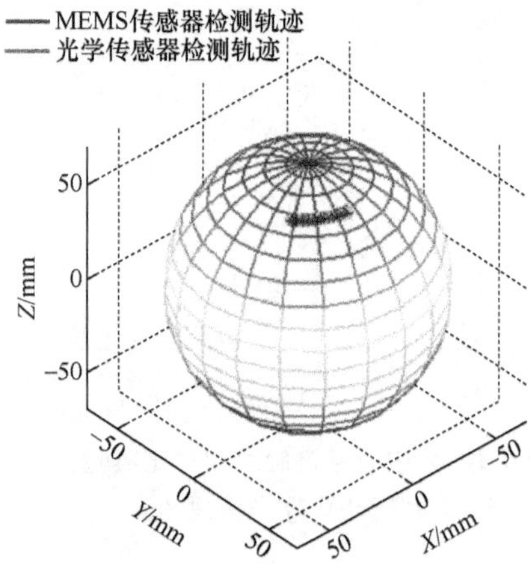

图4.107 边缘自旋运动对比实验转子上 P_0 点的运动轨迹（主视图）

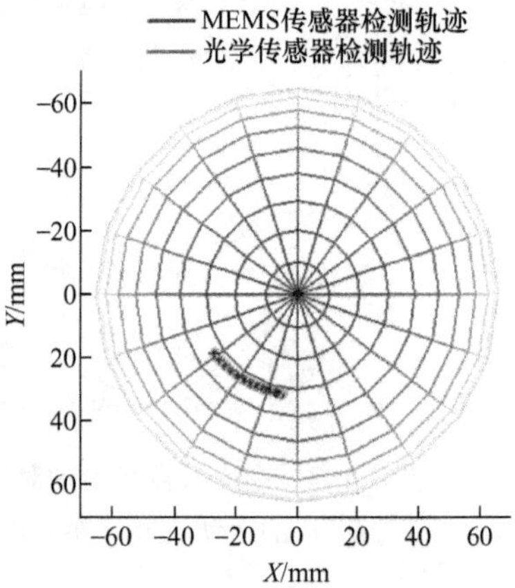

图 4.108 边缘自旋运动对比实验 P_0 点的运动轨迹（俯视图）

两种姿态检测方法的误差曲线图 4.109 所示。从误差曲线图可以看出，X 轴正反向误差在 $-1.9 \sim -0.2$mm，Y 轴正反向误差在 $0.5 \sim 1.9$mm，Z 轴向误差在 0 左右波动，因此该实验最大误差范围在 $-1.9 \sim 1.9$mm 区间。

(3) 轴向俯仰运动 在轴向俯仰运动实验中，给定子线圈施加电流，转子输出轴向定子外壳边沿进行俯仰运动，同样选取转子上 P_0 点为研究对象，在轴向俯仰运动对比实验中，实验持续 2s，转子俯仰到最大仰角位置，如图 4.110 所示，箭头表示转子俯仰运动的方向。

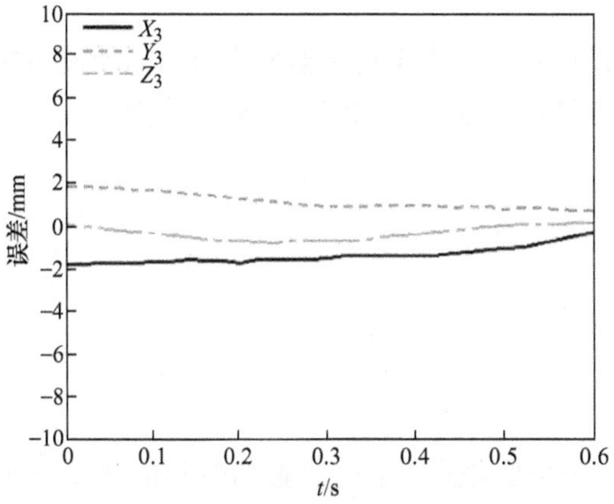

图 4. 109 边缘自旋运动对比实验误差曲线图

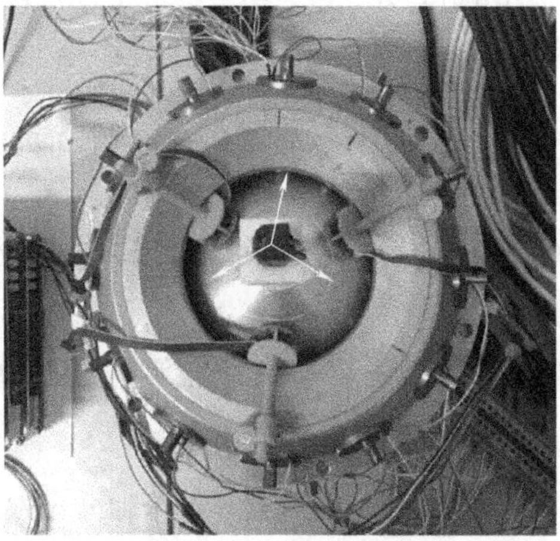

图 4. 110 轴向俯仰运动实验

两种方法得到的转子上 P_0 点的运动轨迹图在同一个三维球坐标上画出，如图 4. 111 所示。

两种姿态检测方法的误差曲线如图 4. 112 所示。从误差曲线图可以看出，X 轴正反向误差在 -1. 7 ~2mm，Y 轴正反向误差在 -1. 8 ~2mm，Z 轴正反向误差在 -1 ~1mm，因此该实验最大误差范围在 -1. 8 ~2mm 区间。

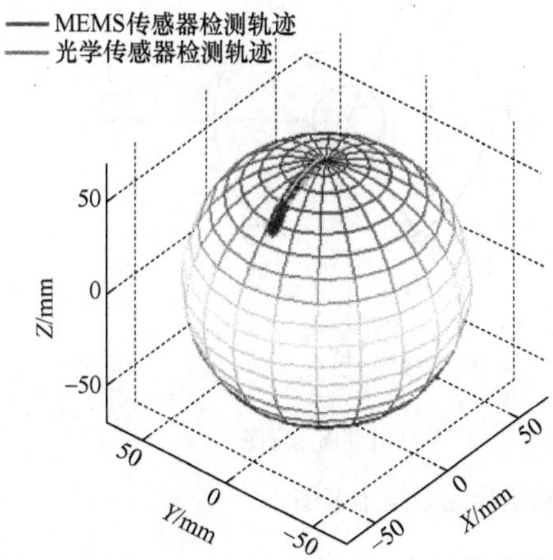

图 4. 111 轴向俯仰运动对比实验 P_0 点的运动轨迹

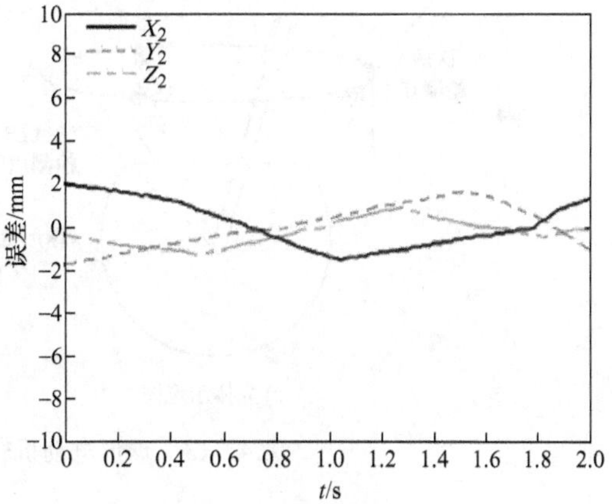

图 4. 112 轴向俯仰运动对比实验误差曲线图

4. 3. 6 基于光学传感器的球形电动机转子姿态检测方法的优缺点

基于光学传感器的永磁球形电动机转子姿态检测方法所用的硬件相对较少，结构相对简单，成本较低，也不需要处理大量的数据，具有较好的实时性，所以可以作为永磁球形电动机转子姿态检测的可选方案，但双（单）光学传感器的方法需要在输出轴上放置半球形罩壳，影响球形电动机转子转矩的输出，也使得检测装置体积较大，实用性较差；三光学传感器的方法克服了这个缺点，但采用 3D 打印支架模块将 3 个光学传感器固定在球形电动机定子外壳开口处，虽然不影响转子进行自旋以及倾斜运动，但限制了转子边缘自旋的运动范围，这是一个不利的影响。

从实用角度出发，可以在球形电动机的结构设计中，将光学传感器的安装与电动机拓扑进行一体化设计，使得光学传感器可以嵌入球形电动机内部，实现转子的姿态检测。

4.4 转子姿态的磁敏检测方法

4.4.1 转子姿态磁敏检测方法的基本原理

1. 基本检测原理

磁敏检测方法根据“单个轴向充磁圆柱形永磁体周围任意空间位置的磁感应强度矢量具有唯一性”进行设计，在已知某磁感应强度矢量的前提下，推算出永磁体附近的空间位置。具体做法是：将永磁体与转轴固定，它周围的磁场随转轴运动且具有实时性，在转轴附近的检测点通过使用三维霍尔式传感器，实时采集磁感应强度的正交分量，利用采集到的磁感应强度分量解算出转子的二自由度空间位置。在已知空间位置的情况下，再通过转轴上检测点检测固定永磁体的磁感应强度分量，可以得到转子的姿态。检测系统示意图如图 4.113 所示。

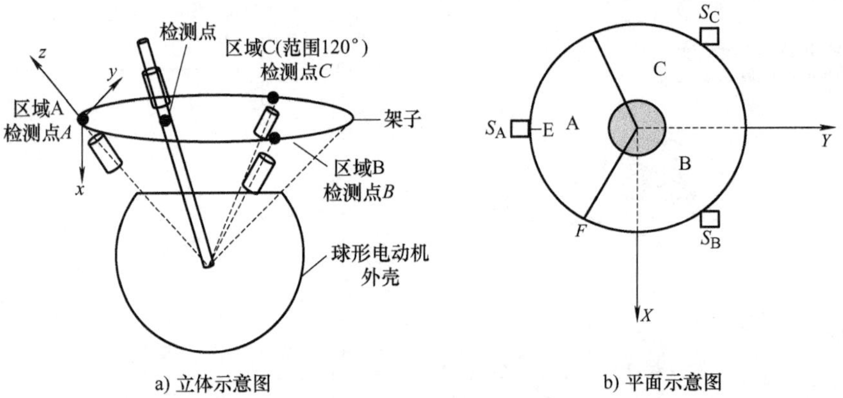

图 4.113 球形电动机转子姿态磁敏检测系统示意图

由于永磁体周围磁感应强度大小随着与永磁体距离的增加而不断衰减，为了规避因磁感应强度减小程度太大带来的影响，将转轴旋转的范围划分为 A、B、C 3 个区域，每个区域对应俯视角中 120°的范围。通过转轴上的检测点、永磁体和不同区域的检测点、永磁体共同进行转子位置的解算。

置于 3 个区域的传感器分别在 S_A、S_B、S_C 检测点，以区域 A 为例，当转轴运动到 A 范围内时，转轴上固定的永磁体在检测点 A 处的磁感应强度通过传感器 S_A 获取，进而能够解算出转轴在空间的位置。再通过获取并处理检测点 A 处的永磁体在转轴上固定的检测点产生的磁感应强度信息，进一步解算出转子的自旋位置，即第 3 个自由度位置。

当转轴位于某区域时，相较于其他区域的传感器，转轴更靠近该区域的传感器，故该区域传感器获取的磁感应强度绝对值相对最大。通过比较不同区域传感器获取的磁感应强度绝对值，判断转轴位于哪一个区域并选择该区域的传感器进行后续解算。

2. 坐标系建立

为了检测需要，设计了 3 个坐标系。

（1）绝对坐标系　绝对坐标系 XYZ 以转子球心为原点 O，Z 轴方向与重力方向相反，XOY 平面与地面平行，X、Y、Z 互成 90°夹角且满足右手定理。绝对坐标系的空间位置在位置检测过程中恒定不变，如图 4. 114 所示。

（2）相对坐标系　相对坐标系 $x_iy_iz_i$ 以转子球心为原点 O，z_i 轴方向与 XYZ 坐标系中 Z 轴方向的夹角为 α，如图 4. 115 所示。

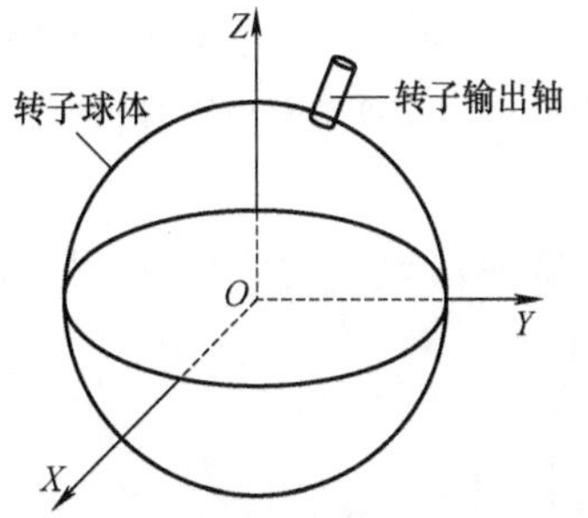

图 4. 114　球形电动机绝对坐标系

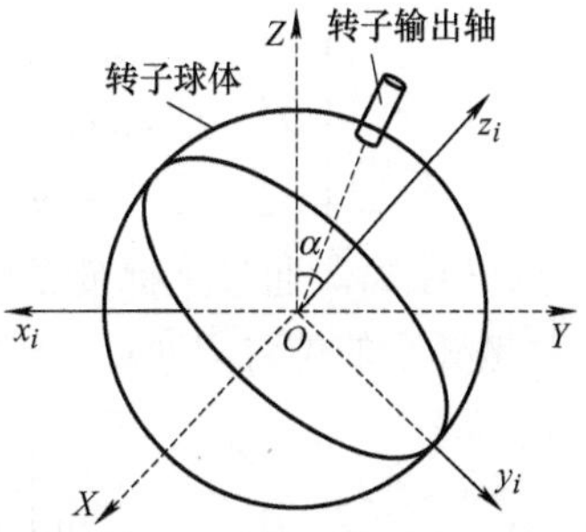

图 4. 115　球形电动机相对坐标系

在 A、B、C 区域内，i 分别为 1、2、3。由上述 XYZ 坐标系可以通过以下方法逐步获得相对坐标系：将绝对坐标系依次按照逆时针围绕 Z 轴旋转 β、围绕 X 轴旋转 α 的次序获得相对坐标系 $x_iy_iz_i$。$\beta=0°$，120°，240°对应相对坐标系 $x_iy_iz_i$ 的 $i=1$，2，3。由于检测实验所用球形电动机的最大偏转角是 37. 5°，所以 $\alpha=40°$。

（3）转轴检测点坐标系　转轴检测点坐标系 dpq 的原点 O 与转子球心重合，转轴远离球心的方向是 q 轴。转轴旋转的角度 α 以 q 轴逆时针旋转方向衡量，如图 4. 116 所示。

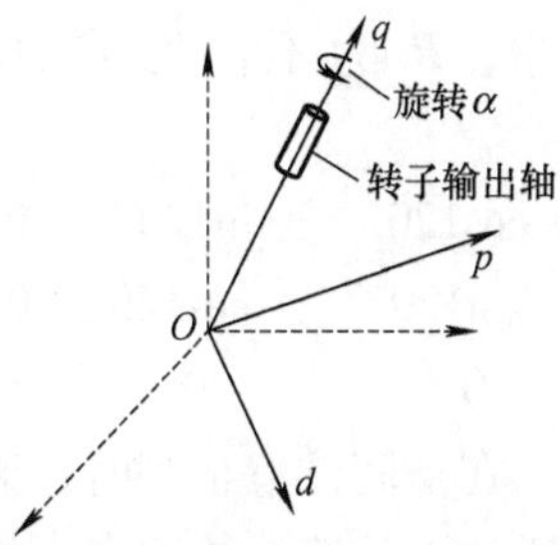

图 4. 116　球形电动机转轴检测点坐标系

3. 转子空间位置坐标变换

永磁球形电动机的转子运动由两种运动组成。其一是空间运动，空间运动的位置可由两个位置角表示：俯仰角 θ 和偏转角 φ。其二是自旋运动，自旋运动的位置可由一个位置角表示：自旋角 α。

位置角计算流程图如图 4. 117 所示。

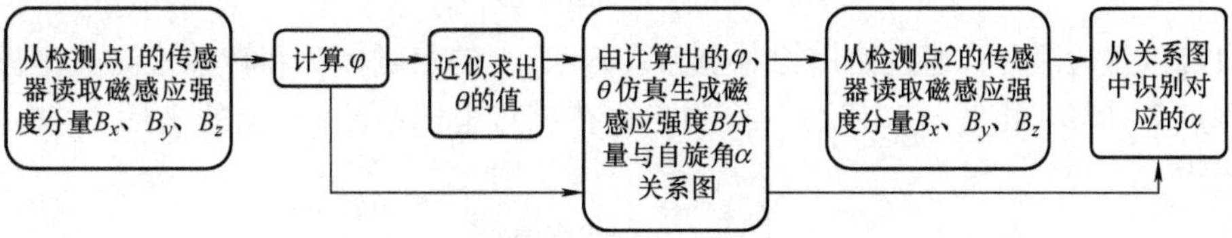

图 4. 117　球形电动机位置角计算流程图

相对坐标系 $x_iy_iz_i$ 中的两个轴向充磁的圆柱形永磁体和两个检测点的相对位置如图 4.118 所示。永磁体 1 和永磁体 2 的中心点分别为 P_m 和 P_w，N 极朝向所在轴的正方向，S 极朝向所在轴的负方向。它们与相对坐标系 $x_iy_iz_i$ 的坐标原点直线距离分别为 L_m 和 L_w。检测点 1、2 的中心点分别为 P_s 和 P_h。θ 是转轴和相对坐标系 $x_iy_iz_i$ 的 z_i 轴间夹角，φ 是转轴在 x_iOy_i 平面的投影和 x_i 轴间夹角。

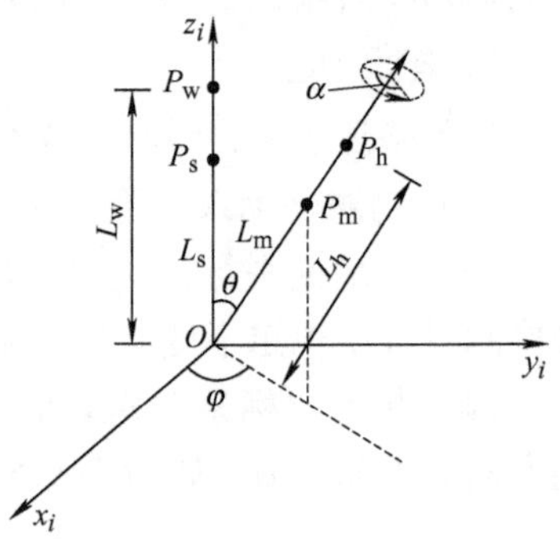

图 4.118 描述永磁体和检测点之间相对位置的相对坐标系

转轴上任取 P 点在相对坐标系 $x_iy_iz_i$ 上的坐标 $P(x, y, z)$ 可以描述为

$$\begin{bmatrix} x \\ y \\ z \end{bmatrix} = L\begin{bmatrix} \sin\theta\cos\varphi \\ \sin\theta\sin\varphi \\ \cos\theta \end{bmatrix} \tag{4.130}$$

其中，L 为 OP 距离。通过坐标变换将转轴上 P 点在相对坐标系 $x_iy_iz_i$ 上的位置 $P(x, y, z)$ 转换成绝对坐标系的位置 $P(x_0, y_0, z_0)$，变换过程如下：

$$\begin{bmatrix} x_0 \\ y_0 \\ z_0 \end{bmatrix} = \boldsymbol{R}\begin{bmatrix} 1 & 0 & 0 \\ 0 & \cos\alpha & -\sin\alpha \\ 0 & \sin\alpha & \cos\alpha \end{bmatrix}\begin{bmatrix} x \\ y \\ z \end{bmatrix} \tag{4.131}$$

其中，$\boldsymbol{R}$ 为不同区域内的变换矩阵，在 A 区域，$\boldsymbol{R}=\begin{bmatrix} 1 & 0 & 0 \\ 0 & 1 & 0 \\ 0 & 0 & 1 \end{bmatrix}$；在 B 区域，$\boldsymbol{R}=\begin{bmatrix} -\cos120^\circ & \sin120^\circ & 0 \\ -\sin120^\circ & -\cos120^\circ & 0 \\ 0 & 0 & 1 \end{bmatrix}$；在 C 区域，$\boldsymbol{R}=\begin{bmatrix} -\cos120^\circ & -\sin120^\circ & 0 \\ \sin120^\circ & -\cos120^\circ & 0 \\ 0 & 0 & 1 \end{bmatrix}$。

在空间位置检测时，通过相对坐标系 $x_iy_iz_i$ 上的检测点 1 和转轴检测点坐标系 q 轴上的永磁体 1 计算。检测点 1 检测到的永磁体 1 的位置 $P_m(x', y', z')$ 为

$$\begin{bmatrix} x' \\ y' \\ z'+L_m \end{bmatrix} = \begin{bmatrix} \cos\varphi & \sin\varphi & 0 \\ -\sin\varphi & \cos\varphi & 0 \\ 0 & 0 & 1 \end{bmatrix}\begin{bmatrix} \cos\theta & 0 & -\sin\theta \\ 0 & 1 & 0 \\ \sin\theta & 0 & \cos\theta \end{bmatrix}\begin{bmatrix} 0 \\ 0 \\ L_s \end{bmatrix} \tag{4.132}$$

解得

$$\begin{bmatrix} x' \\ y' \\ z' \end{bmatrix} = \begin{bmatrix} -L_s\sin\theta\cos\varphi \\ L_s\sin\theta\sin\varphi \\ L_s\cos\theta - L_m \end{bmatrix}$$

在自旋位置检测时，通过使用相对坐标系 $x_iy_iz_i$ 上的永磁体 2 和转轴检测点坐标系 q 轴上的检测点 2 计算。由式（4.132），检测点 2 在相对坐标系 $x_iy_iz_i$ 上的坐标 $P_h(x, y, z)$ 可以描述为

$$\begin{bmatrix} x \\ y \\ z \end{bmatrix} = L_h\begin{bmatrix} \sin\theta\cos\varphi \\ \sin\theta\sin\varphi \\ \cos\theta \end{bmatrix} \tag{4.133}$$

通过坐标变换，得到检测点 2 检测到的永磁体 2 的位置 P_w（x''，y''，z''）为

$$\begin{bmatrix} x'' \\ y'' \\ z'' \end{bmatrix} = \begin{bmatrix} \cos\varphi & \sin\varphi & 0 \\ -\sin\varphi & \cos\varphi & 0 \\ 0 & 0 & 1 \end{bmatrix} \begin{bmatrix} \cos\theta & 0 & -\sin\theta \\ 0 & 1 & 0 \\ \sin\theta & 0 & \cos\theta \end{bmatrix} \begin{bmatrix} \cos\varphi & \sin\varphi & 0 \\ -\sin\varphi & \cos\varphi & 0 \\ 0 & 0 & 1 \end{bmatrix} \begin{bmatrix} x \\ y \\ z - L_w \end{bmatrix} \tag{4.134}$$

解得

$$\begin{bmatrix} x'' \\ y'' \\ z'' \end{bmatrix} = \begin{bmatrix} L_w \sin\theta\cos\alpha \\ -L_w \sin\theta\sin\alpha \\ L_h - L_w\cos\theta \end{bmatrix}$$

4.4.2　球形电动机转子姿态解算原理与仿真分析

1. 转子姿态解算与仿真分析

检测点 1 位于 XYZ 坐标系 Z 轴上，其检测出的磁感应强度 B 的正交分量 B_x、B_y、B_z 方向与 XYZ 坐标系中的 X、Y、Z 轴正方向相同。永磁体 1、2 在检测点 1 处的磁感应强度分别为 B_{1s}和 B_{2s}，得到

$$\begin{cases} B_{1s} = B_{1x}\boldsymbol{i} + B_{1y}\boldsymbol{j} + B_{1z}\boldsymbol{k} \\ B_{2s} = B_{2x}\boldsymbol{i} + B_{2y}\boldsymbol{j} + B_{2z}\boldsymbol{k} \\ B_x = B_{1x} + B_{2x} \\ B_y = B_{1y} + B_{2y} \\ B_z = B_{1z} + B_{2z} \end{cases} \tag{4.135}$$

其中，$\boldsymbol{i}$、$\boldsymbol{j}$、$\boldsymbol{k}$ 为正交的方向向量。

在 P_s 点放置传感器 S，其获取的磁感应强度分量 B_x、B_y、B_z 方向分别与 X、Y、Z 轴正方向相同。由于检测点 1 和永磁体 2 相对位置不变，B_{2s}能预先测得，从而推导出 B_{1s}。φ 由式（4.136）求得

$$\varphi = \begin{cases} \arctan\dfrac{B_{1y}}{B_{1x}} & B_{1x} < 0, B_{1y} < 0 \\ \dfrac{\pi}{2} & B_{1x} = 0, B_{1y} \neq 0 \\ \pi + \arctan\dfrac{B_{1y}}{B_{1x}} & B_{1x} > 0, B_{1y} > 0 \end{cases} \tag{4.136}$$

前文已经论述，单个轴向充磁的圆柱形永磁体周围任意空间位置的磁感应强度矢量具有唯一性，故 $B = f(\theta)$ 为单调函数。对于每一个 B_{1s}，均有 $B_{k+1} < B_{1s} < B_k$，$k \in [1, n-1]$。夹角$\widehat{\theta}$由式（4.137）求得。

$$\widehat{\theta} = \theta_k + \frac{\theta_{k+1} - \theta_k}{B_k - B_{k+1}}(B_{1s} - B_k) \tag{4.137}$$

式中，$\theta_k \in [0, \theta_0]$；$B_k = f(\theta_k)$（$k = 1, 2, \cdots, n-1$）。

在 θ 和 φ 确定后，无论转轴如何自旋，永磁体 2 相对于检测点 1 的位置均保持不变，可以忽略自旋的影响。

利用磁偶极子法建立永磁体等效DMP模型，通过式（4.138）计算 B_{1x}、B_{1y}、B_{1z}：

$$\begin{cases} B_{1x} = \dfrac{\mu_0}{4\pi}\sum_{j=0}^{k} m_j \sum_{i=1}^{n} [x' - \bar{a}_j\cos(i\beta)]\left(\dfrac{1}{R_{ji+}^3} - \dfrac{1}{R_{ji-}^3}\right) \\ B_{1y} = \dfrac{\mu_0}{4\pi}\sum_{j=0}^{k} m_j \sum_{i=1}^{n} [y' - \bar{a}_j\sin(i\beta)]\left(\dfrac{1}{R_{ji+}^3} - \dfrac{1}{R_{ji-}^3}\right) \\ B_{1z} = \dfrac{\mu_0}{4\pi}\sum_{j=0}^{k} m_j \sum_{i=1}^{n} \left(\dfrac{z' - \dfrac{\bar{l}}{2}}{R_{ji+}^3} - \dfrac{z' + \dfrac{\bar{l}}{2}}{R_{ji-}^3}\right) \end{cases} \tag{4.138}$$

式中，$R_{ji\pm}^3 = [(x_s - \bar{a}_j\cos i\alpha)^2 + (y_s - \bar{a}_j\sin i\alpha)^2 + (z_s \mp \bar{l}/2)^2]^{3/2}$；$x_s = L_s\sin\theta\cos\varphi$；$y_s = L_s\sin\theta\sin\varphi$；$z_s = L_s\cos\theta - L_m$；$k$ 为永磁体的圆周对个数；n 为每对圆周上的磁偶极子对个数；m_j 是第 j 个圆周上的磁偶极矩；α 为相邻磁偶极子所对的圆心角；$\bar{a}_j$ 为第 j 个圆的半径，$\bar{a}_j = a_j/(k+1)$，$j=0, 1, \cdots, k$。

在 $\varphi=0$ 情况下，根据式（4.137），B_{1s} 和 θ 的关系如图4.119所示。

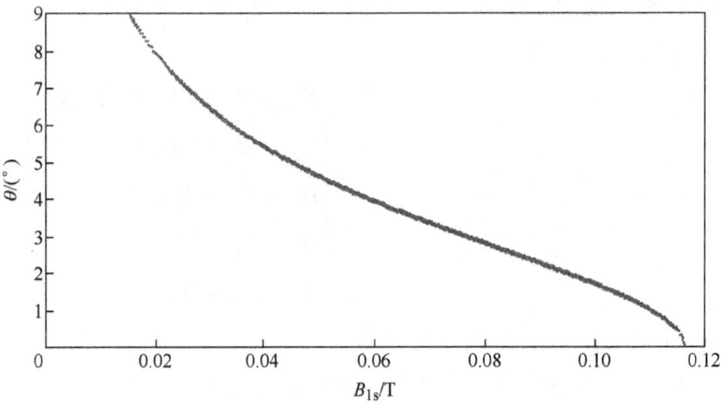

图4.119 B_{1s} 和 θ 的关系图

可以看出，当 φ 确定时，$B=f(\theta)$ 为单调函数，同样，对于唯一的磁感应强度也可以确定此时转轴的 θ。在仿真中，增大 n 的值能够提高 $\hat{\theta}$ 的精度，然而会一定程度牺牲运行速度。

选择的永磁体和检测点参数见表4.13和表4.14。采用圆柱形永磁体等效DMP模型时，使用式（4.138）求解三维磁感应强度。当永磁体在 $\theta\in[0, \pi/9]$，$\varphi\in[0, \pi]$ 范围时，对检测到的磁感应强度分量随 φ、θ 的变化进行仿真，结果如图4.120所示。由图可知，在 $\theta\in[0, \pi/18]$ 范围内，磁感应强度值很明显。在 $\theta\in[\pi/18, \pi/9]$ 范围内，磁感应强度衰减较大。

表4.13 磁源永磁体参数

圆柱形永磁体	DMP 参数
半径 $a=5$mm	$k=5$，$n=6$
长度 $l=10$mm	$\bar{l}/l=0.521$
剩磁 $M=1.23$T	$m_0=1485.719$
	$m_1=-555.281$
	$m_2=724.974$
	$m_3=-862.283$
	$m_4=738.829$
	$m_5=-265.983$
旋转角 β	20°

表 4.14　检测点与永磁体位置信息

检测点与永磁体	位置信息
1 号永磁体	$L_m = 91.9$mm
1 号检测点	$L_s = 120$mm
2 号永磁体	$L_w = 130$mm
2 号检测点	$L_h = 99.6$mm

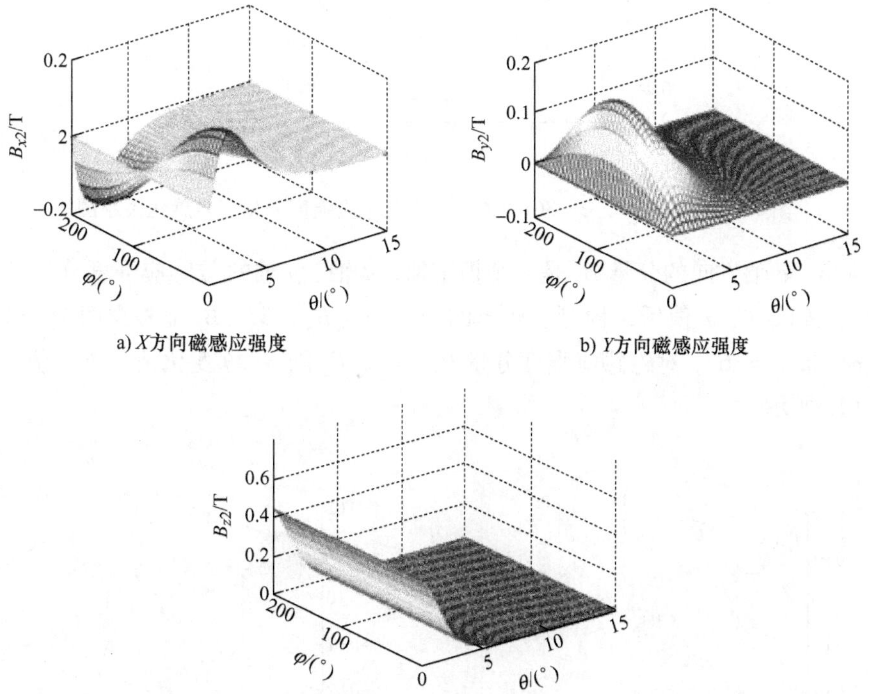

a) X方向磁感应强度　b) Y方向磁感应强度

c) Z方向磁感应强度

图 4.120　磁感应强度分量随 φ、θ 的变化进行仿真

2. 转子自旋位置解算与仿真分析

检测点 2 位于转轴上，检测点 2 检测出的磁感应强度 B 的分量 B_x、B_y、B_z 方向跟随转轴旋转，采用 dpq 坐标系。设永磁体 1、2 在检测点 2 的磁感应强度分别为 B_{1h}、B_{2h}，得

$$\begin{cases} B_{1h} = B_{1x}\boldsymbol{i} + B_{1y}\boldsymbol{j} + B_{1z}\boldsymbol{k} \\ B_{2h} = B_{2x}\boldsymbol{i} + B_{2y}\boldsymbol{j} + B_{2z}\boldsymbol{k} \\ B_x = B_{1x} + B_{2x} \\ B_y = B_{1y} + B_{2y} \\ B_z = B_{1z} + B_{2z} \end{cases} \tag{4.139}$$

其中，$\boldsymbol{i}$、$\boldsymbol{j}$、$\boldsymbol{k}$ 为正交的方向向量。

由于检测点 2 和永磁体 1 间的相对位置不会改变，因此可以通过 B_{1h} 解算 B_{2h}。由坐标变换公式，求得 B_2 各分量。

转子自旋位置是基于已确定的空间位置进行解算的。取 $\theta = 10°$，$\varphi = 36°$，对磁感应强

度分量 B_x、B_y、B_z 随自旋角变化情况进行仿真，仿真结果如图 4. 121 所示。

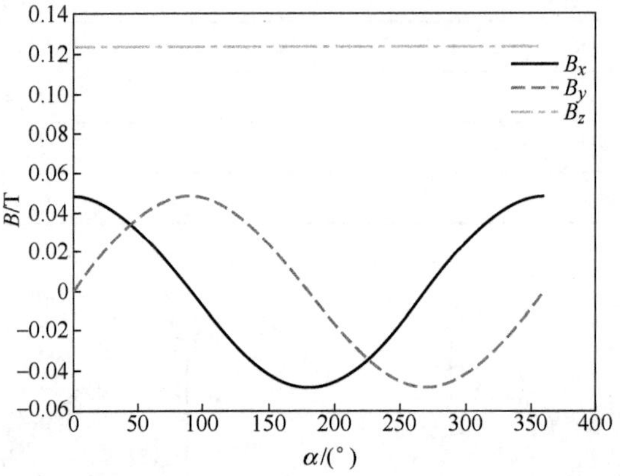

图 4. 121　$\theta=10°$，$\varphi=36°$时检测点 2 磁感应强度分量与自旋角关系图

可以看出，q 轴方向的分量 B_z 是一个恒定值，d 轴、p 轴的磁感应强度分量 B_x 和 B_y 呈正弦变化。在确定 θ、φ 值后，检测点测出的任意一组 B_x、B_y、B_z 能根据图 4. 122 确定唯一的自旋角 α。取 $\varphi=36°$，对磁感应强度分量 B_x、B_y、B_z 随 α、θ 变化情况进行仿真，仿真结果如图 4. 122 所示。

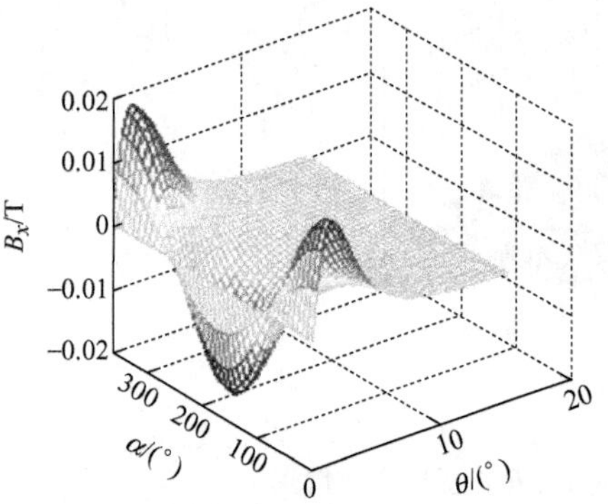

a) 检测点2磁感应强度分量B_x与α、θ关系图

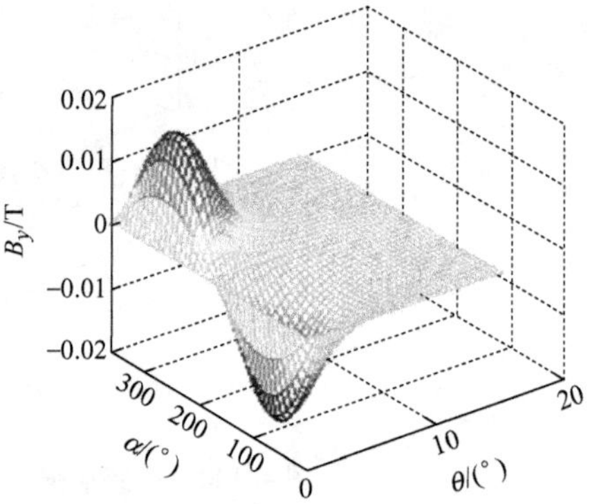

b) 检测点2磁感应强度分量B_y与α、θ关系图

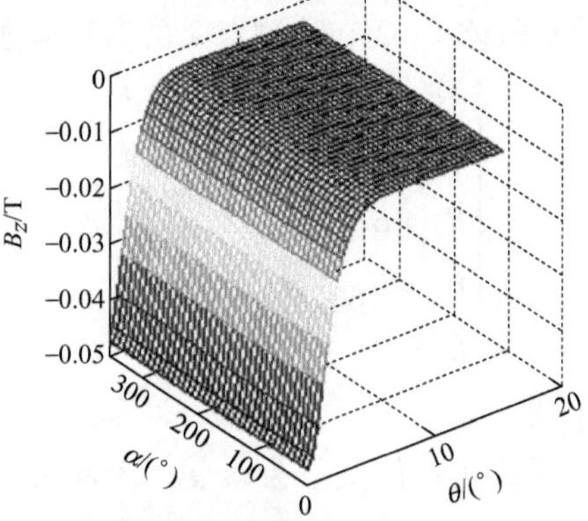

c) 检测点2磁感应强度分量B_z与α、θ关系图

图 4. 122　$\varphi=36°$时对磁感应强度分量 B_x、B_y、B_z 随 α、θ 变化情况进行仿真

可以看出，$\theta=0°$时，B_x、B_y、B_z 并不会跟随自旋角 α 变化，因为此时检测点 2 位于永磁体轴线上，此时无论永磁体如何自旋，在检测点 2 的磁感应强度方向不会改变。当 θ 增大时，磁感应强度分量随着自旋角 α 的变化呈周期变化。

4.4.3　转子姿态磁敏检测实验

选择三维霍尔式传感器 MLX90363 作为磁敏检测传感器，为了检验磁敏检测方法的准确性，选取基于高速摄像机和光学特征的转子姿态检测方案进行实验对比，实验平台如图 4.123所示。

图 4.123　实验平台图

图 4.124 为 STM32F103C8T6 单片机、MLX90363 传感器和显示在上位机的转子位置信息。MLX90363 传感器在摇杆领域应用比较广泛。它在利用磁场聚集片聚集空间中磁场的同时，利用集成的霍尔感应单元分别检测 3 个正交方向的磁感应强度并用 SPI 通信总线传输处理后的位置数据。相较于使用多个线性霍尔式传感器组合进行测量的方式，使用 MLX90363 传感器能够更加便捷地读取数据并减小组合线性霍尔式传感器过程中带来的人为误差，能够在一定程度上提高精度。

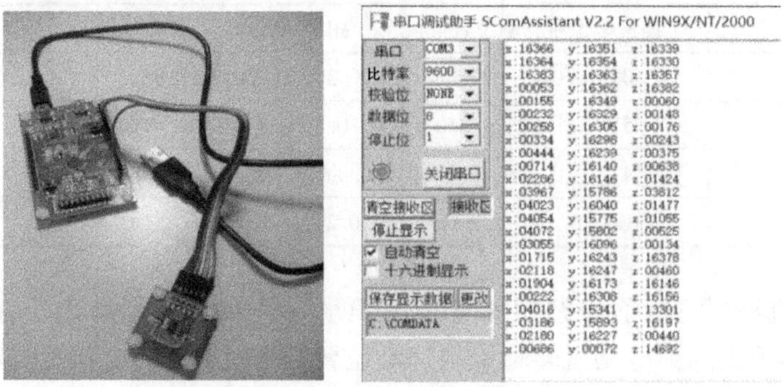

图 4.124　单片机、传感器和采集的数据

1. 中心点自旋运动

磁敏检测方法与高速摄像机检测方法的数据比较如图 4.125 所示。图中离散点是

MLX90363 传感器检测到的自旋角度，实线是高速摄像机检测的自旋角度。定义误差求解公式为

$$\Delta = \sqrt{(X_{p1} - X_{p2})^2 + (Y_{p1} - Y_{p2})^2 + (Z_{p1} - Z_{p2})^2} \tag{4.140}$$

其中，(X_{p1}, Y_{p1}, Z_{p1}) 是高速摄像机检测的位置，(X_{p2}, Y_{p2}, Z_{p2}) 是 MLX90363 传感器方案检测并经过数据转换与处理后的位置。

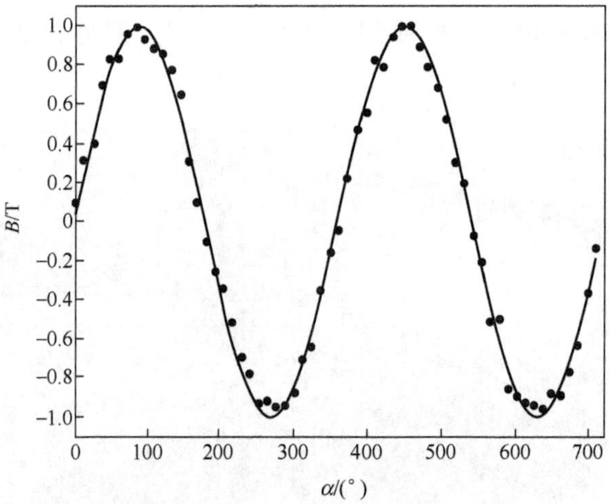

图 4.125 MLX90363 传感器检测的自旋角度图

从实验结果看出，MLX90363 传感器检测的球形电动机转子中心点自旋位置结果有 7% 左右的误差，究其原因，在于当转轴在中心点进行自旋运动时，转轴上的永磁体与检测点 S_A、S_B、S_C 相距较远，传感器检测的磁感应强度数值较小，传感器的精度使相对误差较大，导致此处的误差较大。

2. 轴向俯仰运动

将球形电动机转轴倾斜至某特定位置，分别使用上述两种方法进行空间姿态检测实验。实验数据见表 4.15。

表 4.15 轴向俯仰运动测量误差数据

实验序号	高速摄像机检测位置	MLX90363 检测位置	误差
1	(0.506, 0.042, 0.860)	(0.530, −0.020, 0.852)	6.69%
2	(−0.518, 0.052, 0.852)	(−0.562, 0.010, 0.877)	5.68%
3	(−0.047, −0.488, 0.870)	(0.006, −0.511, 0.853)	6.03%
4	(0.0645, 0.540, 0.837)	(0.244, 0.532, 0.851)	5.92%

以高速摄像机检测的转子姿态为参考标准角度，从实验结果看出，在绝对坐标系上，MLX90363 传感器检测球形电动机转轴倾斜运动位置结果也有 6% 左右的误差。

4.4.4 系统误差仿真分析

由实验结果可以看出，使用三维霍尔式传感器的磁敏检测方法与高速摄像机的结果相比有较大误差，其原因除了高速摄像机方法自身的测量误差外，误差可能来自非磁场检测区域

永磁体、转子永磁体、电磁线圈以及永磁体安放问题等外界因素对检测点测量磁场的影响。

1. 非磁场检测区域永磁体对检测区域磁场的影响

以 A 区域为例。传感器 S_A 会采集到 B、C 区域永磁体的磁感应强度。使用 Ansoft Maxwell 仿真可以得到 B、C 区域永磁体在传感器处的磁感应强度分量为

$$B_{x,y,z} = (0.0813, -0.00891, 0.105)$$

因为 A、B、C 区域永磁体相对固定，所以该值是一个恒定值。在处理得到的位置信息时，对于传感器读取的数据需要减去该值来消除此误差的影响。S_B、S_C 同理。

2. 转子永磁体对检测区域的影响

由于球形电动机的转子上分布有若干永磁体，这些永磁体产生的空间磁场会引起位置测量误差。当转轴静止时，改变传感器在转轴上的位置，其受到的转子永磁体影响也会相应改变。设置一个径向绘制的观测线，如图 4.126a 中圆圈处所示。线上各点随其距球心的距离不同，仿真得到的磁感应强度如图 4.126b 所示。

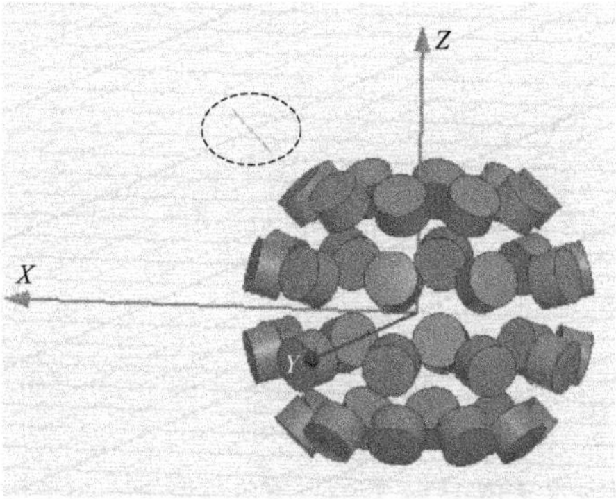

a)

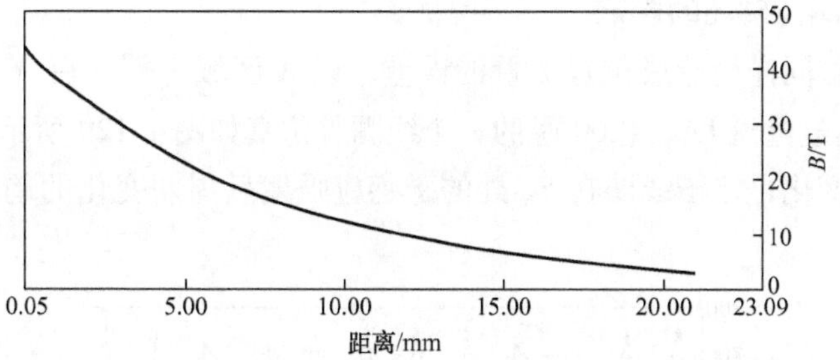

b)

图 4.126 在转轴不同位置下传感器受到的转子永磁体影响

位于转轴上的传感器与转子永磁体之间的距离是固定值，通过仿真，可以得到 40 个转子永磁体在传感器处合成的磁感应强度分量也是恒定值，在传感器读取数据时可减去该值消除误差的影响。

以 A 区域为例。在 A 区域内，当转子从垂直方向开始偏转到最大角度时，转子 40 个永磁体在 S_A 处的磁感应强度如图 4.127 所示。转子的 40 个永磁体与转轴上检测系统中的永磁体是相对静止的。将其视为整体，通过有限元分析和拟合后得到磁感应强度变化更为规律的图 4.128，基于此进行理论分析能够消除该项误差。

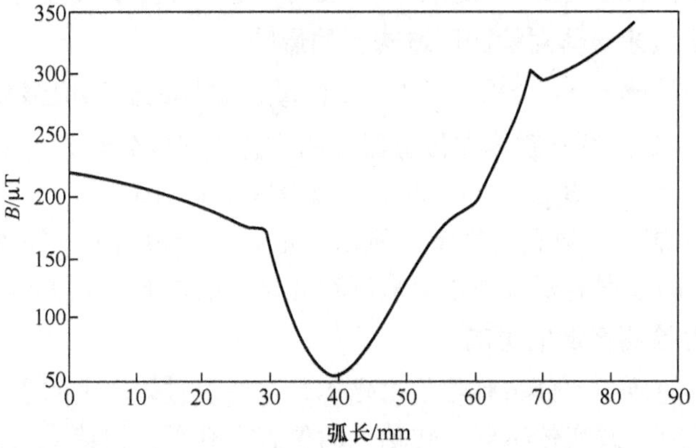

图 4.127　转子永磁体于 S_A 处的磁感应强度大小与角位移关系图

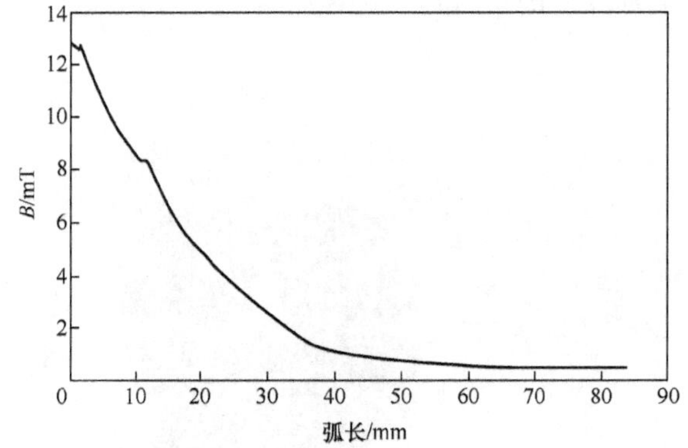

图 4.128　组合永磁体于 S_A 处的磁感应强度大小与角位移关系图

3. 定子线圈对测量磁场的影响

通电线圈的励磁同样会造成位置测量的误差。以 A 区域为例。在 A 区域内，选取距离传感器 S_A 最近的通过电流 1A、1200 匝的一个线圈，仿真如图 4.129 所示。可以看出，随着定子线圈中的电流变化，定子线圈在 S_A 处的磁感应强度呈周期变化的趋势，且最大值均小于 800μT。

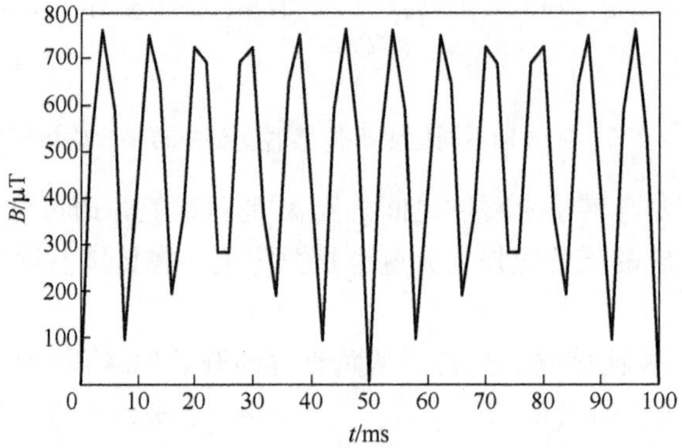

图 4.129　定子线圈于 S_A 处的磁感应强度

选取同样的通过电流 1A、1200 匝的定子线圈，其对转轴上传感器的影响随着时间、转轴倾斜角位移的变化如图 4.130 所示。

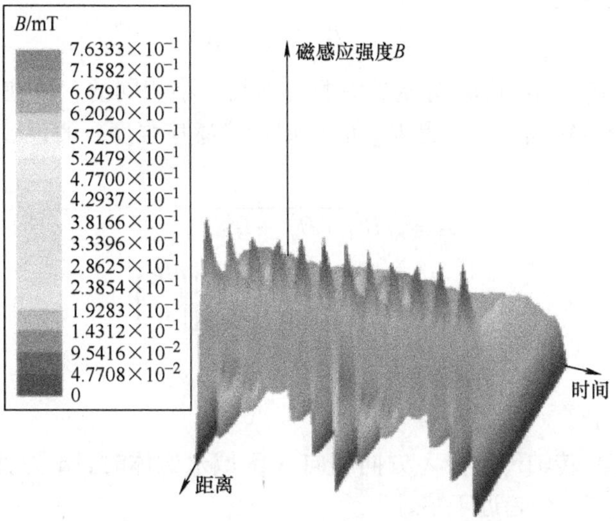

图 4.130　定子线圈于转轴传感器处的磁感应强度

当转轴达到最大倾斜角且靠近所用线圈时，磁感应强度达到峰值 0.76mT。这个值在一定程度上会影响数据处理和最终位置检测的准确性。通过模拟通电策略下多个通电线圈磁场的叠加可以模拟 24 个线圈对 S_A 处传感器和转轴传感器产生的影响，在此不做赘述。

4. 转轴永磁体位置偏移对位置测量的影响

在实验中，永磁体不能镶嵌在转轴内，只能与转轴进行绑定，对于半径为 r 的永磁体，实际转轴的空间位置与理论位置相差的角度为

$$\theta = \frac{r}{l} \tag{4.141}$$

其中，l 表示永磁体中心与球心间距。计算得误差约为 4.17°。

在解算转轴永磁体的位置后，转轴位置的可能点如图 4.131 所示。以 A 区域为例。A 区域永磁体在 line1 产生的磁感应强度随着不断远离永磁体而衰减，即 $B_1 > B_2 > B_3$。

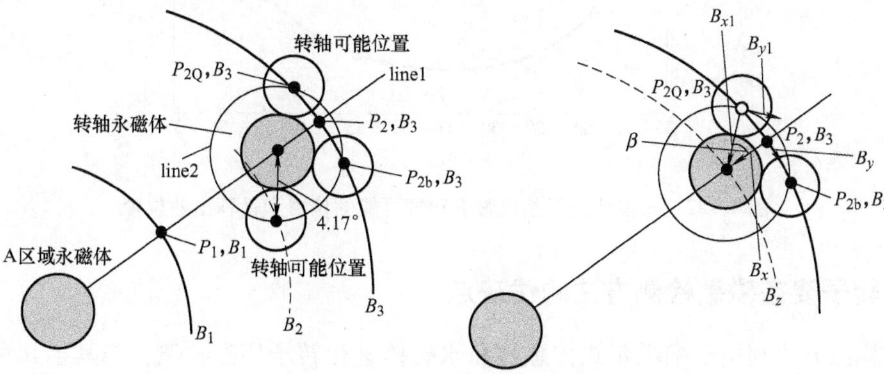

图 4.131　转轴永磁体位置与误差说明图

在某位置转轴传感器测量的磁感应强度为 B_3，可以确定位置为 P_2。在 Line2 上磁感应强度能达到 B_3 的位置仅仅只有 P_{2a} 和 P_{2b} 两个位置。对于位于 P_2 位置的传感器，A 区域永磁体在此处的磁感应强度是 B_3。

$$B_3 = \sqrt{B_x^2 + B_y^2 + B_z^2} \tag{4.142}$$

考虑 P_2、P_{2a} 和 P_{2b}，由于 B_z 分量是沿着转轴且大小相同的，故在 XY 平面上的分量大小是相同的。需要确定转轴位于位置 P_{2a} 和 P_{2b} 时的磁感应强度。假设转轴位于位置 P_{2a}，在该点可以得到

$$\begin{cases} B_3 = \sqrt{B_{x1}^2 + B_{y1}^2 + B_{z1}^2} \\ \begin{bmatrix} B_{x1} \\ B_{y1} \end{bmatrix} = \begin{bmatrix} \cos\beta & \sin\beta \\ -\sin\beta & \cos\beta \end{bmatrix} \begin{bmatrix} B_x \\ B_y \end{bmatrix} \\ B_{z1} = B_z \end{cases} \tag{4.143}$$

其中，$\beta \in [-90°, 90°]$。

在图 4.131 中，当转轴传感器 X 方向朝向 A 区域永磁体时，α 为直角，B_x 绝对值分量最大，B_y 分量最小。当 B_y 趋近于零时

$$\frac{B_{y1}}{B_{x1}} = -\tan\beta \tag{4.144}$$

比较 B_{y1} 和 B_{x1} 的值，如果符号相反，则 β 为正，转轴位于 P_{2a}，否则转轴位于 P_{2b}。对于 $B_n > B_3$ 的情况同样适用。

在图 4.132 中，任取永磁体处在 $\varphi = 46°$，$\theta = 15°$ 的中心位置，根据此时转轴在不同位置下传感器返回的数据进行测算，能确定此时转轴所在的真实位置。该算法能够有效地预防因为永磁体不能镶嵌在转轴内而带来的误差。

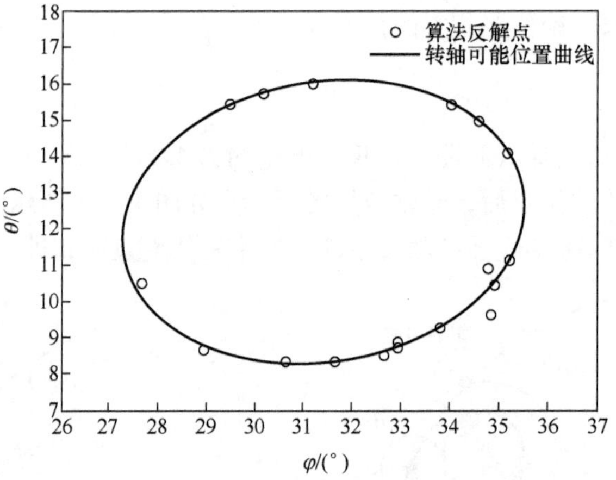

图 4.132 永磁体位于某位置下转轴可能的位置和计算出的位置

4.4.5 转子姿态磁敏检测方法的优缺点

磁敏检测方法利用三维霍尔式传感器和永磁体进行转子姿态检测，与其他几种方法相比，是转子姿态检测的另一种思路，虽然目前的检测还存在永磁体安装、测量误差等诸多问

题，但随着霍尔式传感器的更新迭代发展，测量误差可以通过选用体积更小、精度更高的微型传感器、球形电动机与检测装置的一体化设计、误差矫正等手段逐步得到解决。

4.5　本章小结

本章针对球形电动机的闭环控制需要，对永磁球形电动机姿态检测方法开展研究，主要有基于 MEMS 陀螺仪、基于机器视觉与图像技术、基于光学传感器、基于磁敏原理的姿态检测等。

基于 MEMS 的姿态检测方法是将陀螺仪安装于电动机输出轴，根据 MEMS 测得的角速度解算出转子的姿态信息；基于机器视觉与图像技术的姿态测量方法利用摄像机获得感兴趣目标的图像，根据三维几何关系解算出转子姿态；基于光学传感器的姿态检测方法，通过光学传感器检测辅助装置或转子的运动信息，从而间接得到球形转子的姿态信息；基于磁敏原理的姿态检测方法利用霍尔元件测量转轴附近的磁场变化，进而解算出转子姿态。

以上方法都属于非接触式姿态检测，其中基于 MEMS 的姿态检测方法已经使用于闭环控制中，取得了不错的效果。

关于永磁球形电动机的姿态检测，尚有如下问题需要解决：

1）无论是哪种姿态检测方法，都没有一个公认、可信、准确的位置信息可供检验，本章采用的是各种方法之间互相校验的方法，误差分析的结果还有待商榷。

2）几乎所有的姿态检测结果的准确性都依赖于检测装置本身的测量精度、结构大小、安装位置、电动机磁场及其他外界干扰等因素，尤其是球形电动机本体制造完成后，在输出轴、定子外壳等安装辅助装置，对电动机本体工作状态的影响不可忽略，解决方案是应该将姿态检测装置与电动机本体进行一体化设计、制造，尽可能消除姿态检测装置对电动机本体运动状态的影响。

3）从闭环控制和工业化应用的角度考虑，姿态检测的实时性和检测装置的体积、成本控制，也将是今后研究的重要内容。

相信随着传感器技术的发展，永磁球形电动机的姿态检测将在精度与速度上不断得到提高。

第5章　永磁球形电动机的运动控制

永磁球形电动机的运动控制研究是建立其完整理论体系的重要环节，也是决定其能否投入实际应用的关键技术之一。开展永磁球形电动机运动控制的研究，首先需要建立电动机驱动转矩和电动机运动的关系，除此之外还有一个关键问题，即如何使电动机按照使用者期望的轨迹进行高精度运动。本章首先基于运动学原理和动力学方程，研究三自由度永磁球形电动机驱动转矩和电动机运动的内在关系，建立机理模型；然后针对考虑模型不确定性和外界扰动的永磁球形电动机动力学模型，对闭环运动控制问题展开讨论研究，以适应模型不确定性和外界扰动为主要目标，提出一系列永磁球形电动机闭环运动控制算法。

5.1　运动学分析

永磁球形电动机是典型的刚体。从刚体运动的角度看，其转子运动包含 3 个自由度，即转子的复杂运动可以被视为 3 个自由度上基本运动的合成。从运动学的观点看，对任何运动的描述都是相对的，需要先建立参考坐标系。本节建立了永磁球形电动机运动的参考坐标系，并定义了旋转方式。在此基础上对永磁球形电动机的转子运动进行了正向、逆向运动学分析。

5.1.1　坐标系与旋转方式

以采用圆柱形永磁体的球形电动机为例，建立 3 个坐标系，分别为定子坐标系 $\{A\}$、转子坐标系$\{B\}$和输出轴末端坐标系$\{C\}$。

1. 定子坐标系 $\{A\}$

$O\text{-}XYZ$ 为定子坐标系，如图 5.1 所示，定子壳腔体球心为原点 O。由于永磁球形电动机的定子与转子同心装配，故定子壳腔体球心与转子球心位于同一点。定子坐标系满足右手定则，Z 轴垂直于上定子壳与下定子壳的重合面，为了便于描述 X 轴的方向，规定定子上某一个线圈的底面圆心与 OZ 轴形成的面为面 XOZ，进而 X 轴和 Y 轴方向可以被确定。需要注意的是，定子坐标系为固定坐标系，即无论转子如何运动，定子坐标系都在空间中恒定不变，所以，定子坐标系被选择为参考坐标系。

2. 转子坐标系 $\{B\}$

$O\text{-}zyx$ 为转子坐标系，如图 5.2 所示，转子球心为原点 O，满足右手定则。转子坐标系的 z 轴与转子输出轴重合。类似于定子坐标系的描述方法，规定转子上某一永磁体的底面圆心与 Oz 轴形成的面为面 xOz，进而 x 轴和 y 轴方向可以被确定。转子坐标系为动坐标系，即该坐标系中各轴方向随着转子的运动而变化。在初始状态下，转子坐标系与定子坐标系重合。

3. 输出轴末端坐标系

考虑到球形电动机的应用场景，输出轴末端通常存在负载或下一级连杆，这时输出轴末端位姿的描述也非常必要，为此建立了输出轴末端坐标系 $o\text{-}dqp$，如图 5.3 所示。输出轴末端坐标系的原点 o 位于输出轴末端，相当于将转子坐标系在空间内平移到输出轴末端。

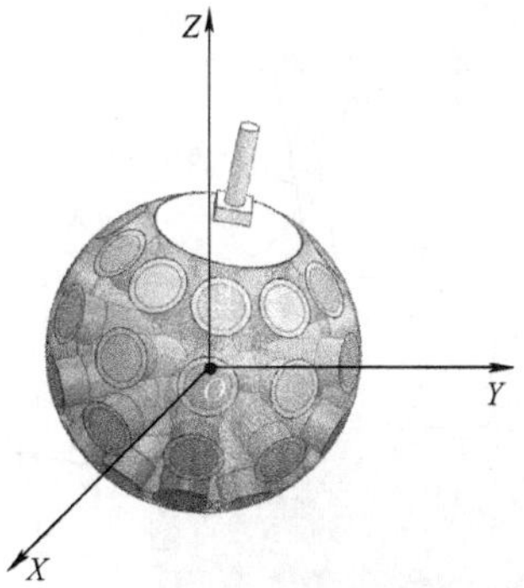

图 5.1　定子坐标系

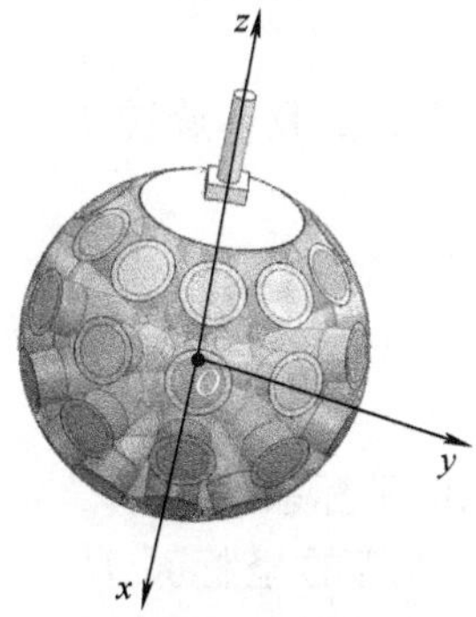

图 5.2　转子坐标系

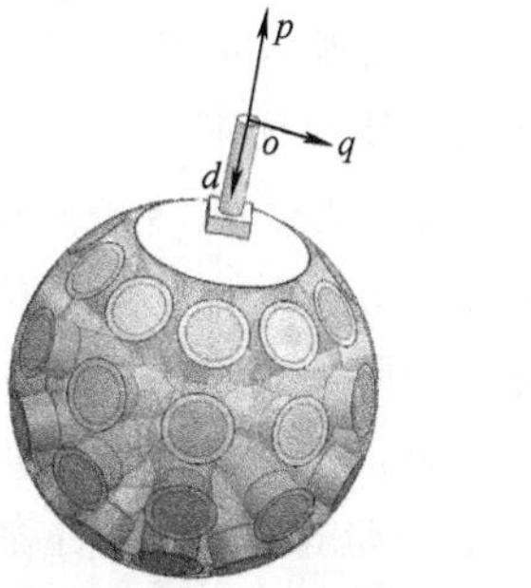

图 5.3　输出轴末端坐标系

容易发现，定子坐标系和转子坐标系的坐标原点相同，那么转子坐标系可以通过定子坐标系相对坐标轴的 3 次基本旋转得到，每次旋转的旋转角被称为广义欧拉角。考虑旋转轴和旋转顺序，3 次基本旋转有多达 24 种组合方式。本节采用了一组绕固定坐标系旋转的欧拉角 $\boldsymbol{\chi}=[\alpha,\ \beta,\ \gamma]^{\mathrm{T}}$ 来表示转子坐标系和定子坐标系的相对位置，旋转次序为 $X\text{-}Y\text{-}Z$，逆时针旋转为正向。

为使旋转变换的过程描述简便，这里引入基本旋转矩阵的概念。假设参考坐标系 $O\text{-}XYZ$ 绕 X 轴旋转 α，旋转后的新坐标系为 $O\text{-}X'Y'Z'$，如图 5.4 所示。

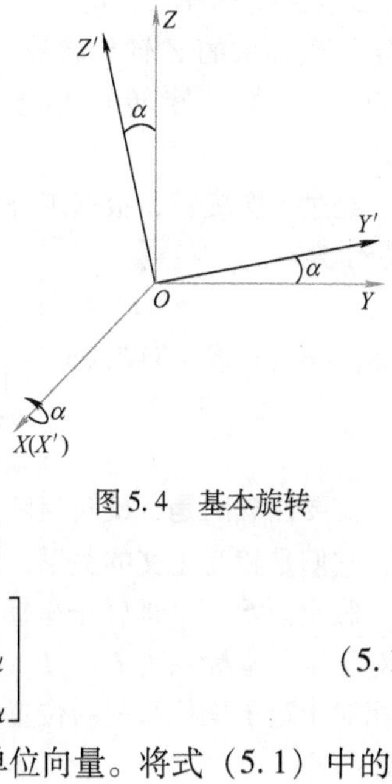

图 5.4　基本旋转

新坐标系的单位向量可以通过参考坐标系的分量来描述，即

$$\boldsymbol{X}'=\begin{bmatrix}1\\0\\0\end{bmatrix},\boldsymbol{Y}'=\begin{bmatrix}0\\\cos\alpha\\\sin\alpha\end{bmatrix},\boldsymbol{Z}'=\begin{bmatrix}0\\-\sin\alpha\\\cos\alpha\end{bmatrix} \tag{5.1}$$

其中，$\boldsymbol{X}'$、$\boldsymbol{Y}'$、$\boldsymbol{Z}'$为坐标系 $O\text{-}X'Y'Z'$相对于坐标系 $O\text{-}XYZ$ 的单位向量。将式（5.1）中的单位向量写成矩阵的形式，即可得到基本旋转矩阵

$$\boldsymbol{R}_x(\alpha)=\begin{bmatrix}1&0&0\\0&\cos\alpha&-\sin\alpha\\0&\sin\alpha&\cos\alpha\end{bmatrix} \tag{5.2}$$

类似地，可以得到绕 Y 轴旋转 β 的基本旋转矩阵为

$$\boldsymbol{R}_y(\beta)=\begin{bmatrix}\cos\beta&0&\sin\beta\\0&1&0\\-\sin\beta&0&\cos\beta\end{bmatrix} \tag{5.3}$$

绕 Z 轴旋转 γ 的基本旋转矩阵为

$$\boldsymbol{R}_z(\gamma)=\begin{bmatrix}\cos\gamma & -\sin\gamma & 0\\ \sin\gamma & \cos\gamma & 0\\ 0 & 0 & 1\end{bmatrix} \tag{5.4}$$

这些基本旋转矩阵将有助于描述转子坐标系与定子坐标系的旋转变换过程。

总体旋转变换方式如图 5.5 所示，其具体旋转变换过程描述如下：

第一步，将转子坐标系绕定子坐标系的 X 轴旋转 α，得到新的坐标系 $O\text{-}X'Y'Z'$，这一旋转可由基本旋转矩阵 $\boldsymbol{R}_x(\alpha)$ 描述。

第二步，将第一次旋转后得到的坐标系 $O\text{-}X'Y'Z'$ 绕定子坐标系的 Y 轴旋转 β，得到新的坐标系 $O\text{-}X''Y''Z''$，这一旋转可由基本旋转矩阵 $\boldsymbol{R}_y(\beta)$ 描述。

第三步，将第二次旋转后得到的坐标系 $O\text{-}X''Y''Z''$ 绕定子坐标系的 Z 轴旋转 γ，得到最后的转子坐标系 $O\text{-}xyz$，这一旋转可由基本旋转矩阵 $\boldsymbol{R}_z(\gamma)$ 描述。

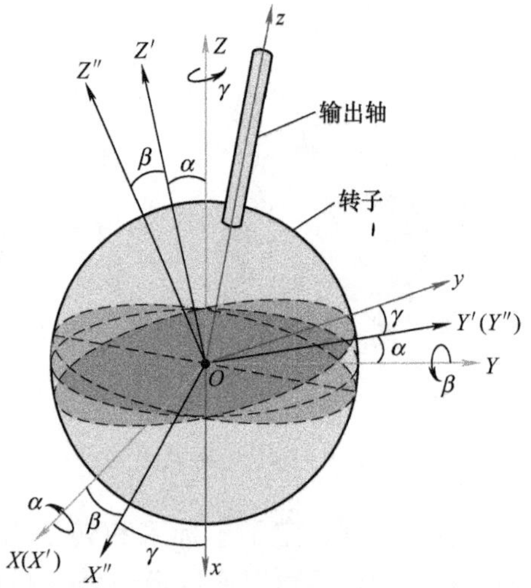

图 5.5 坐标系旋转变换

经过 3 次旋转，根据矩阵左乘原则，描述转子坐标系与定子坐标系相对关系的旋转矩阵 ${}_B^A\boldsymbol{R}_\chi$ 为

$${}_B^A\boldsymbol{R}_\chi=\boldsymbol{R}_z(\gamma)\boldsymbol{R}_y(\beta)\boldsymbol{R}_x(\alpha)=\begin{bmatrix}\cos\beta\cos\gamma & \sin\alpha\sin\beta\cos\gamma-\cos\alpha\sin\gamma & \cos\alpha\sin\beta\cos\gamma+\sin\alpha\sin\gamma\\ \cos\beta\sin\gamma & \sin\alpha\sin\beta\sin\gamma+\cos\alpha\cos\gamma & \cos\alpha\sin\beta\sin\gamma-\sin\alpha\cos\gamma\\ -\sin\beta & \sin\alpha\cos\beta & \cos\alpha\cos\beta\end{bmatrix} \tag{5.5}$$

需要注意的是，旋转矩阵 ${}_B^A\boldsymbol{R}_\chi$ 的列向量分别为转子坐标系相对于定子坐标系的单位向量，它们是相互正交的关系，因此矩阵 ${}_B^A\boldsymbol{R}_\chi$ 为正交矩阵。

假设初始时（即转子坐标系与定子坐标系重合）转子坐标系中有一点 P，其位置向量相对于定子坐标系为 $\boldsymbol{P}=[P_x, P_y, P_z]^{\mathrm{T}}$，令 $\boldsymbol{P}'=[P_x', P_y', P_z']^{\mathrm{T}}$ 为该点随转子坐标系旋转后相对于定子坐标系的新位置向量。点 P' 的位置向量可以被描述为

$$\boldsymbol{P}'={}_B^A\boldsymbol{R}_\chi\boldsymbol{P} \tag{5.6}$$

利用转子和定子坐标系的变换关系，可以将转子坐标系中任意一点投影到定子坐标系中，得到该点在相对于定子坐标系的位置。用这种方法可以直观地描述转子上任一永磁体相对于定子坐标系的位置，进而描述电动机运行后转子永磁体与定子线圈的相对位置关系。

5.1.2 正向运动学分析

球形电动机的输出轴通常被设计为安装负载或执行器，这使输出轴末端位置和姿态（即位姿）的确定变得非常重要。利用正向运动学的分析方法，当一组欧拉角以及其相应的旋转变换方式被确定时，输出轴末端的位姿可以被唯一确定。

输出轴末端相对于定子坐标系的位姿是由输出轴末端坐标系的单位向量和其原点的位置向量来描述的。为了方便描述输出轴末端相对于定子坐标系的位姿，引入齐次变换矩阵${}_C^A\boldsymbol{T}_\chi \in \mathbb{R}^{4\times4}$来表示输出轴末端坐标系和定子坐标系的相对位置。齐次变换矩阵${}_C^A\boldsymbol{T}_\chi$ 的数学描述为

$$
{}_C^A\boldsymbol{T}_\chi=\begin{bmatrix} {}_C^A\boldsymbol{n}_\chi & {}_C^A\boldsymbol{s}_\chi & {}_C^A\boldsymbol{a}_\chi & {}_C^A\boldsymbol{p}_\chi \\ 0 & 0 & 0 & 1 \end{bmatrix} \tag{5.7}
$$

其中，${}_C^A\boldsymbol{n}_\chi, {}_C^A\boldsymbol{s}_\chi, {}_C^A\boldsymbol{a}_\chi \in \mathbb{R}^3$为输出轴末端坐标系的单位向量，代表输出轴末端坐标系和定子坐标系的旋转关系；${}_C^A\boldsymbol{p}_\chi \in \mathbb{R}^3$为输出轴末端坐标系的原点相对于定子坐标系原点的位置向量，代表输出轴末端坐标系和定子坐标系的平移关系。为了方便后续描述，定义方向矩阵${}_C^A\boldsymbol{R}_\chi = [{}_C^A\boldsymbol{n}_\chi \quad {}_C^A\boldsymbol{s}_\chi \quad {}_C^A\boldsymbol{a}_\chi] \in \mathbb{R}^{3\times3}$。

由于输出轴末端和转子是固定连接的关系，不难发现，输出轴末端坐标系的单位向量与转子坐标系的单位向量相同，则由${}_C^A\boldsymbol{n}_\chi$，${}_C^A\boldsymbol{s}_\chi$，${}_C^A\boldsymbol{a}_\chi$ 组成的方向矩阵${}_C^A\boldsymbol{R}_\chi$ 与式（5.5）描述的旋转矩阵${}_B^A\boldsymbol{R}_\chi$ 相同。假设转子坐标系原点到输出轴末端坐标系原点的距离为 l，如图 5.6 所示，则描述输出轴末端位姿的齐次变换矩阵为

$$
\begin{aligned}
{}_C^A\boldsymbol{T}_\chi &= \begin{bmatrix} {}_C^A\boldsymbol{R}_\chi & {}_C^A\boldsymbol{p}_\chi \\ 0 & 1 \end{bmatrix} \\
&= \begin{bmatrix} \cos\beta\cos\gamma & \sin\alpha\sin\beta\cos\gamma-\cos\alpha\sin\gamma & \cos\alpha\sin\beta\cos\gamma+\sin\alpha\sin\gamma & (\cos\alpha\sin\beta\cos\gamma+\sin\alpha\sin\gamma)l \\ \cos\beta\sin\gamma & \sin\alpha\sin\beta\sin\gamma+\cos\alpha\cos\gamma & \cos\alpha\sin\beta\sin\gamma-\sin\alpha\cos\gamma & (\cos\alpha\sin\beta\sin\gamma-\sin\alpha\cos\gamma)l \\ -\sin\beta & \sin\alpha\cos\beta & \cos\alpha\cos\beta & l\cos\alpha\cos\beta \\ 0 & 0 & 0 & 1 \end{bmatrix}
\end{aligned} \tag{5.8}
$$

其中，${}_C^A\boldsymbol{R}_\chi$ 代表输出轴末端的姿态，${}_C^A\boldsymbol{p}_\chi$ 代表输出轴末端的位置。当给定欧拉角和输出轴末端与转子球心的距离时，输出轴末端相对于定子坐标系的位姿可以被确定。

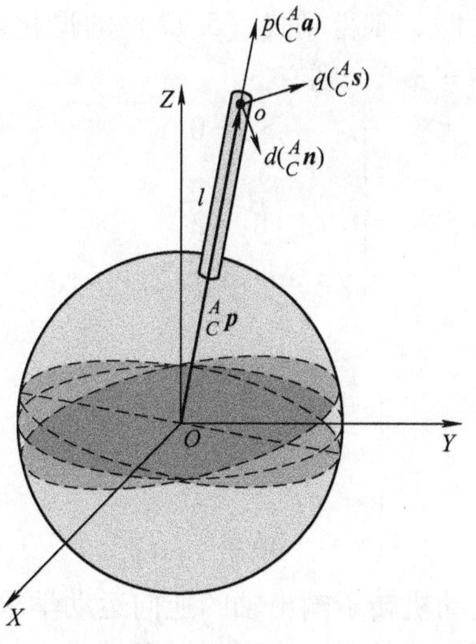

图 5.6　输出轴末端坐标系的位置与方向描述

5.1.3 逆向运动学分析

正向运动学分析建立了转子绕各轴的转动变量与输出轴末端位置、方向之间的函数关系。逆向运动学分析则恰恰相反，它解决由给定输出轴末端的位置、方向推算相应的转动变量的问题。这一问题的求解在球形电动机的轨迹规划、位置检测等方面具有重要意义。在实际应用中，球形电动机的输出轴通常会被要求运动到某一处，这时需要逆向运动学求解，将终点信息转换为转子绕各轴的独立运动，使得期望的运动能够得到执行。

对于本书研究的永磁球形电动机，其正运动学方程由式（5.8）给出。由于输出轴末端到转子球心的距离 l 固定不变，所以其逆向运动学求解只需寻找相应于输出轴末端方向矩阵 $\boldsymbol{R}_\chi \in \mathbb{R}^{3\times3}$ 的欧拉角 α、β、γ 即可。当 $\boldsymbol{R}_\chi$ 已经通过给定、直接测量或间接计算得到，有

$$\boldsymbol{R}_\chi = \begin{bmatrix} r_{11} & r_{12} & r_{13} \\ r_{21} & r_{22} & r_{23} \\ r_{31} & r_{32} & r_{33} \end{bmatrix} \tag{5.9}$$

通过比较 $\boldsymbol{R}_\chi$ 在正向运动学方程式（5.8）中的表达式，可以得到

$$\cos\beta = \pm\sqrt{r_{11}^2 + r_{21}^2} \tag{5.10}$$

在工程应用中，通常规定 $\beta \in [-\pi/2,\ \pi/2]$，故

$$\cos\beta = \sqrt{r_{11}^2 + r_{21}^2} \tag{5.11}$$

当 $\cos\beta \neq 0$，即 $\beta \in (-\pi/2,\ \pi/2)$ 时，则有

$$\begin{gathered} \alpha = \arctan(r_{21}, r_{11}) \\ \beta = \arctan\left(-r_{31}, \sqrt{r_{11}^2 + r_{21}^2}\right) \\ \gamma = \arctan(r_{32}, r_{33}) \end{gathered} \tag{5.12}$$

其中，$\arctan(y,\ x)$ 为双变量反正切函数。

当 $\cos\beta = 0$，即 $\beta = \pm\pi/2$ 时，则得到式（5.12）的退化解。此时，只能确定 α 和 γ 的和或差。通常选择 $\alpha = 0$，若 $\beta = \pi/2$，则有

$$\begin{cases} \alpha = 0 \\ \beta = \dfrac{\pi}{2} \\ \gamma = \arctan(r_{12}, r_{22}) \end{cases} \tag{5.13}$$

若 $\beta = -\pi/2$，则有

$$\begin{cases} \alpha = 0 \\ \beta = -\dfrac{\pi}{2} \\ \gamma = -\arctan(r_{12}, r_{22}) \end{cases} \tag{5.14}$$

以上分析即为永磁球形电动机转子输出轴的逆向运动学求解，当输出轴的起点和终点位姿信息给定时，完成由起点到终点的运动过程可以通过式（5.12）~式（5.14）转换为其绕各轴的独立运动过程。

5.2 动力学分析

永磁球形电动机的动力学分析及动力学模型的建立对其运动仿真、运动控制算法的设计都具有重要作用。由于本书研究的永磁球形电动机的定子是固定的，所以对其动力学模型的研究分析仅针对转子进行。永磁球形电动机的动力学模型揭示了施加在转子上的力矩与转子运动的关系，它是永磁球形电动机运动轨迹规划和运动控制的基础。基于动力学模型的永磁球形电动机运动仿真可以在无须真实物理系统的条件下，实现运动轨迹规划和运动控制策略技术的测试研究。本节首先给出定子坐标系下的转动变量角速度，然后采用拉格朗日公式的方法推导建立永磁球形电动机转子的动力学模型。拉格朗日公式的概念简单且系统，适用于独立转动变量不多的永磁球形电动机。

5.2.1 欧拉角速度与转子角速度

在动力学模型的研究中，需要考虑转子相对于定子坐标系各轴的转动角速度，将其定义为转子角速度 $\boldsymbol{\omega}=[\omega_x,\ \omega_y,\ \omega_z]^{\mathrm{T}}$。5.1 节中将转子转动描述为转子绕三轴的独立转动的总和，并选择了合适的旋转方式，确定了 3 个转动变量 α、β、γ，称之为欧拉角 $\boldsymbol{\chi}=[\alpha,\ \beta,\ \gamma]^{\mathrm{T}}$，相应的有欧拉角速度 $\dot{\boldsymbol{\chi}}=[\dot{\alpha},\ \dot{\beta},\ \dot{\gamma}]^{\mathrm{T}}$。需要注意的是，欧拉角 α、β、γ 之间存在转动次序，直接将其微分处理后并不能描述转子最终投影到定子坐标系上的转子角速度 $\boldsymbol{\omega}$。所以欧拉角速度并不等价于转子角速度。下面将讨论如何利用欧拉角和旋转矩阵描述转子角速度。

为了表征转子角速度，首先要考虑旋转矩阵 ${}_B^A\boldsymbol{R}_\chi$ 关于时间的导数。根据 ${}_B^A\boldsymbol{R}_\chi$ 的正交性，容易得到

$$ {}_B^A\boldsymbol{R}_\chi(t)\,{}_B^A\boldsymbol{R}_\chi^{\mathrm{T}}(t)=\boldsymbol{I} \tag{5.15} $$

其中，$\boldsymbol{I}\in\mathbb{R}^{3\times3}$ 为单位矩阵。对式（5.15）进行关于时间的求导，得到

$$ {}_B^A\dot{\boldsymbol{R}}_\chi(t)\,{}_B^A\boldsymbol{R}_\chi^{\mathrm{T}}(t)+{}_B^A\boldsymbol{R}_\chi(t)\,{}_B^A\dot{\boldsymbol{R}}_\chi^{\mathrm{T}}(t)=\mathbf{O} \tag{5.16} $$

定义矩阵算子

$$ \boldsymbol{S}(t)={}_B^A\dot{\boldsymbol{R}}_\chi(t)\,{}_B^A\boldsymbol{R}_\chi^{\mathrm{T}}(t) \tag{5.17} $$

根据式（5.15），则有

$$ \boldsymbol{S}(t)+\boldsymbol{S}^{\mathrm{T}}(t)=\mathbf{O} \tag{5.18} $$

所以，$\boldsymbol{S}(t)$ 为反对称矩阵。在式（5.17）两边同时右乘 ${}_B^A\boldsymbol{R}_\chi(t)$，结合 ${}_B^A\boldsymbol{R}_\chi(t)$ 的正交性，可以得到

$$ \boldsymbol{S}(t)\,{}_B^A\boldsymbol{R}_\chi(t)={}_B^A\dot{\boldsymbol{R}}_\chi(t) \tag{5.19} $$

式（5.19）通过算子 $\boldsymbol{S}(t)$ 将 ${}_B^A\boldsymbol{R}_\chi(t)$ 和 ${}_B^A\dot{\boldsymbol{R}}_\chi(t)$ 联系起来，这在下面的分析中将起到重要的作用。

考虑向量 ${}^B\boldsymbol{p}$ 相对于转子坐标系 $\{B\}$ 是不变的，若转子坐标系 $\{B\}$ 随着时间转动，则 ${}^B\boldsymbol{p}$ 投影于定子坐标系 $\{A\}$ 的向量 ${}^A\boldsymbol{p}$ 可以被描述为

$$ {}^A\boldsymbol{p}={}_B^A\boldsymbol{R}_\chi(t)\,{}^B\boldsymbol{p} \tag{5.20} $$

由于 ${}^B\boldsymbol{p}$ 相对于 $\{B\}$ 不变，所以在式（5.20）中为常值，那么，式（5.20）对时间求

导可得

$$ {}^{A}\dot{\boldsymbol{p}} = {}_{B}^{A}\dot{\boldsymbol{R}}_{\chi}(t)\,{}^{B}\boldsymbol{p} \tag{5.21} $$

结合式（5.19），可得

$$ {}^{A}\dot{\boldsymbol{p}}(t) = \boldsymbol{S}(t)\,{}_{B}^{A}\boldsymbol{R}_{\chi}(t)\,{}^{B}\boldsymbol{p} \tag{5.22} $$

定义 $\boldsymbol{\omega}(t) \in \mathbb{R}^3$ 为 t 时刻的转子角速度，即转子坐标系 $\{B\}$ 投影到定子坐标系 $\{A\}$ 的角速度，根据力学知识容易知道

$$ {}^{A}\dot{\boldsymbol{p}}(t) = \boldsymbol{\omega}(t) \times {}_{B}^{A}\boldsymbol{R}_{\chi}(t)\,{}^{B}\boldsymbol{p} \tag{5.23} $$

结合式（5.22）与式（5.23）可以看出，矩阵算子 $\boldsymbol{S}(t)$ 描述了向量 $\boldsymbol{\omega}(t)$ 和 ${}_{B}^{A}\boldsymbol{R}_{\chi}(t)$ 之间的向量积。根据向量积的计算法则，令

$$ \boldsymbol{S}(t) = \begin{bmatrix} 0 & -\omega_z & \omega_y \\ \omega_z & 0 & -\omega_x \\ -\omega_y & \omega_x & 0 \end{bmatrix} \tag{5.24} $$

得到

$$ \boldsymbol{S}(t)\,{}_{B}^{A}\boldsymbol{R}_{\chi}(t) = \boldsymbol{\omega}(t) \times {}_{B}^{A}\boldsymbol{R}_{\chi}(t) \tag{5.25} $$

在式（5.19）两边同时右乘 ${}_{B}^{A}\boldsymbol{R}_{\chi}^{\mathrm{T}}(t)$，可以得到

$$ \boldsymbol{S}(t) = {}_{B}^{A}\dot{\boldsymbol{R}}_{\chi}(t)\,{}_{B}^{A}\boldsymbol{R}_{\chi}^{\mathrm{T}}(t) \tag{5.26} $$

即

$$ {}_{B}^{A}\dot{\boldsymbol{R}}_{\chi}(t)\,{}_{B}^{A}\boldsymbol{R}_{\chi}^{\mathrm{T}}(t) = \begin{bmatrix} 0 & -\omega_z & \omega_y \\ \omega_z & 0 & -\omega_x \\ -\omega_y & \omega_x & 0 \end{bmatrix} \tag{5.27} $$

进一步化简，可以得到

$$ \begin{cases} \omega_x = \dot{r}_{31}r_{21} + \dot{r}_{32}r_{22} + \dot{r}_{33}r_{23} \\ \omega_y = \dot{r}_{11}r_{31} + \dot{r}_{12}r_{32} + \dot{r}_{13}r_{33} \\ \omega_z = \dot{r}_{21}r_{11} + \dot{r}_{22}r_{12} + \dot{r}_{23}r_{13} \end{cases} \tag{5.28} $$

其中，$r_{ij}(i,\ j=1,\ 2,\ 3)$ 表示旋转矩阵 ${}_{B}^{A}\boldsymbol{R}_{\chi}$ 中相应位置上的元素。将 ${}_{B}^{A}\boldsymbol{R}_{\chi}$ 代入式（5.28），并写成矩阵形式，可以得到

$$ \boldsymbol{\omega} = \begin{bmatrix} \omega_x \\ \omega_y \\ \omega_z \end{bmatrix} = \begin{bmatrix} \cos\beta\cos\gamma & -\sin\gamma & 0 \\ \cos\beta\sin\gamma & \cos\gamma & 0 \\ -\sin\beta & 0 & 1 \end{bmatrix} \begin{bmatrix} \dot{\alpha} \\ \dot{\beta} \\ \dot{\gamma} \end{bmatrix} \tag{5.29} $$

式（5.29）即为永磁球形电动机的转子角速度矩阵。

5.2.2 永磁球形电动机转子动力学模型

采用拉格朗日公式，永磁球形电动机转子的运动方程可以独立地在定子坐标系的系统方式下推导。机械系统的拉格朗日函数在广义坐标系中定义为

$$ \mathcal{L} = \mathcal{T} - \mathcal{U} \tag{5.30} $$

式中，$\mathcal{T}$为系统总动能；$\mathcal{U}$为系统总势能。

拉格朗日方程表达为

$$\frac{\mathrm{d}}{\mathrm{d}x}\left(\frac{\partial \mathcal{L}}{\partial \dot{q}_i}\right)-\frac{\partial \mathcal{L}}{\partial q_i}=\xi_i \quad i=1,2,\cdots,n \tag{5.31}$$

其中，q_i 为广义坐标，ξ_i 为与广义坐标 q_i 相关的广义力。式（5.31）可以进一步用向量写成

$$\frac{\mathrm{d}}{\mathrm{d}x}\left(\frac{\partial \mathcal{L}}{\partial \dot{\boldsymbol{q}}}\right)^{\mathrm{T}}-\left(\frac{\partial \mathcal{L}}{\partial \boldsymbol{q}}\right)^{\mathrm{T}}=\boldsymbol{\xi} \tag{5.32}$$

其中，$\boldsymbol{q}\in\mathbb{R}^n$表示广义坐标系，$\boldsymbol{\xi}\in\mathbb{R}^n$表示与广义坐标系对应的广义力向量。

对于本书研究的永磁球形电动机来说，广义坐标系 $\boldsymbol{q}$ 由 3 个独立转动变量欧拉角 α、β、γ 构成，即 $\boldsymbol{q}=[q_1,\ q_2,\ q_3]^{\mathrm{T}}=[\alpha,\ \beta,\ \gamma]^{\mathrm{T}}$。广义力向量 $\boldsymbol{\xi}\in\mathbb{R}^3$ 由电磁作用产生的电磁力矩（驱动力矩）$\boldsymbol{\tau}=[\tau_1,\ \tau_2,\ \tau_3]^{\mathrm{T}}$、转子与定子支撑结构接触时产生的摩擦力矩 $\boldsymbol{\tau}_f=[\tau_{f1},\ \tau_{f2},\ \tau_{f3}]^{\mathrm{T}}$ 以及由负载、环境等因素造成的扰动力矩 $\boldsymbol{\tau}_{\mathrm{d}}=[\tau_{\mathrm{d1}},\ \tau_{\mathrm{d2}},\ \tau_{\mathrm{d3}}]^{\mathrm{T}}$ 构成。由于永磁球形电动机转子为单刚体，所以系统总势能 $\mathcal{U}$ 为 0。通过以上解释，针对永磁球形电动机转子的拉格朗日方程可以写为

$$\frac{\mathrm{d}}{\mathrm{d}x}\left(\frac{\partial \mathcal{T}}{\partial \dot{\boldsymbol{q}}}\right)^{\mathrm{T}}-\left(\frac{\partial \mathcal{T}}{\partial \boldsymbol{q}}\right)^{\mathrm{T}}=\boldsymbol{\tau}-\boldsymbol{\tau}_f+\boldsymbol{\tau}_{\mathrm{d}} \tag{5.33}$$

永磁球形电动机转子的总动能可由绕每个轴运动的总和给出，即

$$\mathcal{T}=\frac{1}{2}\boldsymbol{\omega}^{\mathrm{T}}\boldsymbol{J}\boldsymbol{\omega} \tag{5.34}$$

其中，$\boldsymbol{J}$ 表示与质心相关的转子惯性张量。由于转子坐标系 $\{B\}$ 的轴与转子的惯性中心轴一致，所以转子惯性张量 $\boldsymbol{J}$ 是对角矩阵，其表达式为

$$\boldsymbol{J}=\begin{bmatrix} J_{xx} & 0 & 0 \\ 0 & J_{yy} & 0 \\ 0 & 0 & J_{zz} \end{bmatrix} \tag{5.35}$$

其中，J_{xx}、J_{yy}、J_{zz} 为转子的主转动惯量。考虑永磁球形电动机转子上有一位置向量为 $\boldsymbol{p}^*$ 的微元，它与位置向量为 $\boldsymbol{p}_{\mathrm{c}}$ 的转子质心都在参考坐标系下表示，有

$$\boldsymbol{r}^*=[r_x \quad r_y \quad r_z]^{\mathrm{T}}=\boldsymbol{p}^*-\boldsymbol{p}_{\mathrm{c}} \tag{5.36}$$

那么，转子的主转动惯量可以由式（5.38）得到。

$$J_{xx}=\int_{V_{\mathrm{r}}}(r_y^2+r_z^2)\rho\mathrm{d}V \tag{5.37}$$

$$J_{yy}=\int_{V_{\mathrm{r}}}(r_x^2+r_z^2)\rho\mathrm{d}V \tag{5.38}$$

$$J_{zz}=\int_{V_{\mathrm{r}}}(r_y^2+r_z^2)\rho\mathrm{d}V \tag{5.39}$$

其中，ρ 为体积微元 $\mathrm{d}V$ 的密度，V_{r} 为转子的体积。由于永磁球形电动机转子的结构关于 z 轴对称，所以主转动惯量有

$$J_{xx}=J_{yy}\neq J_{zz} \tag{5.40}$$

在本书中，令 $J_{xy}=J_{xx}=J_{yy}$。

将式（5.29）和式（5.35）代入式（5.25），可以得到

$$\mathcal{T}=\frac{1}{2}[J_{xx}(\dot{\alpha}\cos\beta\cos\gamma-\dot{\beta}\sin\gamma)^2+J_{yy}(\dot{\alpha}\cos\beta\sin\gamma+\dot{\beta}\cos\gamma)^2+J_{zz}(-\dot{\alpha}\sin\beta+\dot{\gamma})] \tag{5.41}$$

将式（5.41）代入式（5.33），并利用性质化简式（5.40），可以得到

$$(J_{xy}\cos^2\beta+J_{zz}\sin^2\beta)\ddot{\alpha}-\ddot{\gamma}J_{zz}\sin\beta+2(J_{zz}-J_{xy})\dot{\alpha}\dot{\beta}\cos\beta\sin\beta-J_{zz}\dot{\beta}\dot{\gamma}\cos\beta=\tau_1-\tau_{f1}+\tau_{d1} \tag{5.42}$$

$$J_{xy}\ddot{\beta}-(J_{zz}-J_{xy})\dot{\alpha}^2\cos\beta\sin\beta+\dot{\alpha}\dot{\gamma}J_{zz}\cos\beta=\tau_2-\tau_{f2}+\tau_{d2} \tag{5.43}$$

$$J_{zz}\ddot{\gamma}-J_{zz}\dot{\alpha}\dot{\beta}\cos\beta-J_{zz}\ddot{\alpha}\sin\beta=\tau_3-\tau_{f3}+\tau_{d3} \tag{5.44}$$

将式（5.42）~式（5.44）写成矩阵形式，即

$$\boldsymbol{M}(\boldsymbol{q})\ddot{\boldsymbol{q}}+\boldsymbol{C}(\boldsymbol{q},\dot{\boldsymbol{q}})\dot{\boldsymbol{q}}+\boldsymbol{\tau}_f=\boldsymbol{\tau}+\boldsymbol{\tau}_{\mathrm{d}} \tag{5.45}$$

其中，$\boldsymbol{M}(\boldsymbol{q})\in\mathbb{R}^{3\times3}$表示惯性矩阵，$\boldsymbol{C}(\boldsymbol{q},\dot{\boldsymbol{q}})\in\mathbb{R}^{3\times3}$表示哥氏力与离心力。$\boldsymbol{M}(\boldsymbol{q})$ 和 $\boldsymbol{C}(\boldsymbol{q},\dot{\boldsymbol{q}})$ 的表达式为

$$\boldsymbol{M}(\boldsymbol{q})=\begin{bmatrix}J_{xy}\cos^2\beta+J_{zz}\sin^2\beta & 0 & -J_{zz}\sin\beta\\ 0 & J_{xy} & 0\\ -J_{zz}\sin\beta & 0 & J_{zz}\end{bmatrix} \tag{5.46}$$

$$\boldsymbol{C}(\boldsymbol{q},\dot{\boldsymbol{q}})=\begin{bmatrix}(J_{zz}-J_{xy})\dot{\beta}\cos\beta\sin\beta & (J_{zz}-J_{xy})\dot{\alpha}\cos\beta\sin\beta & -J_{zz}\dot{\beta}\cos\beta\\ -(J_{zz}-J_{xy})\dot{\alpha}\cos\beta\sin\beta & 0 & J_{zz}\dot{\alpha}\cos\beta\\ 0 & -J_{zz}\dot{\alpha}\cos\beta & 0\end{bmatrix} \tag{5.47}$$

式（5.45）~式（5.47）即为基于拉格朗日公式的永磁球形电动机转子动力学模型。

式（5.45）描述的动力学模型虽然考虑了摩擦、扰动因素，但并没有包含电动机本体的模型不确定性。在电动机的加工制造、实际运行中，模型不确定性是始终存在的，在控制策略的研究中也需要考虑。

模型不确定性对转子动力学模型的影响主要体现在惯性矩阵 $\boldsymbol{M}(\boldsymbol{q})$ 和哥氏力与离心力矩阵 $\boldsymbol{C}(\boldsymbol{q},\dot{\boldsymbol{q}})$ 上。为了方便之后研究的描述，将式（5.46）描述的惯性矩阵定义为名义的惯性矩阵 $\boldsymbol{M}_{\mathrm{n}}(\boldsymbol{q})$；类似的，将式（5.47）描述的哥氏力与离心力矩阵定义为名义的哥氏力与离心力矩阵 $\boldsymbol{C}_{\mathrm{n}}(\boldsymbol{q},\dot{\boldsymbol{q}})$。定义模型不确定因素为 $\Delta\boldsymbol{M}(\boldsymbol{q})$ 和 $\Delta\boldsymbol{C}(\boldsymbol{q},\dot{\boldsymbol{q}})$，则有

$$\boldsymbol{M}(\boldsymbol{q})=\boldsymbol{M}_{\mathrm{n}}(\boldsymbol{q})+\Delta\boldsymbol{M}(\boldsymbol{q}) \tag{5.48}$$

$$\boldsymbol{C}(\boldsymbol{q},\dot{\boldsymbol{q}})=\boldsymbol{C}_{\mathrm{n}}(\boldsymbol{q},\dot{\boldsymbol{q}})+\Delta\boldsymbol{C}(\boldsymbol{q},\dot{\boldsymbol{q}}) \tag{5.49}$$

其中，$\boldsymbol{M}(\boldsymbol{q})$ 和 $\boldsymbol{C}(\boldsymbol{q},\dot{\boldsymbol{q}})$ 表示含有模型不确定性的惯性矩阵和哥氏力与离心力矩阵。那么，考虑模型不确定性的永磁球形电动机转子动力学模型可以写为

$$\boldsymbol{M}_{\mathrm{n}}(\boldsymbol{q})\ddot{\boldsymbol{q}}+\boldsymbol{C}_{\mathrm{n}}(\boldsymbol{q},\dot{\boldsymbol{q}})\dot{\boldsymbol{q}}+\boldsymbol{\tau}_f=\boldsymbol{\tau}+\boldsymbol{\tau}_{\mathrm{d}}+\boldsymbol{L} \tag{5.50}$$

其中，$\boldsymbol{L}=-\Delta\boldsymbol{M}(\boldsymbol{q})\ddot{\boldsymbol{q}}-\Delta\boldsymbol{C}(\boldsymbol{q},\dot{\boldsymbol{q}})\dot{\boldsymbol{q}}\in\mathbb{R}^3$。

5.2.3 永磁球形电动机转子动力学模型的典型性质

式(5.45)~式(5.47) 所描述的永磁球形电动机转子动力学模型含有一些重要性质，这

些性质有助于在后续研究中开发控制算法、进行动力学参数辨识等。下面将介绍动力学模型中最为重要的3个性质：反对称性、有界性和参数线性。

1. 反对称性

值得注意的是，实际上存在多个矩阵 $\boldsymbol{C}(\boldsymbol{q},\dot{\boldsymbol{q}})$，其元素均可满足式（5.42）~式（5.44），所以矩阵 $\boldsymbol{C}(\boldsymbol{q},\dot{\boldsymbol{q}})$ 并不唯一。这里对矩阵 $\boldsymbol{C}$ 的选择满足

$$\boldsymbol{N}(\boldsymbol{q},\dot{\boldsymbol{q}})=\dot{\boldsymbol{M}}(\boldsymbol{q})-2\boldsymbol{C}(\boldsymbol{q},\dot{\boldsymbol{q}}) \tag{5.51}$$

其中，$\boldsymbol{N}(\boldsymbol{q},\dot{\boldsymbol{q}})$ 为反对称矩阵。即给定任意 $\boldsymbol{x}\in\boldsymbol{R}^3$，都满足

$$\boldsymbol{x}^{\mathrm{T}}\boldsymbol{N}(\boldsymbol{q},\dot{\boldsymbol{q}})\boldsymbol{x}=0 \tag{5.52}$$

2. 有界性

式（5.46）描述的惯性矩阵 $\boldsymbol{M}(\boldsymbol{q})$ 是正定且对称的。即给定任意 $\boldsymbol{x}\in\mathbb{R}^3$，存在 $\lambda_1>0$，$\lambda_2>0$ 满足

$$\lambda_1\|\boldsymbol{x}\|^2\leqslant\boldsymbol{x}^{\mathrm{T}}\boldsymbol{M}(\boldsymbol{q})\boldsymbol{x}\leqslant\lambda_2\|\boldsymbol{x}\|^2 \tag{5.53}$$

3. 参数线性

存在一个依赖于永磁球形电动机转子动力学参数的向量 $\boldsymbol{\Theta}\in\mathbb{R}^n$ 和函数 $\boldsymbol{Y}(\boldsymbol{q},\dot{\boldsymbol{q}},\ddot{\boldsymbol{q}})\in\mathbb{R}^{3\times n}$，使得 $\boldsymbol{M}(\boldsymbol{q})$ 和 $\boldsymbol{C}(\boldsymbol{q},\dot{\boldsymbol{q}})$ 满足

$$\boldsymbol{M}(\boldsymbol{q})\ddot{\boldsymbol{q}}+\boldsymbol{C}(\boldsymbol{q},\dot{\boldsymbol{q}})\dot{\boldsymbol{q}}=\boldsymbol{Y}(\boldsymbol{q},\dot{\boldsymbol{q}},\ddot{\boldsymbol{q}})\boldsymbol{\Theta} \tag{5.54}$$

其中，函数 $\boldsymbol{Y}(\boldsymbol{q},\dot{\boldsymbol{q}},\ddot{\boldsymbol{q}})$ 被称为回归矩阵，向量 $\boldsymbol{\Theta}$ 为恒值参数向量。

5.3　永磁球形电动机的驱动电流求解

球形电动机驱动电流的求解问题对运动学控制至关重要。第3章已经讨论了永磁球形电动机的力矩产生机理以及计算模型，解决了已知驱动电流求驱动力矩的问题；在运动控制中，则需要解决已知驱动（控制）力矩逆向求解驱动电流的问题。因为电动机设计上永磁体和线圈数目的冗余性，驱动电流的解往往是不唯一的。并且，球形电动机机体具有不同结构，其力矩模型也存在差异。本节讨论具有空心线圈结构的永磁球形电动机的驱动电流的求解方法，该结构的永磁球形电动机除了定子线圈和永磁体，其他电动机部件使用的材料均为非导磁性材料，其力矩模型的建立可以使用线性叠加原理。

5.3.1　广义逆矩阵求解驱动电流

基于叠加定理和电流-力矩线性相关的特性，第3章建立了由转矩贡献矩阵 $\boldsymbol{F}_{\mathrm{c}}$ 和驱动电流 $\boldsymbol{I}_{\mathrm{c}}$ 构成的永磁球形电动机力矩模型，如式（3.103）所示。由该力矩模型的形式可知，转矩贡献矩阵 $\boldsymbol{F}_{\mathrm{c}}$ 并不是可逆方阵。根据矩阵原理中线性方程组的求解性质可知，在给定转矩贡献矩阵 $\boldsymbol{F}_{\mathrm{c}}$ 和转矩 $\boldsymbol{\tau}$ 的情况下，驱动电流 $\boldsymbol{I}_{\mathrm{c}}$ 的解不唯一。为了解决这个问题，引入转矩贡献矩阵 $\boldsymbol{F}_{\mathrm{c}}$ 的广义逆矩阵参与运算，得到驱动电流 $\boldsymbol{I}_{\mathrm{c}}$ 唯一解的解算方程，如式（5.55）所示。

$$\boldsymbol{I}_{\mathrm{c}}=\frac{1}{N}\boldsymbol{F}_{\mathrm{c}}^{\mathrm{T}}(\boldsymbol{F}_{\mathrm{c}}\boldsymbol{F}_{\mathrm{c}}^{\mathrm{T}})^{-1}\boldsymbol{\tau} \tag{5.55}$$

其中，$F_c^T(F_cF_c^T)^{-1}$是转矩贡献矩阵 F_c 的伪逆矩阵。式（5.55）也被称为基于广义逆矩阵的永磁球形电动机力矩逆模型，由控制算法得到的控制力矩信号需要借助该模型转换成驱动器需要的驱动电流信号。

5.3.2 优化算法逆向求解驱动电流

基于广义逆矩阵求解驱动电流的方法虽然可以得到唯一的电流解，但并没有考虑该电流解的合理性和优越性。事实上，驱动电流的分配方案与硬件环境关系紧密，在求解时往往要考虑实际的约束条件。本节运用转矩解析模型，结合粒子群算法，设定输出转矩等为优化目标，所有线圈的加载电流为优化变量，对电动机驱动电流求解并进行最优化处理，同时对电流解向量进行了降维处理，在兼顾求解精度和速度的条件下，对算法参数进行选择。

1. 球形电动机驱动电流逆向求解模型

粒子群算法由于其操作简单，在多目标优化、模糊控制、人工智能等领域得到了广泛应用，尤其是其运算量少，处理速度快的特点，容易满足在线实时控制的需求。因此本节将采用粒子群算法作为核心算法，建立对永磁球形电动机驱动电流逆向求解模型。流程如图 5.7 所示。

基本的电流求解过程可以描述为：设定转子在特定姿态时输出的三自由度转矩 $\boldsymbol{T}_S=[T_{SX},\ T_{SY},\ T_{SZ}]^T$ 为优化目标，以 24 个线圈的输入电流组成的电流向量 $\boldsymbol{I}=[I_1,\ I_2,\ \cdots,\ I_{24}]^T$ 为优化变量，将初始化的电流向量输入转矩计算模型，计算得到对应的输出转矩 $\boldsymbol{T}'_S=[T'_{SX},\ T'_{SY},\ T'_{SZ}]^T$，通过粒子群算法调整电流向量数值，直至计算得到的输出转矩 $\boldsymbol{T}'_S$与目标转矩 $\boldsymbol{T}_S$ 满足一定的精度，对应的电流向量即可认为是需要求解的驱动电流。由于转矩的数值由电流计算而来，电流的解根据转矩进行优化得到，因此称为逆向求解模型。

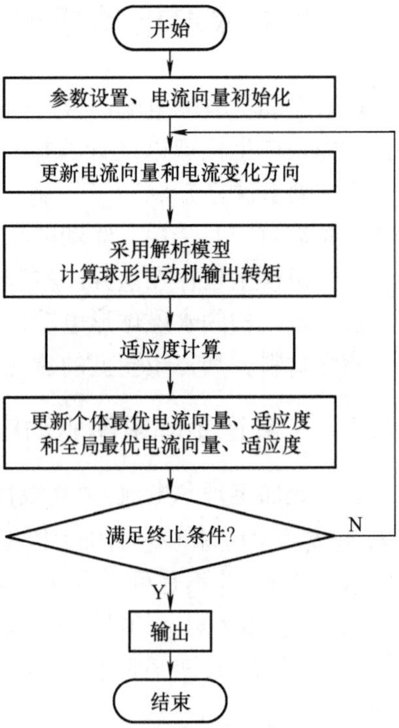

图 5.7 基于粒子群算法的球形电动机驱动电流逆向求解模型流程图

2. 粒子群算法参数设置

粒子群算法作为一种随机概率算法，其参数设置对算法的优化效率有显著的影响。根据求解问题的特征和现实条件，基本参数的初步设置如下：

（1）粒子维度 根据以 24 个线圈输入电流为求解问题前提，每个粒子的维数初步设置为 24。

（2）粒子定义域及分辨率 根据实验使用驱动电路板的输出特性，每个线圈的允许输入电流在 ±3A 之间（此值由驱动电路输出能力的不同而不同），粒子向量每一维的定义域均为［－3A，3A］。驱动板上位机的电流大小控制采用 8 位二进制数编码，可控电流分辨率为 3/256A＝0.012A，因此每一维电流数值保留两位小数输出。

（3）学习因子 c_1、c_2 依据经验选择为 2。

（4）惯性权重 采用下降惯性权重，设置 ω 数值在0.4~0.9 范围内随迭代线性下降。

（5）适应度评价函数 粒子的适应度评价函数是确定全局最优粒子 $p_{i\text{best}}$ 和个体最优粒子 g_{best}，从而控制搜索进程的关键。“适应度（fitness）”的名称继承自遗传算法（GA）中概念，类似生物个体对于所处自然环境的适应程度。适应度越高的个体，其交叉操作得到的后代更容易找到问题的最优解。因此遗传算法的筛选操作即是按照与适应度高低正比的概率选取父代个体，以这个高适应度个体的编码进行交叉变异操作生成子代种群的过程。由于适应度的高低最终体现在个体被选中的概率上，遗传算法要求个体的适应度非负，且越优秀个体的适应度越高。而粒子群算法中，个体及全局最优位置的统计采用直接比较，而非概率的方式获得，理论上并没有数值非负或优秀个体适应度更高的要求，可以有负值的适应度，或者以越低的适应度筛选出更优位置。根据输出转矩尽可能接近目标转矩的要求，采用以目标转矩与计算转矩之间误差为评价方法。考虑到目标转矩或计算转矩会出现零值，如果采用误差百分比可能会遇到分母为零的情况，于是采用设计适应度函数，即

$$\text{fitness1} = \max(\| T_{SX} - T'_{SX} \|, \| T_{SY} - T'_{SY} \|, \| T_{SZ} - T'_{SZ} \|) \tag{5.56}$$

即以三自由度转矩目标值与计算值差值的绝对值中最大值作为判断个体位置优劣的标准。采用这样的设置，显然理想最优解的适应度为零，个体和全局最优位置应该按照最小值统计。

（6）转矩计算模型 第3章提出了两种球形电动机转矩计算模型，一种模型的磁感应强度与洛伦兹力要通过定积分计算得到，且两个积分之间存在嵌套关系，另一种模型先预存转矩 Map 图后采用插值后坐标变换方法得到输出转矩。先预设粒子个数为20，不设粒子速度限值，设定迭代次数，分别采用两种转矩模型进行驱动电流求解。两种方案的计算时长对比见表5.1，可见采用双积分模型进行电流求解，在实时性上是不现实的。因此本节后续的电流求解均基于转矩的插值模型进行。

表5.1 两种转矩模型不同迭代次数的耗时对比

迭代次数	50	100	150	200
双积分模型	3760s	7711s	11319s	14646s
插值模型	146ms	298ms	442ms	560ms

（7）粒子最大速度 根据电流定义域，得到迭代次数与全局最优适应度值关系如图5.8所示。通过对比可以看到，当最大速度限值设置为±1.5A 即定义域的25%时，由于过于强调全局搜索能力，最优个体的适应度在迭代一开始快速下降。但相应的代价是局部搜索能力下降，因此后半程全局最优适应度的变化极慢，并最终没有降至零。反之，将速度限值设定过高，为±7.5A 时，种群很快聚集在局部，很长时间才跳出局部最优区域，表现为最优个体的适应度下降速度最慢。多条曲线对比之后，最大速度设置为±6.0A 时，最优个体的适应度下降速度较快，并最早降至零，因此粒子最大速度限值设置为±6.0A 最为合适。

（8）种群大小和迭代次数 对于大多数优化问题，粒子群的大小为10~20已经足够，特别复杂的问题需要采用更高的粒子数目。分别采用10、20、…、60个粒子组成种群，记录全局最优适应度随迭代次数的曲线关系如图5.9所示。可见在种群大小为30时，算法收敛最快。同时由图5.8可见终止条件设置为50代左右，计算转矩与目标转矩的误差就已经微乎其微。

具体测试采用粒子群算法逆向求解驱动电流的实际效果。假设将永磁球形电动机的转子

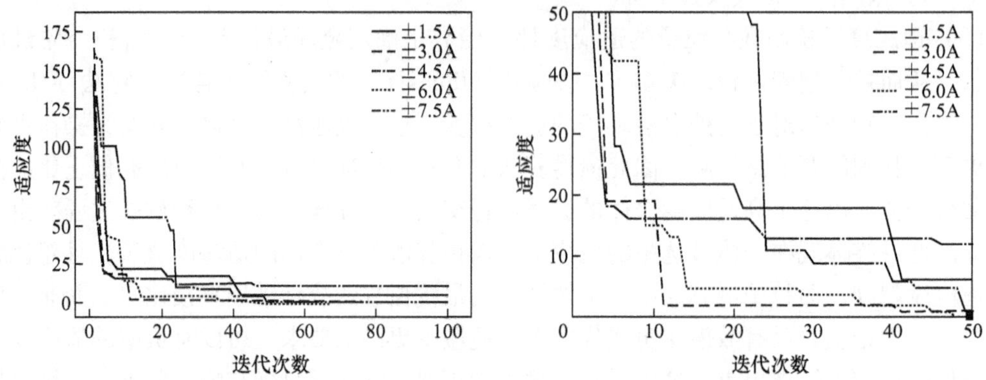

a) 全域图　　b) 局部放大

图 5.8　最大速度与全局最优适应度随迭代次数关系

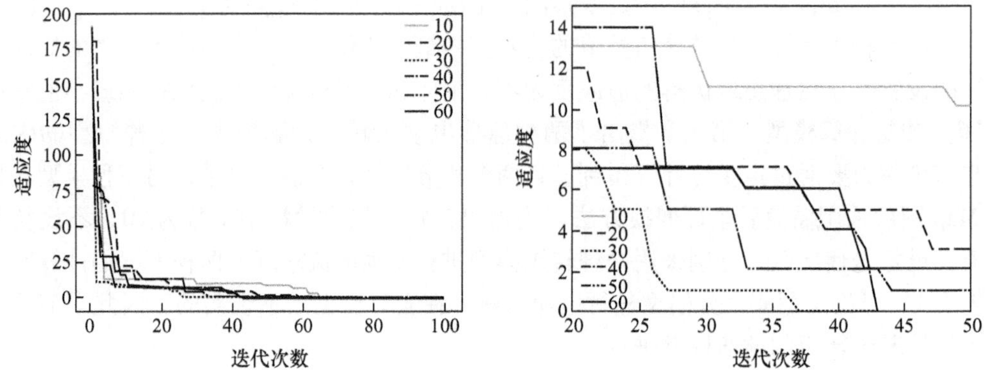

a) 全域图　　b) 局部放大

图 5.9　种群大小与全局最优适应度关系

置于外部旋转顺序和角度为 Z30° - Y20° - X10°的姿态下，需要产生 $\boldsymbol{T}_{\mathrm{S}}=[T_{SX},\ T_{SY},\ T_{SZ}]^{\mathrm{T}}=$ [100mN · m，200mN · m，300mN · m] 的转矩。采用上文分析得到的最适宜参数设置，与式（5.56）所示的适应度函数控制搜索方向，求解结果见表 5.2。

表 5.2　Z30（300） - Y20（200） - X10（100）驱动电流计算结果

I_1	I_2	I_3	I_4	I_5	I_6	I_7	I_8	I_9	I_{10}	I_{11}	I_{12}
3.00A	-3.00A	-3.00A	-3.00A	-3.00A	3.00A	-3.00A	0.95A	-3.00A	-3.00A	3.00A	-3.00A
I_{13}	I_{14}	I_{15}	I_{16}	I_{17}	I_{18}	I_{19}	I_{20}	I_{21}	I_{22}	I_{23}	I_{24}
-2.98A	-3.00A	-1.32A	3.00A	-3.00A	-3.00A	-3.00A	-3.00A	-1.54A	-3.00A	3.00A	3.00A

T_X/误差	T_Y/误差	T_Z/误差	I_{RMS}	耗时
102mN · m/2mN · m	201mN · m/1mN · m	299mN · m/-1mN · m	2.84A	265ms

结果显示计算得到的驱动电流可以产生足够精确的电磁转矩，误差最大的 X 轴转矩，目标值与计算值之间误差仅为 2mN · m，X 轴和 Z 轴误差为 1mN · m。然而从图 2.7 中定子线圈在磁场中位置的对称性可见，所有上层线圈的驱动效果都可以由球心对称处的线圈替代或者抵消。表 5.2 中，I_3 和 I_9 均为 -3A，在电源允许的情况下，完全可以由线圈

3 或者线圈 9 单独施加一个 6A 的电流来替代这两个电流，同样的情况还有 I_4 和 I_{10}。而 I_1 与 I_7 产生转矩的驱动效果则是完全抵消的，即这两个线圈完全没有必要施加电流，同样的情况还有 I_5 和 I_{11}、I_6 和 I_{12} 这两对电流，I_2 和 I_8 这两个电流也存在驱动效果部分抵消的问题。

3. 保证转矩的同时降低电流方均根值

由表 5.2 的计算结果可见，单独满足转矩要求的通电策略会给电源和控制器增加不必要的负担。对此可以对适应度函数进行改进：在确保计算转矩接近目标转矩的同时，所有线圈电流的方均根值最小，对应的适应度函数表达式如式（5.57）所示。式中转矩误差绝对值中最大值部分用以保证输出转矩的经度，后面 24 个电流方均根值加 1 用以控制向总电流更小的方向搜索。为排除电流全零造成适应度值最低的情况被误识别为最优解，对电流方均根值做出加 1 处理。

$$\text{fitness2} = \max(\| T_{SX} - T'_{SX} \|, \| T_{SY} - T'_{SY} \|, \| T_{SZ} - T'_{SZ} \|)\left(1 + \sqrt{\frac{1}{24}\sum_{i=1}^{24} I_i^2}\right) \tag{5.57}$$

在其他参数设置不变的条件下，同样对于 Z30° - Y20° - X10°姿态下，产生 $\boldsymbol{T}_S = [T_{SX}, T_{SY}, T_{SZ}]^T = [100\text{mN}\cdot\text{m}, 200\text{mN}\cdot\text{m}, 300\text{mN}\cdot\text{m}]$ 的目标转矩情况所需驱动电流进行求解，结果见表 5.3。

表 5.3 保证转矩并使电流方均根值最低策略的计算结果

I_1	I_2	I_3	I_4	I_5	I_6	I_7	I_8	I_9	I_{10}	I_{11}	I_{12}
0.72A	-1.02A	2.36A	1.72A	0.79A	-3.00A	-3.00A	-1.91A	-0.87A	-1.20A	3.00A	-0.75A
I_{13}	I_{14}	I_{15}	I_{16}	I_{17}	I_{18}	I_{19}	I_{20}	I_{21}	I_{22}	I_{23}	I_{24}
-1.85A	-1.27A	-1.92A	-0.29A	3.00A	0.14A	-3.00A	-3.00A	-1.40A	-1.81A	3.00A	0.28A

T_X/误差	T_Y/误差	T_Z/误差	I_{RMS}	耗时
96mN·m/-4mN·m	208mN·m/4mN·m	295mN·m/-2mN·m	1.98A	288ms

对比表 5.2、表 5.3 中结果可见，在将驱动电流方均根值纳入优化目标之后，计算转矩的误差略有增大，但仍在 4% 以下。同时电流二次方和由原来的 2.84A 下降到了 1.98A，下降了 30%。但具体到各个线圈的电流情况，I_1 和 I_7 仍存在转矩抵消的问题，应该将 I_1 设为 0 而 I_7 设为 -3.00A + 0.72A = -2.28A。同样对于 I_3 和 I_9 这一对对称位置的电流，也应该将 I_9 设为 0 而 I_3 设为 2.36A - 0.87A = 1.49A，I_4 和 I_{10} 这一对对称位置的电流，也应该将 I_{10} 设为 0 而 I_4 设为 1.72A - 1.2A = 0.52A。而 I_2 和 I_8 这一对对称位置的电流，可以由 I_2 或 I_8 单独施加 2.93A 电流替代。由此可见，电流向量仍然存在冗余，电源负担还有下降的空间。

4. 电流向量降维处理并减少通电线圈数目

根据所研究永磁球形电动机电磁结构的对称性，定子上 1 ~ 6 号线圈的转矩产生效果与 7 ~ 12 号线圈相同，理论上这 12 个线圈的电流数值应该是两两相同的。可以利用这一特点将求解的电流矢量进行降维处理，将粒子的维度由 24 降低至 18。操作上仅对 7 ~ 24 号线圈的 18 个电流进行优化，然后令 $I_1 \sim I_6$ 对应等于 $I_7 \sim I_{12}$，即可得到所有 24 个线圈的电流数值。1 ~6 号线圈与 7 ~12 号线圈由于位置上明显的对称性，能够明显地发现它们产生转矩的相同性，或者反相电流所产生转矩的可抵消特点。除此之外，并不能排除还有其他非对称位置线圈对产生转矩无效，即很可能存在某个线圈产生转矩与另外一个或多个线圈产生转矩是相互抵消的。另一方面，由于任意姿态、目标转矩条件下驱动电流往往是多解的，从控制的角度上总希望能找到其中所需要用到线圈最少的通电方案。对此，这里采用式（5.58）所示适应度函数，控制驱动电流求解方向。其中适应度函数的分子表示目标转矩与计算转矩差值的二次方和，用以控制算法向输出目标转矩的方向搜索。分母中 N_i 在线圈 i 电流为零时等于1，线圈 i 电流不为零时等于0。即不需要通电的线圈越多，这个累加的数值越大，适应度函数的分母越大。因此适应度函数分母表示向通电线圈较少的方向搜索，同样为了避免出现分母为零的情况做了加 1 处理。

$$\begin{cases} \text{fitness3} = \dfrac{(T_X - T_{Xg})^2 + (T_Y - T_{Yg})^2 + (T_Z - T_{Zg})^2}{1 + \sum\limits_{i=1}^{24} N_i} \\ N_i = \begin{cases} 0 & I_i \neq 0 \\ 1 & I_i = 0 \end{cases} \end{cases} \tag{5.58}$$

采用前文算例进行测试，计算结果见表 5.4。

表 5.4 电流向量降维处理并减少通电线圈数目的计算结果

I_1	I_2	I_3	I_4	I_5	I_6	I_7	I_8	I_9	I_{10}	I_{11}	I_{12}
0	0	1.57A	0	1.59A	0	0	0	1.57A	0	1.59A	0
I_{13}	I_{14}	I_{15}	I_{16}	I_{17}	I_{18}	I_{19}	I_{20}	I_{21}	I_{22}	I_{23}	I_{24}
0	3	0	0	3A	0	0	3A	0	0	3A	0

T_X/误差	T_Y/误差	T_Z/误差	I_{RMS}	耗时
96mN · m/ -4mN · m	207mN · m/4mN · m	302mN · m/1mN · m	1.38A	276ms

计算结果看，采用式（5.58）所示适应度函数控制算法搜索进程，所得到的电流向量中，首先是 $I_1 \sim I_6$ 与 $I_7 \sim I_{12}$ 完全相同，不存在产生相互抵消转矩的无效电流。同时 $I_1 \sim I_{24}$ 中有 16 个电流数值为0，总电流的方均根值为 1.38A，相比于表 5.3，仅考虑满足转矩目标时求解结果中电流方均根值下降了 51%。

5.4 永磁球形电动机的运动控制算法

永磁球形电动机的设计研究之初，是希望它能成为一种可以替代机器人关节、减少传动冗余的多自由度伺服系统，后来经过多年发展，衍生出了多种结构不同、应用场景不同的球形电动机，但绝大多数本质上仍是作为控制机械元件运转的伺服系统。从伺服系统的角度来看，永磁球形电动机控制系统的目的是根据期望和实际物理量的误差计算出各方向的控制力矩，使电动机转子或转子输出轴的位置、速度等物理量能够跟踪给定的期望值。

永磁球形电动机的运动控制算法大致分为两类：一类不考虑数学模型，仅根据期望状态和实际状态的误差得到控制力矩；另一类考虑数学模型描述的非线性特点和内在耦合，根据非线性控制理论的相关知识设置控制器。不考虑数学模型的控制算法通常包括 PID 控制、PD 控制和 PI 控制，作为工程中最为常用的控制算法之一，它的优点在于控制器设计非常简单，工程实践中容易实现，但是它的缺点也是众所周知的，由于没有考虑模型的非线性，PD、PI 和 PID 控制难以保证被控对象具有良好动态品质，对扰动等不确定因素非常敏感，且需要较大的控制能量。

考虑数学模型的控制算法通常分为两种：一种仅考虑名义模型，一种考虑名义模型以及其他不确定性，如模型不确定性、环境扰动、摩擦力等。与大多数控制系统类似，确定了永磁球形电动机的机械结构以及相关参数后，可以根据力学理论得到包含动态特性的永磁球形电动机的名义模型，即不考虑模型不确定性和外界扰动的动力学方程，进而得到基于名义模型的运动控制算法。相较于 PD 算法，基于名义模型的控制算法已经对模型中的非线性和耦合给出了良好的解决方法。但很显然，名义模型仍然无法完全描述电动机实际运行中的状态，但在实际工程中，考虑不确定性的精确数学模型往往很难得到，对于未知的不确定性，往往采取近似表示的方法，将其添加到名义模型中，不确定因素通常包括：

1）模型不确定性，如装配误差、负载质量等物理上未知的部分。

2）非模型不确定性，如摩擦力、测量误差、高频和低频未建模动态、与环境交互时的扰动等。

对于这些不确定因素，自适应控制、鲁棒控制、摩擦补偿控制等方法会体现更为优秀的性能。永磁球形电动机作为伺服系统，其控制系统应该具备高精度、高鲁棒性的特点。下面将以克服不确定性为主要研究目标给出永磁球形电动机运动控制算法。

5.4.1　基于名义模型的永磁球形电动机 PD 控制算法

PD 控制算法是工程上非常常用的控制算法，它包含两个控制增益，分别对应于位置误差和速度误差，通过调整这两个控制增益来达到控制效果。

1. 系统描述与控制器设计

若忽略永磁球形电动机动力学模型中的不确定性，5.2 节推导的动力学方程可以简化为

$$\boldsymbol{M}_{\mathrm{n}}(\boldsymbol{q})\ddot{\boldsymbol{q}}+\boldsymbol{C}_{\mathrm{n}}(\boldsymbol{q},\dot{\boldsymbol{q}})\dot{\boldsymbol{q}}=\boldsymbol{u} \tag{5.59}$$

其中，$\boldsymbol{q}=[\alpha,\ \beta,\ \gamma]^{\mathrm{T}}\in\mathbb{R}^3$表示第 2 章引入的欧拉角位置，$\dot{\boldsymbol{q}}$和$\ddot{\boldsymbol{q}}$分别表示欧拉角角速度和角加速度，$\boldsymbol{u}\in\mathbb{R}^3$表示控制力矩，$\boldsymbol{M}_{\mathrm{n}}(\boldsymbol{q})\in\mathbb{R}^{3\times3}$表示名义的惯性矩阵，$\boldsymbol{C}_{\mathrm{n}}(\boldsymbol{q},\ \dot{\boldsymbol{q}})\in\mathbb{R}^{3\times3}$表示名义的哥氏力与离心力，其表达式见式（5.46）和式（5.47）。

引入状态变量$\boldsymbol{x}_1=\boldsymbol{q}$，$\boldsymbol{x}_2=\dot{\boldsymbol{q}}$，式（5.59）描述的动力学方程可以重新写为典型微分方程的形式，即

$$\begin{cases}\dot{\boldsymbol{x}}_1=\boldsymbol{x}_2\\ \dot{\boldsymbol{x}}_2=-\boldsymbol{M}_{\mathrm{n}}(\boldsymbol{x}_1)^{-1}\boldsymbol{C}_{\mathrm{n}}(\boldsymbol{x}_1,\boldsymbol{x}_2)\boldsymbol{x}_2+\boldsymbol{M}_{\mathrm{n}}(\boldsymbol{x}_1)^{-1}\boldsymbol{u}\end{cases} \tag{5.60}$$

对于式（5.59）描述的动态系统，定义$\boldsymbol{x}_{\mathrm{d}}$，$\dot{\boldsymbol{x}}_{\mathrm{d}}\in\mathbb{R}^3$分别为期望角位置和角速度，则该系统的误差方程可以表示为

$$\boldsymbol{e}_1=\boldsymbol{x}_1-\boldsymbol{x}_{\mathrm{d}} \tag{5.61}$$

$$\boldsymbol{e}_2=\boldsymbol{x}_2-\dot{\boldsymbol{x}}_{\mathrm{d}} \tag{5.62}$$

其中，e_1，$e_2 \in \mathbb{R}^3$分别为角位置误差和角速度误差。则系统的闭环误差微分方程为

$$\begin{cases}\dot{e}_1 = e_2 \\ \dot{e}_2 = M_n(x_1)^{-1}[u - C_n(x_1, x_2)x_2] - \ddot{x}_d\end{cases} \tag{5.63}$$

设计 PD 控制器为

$$u = M_n\ddot{x}_d + C_n\dot{x}_d - K_d e_2 - K_p e_1 \tag{5.64}$$

其中，$K_d = \mathrm{diag}(k_{d1}, k_{d2}, k_{d3})$，$K_p = \mathrm{diag}(k_{p1}, k_{p2}, k_{p3})$ 为控制增益矩阵，且 K_d、K_p 均为正定矩阵。这里，$M_n\ddot{x}_d$ 和 $C_n\dot{x}_d$ 包含了模型信息。由于考虑的动态系统是忽略不确定性的，所以此时的模型为名义模型。

系统控制框图如图 5.10 所示。

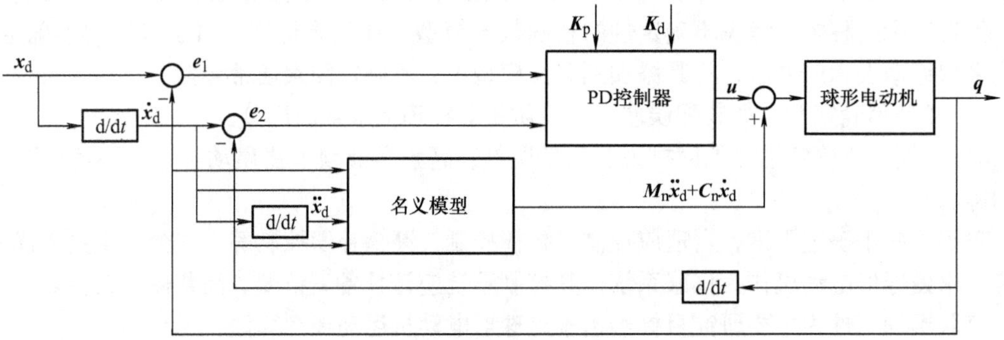

图 5.10 基于名义模型的 PD 控制算法系统控制框图

2. 稳定性分析

本节采用李雅普诺夫（Lyapunov）稳定性原理证明 PD 控制器的稳定性。

定义 Lyapunov 函数为

$$V = \frac{1}{2}e_2^{\mathrm{T}}M_n(x_1)e_2 + \frac{1}{2}e_1^{\mathrm{T}}K_p e_1 \tag{5.65}$$

根据 5.2.3 节描述的永磁球形电动机动力学模型的有界性，知道 $M_n(x_1)$ 是正定的，由于 K_p 也是正定的，所以 Lyapunov 函数 V 是全局正定的。

对式（5.65）求取关于时间 t 的导数，可以得到

$$\dot{V}(t) = e_2^{\mathrm{T}}M_n\dot{e}_2 + \frac{1}{2}e_2^{\mathrm{T}}\dot{M}_n e_2 + e_2^{\mathrm{T}}K_p e_1 \tag{5.66}$$

其中，M_n 为 $M_n(x_1)$ 的简写。根据 5.2.3 节描述的永磁球形电动机动力学模型的反对称性，可以得到 $e_2^{\mathrm{T}}\dot{M}_n e_2 = 2e_2^{\mathrm{T}}C_n e_2$，$C_n$ 为 $C_n(x_1, x_2)$ 的简写，则式（5.66）可以写为

$$\dot{V}(t) = e_2^{\mathrm{T}}M_n\dot{e}_2 + e_2^{\mathrm{T}}C_n e_2 + e_2^{\mathrm{T}}K_p e_1 = e_2^{\mathrm{T}}(M_n\dot{e}_2 + C_n e_2 + K_p e_1) \tag{5.67}$$

将式（5.61）~式（5.63）代入式（5.68），可以得到

$$\dot{V}(t) = e_2^{\mathrm{T}}(u - C_n\dot{x}_d - M_n\ddot{x}_d + K_p e_1) \tag{5.68}$$

将控制器（5.64）代入式（5.68），可以得到

$$\dot{V}(t) = -e_2^{\mathrm{T}}K_d e_2 \tag{5.69}$$

根据 Lyapunov 稳定性原理，可以知道该系统是全局渐进稳定的。

3. 仿真分析

为了对提出的控制器进行仿真实验，首先给出仿真中永磁球形电动机的相关参数和初始值。

根据永磁球形电动机样机的尺寸和材料，利用 COMSOL 多物理场仿真软件计算出永磁球形电动机的转动惯量为

$$J_{xy} = 0.01548\text{kg}\cdot\text{m}^2 \tag{5.70}$$

$$J_{zz} = 0.01571\text{kg}\cdot\text{m}^2 \tag{5.71}$$

设置期望的角位置轨迹为

$$\boldsymbol{x}_\text{d} = \begin{bmatrix}\alpha\\\beta\\\gamma\end{bmatrix} = \begin{bmatrix}\sin\pi t\\\cos\pi t\\1\end{bmatrix} \quad t\in[0,5] \tag{5.72}$$

设置实际角位置的初始值为

$$\boldsymbol{x}_1(0) = [0.5\quad 0.5\quad 0.5]^\text{T} \tag{5.73}$$

值得注意的是，在本节的仿真模型中没有对动力学模型添加不确定性，因为在稳定性分析中并没有对不确定性进行讨论。PD 控制器在考虑不确定性的模型中的表现将在后续与其他控制器的比较中体现。

选择控制器增益 $\boldsymbol{K}_\text{p}$ = diag(150，150，150)，$\boldsymbol{K}_\text{d}$ = diag(40，40，40)。仿真结果如图 5.11 ~ 图 5.13 所示。图 5.11 所示为角位置跟踪曲线。从图中可以看出，期望的 α、β、γ 均可以很好地被跟踪。图 5.12 所示为 3 个欧拉角的跟踪误差曲线。从图中可以看出，1.5s 后系统趋于稳定，稳态误差小于 0.01rad。增大 $\boldsymbol{K}_\text{p}$，稳态误差将随之减小。增大 $\boldsymbol{K}_\text{d}$，上升时间会随之减小。很明显，在不考虑不确定性的情况下，PD 控制器的精度是可以接受的。除此之外，控制力矩的大小也是需要考量的。因为实际的硬件设施所能输出的力矩通常是有限的。而 PD 控制器的缺点之一即为需要能量较大。图 5.13 所示为 3 个方向上控制力矩曲线。从图中可以看出，在起始位置，控制力矩超过了 70 N·m，这在实验平台上是很难实现的。容易想到，降低控制增益 $\boldsymbol{K}_\text{p}$、$\boldsymbol{K}_\text{d}$，起始时的控制力矩会随之下降，但同时稳态误差也会随之上升，动态响应也会随之变差。

5.4.2　考虑模型不确定性的永磁球形电动机自适应控制算法

5.4.1 节研究了基于 PD 的永磁球形电动机控制算法，该算法忽略了模型参数以及模型不确定性。但实际控制中，模型以及模型不确定性对控制过程的影响是必然存在的，设计控制器时如果忽略它们，那么设计出的控制器在鲁棒性、抗干扰性方面也必然存在一定劣势。

对于克服模型不确定性的问题，自适应控制是一个很好的选择。自适应控制适用于具有一定程度不确定性的系统，它能够修正自己的特性以适应对象动态特性的变化。自适应控制的研究始于 20 世纪 50 年代初期，它作为一种可以自动适应航天器动态特性变化的控制器，被用于高性能航天器自动驾驶仪的设计。20 世纪 90 年代，随着非线性控制的发展，自适应控制得到了更多的改进和应用，现在自适应控制被广泛用于航天、化工、机器人等领域，是一种在理论和实践中都被广泛认可的控制方法。利用 5.2.3 节描述的永磁球形电动机动力学模型可线性化的性质，可以将自适应控制应用到永磁球形电动机的运动控制上。

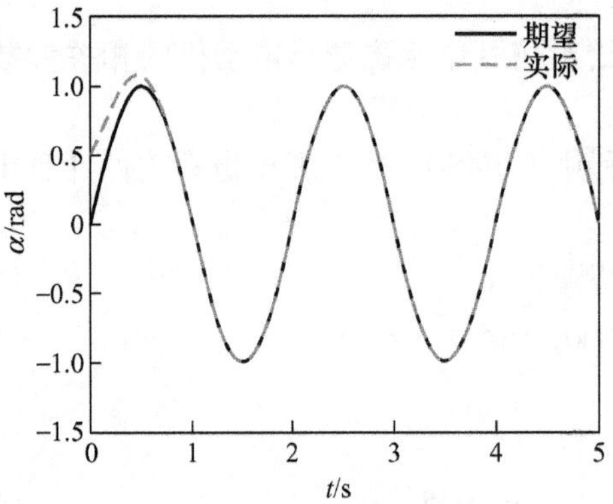

a) α跟踪曲线

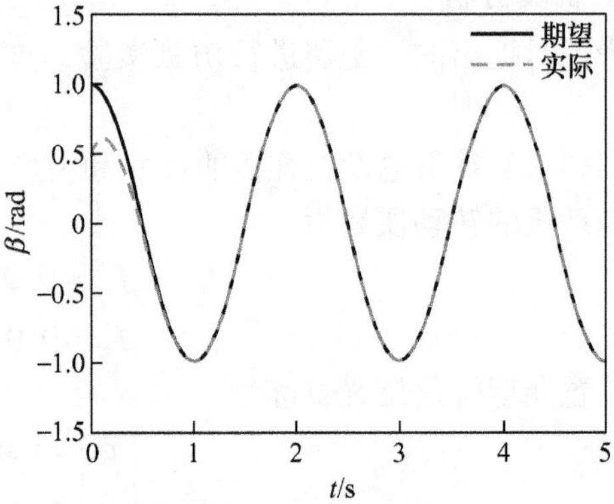

b) β跟踪曲线

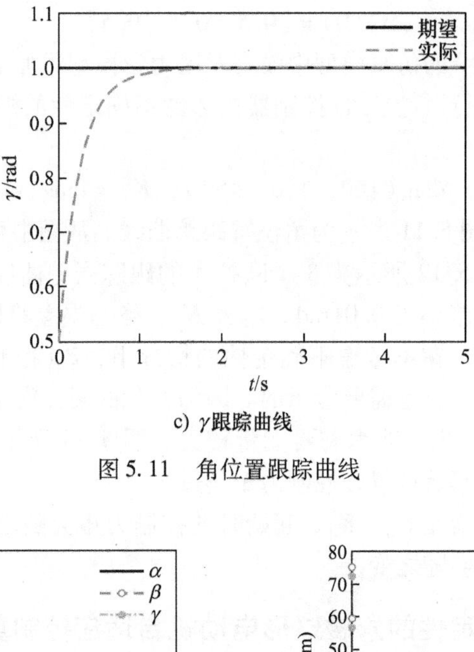

c) γ跟踪曲线

图 5.11 角位置跟踪曲线

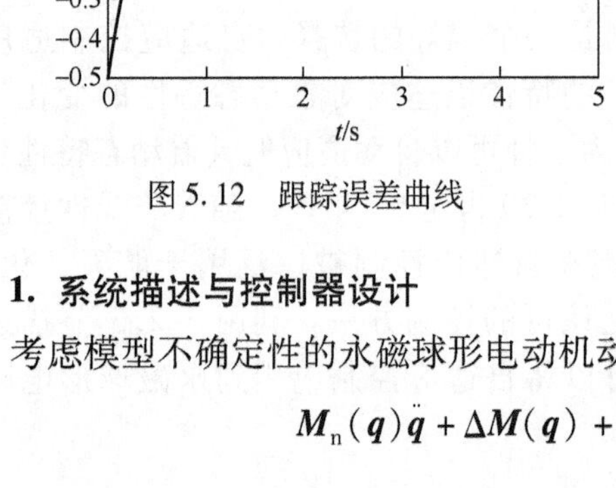

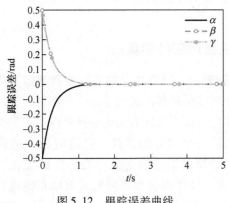

图 5.12 跟踪误差曲线

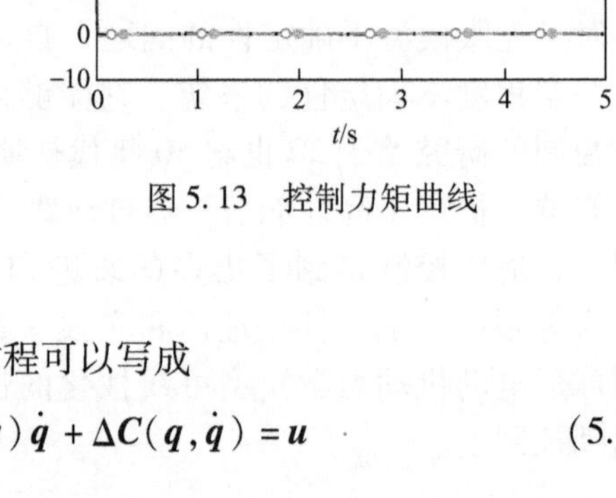

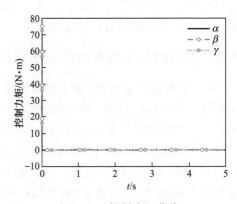

图 5.13 控制力矩曲线

1. 系统描述与控制器设计

考虑模型不确定性的永磁球形电动机动力学方程可以写成

$$\boldsymbol{M}_{\mathrm{n}}(\boldsymbol{q})\ddot{\boldsymbol{q}}+\Delta\boldsymbol{M}(\boldsymbol{q})+\boldsymbol{C}_{\mathrm{n}}(\boldsymbol{q},\dot{\boldsymbol{q}})\dot{\boldsymbol{q}}+\Delta\boldsymbol{C}(\boldsymbol{q},\dot{\boldsymbol{q}})=\boldsymbol{u} \tag{5.74}$$

其中，$\boldsymbol{M}_{\mathrm{n}}(\boldsymbol{q})$ 和 $\boldsymbol{C}_{\mathrm{n}}(\boldsymbol{q},\ \dot{\boldsymbol{q}})$ 为名义模型，$\Delta\boldsymbol{M}(\boldsymbol{q})$ 和 $\Delta\boldsymbol{C}(\boldsymbol{q},\ \dot{\boldsymbol{q}})$ 为模型不确定性。令 $\boldsymbol{M}(\boldsymbol{q})=\boldsymbol{M}_{\mathrm{n}}(\boldsymbol{q})+\Delta\boldsymbol{M}(\boldsymbol{q})$，$\boldsymbol{C}(\boldsymbol{q},\ \dot{\boldsymbol{q}})=\boldsymbol{C}_{\mathrm{n}}(\boldsymbol{q},\ \dot{\boldsymbol{q}})+\Delta\boldsymbol{C}(\boldsymbol{q},\ \dot{\boldsymbol{q}})$，则式（5.74）可以写为

$$\boldsymbol{M}(\boldsymbol{q})\ddot{\boldsymbol{q}}+\boldsymbol{C}(\boldsymbol{q},\dot{\boldsymbol{q}})\dot{\boldsymbol{q}}=\boldsymbol{u} \tag{5.75}$$

引入状态变量 $\boldsymbol{x}_1=\boldsymbol{q}$，$\boldsymbol{x}_2=\dot{\boldsymbol{q}}$，式（5.75）描述的动力学方程可以写为微分方程的形式，即

$$\begin{cases}\dot{\boldsymbol{x}}_1=\boldsymbol{x}_2\\ \dot{\boldsymbol{x}}_2=-\boldsymbol{M}(\boldsymbol{x}_1)^{-1}\boldsymbol{C}(\boldsymbol{x}_1,\boldsymbol{x}_2)\boldsymbol{x}_2+\boldsymbol{M}(\boldsymbol{x}_1)^{-1}\boldsymbol{u}\end{cases} \tag{5.76}$$

对于式（5.74）描述的动态系统，定义 $\boldsymbol{x}_{\mathrm{d}}$，$\dot{\boldsymbol{x}}_{\mathrm{d}}\in\mathbb{R}^3$分别为期望角位置和角速度，建立误差系统为

$$\boldsymbol{e}=\boldsymbol{x}_1-\boldsymbol{x}_{\mathrm{d}} \tag{5.77}$$

$$\boldsymbol{e}_{\mathrm{r}}=\dot{\boldsymbol{e}}+\boldsymbol{K}_{\mathrm{r}}\boldsymbol{e} \tag{5.78}$$

式中，$\boldsymbol{e}\in\mathbb{R}^3$表示角位置误差，$\boldsymbol{K}_{\mathrm{r}}=\mathrm{diag}(k_{\mathrm{r1}},\ k_{\mathrm{r2}},\ k_{\mathrm{r3}})\in\mathbb{R}^{3\times3}$为正定的反馈增益对角矩阵。

根据误差系统，引入参考变量

$$\dot{\boldsymbol{x}}_{\mathrm{r}}=\dot{\boldsymbol{x}}_{\mathrm{d}}-\boldsymbol{K}_{\mathrm{r}}\boldsymbol{e} \tag{5.79}$$

则

$$\boldsymbol{e}_{\mathrm{r}}=\boldsymbol{x}_2-\dot{\boldsymbol{x}}_{\mathrm{r}} \tag{5.80}$$

可以看出，参考误差 $\boldsymbol{e}_{\mathrm{r}}$ 同时包含了位置误差和速度误差的信息。当 $\boldsymbol{e}_{\mathrm{r}}$ 很小或者指数收敛到零时，$\boldsymbol{e}$ 也会很小或者指数收敛到零，即 $\boldsymbol{e}_{\mathrm{r}}$ 和 $\boldsymbol{e}$ 具有一致的收敛性。

根据式（5.80），可以得到参考误差 $\boldsymbol{e}_{\mathrm{r}}$ 的微分方程为

$$\dot{\boldsymbol{e}}_{\mathrm{r}}=\dot{\boldsymbol{x}}_2-\ddot{\boldsymbol{x}}_{\mathrm{r}} \tag{5.81}$$

代入式（5.76）和式（5.80），对式（5.80）进一步推导，可以得到

$$\begin{aligned}\dot{\boldsymbol{e}}_{\mathrm{r}}&=\boldsymbol{M}^{-1}\boldsymbol{u}-\boldsymbol{M}^{-1}\boldsymbol{C}\boldsymbol{x}_2-\ddot{\boldsymbol{x}}_{\mathrm{r}}\\&=\boldsymbol{M}^{-1}\boldsymbol{u}-\boldsymbol{M}^{-1}\boldsymbol{C}(\boldsymbol{e}_{\mathrm{r}}+\dot{\boldsymbol{x}}_{\mathrm{r}})-\ddot{\boldsymbol{x}}_{\mathrm{r}}\end{aligned} \tag{5.82}$$

式中，$\boldsymbol{M}$ 表示 $\boldsymbol{M}(\boldsymbol{x}_1)$，$\boldsymbol{C}$ 表示 $\boldsymbol{C}(\boldsymbol{x}_1,\ \boldsymbol{x}_2)$。

根据5.2.3节中式（5.54）描述的永磁球形电动机动力学模型的可线性化性质容易知道，存在一个回归矩阵 $\boldsymbol{Y}$ 和一个线性化参数向量 $\boldsymbol{\xi}$，满足

$$\boldsymbol{M}(\boldsymbol{x}_1)\ddot{\boldsymbol{x}}_{\mathrm{r}}+\boldsymbol{C}(\boldsymbol{x}_1,\boldsymbol{x}_2)\dot{\boldsymbol{x}}_{\mathrm{r}}=\boldsymbol{Y}(\boldsymbol{x}_1,\boldsymbol{x}_2,\dot{\boldsymbol{x}}_{\mathrm{r}},\ddot{\boldsymbol{x}}_{\mathrm{r}})\boldsymbol{\xi} \tag{5.83}$$

式中，$\boldsymbol{\xi}=[J_{xy},\ J_{zz}]^{\mathrm{T}}\in\mathbb{R}^2$为线性化参数向量，$\boldsymbol{Y}\in\mathbb{R}^{3\times2}$为关于 $\boldsymbol{\xi}$ 的回归矩阵，$\boldsymbol{Y}$ 是 $\boldsymbol{Y}(\boldsymbol{x}_1,\ \boldsymbol{x}_2,\ \dot{\boldsymbol{x}}_{\mathrm{r}},\ \ddot{\boldsymbol{x}}_{\mathrm{r}})$ 的简写。定义$\dot{\boldsymbol{x}}_{\mathrm{r}}=[\dot{x}_{\mathrm{r}\alpha},\ \dot{x}_{\mathrm{r}\beta},\ \dot{x}_{\mathrm{r}\gamma}]^{\mathrm{T}}$，回归矩阵 $\boldsymbol{Y}$ 的表达式为

$$\boldsymbol{Y}=\begin{bmatrix}Y_{11}&Y_{12}\\Y_{21}&Y_{22}\\Y_{31}&Y_{32}\end{bmatrix} \tag{5.84}$$

其中

$$\begin{cases} Y_{11} = \cos^2\beta\,\ddot{x}_{r\alpha} - \dot{\beta}\cos\beta\sin\beta\,\dot{x}_{r\alpha} - \dot{\alpha}\cos\beta\sin\beta\,\dot{x}_{r\beta} \\ Y_{12} = \sin^2\beta\,\ddot{x}_{r\beta} + \sin\beta\,\ddot{x}_{r\gamma} + \dot{\beta}\cos\beta\sin\beta\,\dot{x}_{r\alpha} + \dot{\alpha}\cos\beta\sin\beta\,\dot{x}_{r\beta} + \dot{\beta}\cos\beta\,\dot{x}_{r\gamma} \\ Y_{21} = \ddot{x}_{r\beta} + \dot{\alpha}\cos\beta\sin\beta\,\dot{x}_{r\alpha} \\ Y_{22} = -\dot{\alpha}\cos\beta\sin\beta\,\dot{x}_{r\alpha} - \dot{\alpha}\cos\beta\,\dot{x}_{r\gamma} \\ Y_{31} = 0 \\ Y_{32} = \sin\beta\,\ddot{x}_{r\alpha} + \ddot{x}_{r\gamma} + \dot{\alpha}\cos\beta\,\dot{x}_{r\beta} \end{cases} \tag{5.85}$$

通过这种线性化的方式，可以采用自适应控制器，在线估计线性化参数 $\boldsymbol{\xi}$，来达到对包含模型不确定性的永磁球形电动机动力学模型的估计。

设计控制器为

$$\boldsymbol{u} = \boldsymbol{Y}\hat{\boldsymbol{\xi}} - \boldsymbol{K}_d \boldsymbol{e}_r \tag{5.86}$$

式中，$\boldsymbol{K}_d \in \mathbb{R}^{3\times3}$ 为正定的增益对角矩阵；$\hat{\boldsymbol{\xi}} \in \mathbb{R}^2$ 为线性化参数 $\boldsymbol{\xi}$ 的估计值，它由估计值的更新律获得。

定义估计误差 $\tilde{\boldsymbol{\xi}} = \hat{\boldsymbol{\xi}} - \boldsymbol{\xi}$，则估计值的更新律可以设计为

$$\dot{\hat{\boldsymbol{\xi}}} = -\boldsymbol{\Gamma}\boldsymbol{Y}^{\mathrm{T}}\boldsymbol{e}_r \tag{5.87}$$

式中，$\boldsymbol{\Gamma} \in \mathbb{R}^{2\times2}$ 为正定的增益对角矩阵。

该系统的控制流程图如图 5.14 所示。

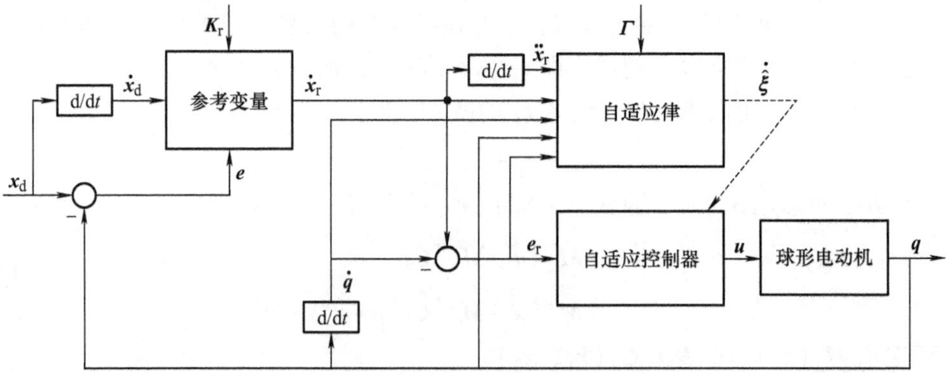

图 5.14 自适应控制算法控制流程图

2. 稳定性分析

采用 Lyapunov 稳定性原理证明采用控制器式（5.86）和更新律式（5.87）的运动控制系统的稳定性。

定义 Lyapunov 函数为

$$V(t) = \frac{1}{2}\boldsymbol{e}_r^{\mathrm{T}}\boldsymbol{M}\boldsymbol{e}_r + \frac{1}{2}\tilde{\boldsymbol{\xi}}^{\mathrm{T}}\boldsymbol{\Gamma}^{-1}\tilde{\boldsymbol{\xi}} \tag{5.88}$$

式（5.8）对时间 t 求导，可以得到

$$\dot{V}(t) = \boldsymbol{e}_r^{\mathrm{T}}\boldsymbol{M}\dot{\boldsymbol{e}}_r + \frac{1}{2}\boldsymbol{e}_r^{\mathrm{T}}\dot{\boldsymbol{M}}\boldsymbol{e}_r + \dot{\hat{\boldsymbol{\xi}}}^{\mathrm{T}}\boldsymbol{\Gamma}^{-1}\tilde{\boldsymbol{\xi}} \tag{5.89}$$

根据5.2.3节中的反对称性，式（5.90）可以进一步推导为

$$\dot{V}(t)=\boldsymbol{e}_{\mathrm{r}}^{\mathrm{T}}(\boldsymbol{M}\dot{\boldsymbol{e}}_{\mathrm{r}}+\boldsymbol{C}\boldsymbol{e}_{\mathrm{r}})+\dot{\hat{\boldsymbol{\xi}}}^{\mathrm{T}}\boldsymbol{\Gamma}^{-1}\tilde{\boldsymbol{\xi}} \tag{5.90}$$

将式（5.82）代入式（5.90），可以得到

$$\dot{V}(t)=\boldsymbol{e}_{\mathrm{r}}^{\mathrm{T}}(\boldsymbol{u}-\boldsymbol{M}\ddot{\boldsymbol{x}}_{\mathrm{r}}-\boldsymbol{C}\dot{\boldsymbol{x}}_{\mathrm{r}})+\dot{\hat{\boldsymbol{\xi}}}^{\mathrm{T}}\boldsymbol{\Gamma}^{-1}\tilde{\boldsymbol{\xi}} \tag{5.91}$$

将式（5.83）、式（5.86）代入式（5.91），可以得到

$$\dot{V}(t)=\boldsymbol{e}_{\mathrm{r}}^{\mathrm{T}}\boldsymbol{Y}\tilde{\boldsymbol{\xi}}-\boldsymbol{e}_{\mathrm{r}}^{\mathrm{T}}\boldsymbol{K}_{\mathrm{d}}\boldsymbol{e}_{\mathrm{r}}+\dot{\hat{\boldsymbol{\xi}}}^{\mathrm{T}}\boldsymbol{\Gamma}^{-1}\tilde{\boldsymbol{\xi}} \tag{5.92}$$

将式（5.87）代入式（5.92），可以得到

$$\dot{V}(t)=-\boldsymbol{e}_{\mathrm{r}}^{\mathrm{T}}\boldsymbol{K}_{\mathrm{d}}\boldsymbol{e}_{\mathrm{r}} \tag{5.93}$$

由于$\boldsymbol{K}_{\mathrm{d}}$为正定矩阵，故$\dot{V}(t)$是负定的，根据Barbalat引理，可以知道系统误差将会收敛到$\boldsymbol{e}_{\mathrm{r}}=0$。当$t\to\infty$时，$\boldsymbol{e}$，$\dot{\boldsymbol{e}}\to 0$。该系统是全局稳定的。

3. 仿真分析

设置期望的角位置轨迹为

$$\boldsymbol{x}_{\mathrm{d}}=\begin{bmatrix}\alpha\\ \beta\\ \gamma\end{bmatrix}=\begin{bmatrix}\sin\pi t\\ \cos\pi t\\ 1\end{bmatrix}\quad t\in[0,5] \tag{5.94}$$

设置实际角位置的初始值为

$$\boldsymbol{x}_1(0)=[0.5\quad 0.5\quad 0.5]^{\mathrm{T}} \tag{5.95}$$

添加模型不确定性参数，则

$$\Delta\boldsymbol{M}(\boldsymbol{q})+\Delta\boldsymbol{C}(\boldsymbol{q},\dot{\boldsymbol{q}})=r[\boldsymbol{M}_{\mathrm{n}}(\boldsymbol{q})\ddot{\boldsymbol{q}}+\boldsymbol{C}_{\mathrm{n}}(\boldsymbol{q},\dot{\boldsymbol{q}})\dot{\boldsymbol{q}}] \tag{5.96}$$

式中，$r=0.1$。

控制器参数设置为$\boldsymbol{K}_{\mathrm{r}}=\mathrm{diag}(30,\ 30,\ 30)$，$\boldsymbol{K}_{\mathrm{d}}=\mathrm{diag}(40,\ 40,\ 40)$，$\boldsymbol{\Gamma}=\mathrm{diag}(20,\ 20,\ 20)$。仿真结果如图5.15～图5.17所示。图5.15为角位置跟踪曲线，从图中可以看出，在考虑模型不确定性的情况下，期望的α、β、γ仍然可以很好地被跟踪。图5.16所示为3个欧拉角的跟踪误差曲线，从图中可以看出，0.5s后系统趋于稳定，稳态误差小于0.02rad。图5.17所示为自适应参数的估计曲线，从图中可以看出，自适应参数逐渐收敛于一个范围内。$\boldsymbol{\Gamma}$的大小会影响自适应参数的收敛速度，一般情况下，$\boldsymbol{\Gamma}$越大，收敛速度越快。

为了验证本节算法对抑制模型不确定性造成负面影响的有效性，将本节提出的考虑模型不确定性的自适应控制算法和PD算法做了比较实验。当处在相同的模型不确定下，两种控制算法的误差对比如图5.18所示。从图中容易看出，在考虑模型不确定时，PD控制器的跟踪效果相较于不考虑模型不确定时有明显下降，其动态响应能力也较自适应控制器弱。而自适应控制器则表现出了良好的跟踪性能，模型不确定性造成的误差波动并不明显，说明该算法相较于PD控制器对模型不确定性有较好的抑制能力。

5.4.3 考虑复合干扰的永磁球形电动机全阶滑模控制

滑模控制是一种鲁棒控制方法，具有对建模误差和不确定性干扰不敏感的优点，已广泛

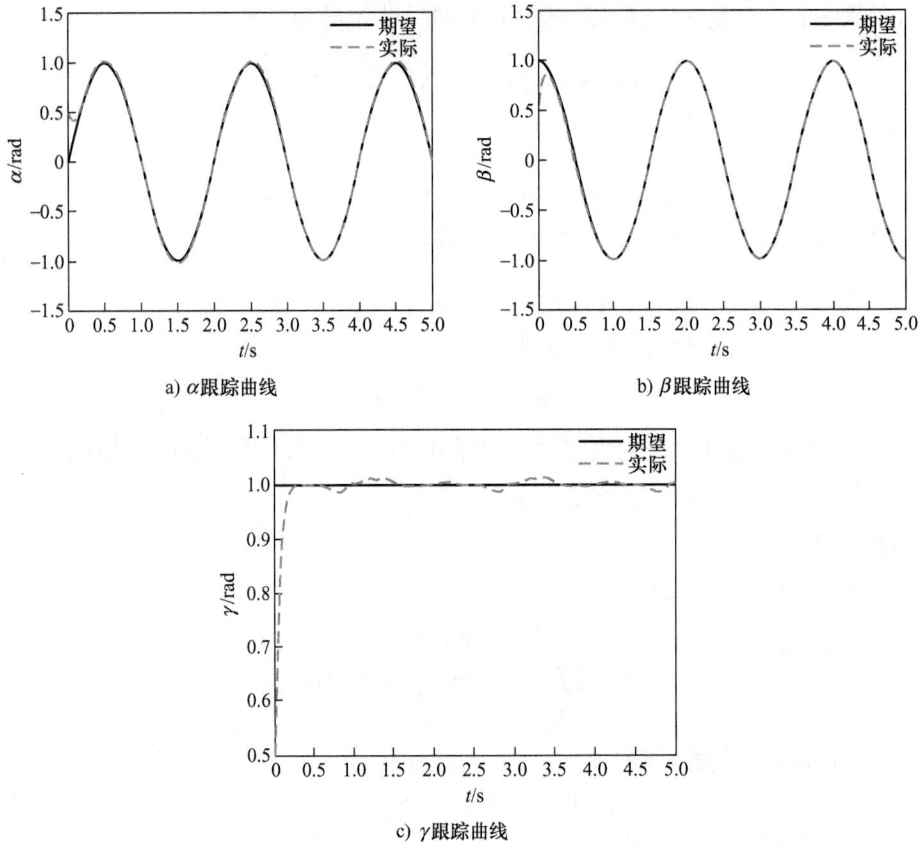

a) α跟踪曲线 b) β跟踪曲线

c) γ跟踪曲线

图 5.15　角位置跟踪曲线

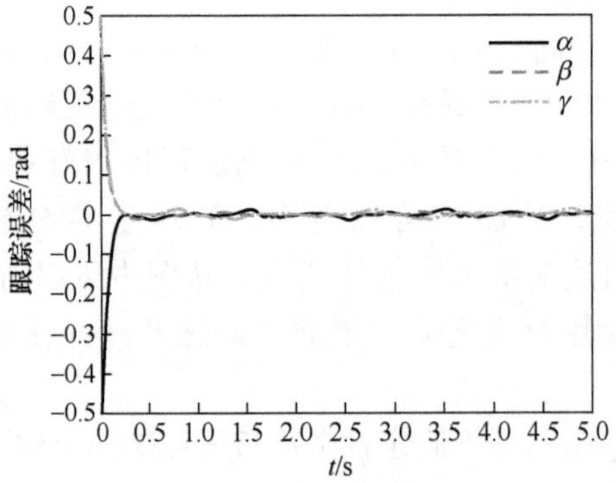

图 5.16　跟踪误差曲线

应用于非线性系统中。传统的滑模控制由于阶数减少，其理想滑动模态不能完整地表达系统的动态特性，因此提出了全阶滑模控制。近年来，又提出了一种利用干扰观测器处理干扰和建模不确定性的方法，随着干扰观测器的发展，滑模控制技术与干扰观测器的结合应用得到了研究者的广泛关注。文献［113］提出了一种有限时间干扰观测器，能够在有限时间内快速、准确地提供跟踪干扰能力。这里提出一种基于有限时间干扰观测器的全阶滑模控制方法：有限时间干扰观测器用来估计复合干扰；设计全阶滑模面，使永磁球形电动机的理想滑

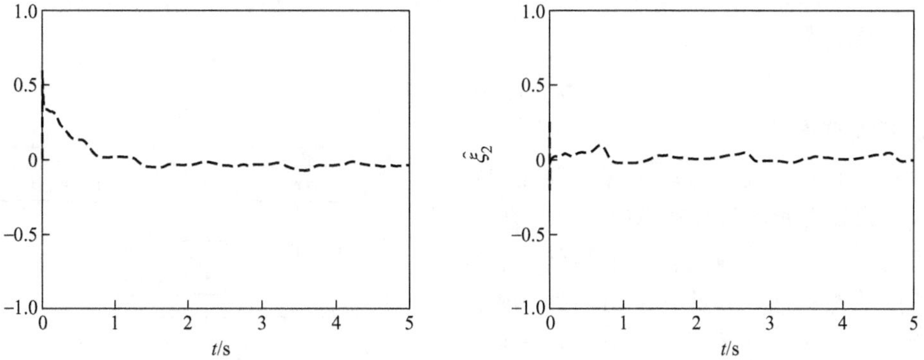

a) 自适应参数$\hat{\xi}_1$　　a) 自适应参数$\hat{\xi}_2$

图 5.17　自适应参数曲线

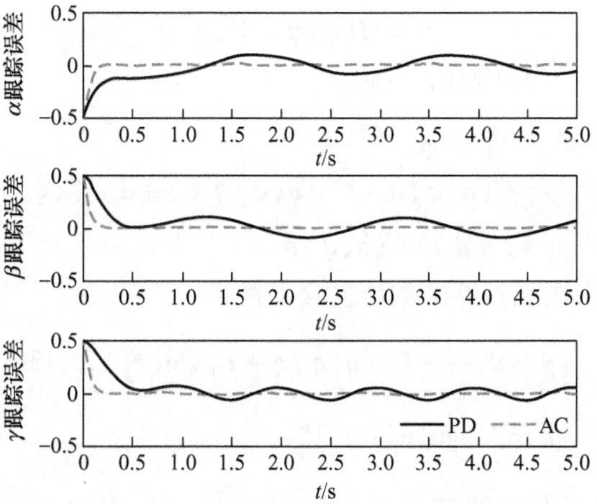

图 5.18　自适应控制（AC）与 PD 两种算法的跟踪误差比较曲线

模运动表达其全阶动态特性；设计连续滑模控制律，在控制输入端补偿其复合干扰，获得良好的跟踪性能和动态特性。

1. 系统描述

考虑复合干扰的永磁球形电动机动力学方程可以写成

$$\boldsymbol{M}(\boldsymbol{q})\ddot{\boldsymbol{q}}+\boldsymbol{C}(\boldsymbol{q},\dot{\boldsymbol{q}})\dot{\boldsymbol{q}}=\boldsymbol{\tau}-\boldsymbol{\tau}_{\mathrm{d}}-\boldsymbol{\tau}_{\mathrm{l}} \tag{5.97}$$

式中，$\boldsymbol{\tau}_{\mathrm{d}}$ 为外界干扰力矩；$\boldsymbol{\tau}_{\mathrm{l}}$ 为外加负载力矩。

为了量化建模误差，实际惯性矩阵和实际哥氏力及离心力矩阵分别定义为

$$\boldsymbol{M}(\boldsymbol{q})=\boldsymbol{M}_{\mathrm{n}}(\boldsymbol{q})+r_1\boldsymbol{M}(\boldsymbol{q})$$

$$\boldsymbol{C}(\boldsymbol{q},\dot{\boldsymbol{q}})=\boldsymbol{C}_{\mathrm{n}}(\boldsymbol{q},\dot{\boldsymbol{q}})+r_2\boldsymbol{C}(\boldsymbol{q},\dot{\boldsymbol{q}})$$

其中，r_1 和 r_2 是线性建模误差系数，在实际系统中，这两个系数的范围为 $-1<r_1<1$，$-1<r_2<1$。

考虑上述因素，将永磁球形电动机动力学模型改写为

$$\boldsymbol{M}(\boldsymbol{q})\ddot{\boldsymbol{q}}+\boldsymbol{C}(\boldsymbol{q},\dot{\boldsymbol{q}})\dot{\boldsymbol{q}}=\boldsymbol{\tau}+\boldsymbol{d} \tag{5.98}$$

其中，$\boldsymbol{d}$ 表示永磁球形电动机运动系统中复合干扰力矩，包括外界干扰、负载力矩和模型不确定性，表示为

$$\boldsymbol{d}=-\boldsymbol{\tau}_{\mathrm{d}}-\boldsymbol{\tau}_{1}-r_1\boldsymbol{M}(\boldsymbol{q})-r_2\boldsymbol{C}(\boldsymbol{q},\dot{\boldsymbol{q}}) \tag{5.99}$$

2. 控制器设计

永磁球形电动机在运动过程中存在包括外界干扰、未知有效载荷和建模误差等复合干扰，这些不利干扰将会在很大程度上降低永磁球形电动机的动态特性。为此，提出一种有限时间干扰观测器，能够估计干扰。控制器流程图如图 5.19 所示。

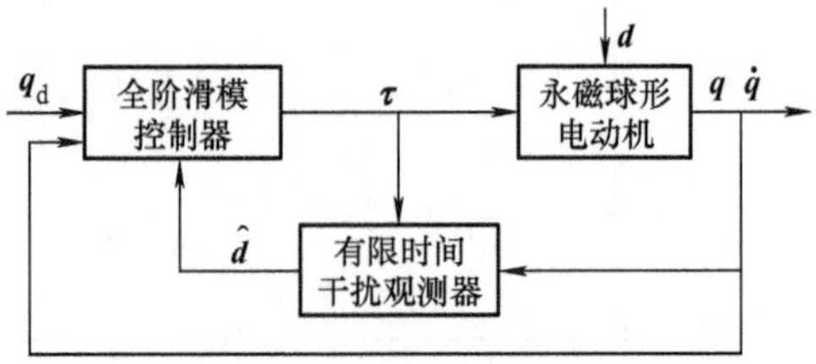

图 5.19　控制器流程图

(1) 有限时间干扰观测器　为了设计有限时间干扰观测器，首先定义永磁球形电动机的广义动量为 $\boldsymbol{p}=\boldsymbol{M}(\boldsymbol{q})\dot{\boldsymbol{q}}$，则

$$\dot{\boldsymbol{p}}=\dot{\boldsymbol{M}}(\boldsymbol{q})\dot{\boldsymbol{q}}+\boldsymbol{M}(\boldsymbol{q})\ddot{\boldsymbol{q}} \tag{5.100}$$

将式 (5.98) 代入式 (5.100)，可得

$$\begin{aligned}\dot{\boldsymbol{p}}&=\dot{\boldsymbol{M}}(\boldsymbol{q})\dot{\boldsymbol{q}}+\boldsymbol{M}(\boldsymbol{q})\ddot{\boldsymbol{q}}\\&=\boldsymbol{C}(\boldsymbol{q},\dot{\boldsymbol{q}})\dot{\boldsymbol{q}}+\boldsymbol{C}^{\mathrm{T}}(\boldsymbol{q},\dot{\boldsymbol{q}})\dot{\boldsymbol{q}}+\boldsymbol{\tau}+\boldsymbol{d}-\boldsymbol{C}(\boldsymbol{q},\dot{\boldsymbol{q}})\dot{\boldsymbol{q}}\\&=\boldsymbol{\tau}+\boldsymbol{d}+\boldsymbol{C}^{\mathrm{T}}(\boldsymbol{q},\dot{\boldsymbol{q}})\dot{\boldsymbol{q}}\end{aligned} \tag{5.101}$$

设计如下有限时间干扰观测器来估计复合干扰 $\boldsymbol{d}$。

$$\begin{cases}\dot{\hat{\boldsymbol{p}}}=\hat{\boldsymbol{d}}+\boldsymbol{\tau}+\boldsymbol{C}^{\mathrm{T}}(\boldsymbol{q},\dot{\boldsymbol{q}})\dot{\boldsymbol{q}}+\boldsymbol{\Gamma}_1\operatorname{sgn}(\boldsymbol{e}_p)|\boldsymbol{e}_p|^{\alpha_1}\\ \dot{\hat{\boldsymbol{d}}}=\boldsymbol{\Gamma}_2\operatorname{sgn}(\boldsymbol{e}_p)|\boldsymbol{e}_p|^{\alpha_2}\end{cases} \tag{5.102}$$

其中，$\hat{\boldsymbol{p}}$ 是 $\boldsymbol{p}$ 的估计值，$\hat{\boldsymbol{d}}$ 是 $\boldsymbol{d}$ 的估计值，$\boldsymbol{e}_p=\boldsymbol{p}-\hat{\boldsymbol{p}}$，$\alpha_1=2\alpha_2-1$，$\frac{1}{2}<\alpha_2<1$，$\boldsymbol{\Gamma}_1$，$\boldsymbol{\Gamma}_2\in R^{3\times3}$是对角正定矩阵。

观测误差定义为

$$\begin{cases}\dot{\boldsymbol{e}}_p=\boldsymbol{e}_d-\boldsymbol{\Gamma}_1\operatorname{sgn}(\boldsymbol{e}_p)|\boldsymbol{e}_p|^{\alpha_1}\\ \dot{\boldsymbol{e}}_d=\boldsymbol{\Gamma}_2\operatorname{sgn}(\boldsymbol{e}_p)|\boldsymbol{e}_p|^{\alpha_2}\end{cases} \tag{5.103}$$

式中，$\dot{\boldsymbol{e}}_d=\boldsymbol{d}-\hat{\boldsymbol{d}}$。根据文献 [10] 可知，$\boldsymbol{e}_p(t)$、$\boldsymbol{e}_d(t)$ 会在有限时间内收敛到零，这意味着存在一个时间 $t_1>0$，当 $t>t_1$ 时，$\boldsymbol{e}_p(t)=0$，$\boldsymbol{e}_d(t)=0$。

(2) 基于有限时间干扰观测器的全阶滑模控制　基于所提的有限时间干扰观测器，设计基于有限时间干扰观测的全阶滑模控制方法处理复合干扰。首先，定义永磁球形电动机系统的跟踪误差为

$$\begin{aligned}\boldsymbol{e}&=\boldsymbol{q}-\boldsymbol{q}_{\mathrm{d}}\\ \dot{\boldsymbol{e}}&=\dot{\boldsymbol{q}}-\dot{\boldsymbol{q}}_{\mathrm{d}}\end{aligned} \tag{5.104}$$

式中，$\boldsymbol{q}_{\mathrm{d}}$，$\dot{\boldsymbol{q}}_{\mathrm{d}}$ 分别为期望的轨迹及其角速度。

设计全阶滑模面为

$$s = \dot{e} + \int_0^t (\boldsymbol{\Lambda}_2 \operatorname{sgn}(\dot{\boldsymbol{e}}) \mid \dot{\boldsymbol{e}} \mid^{\alpha_2} + \boldsymbol{\Lambda}_1 \operatorname{sgn}(\boldsymbol{e}) \mid \boldsymbol{e} \mid^{\alpha_1}) \mathrm{d}t \tag{5.105}$$

其中，$\boldsymbol{\Lambda}_1 = \operatorname{diag}(\lambda_{11}, \lambda_{12}, \lambda_{13})$，$\boldsymbol{\Lambda}_2 = \operatorname{diag}(\lambda_{21}, \lambda_{22}, \lambda_{23})$，且 $\lambda_{ij} > 0 (i=1, 2; j=1, 2, 3)$ 满足多项式 $p^2 + \lambda_{2j}p + \lambda_{1j}(j=1, 2, 3)$ 为赫维兹稳定，即多项式的特征值都在复平面的左半边。参数 α_1、α_2 满足 $\alpha_1 = \alpha_2/(2-\alpha_2)$，$\alpha_2 \in (0, 1)$。

设计滑模控制律为

$$\begin{cases} \boldsymbol{\tau} = \boldsymbol{M}(\boldsymbol{q})(\boldsymbol{\tau}_{\mathrm{eq}} + \boldsymbol{\tau}_{\mathrm{n}}) \\ \boldsymbol{\tau}_{\mathrm{eq}} = \boldsymbol{M}^{-1}(\boldsymbol{q})\boldsymbol{C}(\boldsymbol{q}, \dot{\boldsymbol{q}})\dot{\boldsymbol{q}} - \boldsymbol{M}^{-1}(\boldsymbol{q})\hat{\boldsymbol{d}} + \ddot{\boldsymbol{q}}_{\mathrm{d}} - \\ \qquad \boldsymbol{\Lambda}_2 \operatorname{sgn}(\dot{\boldsymbol{e}}) |\dot{\boldsymbol{e}}|^{\alpha_2} - \boldsymbol{\Lambda}_1 \operatorname{sgn}(\boldsymbol{e}) |\boldsymbol{e}|^{\alpha_1} \\ \boldsymbol{\tau}_{\mathrm{n}} = -\eta_1 \boldsymbol{s} - \eta_2 |\boldsymbol{s}|^{\frac{1}{2}} \operatorname{sgn}(\boldsymbol{s}) \end{cases} \tag{5.106}$$

式中，η_1、η_2 为正常数。

3. 稳定性分析

定理：对于在滑模控制律（式（5.106））下具有全阶滑模面（式（5.105））的永磁球形电动机系统（式（5.97）），其轨迹跟踪误差 $\boldsymbol{e}$ 将在有限时间内收敛到原点。

证明：根据永磁球形电动机系统（式（5.97））和全阶滑模面（式（5.105））获得闭环全阶滑模动态特性，取全阶滑模面对时间的导数，可得

$$\begin{aligned} \dot{\boldsymbol{s}} &= \ddot{\boldsymbol{e}} + \boldsymbol{\Lambda}_2 \operatorname{sgn}(\dot{\boldsymbol{e}}) |\dot{\boldsymbol{e}}|^{\alpha_2} + \boldsymbol{\Lambda}_1 \operatorname{sgn}(\boldsymbol{e}) |\boldsymbol{e}|^{\alpha_1} \\ &= \boldsymbol{M}^{-1}(\boldsymbol{q})[\boldsymbol{\tau} + \boldsymbol{d} - \boldsymbol{C}(\boldsymbol{q}, \dot{\boldsymbol{q}})\dot{\boldsymbol{q}}] - \ddot{\boldsymbol{q}}_{\mathrm{d}} + \boldsymbol{\Lambda}_2 \operatorname{sgn}(\dot{\boldsymbol{e}}) |\dot{\boldsymbol{e}}|^{\alpha_2} + \boldsymbol{\Lambda}_1 \operatorname{sgn}(\boldsymbol{e}) |\boldsymbol{e}|^{\alpha_1} \end{aligned} \tag{5.107}$$

将式（5.106）代入式（5.107），得

$$\dot{\boldsymbol{s}} = -\eta_1 \boldsymbol{s} - \eta_2 |\boldsymbol{s}|^{\frac{1}{2}} \operatorname{sgn}(\boldsymbol{s}) + \boldsymbol{e}_1 \tag{5.108}$$

其中，$\boldsymbol{e}_1 = \boldsymbol{M}^{-1}(\boldsymbol{q})(\boldsymbol{d} - \hat{\boldsymbol{d}}) = \boldsymbol{M}^{-1}(\boldsymbol{q})\ \boldsymbol{e}_d$。观测误差 $\boldsymbol{e}_d$ 将在有限时间内收敛到原点，因此 $\boldsymbol{e}_1$ 将在有限时间内收敛到原点。

第一步，证明在有限时间内，即 $t < t_1$，误差 $\boldsymbol{e}_1$ 不会将滑动变量 $\boldsymbol{s}$ 推动到无穷大。

为式（5.108）定义一个 Lyapunov 函数

$$V_1 = \frac{1}{2}\boldsymbol{s}^{\mathrm{T}}\boldsymbol{s} \tag{5.109}$$

下面，证明式（5.109）在有限时间内有界。对式（5.109）求导，得

$$\begin{aligned} \dot{V}_1 &= \boldsymbol{s}^{\mathrm{T}}\dot{\boldsymbol{s}} \\ &= \boldsymbol{s}^{\mathrm{T}}[-\eta_1 \boldsymbol{s} - \eta_2 |\boldsymbol{s}|^{\frac{1}{2}} \operatorname{sgn}(\boldsymbol{s}) + \boldsymbol{e}_1] \\ &= -\eta_1 \|\boldsymbol{s}\|^2 - \eta_2 |\boldsymbol{s}^{\mathrm{T}}| |\boldsymbol{s}|^{\frac{1}{2}} + \boldsymbol{s}^{\mathrm{T}}\boldsymbol{e}_1 \\ &\leqslant \boldsymbol{s}^{\mathrm{T}}\boldsymbol{e}_1 \\ &\leqslant \frac{1}{2}(\|\boldsymbol{s}\|^2 + \|\boldsymbol{e}_1\|^2) \\ &= K_1 V_1 + L_1 \end{aligned} \tag{5.110}$$

式中，$K_1 = 1$；$L_1 = \frac{1}{2}\|\boldsymbol{e}_1\|^2$。

式（5.110）表明，V_1 和 s 不会在有限时间内发散到无穷大。

第二步，证明滑动变量 s 将在有限时间内收敛到 $s=0$。

因为滑动变量 s 不会在有限时间内发散到无穷大，又有 e_1 将在有限时间内收敛到原点，当 $t>t_1$ 时，可将式（5.108）简化为

$$\dot{s} = -\eta_1 s - \eta_2 |s|^{\frac{1}{2}}\mathrm{sgn}(s) \tag{5.111}$$

根据文献［114］可知，滑动变量及其导数将在有限时间内收敛到原点。

第三步，证明滑动变量 s 在任意有限时间内不会将误差 e、$\dot{e}$ 驱动到无穷大。

根据全阶滑模面（式（5.105）），可以得到永磁球形电动机系统的误差动态特性为

$$\ddot{e} = -\Lambda_2 \mathrm{sgn}(\dot{e})|\dot{e}|^{\alpha_2} - \Lambda_1 \mathrm{sgn}(e)|e|^{\alpha_1} + \dot{s} \tag{5.112}$$

为式（5.112）定义一个 Lyapunov 函数为

$$V_2 = \frac{1}{2}e^{\mathrm{T}}e + \frac{1}{2}\dot{e}^{\mathrm{T}}\dot{e} \tag{5.113}$$

下面，证明 V_2 在有限时间内有界。对式（5.113）求导，得

$$\begin{aligned}\dot{V}_2 &= e^{\mathrm{T}}\dot{e} + \dot{e}^{\mathrm{T}}\ddot{e} \\ &= e^{\mathrm{T}}\dot{e} + \dot{e}^{\mathrm{T}}[-\Lambda_2 \mathrm{sgn}(\dot{e})|\dot{e}|^{\alpha_2} - \Lambda_1 \mathrm{sgn}(e)|e|^{\alpha_1} + \dot{s}] \\ &\leqslant \|e\|\,\|\dot{e}\| + \|\dot{e}\|(\lambda_2\|\dot{e}\|^{\alpha_2} + \lambda_1\|e\|^{\alpha_1} + \|\dot{s}\|)\end{aligned} \tag{5.114}$$

又有，当 $0<\alpha<1$ 时，不等式 $\|x\|^{\alpha}<1+\|x\|$ 成立，则式（5.114）可化为

$$\begin{aligned}\dot{V}_2 &\leqslant \|e\|\,\|\dot{e}\| + \lambda_2\|\dot{e}\|(1+\|\dot{e}\|) + \lambda_1\|\dot{e}\|(1+\|e\|) + \|\dot{e}\|\,\|\dot{s}\| \\ &\leqslant \frac{\|e\|^2+\|\dot{e}\|^2}{2} + \frac{\|\dot{e}\|^2+(\lambda_1+\lambda_2)^2}{2} + \lambda_2\|\dot{e}\|^2 + \lambda_1\frac{\|e\|^2+\|\dot{e}\|^2}{2} + \frac{\|\dot{e}\|^2+\|\dot{s}\|^2}{2} \\ &\leqslant \frac{3+\lambda_1+2\lambda_2}{2}(\|e\|^2+\|\dot{e}\|^2) + \frac{1}{2}[(\lambda_1+\lambda_2)^2+\|\dot{s}\|^2] \\ &= K_2 V_2 + L_2\end{aligned} \tag{5.115}$$

其中，$K_2=3+\lambda_1+2\lambda_2$，$L_2=\frac{1}{2}[(\lambda_1+\lambda_2)^2+\|\dot{s}\|^2]$，$\lambda_1$ 和 λ_2 分别是矩阵 Λ_1 和 Λ_2 中最大的元素。因此，可知 V_2 有界，这就表明误差 e、$\dot{e}$ 不会在有限时间内发散到无穷大。

第四步，证明永磁球形电动机的轨迹跟踪误差 e 将在有限时间内收敛到原点。

一旦满足理想滑模面 $s=0$，永磁球形电动机的误差动态方程为

$$\dot{e} + \int_0^t [\Lambda_2 \mathrm{sgn}(\dot{e})|\dot{e}|^{\alpha_2} + \Lambda_1 \mathrm{sgn}(e)|e|^{\alpha_1}]\mathrm{d}t = 0 \tag{5.116}$$

或者为

$$\ddot{e} = -\Lambda_2 \mathrm{sgn}(\dot{e})|\dot{e}|^{\alpha_2} - \Lambda_1 \mathrm{sgn}(e)|e|^{\alpha_1} \tag{5.117}$$

此时，式（5.117）是永磁球形电动机的全阶动态特性，可以反映出永磁球形电动机的全部动力学特征。

如果选择参数 α_1、α_2 满足不等式 $\alpha_1=\alpha_2/(2-\alpha_2)$，$\alpha_2\in(0,1)$，$\Lambda_1$、$\Lambda_2$ 中的元素确保多项式 $p^2+\lambda_{2i}p+\lambda_{1i}(i=1,2,3)$ 为赫维兹稳定。则系统可以在有限时间内从任何初始

条件沿着全阶滑模面收敛到平衡点。

至此，完成了定理的证明。

4. 仿真分析

影响永磁球形电动机轨迹跟踪性能的两个重要因素为建模误差和干扰。下面主要通过对这两方面进行仿真以评估所提控制器的性能。

设期望轨迹为

$$\boldsymbol{q}_{\mathrm{d}}=\begin{bmatrix}\alpha\\\beta\\\gamma\end{bmatrix}=\begin{bmatrix}\sin\pi t\\\cos\pi t\\0.5\pi t\end{bmatrix}\quad t\in[0,5] \tag{5.118}$$

系统的初始条件设置为

$$\begin{cases}\boldsymbol{q}_{\mathrm{d}}(0)=[-0.5\quad 0.5\quad 0.5]^{\mathrm{T}}\\\dot{\boldsymbol{q}}_{\mathrm{d}}(0)=[0\quad 0\quad 0]^{\mathrm{T}}\end{cases} \tag{5.119}$$

将建模误差设置为

$$\Delta\boldsymbol{M}(\boldsymbol{q})+\Delta\boldsymbol{C}(\boldsymbol{q},\dot{\boldsymbol{q}})=r[\boldsymbol{M}(\boldsymbol{q})+\boldsymbol{C}(\boldsymbol{q},\dot{\boldsymbol{q}})] \tag{5.120}$$

外界干扰设置为

$$\boldsymbol{\tau}_{\mathrm{d}}=m[\cos\pi t\ \sin\pi t)\ \exp(0.5\pi t)]^{\mathrm{T}} \tag{5.121}$$

式中，m 为（-0.03，0.03）之间的随机数。

负载力矩设置为

$$\boldsymbol{\tau}_{\mathrm{l}}=L[0.3\quad 0.3\quad 0.3]^{\mathrm{T}} \tag{5.122}$$

式中，L 为负载力矩的系数。

所提控制器参数如下：有限时间干扰观测器增益矩阵选择为 $\boldsymbol{\Gamma}_1=\mathrm{diag}(200,\ 200,\ 200)$、$\boldsymbol{\Gamma}_2=\mathrm{diag}(10000,\ 10000,\ 10000)$，功率系数选择为 $a_1=0.8$，$a_2=0.9$；全阶滑模面增益矩阵选择为 $\boldsymbol{\Lambda}_1=\mathrm{diag}(56,\ 56,\ 56)$，$\boldsymbol{\Lambda}_2=\mathrm{diag}(15,\ 15,\ 15)$，功率系数选择为 $\alpha_1=11/13$，$\alpha_2=11/12$，$\eta_1=5$，$\eta_2=15$。

在相同的期望轨迹和外界干扰下，分别设计在相同负载力矩情况下改变模型不确定性和在相同模型不确定下改变负载力矩的仿真实验。为了比较分析，设计了 3 种控制方案：①PD控制；②传统的滑模控制（sliding mode control，SMC）；③基于干扰观测器的全阶滑模控制（FTDO-FOSMC）。

（1）不同模型不确定性下仿真结果分析 将负载力矩系数 L 设置为0，改变建模不确定性系数 r 为 $0.1\sim0.5$。

图5.20、图5.21 分别显示了3 种控制器在永磁球形电动机30% 建模不确定下的轨迹跟踪响应和跟踪误差响应。从图5.20 和图5.21 可知，存在模型不确定的情况下，PD 控制和传统 SMC 与 FTDO-FSCM 方法相比，实际轨迹与期望轨迹之间存在较大的误差。在2s 时，3 种控制方法的欧拉角的稳态误差绝对值分别为 0.004rad、0.008rad、0.0031rad，0.002rad、0.003rad、0.0013rad 和 1.2×10^{-5}rad、1.4×10^{-5}rad、1.1×10^{-4}rad。由此可知，FTDO-FOSMC 方法具有更好的跟踪性能，实际轨迹非常接近期望轨迹。

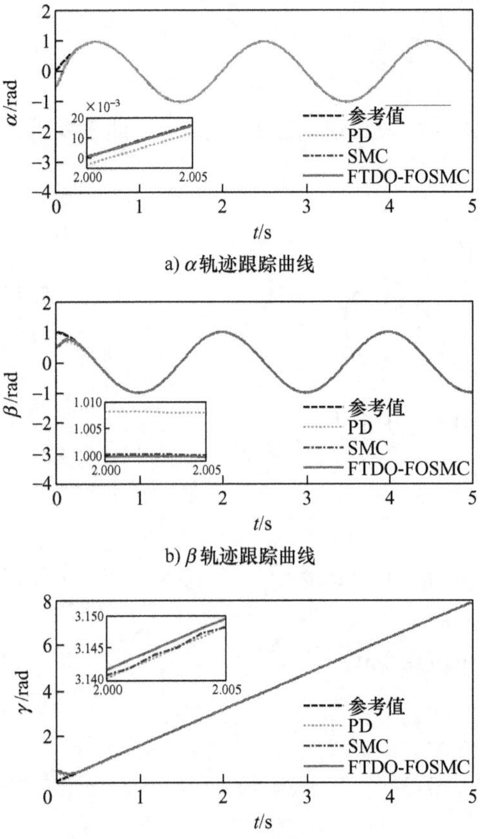

a) α轨迹跟踪曲线

b) β轨迹跟踪曲线

c) γ轨迹跟踪曲线

图 5.20 轨迹跟踪响应（$L=0$，$r=0.3$）

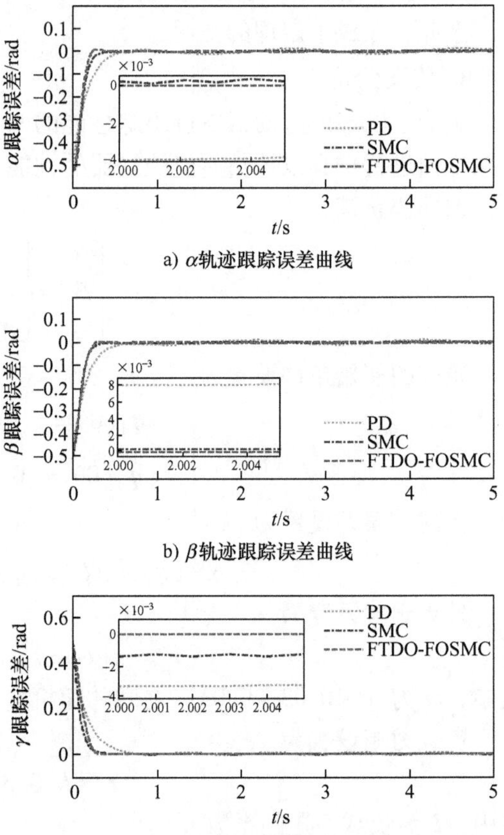

a) α轨迹跟踪误差曲线

b) β轨迹跟踪误差曲线

c) γ轨迹跟踪误差曲线

图 5.21 轨迹跟踪误差响应（$L=0$，$r=0.3$）

为了更直观地比较 3 个控制器的性能，图 5.22 给出了永磁球形电动机在 3 种控制器作用下稳态误差的均方根误差（RMSE），其中负载系数 $L=0$，建模不确定性系数 r 为 0.1 ~ 0.5。从图 5.22 可知，当建模不确定系数 $r=0.3$ 时，在 FTDO-FOSMC、PD 控制和传统 SMC 下，其欧拉角稳态误差的 RMSE 分别为 6.3×10^{-6}、6.5×10^{-6}、1.0×10^{-5}，7.2×10^{-3}、7.0×10^{-3}、4.5×10^{-3}和 1.5×10^{-3}、2.9×10^{-4}、1.4×10^{-3}。由此可知，在 FTDO-FOSMC 策略下，永磁球形电动机的跟踪误差收敛精度远大于 PD 控制方法和传统 SMC 方法，且随着 r 的增大，使用 FTDO-FOSMC 的系统的稳态误差的 RMSE 变化要小于使用 PD 控制方法和传统 SMC 方法，这表明在建模不确定下设计的 FTDO-FOSMC 具有很强的适应性和鲁棒性。

(2) 不同负载力矩下仿真结果分析 将建模不确定性系数 r 设置为 0.2，负载力矩系数 L 为 1 ~ 5。

图 5.23、图 5.24 分别显示了 3 种控制器在永磁球形电动机负载力矩系数 $L=3$ 时，轨迹跟踪响应和跟踪误差响应。结果表明在 PD 控制和传统 SMC 下，存在较大稳态误差，其欧拉角的最大稳态误差绝对值分别为 0.0158rad、0.0147rad、0.0302rad 和 0.006rad、0.0014rad、0.0063rad。而在相同条件下使用 FTDO-FOSMC，其欧拉角稳态误差绝对值不大于 5.3×10^{-5}rad、1.3×10^{-4}rad、1.8×10^{-4}rad。

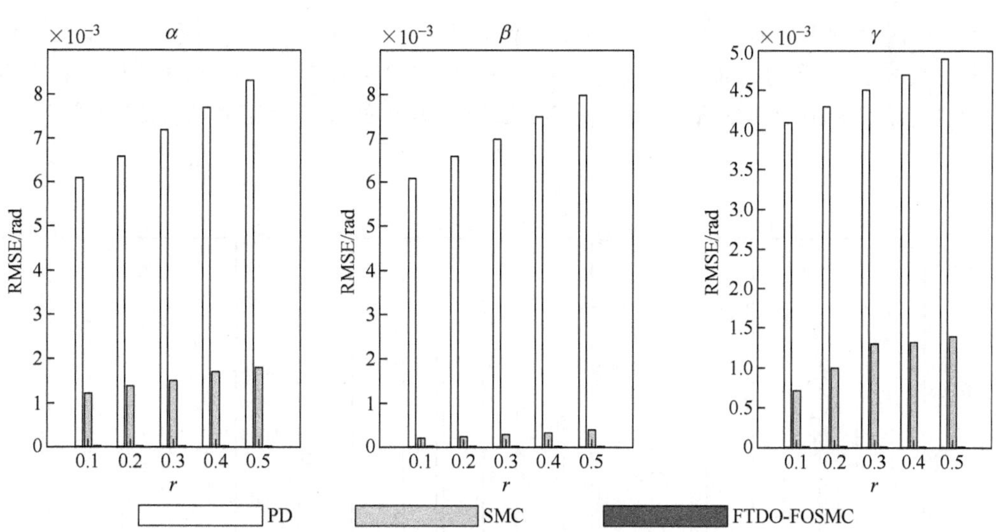

图 5.22 3 种控制器下轨迹跟踪误差的 RMSE（$L=0$）

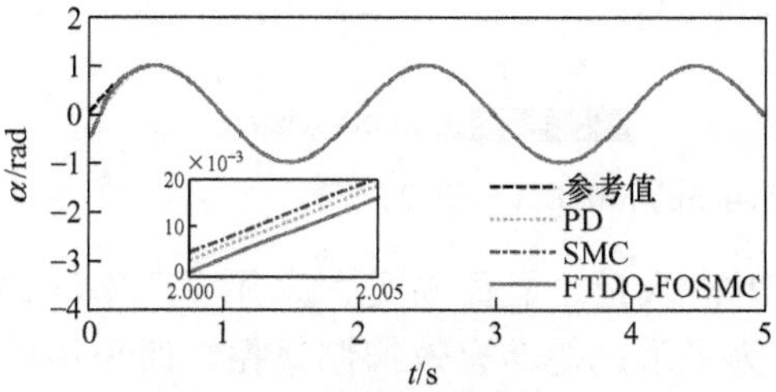

a) α 轨迹跟踪曲线

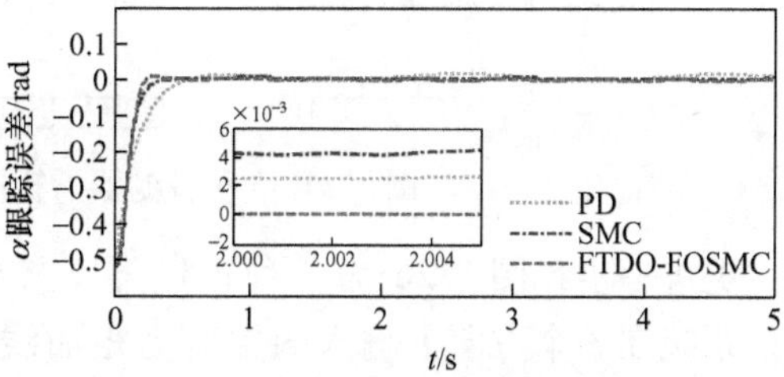

a) α 轨迹跟踪误差曲线

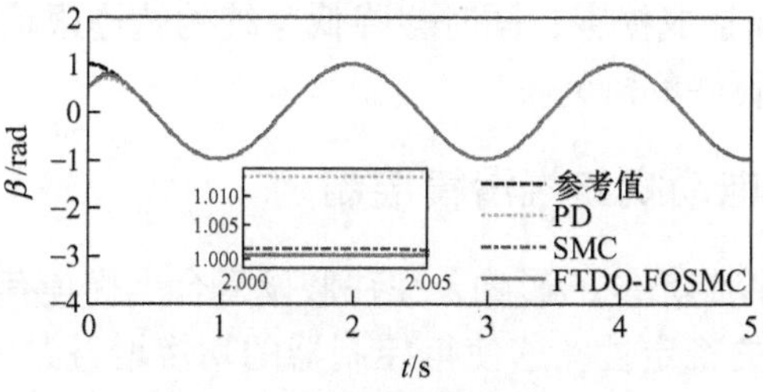

b) β 轨迹跟踪曲线

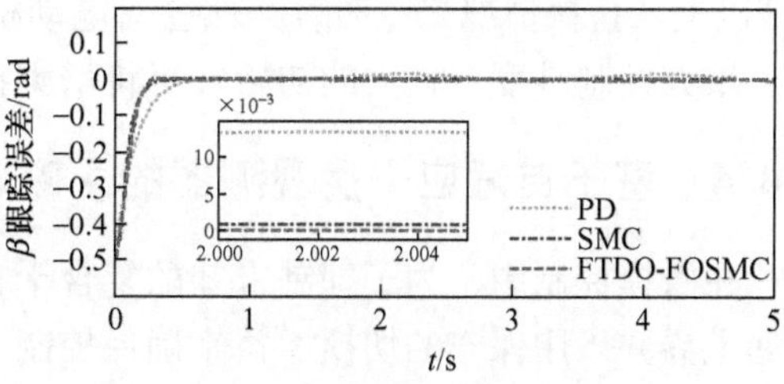

b) β 轨迹跟踪误差曲线

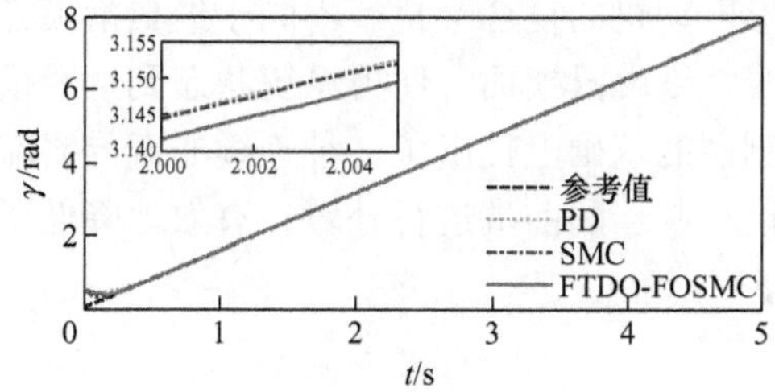

c) γ 轨迹跟踪曲线

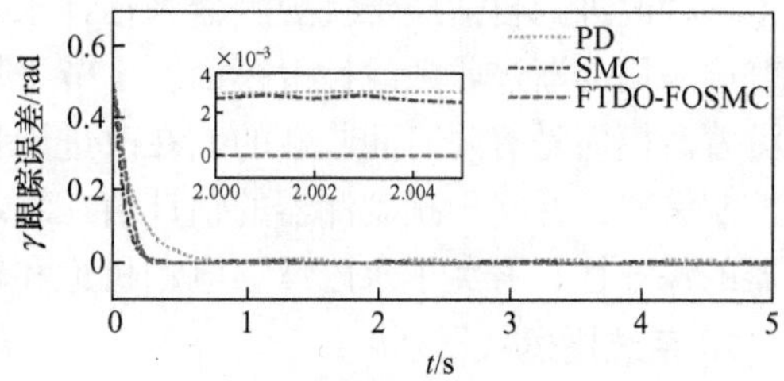

c) γ 轨迹跟踪误差曲线

图 5.23 轨迹跟踪响应（$L=3$，$r=0.2$）

图 5.24 轨迹跟踪误差响应（$L=3$，$r=0.2$）

图 5.25 给出了负载转矩系数 L 从 1 到 5 时，3 种控制器下稳态误差的 RMSE。显然，FTDO-FOSMC 的收敛精度在 3 种控制器中最高。例如，当 $L=3$ 时，在 FTDO-FOSMC 下，欧

拉角的稳态误差的 RMSE 为 6.2×10^{-6}、6.6×10^{-6}、1.0×10^{-5}。而使用 PD 控制和传统 SMC 下，其稳态误差的 RMSE 分别为 9.0×10^{-3}、8.2×10^{-3}、7.8×10^{-3}和 3.0×10^{-3}、9.5×10^{-4}、2.9×10^{-3}。仿真结果验证了所提控制器在外部负载下轨迹跟踪的准确性和鲁棒性。

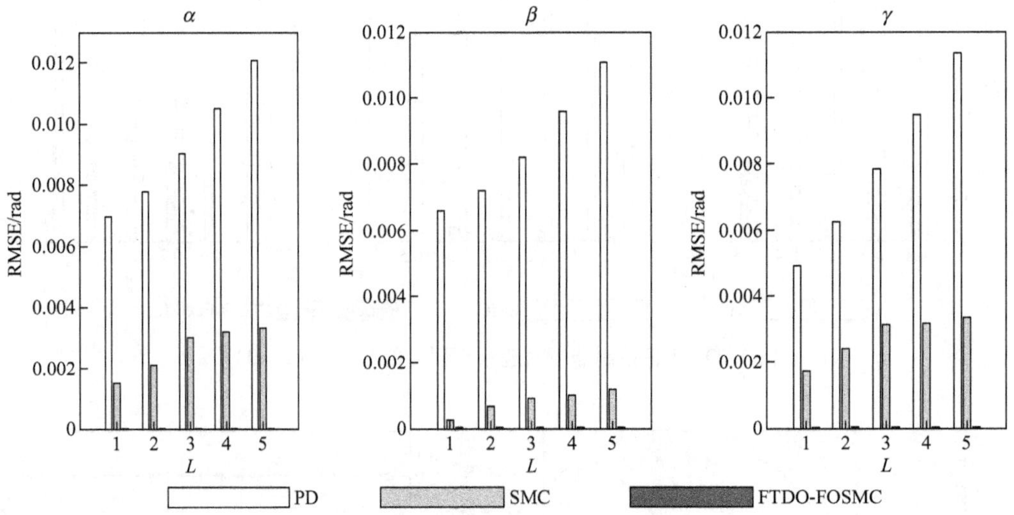

图 5.25　3 种控制器下轨迹跟踪误差的 RMSE（$r=0.2$）

更进一步，图 5.26 为 3 种控制器下控制力矩输入量。显而易见，采用 FTDO-FOSMC 时，系统在 3 个方向上输入的控制力矩曲线均较为平滑，能够有效抑制抖振。而采用传统 SMC 时，输出的控制力矩则存在较大程度的抖振现象；PD 控制的初始转矩为所提控制器的 3 倍以上。抖振情况严重时，必然会对电动机本体造成损害，同时会降低系统的轨迹跟踪精度，增大控制难度；较大的初始转矩将增大控制硬件负担。

5.4.4　基于自适应干扰观测器的永磁球形电动机终端滑模控制

在滑模控制中，为了抑制未知的复合干扰对控制系统的影响，往往假设复合干扰具有未知的上界并采用保守的切换增益来确保控制系统的稳定性。这使得控制器的切换增益过大，导致初始控制量过高，增加硬件系统负担，影响系统的性能。为了处理这样的问题，本节提出了一种改进的自适应干扰观测器来估计永磁球形电动机的复合干扰。不同于经典滑模控制中普遍采用的渐进收敛线性滑模面，本节采用非线性终端滑模面，使得系统状态到达滑模面后沿着滑模面是有限时间收敛的。在改进干扰观测器的基础上提出了一种连续非奇异终端滑模控制策略，并将干扰观测器的估计值在终端滑模控制器的前端进行补偿，有效地降低了控制器的保守性，避免了永磁球形电动机饱和输出。

1. 系统描述

考虑永磁球形电动机的外界干扰、摩擦力矩和模型误差等未知的复合干扰，结合拉格朗日第二方程可以获得永磁球形电动机的动力学模型为

$$\boldsymbol{M}_{\mathrm{n}}(\boldsymbol{q})\ddot{\boldsymbol{q}}+\boldsymbol{C}_{\mathrm{n}}(\boldsymbol{q},\dot{\boldsymbol{q}})\dot{\boldsymbol{q}}=\boldsymbol{\tau}+\boldsymbol{\tau}_{\mathrm{d}}+\boldsymbol{\tau}_{f}+\boldsymbol{\Delta}(\boldsymbol{q},\dot{\boldsymbol{q}},\ddot{\boldsymbol{q}})+\boldsymbol{\tau}_{T} \tag{5.123}$$

式中，$\boldsymbol{M}_{\mathrm{n}}(\boldsymbol{q})\in\mathbb{R}^{3\times3}$为名义惯性力矩阵；$\boldsymbol{C}_{\mathrm{n}}(\boldsymbol{q},\ \dot{\boldsymbol{q}})\in\mathbb{R}^{3\times3}$为名义哥氏力与离心力矩阵；

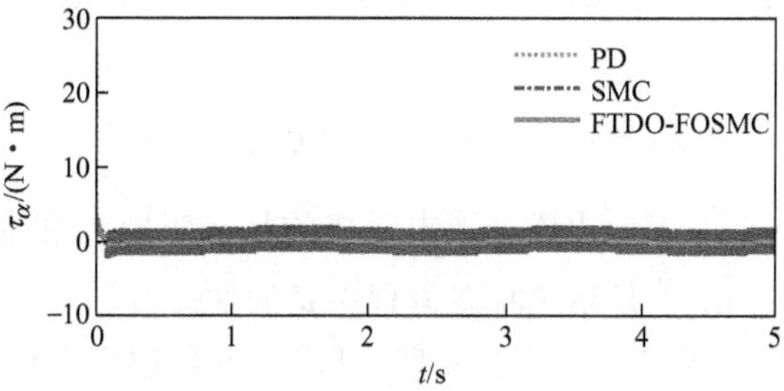

a) α轴的控制力矩

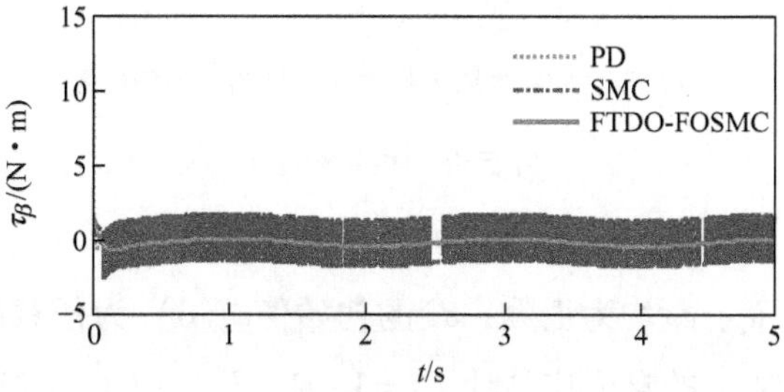

b) β轴的控制力矩

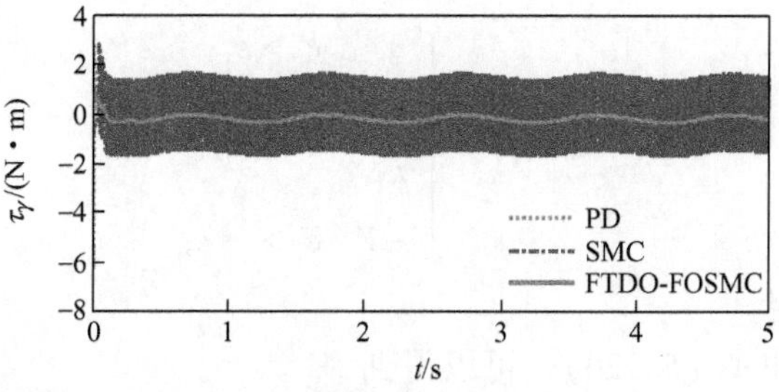

c) γ轴的控制力矩

图 5.26　控制力矩输入量（$L=3$，$r=0.2$）

$\boldsymbol{\tau}\in\mathbb{R}^3$为施加在永磁球形电动机转子上的控制力矩；$\boldsymbol{\tau}_{\mathrm{d}}\in\mathbb{R}^3$为外界扰动；$\boldsymbol{\tau}_f\in\mathbb{R}^3$为轴向的摩擦力矩；$\boldsymbol{\Delta}(\boldsymbol{q},\ \dot{\boldsymbol{q}},\ \ddot{\boldsymbol{q}})\in\mathbb{R}^3$为动力学的模型误差；$\boldsymbol{\tau}_T$ 为转矩模型误差。

综上所述，复合干扰可以被定义为

$$\boldsymbol{F}=\boldsymbol{\tau}_{\mathrm{d}}+\boldsymbol{\tau}_f+\boldsymbol{\Delta}(\boldsymbol{q},\dot{\boldsymbol{q}},\ddot{\boldsymbol{q}})+\boldsymbol{\tau}_T \tag{5.124}$$

则式（5.123）中的永磁球形电动机的动力学模型可以转化为式（5.125）所示的系统状态方程。

$$\begin{cases}\dot{\boldsymbol{x}}_1=\boldsymbol{x}_2\\ \dot{\boldsymbol{x}}_2=\boldsymbol{M}_0^{-1}(\boldsymbol{q})[\boldsymbol{\tau}-\boldsymbol{C}_0(\boldsymbol{q},\dot{\boldsymbol{q}})\dot{\boldsymbol{q}}]+\boldsymbol{d}\end{cases} \tag{5.125}$$

其中，$\boldsymbol{x}_1=[x_{11},\ x_{12},\ x_{13}]^{\mathrm{T}}$ 和 $\boldsymbol{x}_2=[x_{21},\ x_{22},\ x_{23}]^{\mathrm{T}}$ 分别表示永磁球形电动机的欧拉角位置向量 $\boldsymbol{q}$ 和欧拉角速度向量$\dot{\boldsymbol{q}}$，且 $\boldsymbol{d}=\boldsymbol{M}_0^{-1}(\boldsymbol{q})\boldsymbol{F}=[d_1,\ d_2,\ d_3]^{\mathrm{T}}$。

2. 自适应干扰观测器的设计

假设 1：永磁球形电动机的欧拉角位置向量 $\boldsymbol{q}$ 和速度向量$\dot{\boldsymbol{q}}$可获得且有界。

假设 2：永磁球形电动机的复合干扰和其一阶导数、二阶导数是有界的。

基于永磁球形电动机的系统状态方程式（5.125），对状态变量 $\boldsymbol{x}_2$ 进行如下的状态估计：

$$\dot{\widehat{\boldsymbol{x}}}_2 = \boldsymbol{M}^{-1}(\boldsymbol{q})[\boldsymbol{\tau} - \boldsymbol{C}_0(\boldsymbol{q},\dot{\boldsymbol{q}})\dot{\boldsymbol{q}}] + \widehat{\boldsymbol{d}} \tag{5.126}$$

其中，$\widehat{\boldsymbol{x}}_2 = [\widehat{x}_{21}, \widehat{x}_{22}, \widehat{x}_{23}]^{\mathrm{T}}$ 表示永磁球形电动机的状态变量 $\boldsymbol{x}_2$ 的估计值，其初始值 $\widehat{\boldsymbol{x}}_2(0)$ 为任意值；$\widehat{\boldsymbol{d}} = [\widehat{d}_1, \widehat{d}_2, \widehat{d}_3]^{\mathrm{T}}$ 是系统状态方程中 $\boldsymbol{d}$ 的估计值。

采用饱和函数替代符号函数，改进了文献［118］的自适应干扰观测器，得到如下改进后的自适应干扰观测器：

$$\begin{cases} \dot{\widehat{d}}_i = -(a_i + b_i)\widehat{d}_i + \widehat{L}_i \mathrm{sat}(e_i) + a_i b_i e_i \\ \widehat{L}_i = c_i(|e_i| + a_i p_i) \\ \dot{p}_i = |e_i| \end{cases} \tag{5.127}$$

其中，$e_i = x_{2i} - \widehat{x}_{2i}$；$a_i$、$b_i$、$c_i$ 均为正数；$\widehat{d}_i$ 的初始值 $\widehat{d}_i(0)$ 为任意值；p_i 的初始值 p_i（0）为正数；$\widehat{L}_i$ 是对一个正数 L_i 的自适应估计；$i=1, 2, 3$；sat( ) 代表饱和函数，sat（e_i）的形式为

$$\mathrm{sat}(e_i) = \begin{cases} 1 & e_i > \varepsilon_i \\ \dfrac{e_i}{\varepsilon_i} & e_i \leqslant \varepsilon_i \\ -1 & e_i > -\varepsilon_i \end{cases} \tag{5.128}$$

其中，$\varepsilon_i > 0$ 表示边界层。

根据式（5.125）和式（5.126），可以得到

$$\dot{e}_i = \dot{x}_{2i} - \dot{\widehat{x}}_{2i} = d_i - \widehat{d}_i \tag{5.129}$$

定义线性滑模函数为

$$s_i = \dot{e}_i + a_i e_i \tag{5.130}$$

则由式（5.127）、式（5.129）和式（5.130），可得

$$\dot{s}_i = \dot{d}_i - \dot{\widehat{d}}_i + a_i(d_i - \widehat{d}_i) = g_i - b_i s_i - \widehat{L}_i \mathrm{sat}(e_i) \tag{5.131}$$

其中，$g_i = \dot{d}_i +$（$a_i + b_i$）d_i。

由假设 2 知，存在一个正常数 L_i 满足

$$|g_i| + \frac{1}{a_i}|\dot{g}_i| \leqslant L_i \tag{5.132}$$

定义一个 Lyapunov 函数为

$$W_i = \frac{1}{2}s_i^2 + \frac{1}{2c_i}(\widehat{L}_i - L_i)^2 \tag{5.133}$$

对时间求导，可得

$$\dot{W}_i = s_i \dot{s}_i + \frac{1}{c_i}(\widehat{L}_i - L_i)(\dot{\widehat{L}}_i - \dot{L}_i) \tag{5.134}$$

将式(5.127) 和式(5.131) 代入式(5.134)，根据饱和函数的定义可得，对于 $\forall\ |e_i| \geqslant$

ε_i，有

$$\dot{W}_i = -b_i s_i^2 + s_i g_i - L_i\left(\frac{\mathrm{d}|e_i|}{\mathrm{d}t} + a_i|e_i|\right) < 0 \tag{5.135}$$

两边积分可得

$$\begin{aligned} W_i(t) &= W_i(0) - b_i\int_0^t s_i^2(\varphi)\mathrm{d}\varphi + \int_0^t g_i(\varphi)[\dot{e}(\varphi) + a_i e_i(\varphi)]\mathrm{d}\varphi - \\ &\quad \int_0^t L_i\left[\frac{\mathrm{d}|e_i(\varphi)|}{\mathrm{d}x} + a_i|e_i(\varphi)|\right]\mathrm{d}\varphi \\ &= W_i(0) - b_i\int_0^t s_i^2(\varphi)\mathrm{d}\varphi + g_i(t)e_i(t) - g_i(0)e_i(0) - \\ &\quad L_i|e_i(\varphi)| - a_i L_i\int_0^t |e_i(\varphi)|\mathrm{d}\varphi + L_i|e_i(0)||e_i| + \\ &\quad \int_0^t e_i(\varphi)[-\dot{g}_i(\varphi) + a_i g_i(\varphi)]\mathrm{d}\varphi \end{aligned} \tag{5.136}$$

根据式（5.132）和式（5.136），可得

$$W_i(t) \leqslant W_i(0) - g_i(0)e_i(0) + L_i|e_i(0)| \tag{5.137}$$

则

$$|s_i| \leqslant p_i = \sqrt{2[W_i(0) - g_i(0)e_i(0) + L_i|e_i(0)|]} \tag{5.138}$$

求解微分不等式

$$|s_i| = |\dot{e}_i + a_i e_i| \leqslant p_i \tag{5.139}$$

可得

$$|e_i| \leqslant \left||e_i(0)| - \frac{p_i}{a_i}\right|\exp(-a_i t) + \frac{p_i}{a_i} \tag{5.140}$$

因此

$$|e_i| \leqslant \left||e_i(0)| - \frac{p_i}{a_i}\right|\exp(-a_i t) + \delta_i \tag{5.141}$$

其中，$\delta_i = \max\left(\frac{p_i}{a_i}, \varepsilon_i\right)$。

当 $t\to\infty$ 时，有

$$|e_i| \leqslant \delta_i \tag{5.142}$$

根据式（5.139），可以得到

$$|\dot{e}_i| - |a_i e_i| \leqslant |\dot{e}_i + a_i e_i| \leqslant p_i \tag{5.143}$$

由此可以得到

$$|d_i - \hat{d}_i| = |\dot{e}_i| \leqslant p_i + |a_i e_i| \tag{5.144}$$

因此，当 $t\to\infty$ 时，

$$|d_i - \hat{d}_i| \leqslant p_i + a_i\delta_i \tag{5.145}$$

3. 基于自适应干扰观测器的非奇异终端滑模控制器的设计

这里提出了一种基于自适应干扰观测器的连续非奇异终端滑模控制方法，将自适应干扰观测器对复合干扰的观测值在终端滑模控制器的前端进行补偿，图 5.27 所示为整体控制系统框图。

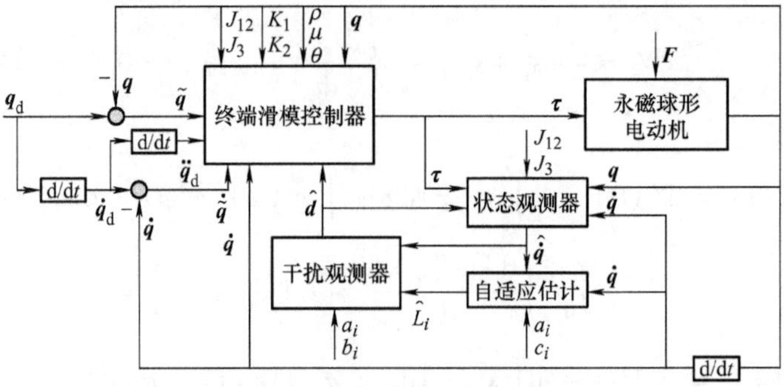

图 5.27　整体控制系统框图

引理：当系统状态 x 和 $\dot{x}$ 到达终端滑模面 $s=x+\mu|\dot{x}|^{\theta}\text{sign}(\dot{x})=0$（$\mu>0$，$1<\theta<2$）后，会在有限的时间内沿着滑模面 $s=0$ 达到平衡点，且到达时间 T_1 满足

$$T_1=\frac{1}{\mu^{-\frac{1}{\theta}}\left(1-\frac{1}{\theta}\right)}|x_0|^{1-\frac{1}{\theta}} \tag{5.146}$$

式中，x_0 为系统达到滑模面 $s=0$ 时的初始状态。

针对永磁球形电动机，设计终端滑模函数为

$$\boldsymbol{s}=\tilde{\boldsymbol{q}}+\boldsymbol{\mu}\text{sig}(\dot{\tilde{\boldsymbol{q}}})^{\boldsymbol{\theta}} \tag{5.147}$$

其中，位置误差 $\tilde{\boldsymbol{q}}=\boldsymbol{q}-\boldsymbol{q}_d=[\tilde{q}_1,\tilde{q}_2,\tilde{q}_3]^T$，速度误差 $\dot{\tilde{\boldsymbol{q}}}=\dot{\boldsymbol{q}}-\dot{\boldsymbol{q}}_d=[\dot{\tilde{q}}_1,\dot{\tilde{q}}_2,\dot{\tilde{q}}_3]^T$；滑模函数 $\boldsymbol{s}=[s_1,s_2,s_3]^T$；$\boldsymbol{\theta}=\text{diag}(\theta_1,\theta_2,\theta_3)$，且 $1<\theta_1=\theta_2=\theta_3<2$；$\boldsymbol{\mu}=\text{diag}(\mu_1,\mu_2,\mu_3)$，且 $\mu_1=\mu_2=\mu_3>0$；$\text{sig}(\dot{\tilde{\boldsymbol{q}}})^{\boldsymbol{\theta}}$ 定义为

$$\text{sig}(\dot{\tilde{\boldsymbol{q}}})^{\boldsymbol{\theta}}=\begin{bmatrix}|\dot{\tilde{q}}_1|^{\theta_1}\text{sign}(\dot{\tilde{q}}_1)\\|\dot{\tilde{q}}_2|^{\theta_2}\text{sign}(\dot{\tilde{q}}_2)\\|\dot{\tilde{q}}_3|^{\theta_3}\text{sign}(\dot{\tilde{q}}_3)\end{bmatrix} \tag{5.148}$$

设计永磁球形电动机的连续非奇异终端滑模控制律为

$$\begin{aligned}\boldsymbol{\tau}=&\boldsymbol{C}_n(\boldsymbol{q},\dot{\boldsymbol{q}})\dot{\boldsymbol{q}}+\boldsymbol{M}_n(\boldsymbol{q})\ddot{\boldsymbol{q}}_d-\boldsymbol{M}_n(\boldsymbol{q})\boldsymbol{\mu}^{-1}\boldsymbol{\theta}^{-1}\text{sig}(\dot{\tilde{\boldsymbol{q}}})^{2\boldsymbol{I}-\boldsymbol{\theta}}-\\&\boldsymbol{M}_n(\boldsymbol{q})[\boldsymbol{k}_1\boldsymbol{s}+\boldsymbol{k}_2\text{sig}(\boldsymbol{s})^{\boldsymbol{\rho}})-\boldsymbol{M}_n(\boldsymbol{q})\widehat{\boldsymbol{d}}\end{aligned} \tag{5.149}$$

其中，$\boldsymbol{k}_1=\text{diag}(k_{11},k_{12},k_{13})$，$\boldsymbol{k}_2=\text{diag}(k_{21},k_{22},k_{23})$，$k_{11}$，$k_{12}$，$k_{13}$，$k_{21}$，$k_{22}$，$k_{23}>0$；$\boldsymbol{I}$ 表示三阶单位矩阵；$\boldsymbol{\rho}=\text{diag}(\rho_1,\rho_2,\rho_3)$，且 $0<\rho_1=\rho_2=\rho_3<1$；$\boldsymbol{q}_d$、$\dot{\boldsymbol{q}}_d$、$\ddot{\boldsymbol{q}}_d$ 分别是永磁球形电动机期望轨迹的欧拉角位置向量、速度向量和加速度向量。从控制律（式（5.149））可以看出，由于控制率没有负幂次项的存在，因此控制律是连续非奇异的。

4. 稳定性分析

定理：永磁球形电动机系统（式（5.123））在控制律（式（5.149））作用下，首先由系统状态误差 $\tilde{q}_i$ 和 $\dot{\tilde{q}}_i$ 构建的终端滑模函数 s_i 将渐近收敛到下面的有界邻域内。

$$\begin{cases} |s_i| \leqslant \min(\Delta_{1i}, \Delta_{2i}) \\ \Delta_{1i} = \dfrac{p_i + a_i\delta_i}{k_i}, \Delta_{2i} = \left(\dfrac{p_i + a_i\delta_i}{k_{2i}}\right)^{\frac{1}{\rho_i}} \end{cases} \tag{5.150}$$

之后，永磁球形电动机的速度误差$\dot{\tilde{q}}$将在有限时间内沿着终端滑模面收敛到下面的有界邻域内。

$$|\dot{\tilde{q}}| \leqslant \left(\frac{\Delta_i}{\mu_i}\right)^{\frac{1}{\theta_i}} \tag{5.151}$$

永磁球形电动机的位置误差$\tilde{q}_i$将在有限时间内沿着终端滑模面收敛到以下有界邻域内。

$$|\tilde{q}_i| \leqslant 2\Delta_i \tag{5.152}$$

证明：定义 Lyapunov 函数为

$$\boldsymbol{V} = \frac{1}{2}\boldsymbol{s}^{\mathrm{T}}\boldsymbol{s} \tag{5.153}$$

对 Lyapunov 函数求导，得到

$$\dot{\boldsymbol{V}} = \boldsymbol{s}^{\mathrm{T}}\dot{\boldsymbol{s}} = \boldsymbol{s}^{\mathrm{T}}[\dot{\tilde{\boldsymbol{q}}} + \boldsymbol{\mu\theta}\mathrm{diag}(|\dot{\tilde{\boldsymbol{q}}}|^{\boldsymbol{\theta}-\boldsymbol{I}})\ddot{\tilde{\boldsymbol{q}}}] \tag{5.154}$$

代入式（5.125），可得

$$\dot{\boldsymbol{V}} = \boldsymbol{s}^{\mathrm{T}}[\dot{\tilde{\boldsymbol{q}}} + \boldsymbol{\mu\theta}\mathrm{diag}(|\dot{\tilde{\boldsymbol{q}}}|^{\boldsymbol{\theta}-\boldsymbol{I}}][\boldsymbol{M}_0^{-1}(\boldsymbol{\tau} - \boldsymbol{C}_0(\boldsymbol{q}, \dot{\boldsymbol{q}})\dot{\boldsymbol{q}}) - \ddot{\boldsymbol{q}}_{\mathrm{d}} + \boldsymbol{d}] \tag{5.155}$$

将式（5.149）代入式（5.155），可以得到

$$\dot{\boldsymbol{V}} = -\boldsymbol{s}^{\mathrm{T}}\boldsymbol{\mu\theta}\mathrm{diag}(|\dot{\tilde{\boldsymbol{q}}}|^{\boldsymbol{\theta}-\boldsymbol{I}})[\boldsymbol{k}_1\boldsymbol{s} + \boldsymbol{k}_2\mathrm{sig}(\boldsymbol{s})^{\boldsymbol{\rho}} - (\boldsymbol{d} - \widehat{\boldsymbol{d}})] \tag{5.156}$$

进一步推导，可以得到

$$\dot{\boldsymbol{V}} = -\boldsymbol{s}^{\mathrm{T}}\boldsymbol{\mu\theta}\mathrm{diag}(|\dot{\tilde{\boldsymbol{q}}}|^{\boldsymbol{\theta}-\boldsymbol{I}})\{[\boldsymbol{k}_1 - \mathrm{diag}(\boldsymbol{d} - \widehat{\boldsymbol{d}})\mathrm{diag}^{-1}(\boldsymbol{s})]\boldsymbol{s} + \boldsymbol{k}_2\mathrm{sig}(\boldsymbol{s})^{\boldsymbol{\rho}}\} \tag{5.157}$$

$$\dot{\boldsymbol{V}} = -\boldsymbol{s}^{\mathrm{T}}\boldsymbol{\mu\theta}\mathrm{diag}(|\dot{\tilde{\boldsymbol{q}}}|^{\boldsymbol{\theta}-\boldsymbol{I}})\{\boldsymbol{k}_1\boldsymbol{s} + [\boldsymbol{k}_2 - \mathrm{diag}(\boldsymbol{d} - \widehat{\boldsymbol{d}})\mathrm{diag}^{-1}(\mathrm{sig}(\boldsymbol{s})^{\boldsymbol{\rho}})]\mathrm{sig}(\boldsymbol{s})^{\boldsymbol{\rho}}\} \tag{5.158}$$

在$\dot{\tilde{\boldsymbol{q}}} \neq 0$情况下，根据式（5.157），如果$\boldsymbol{k}_1 - \mathrm{diag}(\boldsymbol{d} - \widehat{\boldsymbol{d}})\mathrm{diag}^{-1}(\boldsymbol{s})$为正定矩阵，则$\dot{\boldsymbol{V}} < 0$。那么，当$t \to \infty$时，如果$k_{1i} - \dfrac{|d_i - \widehat{d}_i|}{|s_i|} > 0$，根据式（5.145），滑模函数$s_i$将渐近收敛到以下有界邻域内。

$$|s_i| \leqslant \Delta_{1i} = \frac{p_i + a_i\delta_i}{k_{1i}} \tag{5.159}$$

在$\dot{\tilde{\boldsymbol{q}}} \neq 0$情况下，根据式（5.158），如果$\boldsymbol{k}_2 - \mathrm{diag}(\boldsymbol{d} - \widehat{\boldsymbol{d}})\mathrm{diag}^{-1}(\mathrm{sig}(\boldsymbol{s})^{\boldsymbol{\rho}})$为正定矩阵，则$\dot{\boldsymbol{V}} < 0$。那么，当$t \to \infty$时，如果$k_{2i} - \dfrac{|d_i - \widehat{d}_i|}{|s_i|^{\rho_i}} > 0$，根据式（5.145），滑模函数$s_i$将渐近收敛到以下有界邻域内。

$$|s_i| \leqslant \Delta_{2i} = \left(\frac{p_i + a_i\delta_i}{k_{2i}}\right)^{\frac{1}{\rho_i}} \tag{5.160}$$

综上所述，滑模函数s_i渐近收敛到如下的有界邻域内。

$$|s_i| \leqslant \Delta_i = \min(\Delta_{1i}, \Delta_{2i}) \tag{5.161}$$

此外，$\dot{\boldsymbol{q}} = 0$ 不会阻碍系统状态到达终端滑模面。因此，根据（5.152），可以假设式（5.162)成立。

$$\tilde{q}_i + \mu_i |\dot{\tilde{q}}_i|^{\theta_i} \operatorname{sign}(\dot{\tilde{q}}_i) = \varnothing_i, |\varnothing_i| \leqslant \Delta_i \tag{5.162}$$

那么

$$\tilde{q}_i + \left(\mu_i - \frac{\varnothing_i}{|\dot{\tilde{q}}_i|^{\theta_i} \operatorname{sign}(\dot{\tilde{q}}_i)}\right) |\dot{\tilde{q}}_i|^{\theta_i} \operatorname{sign}(\dot{\tilde{q}}_i) = 0 \tag{5.163}$$

当 $\mu_i - \varnothing_i / |\dot{\tilde{q}}_i|^{\theta_i} \operatorname{sign}(\dot{\tilde{q}}_i) > 0$ 时，终端滑模面的形式保持，根据引理，永磁球形电动机的欧拉角速度误差 $\dot{\tilde{q}}_i$ 将在有限的时间内收敛到下面的有界邻域内。

$$|\dot{\tilde{q}}_i| \leqslant \left(\frac{\Delta_i}{\mu_i}\right)^{\frac{1}{\theta_i}} \tag{5.164}$$

进而，根据式（5.95)，永磁球形电动机的欧拉角位置误差将在有限的时间内收敛到下面的有界邻域内

$$|\tilde{q}_i| \leqslant \mu_i |\dot{\tilde{q}}_i|^{\theta_i} + |\varnothing_i| \leqslant \Delta_i + \Delta_i = 2\Delta_i \tag{5.165}$$

证明完毕。

5. 仿真分析

影响永磁球形电动机轨迹跟踪性能的主要因素有外部扰动、摩擦力矩和模型误差。因此，下面从这 3 个方面进行仿真比较。

设置外部扰动为

$$\boldsymbol{\tau}_{d1} = r_1 [\sin t \quad \cos t \quad 1]^{T} \tag{5.166}$$

其中，r_1 表示外部扰动系数。

永磁球形电动机的动力学模型误差被设置为

$$\Delta(\boldsymbol{q}, \dot{\boldsymbol{q}}, \ddot{\boldsymbol{q}}) = r_2 [\boldsymbol{M}_0 \ddot{\boldsymbol{q}} + \boldsymbol{C}_0(\boldsymbol{q}, \dot{\boldsymbol{q}}) \dot{\boldsymbol{q}}] \tag{5.167}$$

其中，r_2 表示模型误差系数。

永磁球形电动机的转矩模型误差被设置为

$$\boldsymbol{\tau}_T = [0.002 \quad 0.002 \quad 0.002]^{T} \tag{5.168}$$

永磁球形电动机的 3 个轴向摩擦力矩，采用库伦-黏滞摩擦力矩模型，形式为

$$\boldsymbol{\tau}_f = \boldsymbol{\tau}_c \operatorname{sign}(\dot{\boldsymbol{q}}) + \boldsymbol{\tau}_v \dot{\boldsymbol{q}} \tag{5.169}$$

式中，$\boldsymbol{\tau}_c$ 为库伦摩擦力矩；$\boldsymbol{\tau}_v$ 为黏滞摩擦力矩系数。

给定的期望轨迹为

$$\boldsymbol{q}_d(t) = \begin{bmatrix} \alpha \\ \beta \\ \gamma \end{bmatrix} = \begin{bmatrix} 0.5\sin\pi t \\ 0.5\cos\pi t \\ 0.5t \end{bmatrix} \quad t \in (0,5) \tag{5.170}$$

必要的仿真参数见表 5.5。自适应干扰观测器的初始值 $\widehat{d}_i(0) = 0$，$\widehat{\boldsymbol{x}}_2(0) = [0, 0, 0]^{T}$ 和 $p_i(0) = 0$。永磁球形电动机的初始状态为 $\boldsymbol{q}(0) = [0.2, 0.2, 0.2]^{T}$ 和 $\dot{\boldsymbol{q}}(0) = [0, 0, 0]^{T}$。

表 5.5　仿真参数

参数	值	参数	值
r_1	0.1	c_i	1000
r_2	0.2	ε_i	0.4
$\boldsymbol{\tau}_c$	$0.2\boldsymbol{I}$	$\boldsymbol{k}_1$	$30\boldsymbol{I}$
$\boldsymbol{\tau}_v$	$0.1\boldsymbol{I}$	$\boldsymbol{k}_2$	$30\boldsymbol{I}$
J_{12}	$0.01548\text{kg}\cdot\text{m}^2$	$\boldsymbol{\mu}$	$1.1\boldsymbol{I}$
J_3	$0.01571\text{kg}\cdot\text{m}^2$	$\boldsymbol{\theta}$	$0.1\boldsymbol{I}$
a_i	1000	$\boldsymbol{\rho}$	$0.5\boldsymbol{I}$
b_i	1000	t_s	0.001s

图5.28 展示了在 $r_1=0.1$，$r_2=0.2$ 时，线性滑模控制算法和本节所提出的控制算法的轨迹跟踪误差曲线。从图5.28 可以看出，当系统达到稳态后，用本节所提出的控制算法跟踪期望欧拉角 α、β、γ 过程中的稳态误差更小。图5.29 展示了在 $r_1=0.1$，$r_2=0.2$ 时，无自适应干扰观测器的连续非奇异终端滑模控制算法和本节所提出的控制算法的轨迹跟踪误差曲线。从图5.30 可以看出，本节所提出的控制算法依然保持更小的稳态误差。表5.6 展示了在3 种控制算法下，轨迹跟踪误差的方均根值。从表5.6 可以直观地看出，所提出的控制算法具有更小轨迹跟踪误差的方均根值。图5.30 比较了永磁球形电动机在线性滑模控制算法和本节所提出的控制算法下的控制转矩。图5.31 比较了永磁球形电动机无自适应干扰观测器的连续非奇异终端滑模控制算法和本节所提出的控制算法的控制转矩。从图5.30和图5.31 可以看出，本节所提出的控制算法与采用边界层的线性滑模控制算法、无自适应干扰观测器的连续非奇异终端滑模控制算法一样

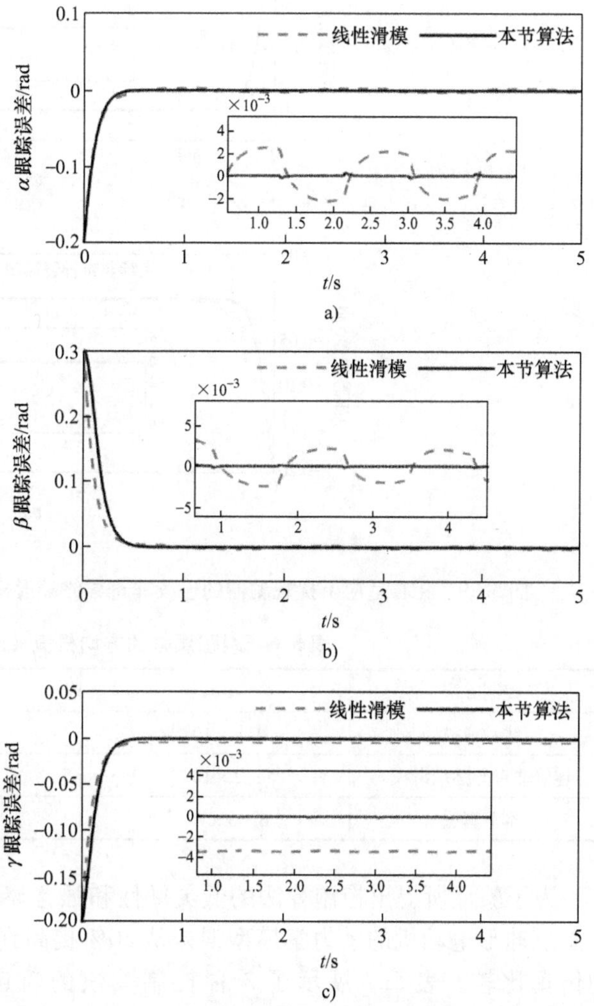

图5.28　线性滑模控制算法和本节控制算法的跟踪误差比较

具有连续的控制转矩。但是，本节控制算法采用了自适应干扰观测器，使得永磁球形电动机在保持高精度轨迹跟踪的性能下，在起动时具有更小的初始控制转矩。

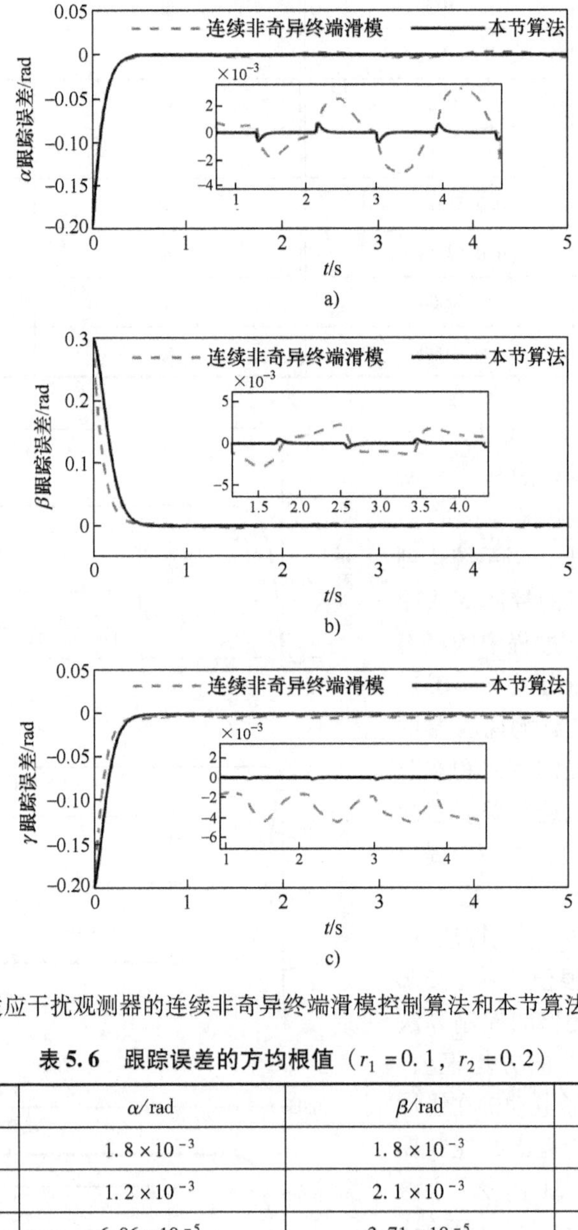

图 5.29 无自适应干扰观测器的连续非奇异终端滑模控制算法和本节算法的跟踪误差比较

表 5.6 跟踪误差的方均根值（$r_1=0.1$，$r_2=0.2$）

控制方法	α/rad	β/rad	γ/rad
线性滑模	1.8×10^{-3}	1.8×10^{-3}	3.4×10^{-3}
连续非奇异终端滑模	1.2×10^{-3}	2.1×10^{-3}	1.9×10^{-3}
本节算法	6.06×10^{-5}	3.71×10^{-5}	1.12×10^{-5}

为了验证所提出控制算法的低灵敏性和强鲁棒性，将外部扰动提高 10 倍，即 $r_1=1$，将永磁球形电动机的动力学模型误差从 20% 提高到 50%，即 $r_2=0.5$，进行 3 种控制算法的仿真比较。表 5.7 展示了 3 种控制算法的轨迹跟踪误差方均根值。对比表 5.6 和表 5.7，可以看出，所提出的控制算法对系统参数和复合扰动变化具有更低的灵敏性和更强的鲁棒性。

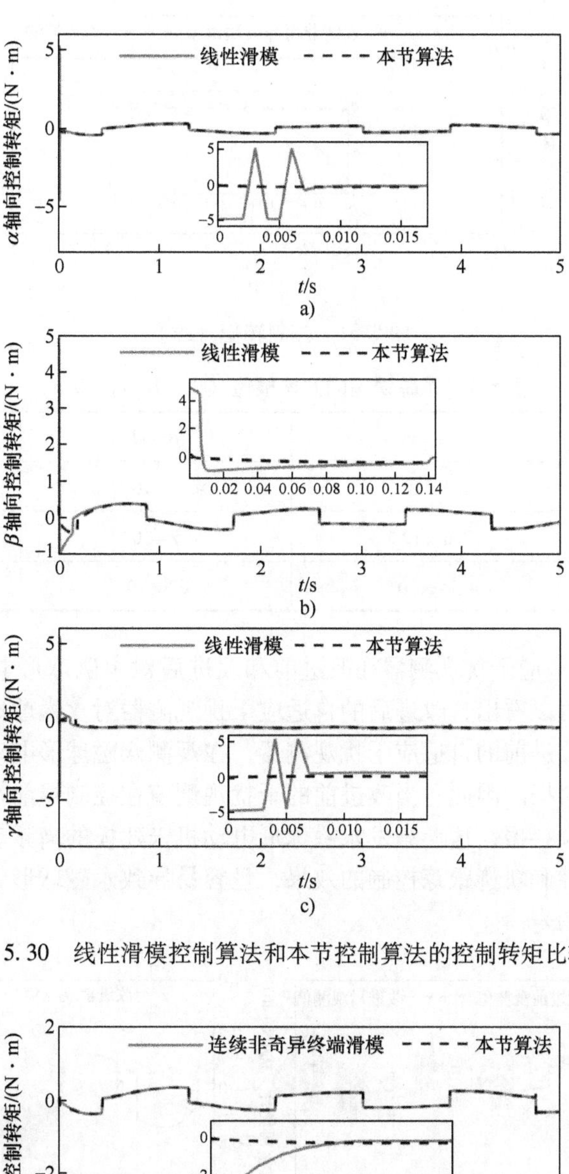

图 5.30　线性滑模控制算法和本节控制算法的控制转矩比较

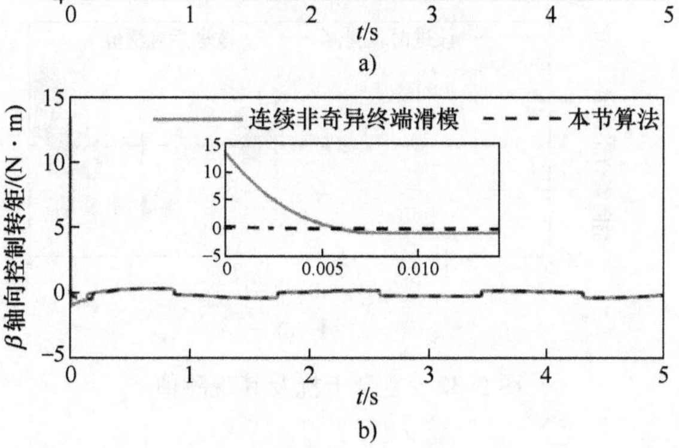

图 5.31　控制转矩

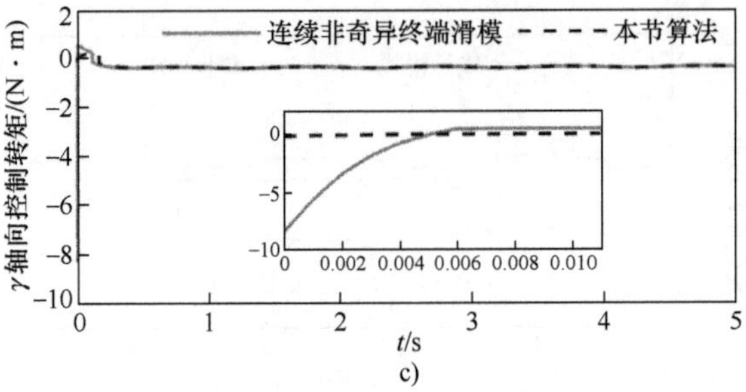

c)

图 5.31　控制转矩（续）

表 5.7　跟踪误差的方均根值（$r_1=1$，$r_2=0.5$）

控制方法	α/rad	β/rad	γ/rad
线性滑模	4.3×10^{-3}	4.5×10^{-3}	15.8×10^{-3}
连续非奇异终端滑模	7.6×10^{-3}	5.4×10^{-3}	13.0×10^{-3}
本节算法	4.14×10^{-5}	2.67×10^{-5}	1.54×10^{-5}

图 5.32 展示了自适应干扰观测器在改进前和改进后对永磁球形电动机的 3 个轴向复合干扰的估计。从图中可以看出，改进后的自适应干扰观测器对永磁球形电动机的复合干扰具有更好的观测效果。改进前的自适应干扰观测器，在观测永磁球形电动机复合干扰时，观测值会产生严重的高频抖振。因此，当改进前的干扰观测值在控制器前端进行补偿时，会使控制转矩产生同样的高频抖振，这会激发永磁球形电动机未建模的高频动态，影响永磁球形电动机控制系统的稳定性和轨迹跟踪控制的效果，且容易导致永磁球形电动机饱和输出，甚至危害控制器和驱动器的寿命。

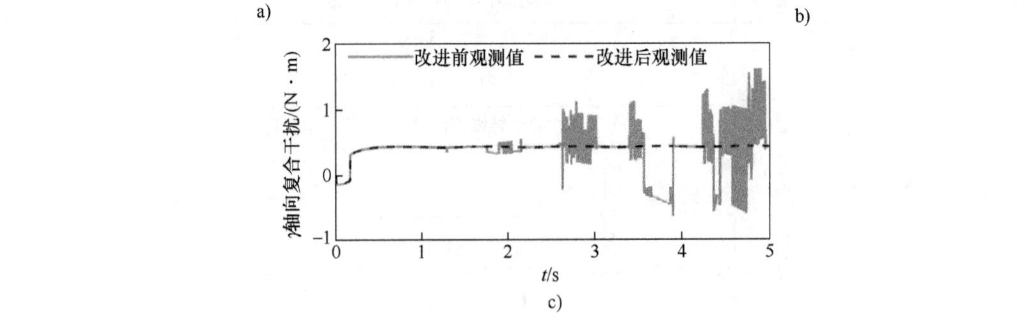

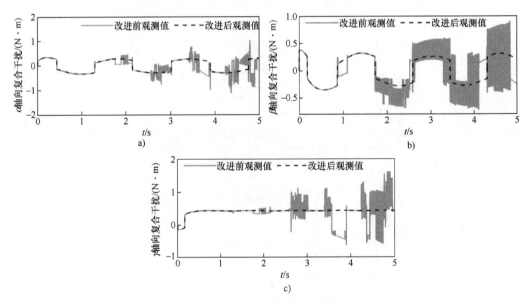

图 5.32　复合干扰及其观测值

5.4.5　带有延时补偿的永磁球形电动机自适应滑模轨迹跟踪控制

永磁球形电动机的数字控制系统存在着不可忽略的数字延时，如果不在输入端进行补偿，则控制器输出的信号是基于过去的输入信息计算得到的，无法对当前的误差做出准确的反应。并且不同于摩擦力、负载扰动等干扰，计算延时无法通过积分控制器、干扰观测器、自适应控制器在力矩输出端进行补偿。故有必要针对系统的延时单独设计延时补偿模块。

1. 基于改进线性预估器的延时补偿

永磁球形电动机的通电策略计算量大，计算时间造成了控制系统的延时。但在控制器硬件条件不变的情况下，该延时的长度可近似看作一个常数 t_d，并且 t_d 可测量，可由式（5.171）计算得到。

$$t_d=\frac{t_z}{n_i} \tag{5.171}$$

式中，t_z 为测量所用总时间；n_i 为测量所用总时间内上位机完整循环的次数。

设某一时刻永磁球形电动机的位置为 $\theta(t)$，速度为 $\dot\theta(t)$，则此刻控制器中经过延时的位置信息为 $\theta(t-t_d)$，经过延时的速度信号为 $\dot\theta(t-t_d)$。如果 t_d 足够小，则有

$$\frac{\theta(t-t_d)-\theta(t-2t_d)}{t_d}\approx\dot\theta(t-t_d) \tag{5.172}$$

$$\theta(t)\approx\frac{\theta(t-t_d)-\theta(t-2t_d)}{t_d}t_d+\theta(t-t_d) \tag{5.173}$$

传统线性预测器通过式（5.173）预测被控对象未来的状态以补偿延时带来的影响，但考虑到大部分永磁球形电动机所搭载的传感器可以直接测量输出轴的速度，无须使用式（5.172）中的速度估测方法，并且一些传感器的位置信息是由所测量的速度信息积分得到的。所以式（5.173）所示的线性预测器直接用于当前的永磁球形电动机控制系统不能达到最佳的补偿效果。

考虑到线性预测器本身的原理与低阶的泰勒级数展开相同，可以通过将位置信号在 $t=-t_d$ 进行级数展开，即

$$\theta(t)=\sum_{n=0}^{\infty}\frac{\theta^n(t-t_d)}{n!}t_d^n \tag{5.174}$$

针对以角速度为基础测量信息的系统，可令 $n=1$，则

$$\theta(t)\approx\theta_c(t)=\theta(t-t_d)+\dot\theta(t-t_d)t_d \tag{5.175}$$

针对以角加速度为基础测量信息的系统，可令 $n=2$，则

$$\theta(t)\approx\theta_c(t)=\theta(t-t_d)+\dot\theta(t-t_d)t_d+\frac{\ddot\theta(t-t_d)}{2}t_d{}^2 \tag{5.176}$$

本节以角加速度系统为例，采用式（5.176）所示的补偿方式。

以下列简单信号为例：

$$\begin{cases}\theta(t)=\sin t & t>0\\ \theta(t)=0 & t\leqslant 0\end{cases} \tag{5.177}$$

取延时时间 $t_d=0.22$，考虑到永磁球形电动机数字控制系统每一次输出信号都要经过 t_d

时间，故可认为该数字系统的采样与输出的频率为 $1/t_d$。

图 5.33 中 $\theta(t)$ 为实际位置信号，$\theta_d(t)$ 是延迟后的位置信号，$\theta_1(t)$ 是基于式（5.173）中的线性预测器得到的预测信号，$\theta_c(t)$ 是基于式（5.176）得到的预测信号。

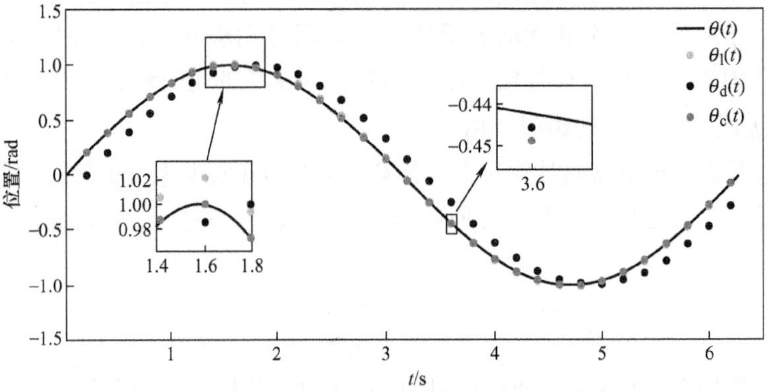

图 5.33 延时补偿仿真结果

由图 5.33 的仿真结果可以看出，经过延时补偿后的位置信息要比不做补偿的位置信息更加接近真实位置。本节所提出的基于式（5.176）的改进补偿方式，在位置变化较快时的预测轨迹比基于式（5.173）的传统线性预测器的预测轨迹更接近真实轨迹，可以直观地理解为 $\theta_c(t)$ 的预测过程中考虑了速度与加速度信息，所以预测效果更为准确。也可通过图 5.34 的预测器补偿效果波特图看出，本节提出的改进线性预测器，在高频信号段相位滞后更少，而传统的线性预测器相位随着频率的增加相位滞后不断增加。所以线性预测器在位置变化较快时无法准确补偿计算带来的延时。对比之下，改进的线性预测器虽然会对高频信号进行一定程度的放大，但从幅度与相位的整体补偿来看，本节提出的方法具有更好的补偿效果。

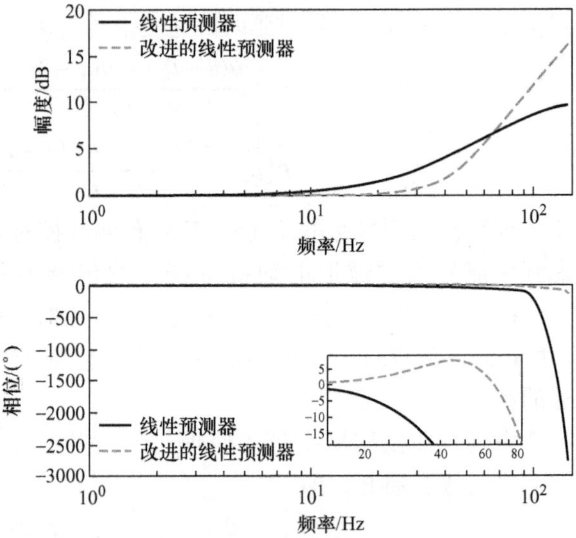

图 5.34 预测器补偿效果波特图

2. 自适应滑模控制器设计

首先建立如下滑模切换面 $\boldsymbol{S}$：

$$\begin{cases}\boldsymbol{e}=\boldsymbol{\theta}_d(t)-\boldsymbol{\theta}_c(t)\\ \boldsymbol{S}=\dot{\boldsymbol{e}}+\boldsymbol{\Lambda}\boldsymbol{e}\end{cases} \tag{5.178}$$

式中，$\boldsymbol{\theta}_d(t)$ 为给定的期望轨迹；$\boldsymbol{e}$ 为实际轨迹与期望轨迹之间的误差；$\boldsymbol{\Lambda}$ 为常系数正定对角阵。

当系统状态进入滑模切换面，即系统状态满足式（5.180）时

$$S=\dot{e}+\Lambda e\equiv 0 \tag{5.179}$$

控制系统的状态由线性微分方程$\dot{e}+\Lambda e=0$决定，跟踪误差渐进收敛为0，使得系统的状态自动趋向平衡点。

令滑模控制器的输出u_s为

$$u_s=-k_sS-\kappa\mathrm{sat}(S) \tag{5.180}$$

$$\kappa=\sup|f(\theta,\dot{\theta})|=[k_1\quad k_2\quad k_3]^{\mathrm{T}} \tag{5.181}$$

$$\mathrm{sat}(S)=\begin{cases}\dfrac{S}{\phi} & |S|\leqslant\phi\\ \dfrac{S}{|S|} & |S|\geqslant\phi\end{cases} \tag{5.182}$$

式中，k_s为滑模控制器的常数增益；κ为不确定干扰$f(\theta,\dot{\theta})$的上界；sat（）为饱和函数；ϕ是饱和函数的切换值。当S超过其切换值时，饱和函数的输出是与S方向相同的单位向量。当S在切换值内时，饱和函数的输出是与S方向相同、幅值成正比的向量。提高ϕ会减少输出抖振与控制精度。当$\phi=0$时，饱和函数与符号函数sgn（）相同。当$\phi\to\infty$时，滑模控制器变为PD控制器。因此，ϕ的选取需要考虑控制精度的需求与输出抖振的危害。

在此基础上，结合5.4.2节中描述的自适应控制器来补偿永磁球形电动机的模型不确定性，定义

$$\dot{\theta}_{\mathrm{r}}=\dot{\theta}_{\mathrm{c}}-\Lambda e \tag{5.183}$$

将式（5.183）代入式（5.178）可得到

$$S=\dot{\theta}_{\mathrm{c}}-\dot{\theta}_{\mathrm{r}} \tag{5.184}$$

$$\dot{S}=\ddot{\theta}_{\mathrm{c}}-\ddot{\theta}_{\mathrm{r}} \tag{5.185}$$

则自适应更新率为

$$\dot{\hat{a}}=-\Gamma Y^{\mathrm{T}}(\theta_{\mathrm{c}},\dot{\theta}_{\mathrm{c}},\dot{\theta}_{\mathrm{r}},\ddot{\theta}_{\mathrm{r}})S \tag{5.186}$$

式中，$\dot{\hat{a}}$为$a=[J_{xy},\ J_{zz}]^{\mathrm{T}}$的估计值；$\Gamma$为决定适应速度的常系数正定对角矩阵。

自适应控制器的输出u_a为

$$u_a=Y(\theta_{\mathrm{c}},\dot{\theta}_{\mathrm{c}},\dot{\theta}_{\mathrm{r}},\ddot{\theta}_{\mathrm{r}})\hat{a} \tag{5.187}$$

本节所提出的永磁球形电动机控制系统的整体结构如图5.35所示。

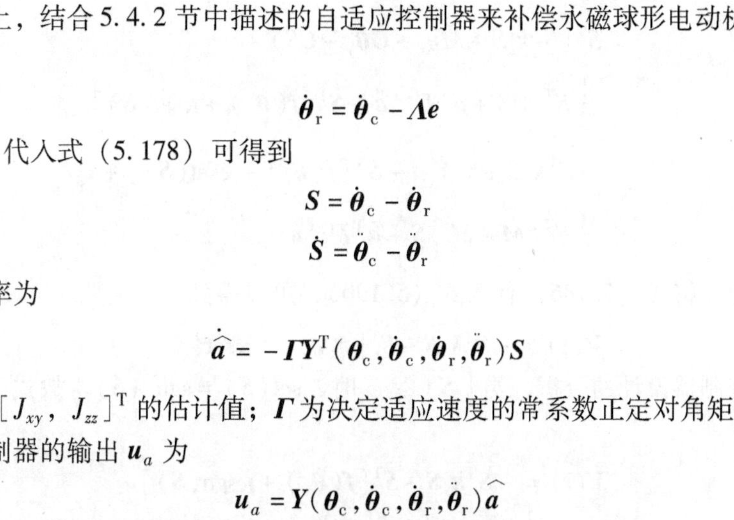

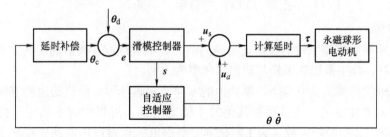

图5.35　控制系统的整体结构框图

3. 稳定性分析

选取Lyapunov函数$V(t)$为

$$V(t)=\frac{1}{2}\boldsymbol{S}^{\mathrm{T}}\boldsymbol{M}\boldsymbol{S}+\frac{1}{2}\tilde{\boldsymbol{a}}^{\mathrm{T}}\boldsymbol{\Gamma}^{-1}\tilde{\boldsymbol{a}}\geqslant 0 \tag{5.188}$$

其中，$\tilde{\boldsymbol{a}}=\widehat{\boldsymbol{a}}-\boldsymbol{a}$ 是$\widehat{\boldsymbol{a}}$的估测误差。

式（5.188）对时间求导，可以得到

$$\dot{V}(t)=\boldsymbol{S}^{\mathrm{T}}\boldsymbol{M}\dot{\boldsymbol{S}}+\frac{1}{2}\boldsymbol{S}^{\mathrm{T}}\dot{\boldsymbol{M}}\boldsymbol{S}+\tilde{\boldsymbol{a}}^{\mathrm{T}}\boldsymbol{\Gamma}^{-1}\dot{\tilde{\boldsymbol{a}}} \tag{5.189}$$

将滑模控制器（式（5.180）~式（5.182））、自适应控制器（式（5.187））代入式（5.189），可以得到

$$\begin{aligned}\dot{V}(t)&=\boldsymbol{S}^{\mathrm{T}}[\boldsymbol{\tau}-\boldsymbol{C}\dot{\boldsymbol{\theta}}_{\mathrm{c}}-\boldsymbol{M}\ddot{\boldsymbol{\theta}}_{\mathrm{r}}-\boldsymbol{f}(\dot{\boldsymbol{\theta}}_{\mathrm{c}})]+\frac{1}{2}\boldsymbol{S}^{\mathrm{T}}\dot{\boldsymbol{M}}\boldsymbol{S}+\tilde{\boldsymbol{a}}^{\mathrm{T}}\boldsymbol{\Gamma}^{-1}\dot{\tilde{\boldsymbol{a}}}\\&=\boldsymbol{S}^{\mathrm{T}}[\boldsymbol{\tau}-\boldsymbol{C}(\boldsymbol{S}+\dot{\boldsymbol{\theta}}_{\mathrm{r}})-\boldsymbol{M}\ddot{\boldsymbol{q}}_{\mathrm{r}}-\boldsymbol{f}(\dot{\boldsymbol{\theta}}_{\mathrm{c}})]+\\&\quad\frac{1}{2}\boldsymbol{S}^{\mathrm{T}}\dot{\boldsymbol{M}}\boldsymbol{S}+\tilde{\boldsymbol{a}}^{\mathrm{T}}\boldsymbol{\Gamma}^{-1}\dot{\tilde{\boldsymbol{a}}}\\&=\boldsymbol{S}^{\mathrm{T}}[-\boldsymbol{k}_s\boldsymbol{S}+\widehat{\boldsymbol{M}}\ddot{\boldsymbol{\theta}}_{\mathrm{r}}+\widehat{\boldsymbol{C}}\dot{\boldsymbol{\theta}}_{\mathrm{r}}-\boldsymbol{C}(\boldsymbol{S}+\dot{\boldsymbol{\theta}}_{\mathrm{r}})-\boldsymbol{M}\ddot{\boldsymbol{\theta}}_{\mathrm{r}}]+\\&\quad\frac{1}{2}\boldsymbol{S}^{\mathrm{T}}\dot{\boldsymbol{M}}\boldsymbol{S}+\tilde{\boldsymbol{a}}^{\mathrm{T}}\boldsymbol{\Gamma}^{-1}\dot{\tilde{\boldsymbol{a}}}-\boldsymbol{S}^{\mathrm{T}}[\boldsymbol{f}(\dot{\boldsymbol{\theta}}_{\mathrm{c}})+\boldsymbol{\kappa}\mathrm{sat}(\boldsymbol{S})]\\&=\boldsymbol{S}^{\mathrm{T}}(-\boldsymbol{k}_s\boldsymbol{S}+\tilde{\boldsymbol{M}}\ddot{\theta}_{\mathrm{r}}+\tilde{\boldsymbol{C}}\dot{\boldsymbol{\theta}}_{\mathrm{r}}-\boldsymbol{C}\boldsymbol{S})+\\&\quad\frac{1}{2}\boldsymbol{S}^{\mathrm{T}}\dot{\boldsymbol{M}}\boldsymbol{S}+\tilde{\boldsymbol{a}}^{\mathrm{T}}\boldsymbol{\Gamma}^{-1}\dot{\tilde{\boldsymbol{a}}}-\boldsymbol{S}^{\mathrm{T}}[\boldsymbol{f}(\dot{\boldsymbol{\theta}}_{\mathrm{c}})+\boldsymbol{\kappa}\mathrm{sat}(\boldsymbol{S})]\\&=-\boldsymbol{S}^{\mathrm{T}}\boldsymbol{k}_s\boldsymbol{S}+\boldsymbol{S}^{\mathrm{T}}\boldsymbol{Y}\tilde{\boldsymbol{a}}-\boldsymbol{S}^{\mathrm{T}}[\boldsymbol{f}(\dot{\boldsymbol{\theta}}_{\mathrm{c}})+\boldsymbol{\kappa}\mathrm{sat}(\boldsymbol{S})]+\\&\quad\frac{1}{2}\boldsymbol{S}^{\mathrm{T}}(\dot{\boldsymbol{M}}-2\boldsymbol{C})\boldsymbol{S}+\tilde{\boldsymbol{a}}^{\mathrm{T}}\boldsymbol{\Gamma}^{-1}\dot{\tilde{\boldsymbol{a}}}\end{aligned} \tag{5.190}$$

根据对称性，将式（5.186）代入式（5.190），可以得到

$$\dot{V}(t)=-\boldsymbol{S}^{\mathrm{T}}\boldsymbol{k}_s\boldsymbol{S}-\boldsymbol{S}^{\mathrm{T}}[\boldsymbol{f}(\dot{\boldsymbol{\theta}}_{\mathrm{c}})+\boldsymbol{\kappa}\mathrm{sat}(\boldsymbol{S})] \tag{5.191}$$

根据滑模控制器设计的分析，当$|\boldsymbol{S}|\geqslant\phi$时，$\mathrm{sat}(\boldsymbol{S})=\mathrm{sgn}(\boldsymbol{S})$。故式（5.191）可以写为

$$\begin{aligned}\dot{V}(t)&=-\boldsymbol{S}^{\mathrm{T}}\boldsymbol{k}_s\boldsymbol{S}-\boldsymbol{S}^{\mathrm{T}}[\boldsymbol{f}(\dot{\boldsymbol{\theta}}_{\mathrm{c}})+\boldsymbol{\kappa}\mathrm{sgn}(\boldsymbol{S})]\\&=-\boldsymbol{S}^{\mathrm{T}}\boldsymbol{k}_s\boldsymbol{S}+\boldsymbol{f}(\dot{\boldsymbol{\theta}}_{\mathrm{c}})\boldsymbol{S}^{\mathrm{T}}-\boldsymbol{\kappa}|\boldsymbol{S}^{\mathrm{T}}|\leqslant 0\end{aligned} \tag{5.192}$$

当$|\boldsymbol{S}|\geqslant\phi$时，$V(t)$半正定，$\dot{V}(t)$半负定，得证。

4. 仿真分析

考虑到实际数字控制系统的控制输出是离散的，本节选取了离散的仿真方式。设置延时常数$t_{\mathrm{d}}=0.022\mathrm{s}$，数字系统的采样与输出的频率为$1/t_{\mathrm{d}}$。

设置仿真中的摩擦力为0.02N，摩擦力的方向与永磁球形电动机的运动方向相反，考虑到实际的摩擦力更加复杂，并且存在其他的不确定干扰，仿真中的不确定干扰项为存在于0~0.03的呈正态分布的随机数。为了测试本章所提出的永磁球形电动机控制系统跟踪复杂三自由度空间曲线的能力，期望轨迹与永磁球形电动机初始状态选取为

$$\begin{cases}\boldsymbol{\theta}_{\mathrm{d}}=[15\sin\pi t\quad 15\cos\pi t\quad 15t/4]\\\boldsymbol{\theta}(0)=[0\quad 0\quad 0]\quad t\in[0,4]\end{cases} \tag{5.193}$$

为了体现本节所提出的带有延时补偿的鲁棒自适应滑模控制器（Robust Adaptive Sliding-mode Controller with Delay Compensation，RASC）的有效性，将其仿真结果和PD控制器以及不带有延时补偿的鲁棒自适应滑模控制器（RAS）做对比，仿真结果如图5.36～图5.41所示。轨迹跟踪的误差二次方平均数（MSE）见表5.8。RAS与PD控制器相比，α、β、γ 3个方向上的MSE分别减少了88.6%、39.3%、99.8%。当起始位置与给定位置不同时，如β轴的轨迹，与PD控制器相比，RAS、RASC可以在保证超调的情况下，取得更快的误差收敛速度。

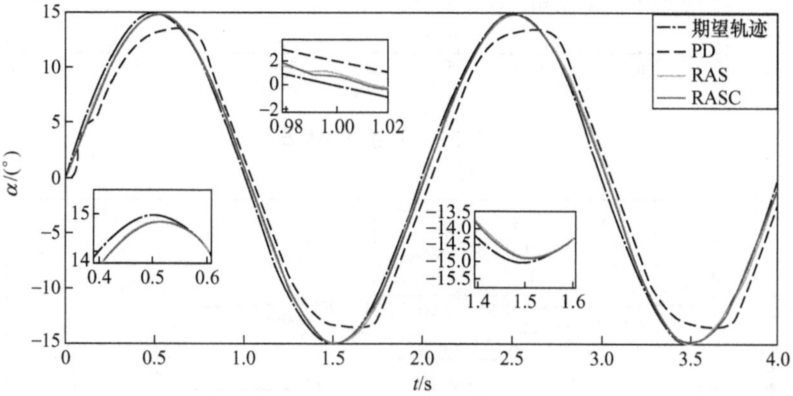

图5.36　α轴跟踪轨迹

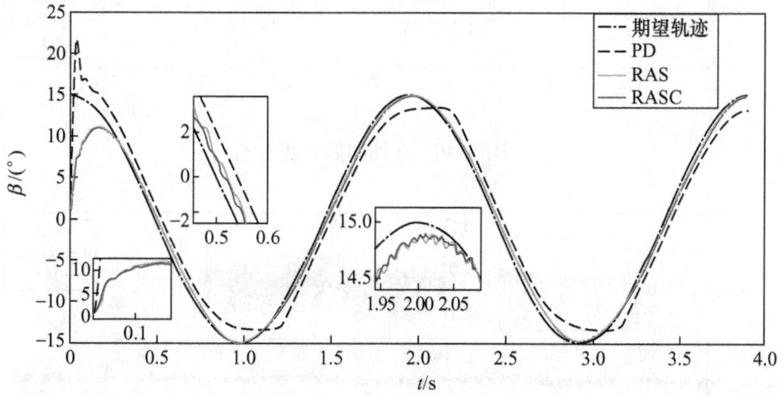

图5.37　β轴跟踪轨迹

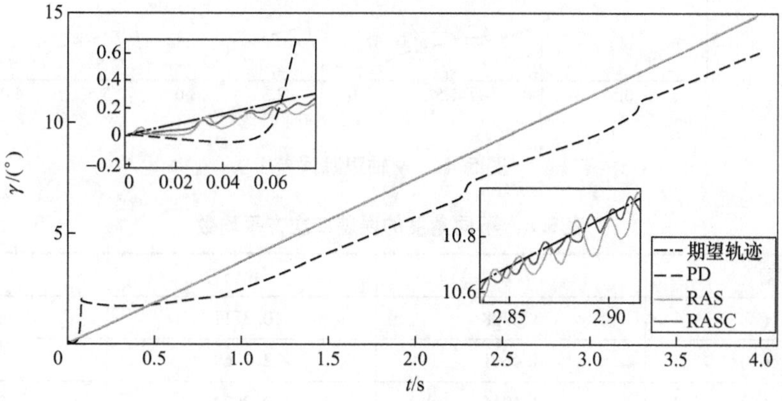

图5.38　γ轴跟踪轨迹

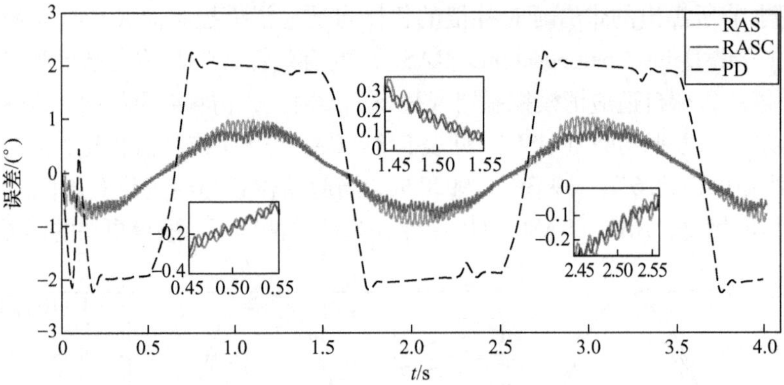

图 5.39 α 轴跟踪误差

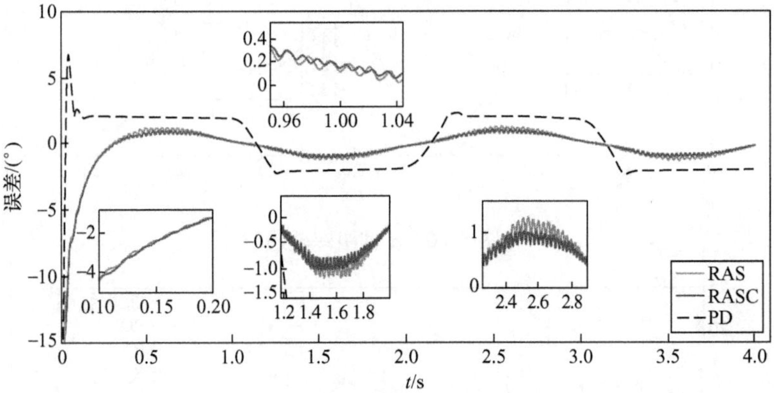

图 5.40 β 轴跟踪误差

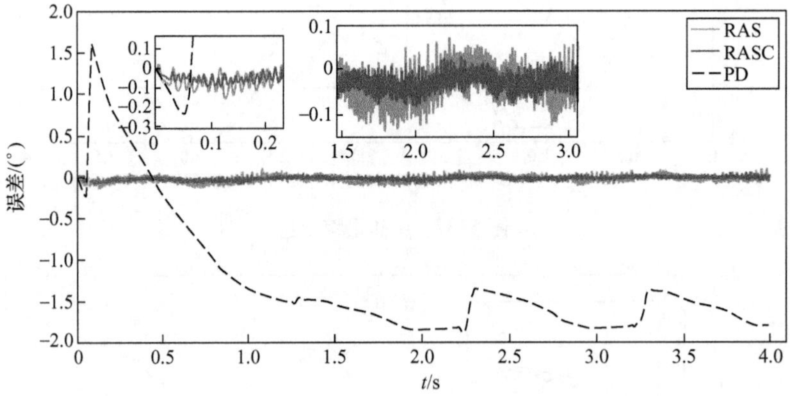

图 5.41 γ 轴跟踪误差

表 5.8 不同角度的误差二次方平均数

控制器	PD	RAS	RASC
α 误差/(°)	3.2708	0.3711	0.2787
β 误差/(°)	4.4661	2.7069	2.6218
γ 误差/(°)	2.1716	0.0032	0.0014

RASC 与 RAS 相比，3 个方向上的 MSE 分别减少了 24.8%、3.1%、56.2%。通过对计算延时进行补偿，进一步提升了轨迹跟踪的精度。由以上仿真结果可以看出 RASC 可以有效地减少摩擦、不确定干扰、延时补偿带来的误差，补偿哥氏力与向心力在输出力矩上的分量，控制永磁球形电动机跟踪指定轨迹。仿真结果也验证了本节所提出的控制策略的有效性和稳定性。

5.4.6 基于轨迹再规划的永磁球形电动机闭环控制

为了提高轨迹跟踪的精度，控制器的参数通常被调整到对误差相对敏感的状态，虽然可以对幅值较小的误差尽快做出反应，但遇到较大的误差时会产生大幅值的超调量，严重时甚至会对永磁球形电动机及其负载造成破坏。若降低参数的灵敏度，控制器可以在较大误差下实现平滑跟踪，但其跟踪的精度会有所下降，所以传统的控制器参数设定需要在精度和稳定性之间做出选择。

通过引入轨迹再规划技术，重新规划后的局部轨迹可以短时间内与原期望轨迹汇合，同时可以使局部误差保持在适合敏感控制器的范围内。受文献［120］的启发，本节将再规划方法应用于永磁球形电动机控制中。虽然文献［120］的方法可以保证受控系统从较大误差中恢复的过程没有超调，但是轨迹跟踪的精度也有一定程度上的降低。这种再规划方法在每一次计算输出时都会重新规划局部轨迹使得当前位置处于局部轨迹之上，因此基于局部轨迹的位置误差总是为 0。但也因此间接地削弱了与误差幅值相关的控制器输出，这对于许多基于滑模控制/PID 控制的控制系统是必不可少的。这种不断重新构造局部轨迹跟踪方法不仅会减慢从较大误差恢复的速度，而且会降低整个轨迹跟踪控制的精度。

本节所设计的轨迹再规划过程可以描述如下：

当永磁球形电动机的当前状态与期望轨迹偏差较大时，轨迹再规划模块会生成满足初始状态的局部轨迹，该局部轨迹需满足以下条件：①起点与当前实际位置重合；②在一定时间内与期望轨迹汇合。从而使被控永磁球形电动机跟踪新生成的局部轨迹尽可能快地与期望轨迹汇合，并且在不产生超调的条件下提高轨迹跟踪的精度。

另外考虑到轨迹控制器的实时性要求较高，轨迹再规划过程不应带有较大的计算量。

1. 局部轨迹再规划

设永磁球形电动机的初始状态为

$$\begin{cases}\boldsymbol{\theta}(t_0)=[\alpha_0 \quad \beta_0 \quad \gamma_0]^{\mathrm{T}} \\ \dot{\boldsymbol{\theta}}(t_0)=[\omega_{\alpha0} \quad \omega_{\beta0} \quad \omega_{\gamma0}]^{\mathrm{T}}\end{cases} \tag{5.194}$$

式中，α_0、β_0、γ_0 为永磁球形电动机的初始欧拉角；$\omega_{\alpha0}$、$\omega_{\beta0}$、$\omega_{\gamma0}$ 为 α、β、γ 轴的初始角速度；t_0 为初始状态的初始时刻。

设期望轨迹的初始状态为

$$\begin{cases}\boldsymbol{\theta}_{\mathrm{d}}(t_0)=[\alpha_{\mathrm{d}0} \quad \beta_{\mathrm{d}0} \quad \gamma_{\mathrm{d}0}]^{\mathrm{T}} \\ \dot{\boldsymbol{\theta}}_{\mathrm{d}}(t_0)=[\omega_{\mathrm{d}\alpha0} \quad \omega_{\mathrm{d}\beta0} \quad \omega_{\mathrm{d}\gamma0}]^{\mathrm{T}}\end{cases} \tag{5.195}$$

定义位置误差为 $\boldsymbol{e}(t)$，位置误差的初始值为 $\boldsymbol{e}(t_0)$，则

$$\boldsymbol{e}(t)=\boldsymbol{\theta}_{\mathrm{d}}(t)-\boldsymbol{\theta}(t) \tag{5.196}$$

$$\boldsymbol{e}(t_0)=\boldsymbol{\theta}_{\mathrm{d}}(t_0)-\boldsymbol{\theta}(t_0) \tag{5.197}$$

当不进行轨迹规划时，控制器将直接基于 $\boldsymbol{e}(t)$ 计算输出信号。如前文所述，如果 $\boldsymbol{e}(t_0)$的赋值过大，则与误差成正比的控制输出值也会很大，因此导致轨迹跟踪产生较大的超调。

局部轨迹 $\boldsymbol{\theta}_1(t)$ 定义为

$$\begin{cases}\boldsymbol{\theta}_1(t)=\boldsymbol{\theta}_{\mathrm{d}}(t)-\boldsymbol{e}(t_0)\mathrm{e}^{-c(t-t_0)}\\ \dot{\boldsymbol{\theta}}_1(t)=\dot{\boldsymbol{\theta}}_{\mathrm{d}}(t)+c\boldsymbol{e}(t_0)\mathrm{e}^{-c(t-t_0)}\quad t\geqslant t_0\end{cases}\tag{5.198}$$

其中，c 为控制收敛速度的常系数。设 $\boldsymbol{e}_1$（t）为局部误差，有

$$\boldsymbol{e}_1(t)=\boldsymbol{\theta}_1(t)-\boldsymbol{\theta}(t)\tag{5.199}$$

将式（5.198）代入式（5.199）可得

$$\begin{aligned}\boldsymbol{e}_1(t_0)&=\boldsymbol{\theta}_{\mathrm{d}}(t_0)-\boldsymbol{e}(t_0)\mathrm{e}^{-c(t_0-t_0)}-\boldsymbol{\theta}(t_0)\\&=\boldsymbol{\theta}_{\mathrm{d}}(t)-[\boldsymbol{\theta}_{\mathrm{d}}(t_0)-\boldsymbol{\theta}(t_0)]-\boldsymbol{\theta}(t_0)\\&=0\end{aligned}\tag{5.200}$$

$$\begin{aligned}\boldsymbol{\theta}_1(\infty)&=\boldsymbol{\theta}_{\mathrm{d}}(\infty)-\boldsymbol{e}(t_0)\mathrm{e}^{-c\times\infty}\\&=\boldsymbol{\theta}_{\mathrm{d}}(\infty)\end{aligned}\tag{5.201}$$

$$\begin{aligned}\dot{\boldsymbol{\theta}}_1(\infty)&=\dot{\boldsymbol{\theta}}_{\mathrm{d}}(\infty)+c\boldsymbol{e}(t_0)\mathrm{e}^{-c\times\infty}\\&=\dot{\boldsymbol{\theta}}_{\mathrm{d}}(\infty)\end{aligned}\tag{5.202}$$

由式（5.200）~式（5.202）可以得局部轨迹规划满足前文所设条件，即初始位置误差为0，且可以在一定时间内与期望轨迹汇合。

由（5.198）可以看出，局部轨迹的期望速度$\dot{\boldsymbol{\theta}}_1(t)$ 由原期望轨迹的期望速度$\dot{\boldsymbol{\theta}}_{\mathrm{d}}(t)$ 和一个指数函数组成。由于该指数函数随时间逐渐衰减，故 $\boldsymbol{\theta}_1(t)$ 与原期望轨迹的汇合速度会逐渐下降。

2. 冷却时间

为了提高局部轨迹与期望轨迹汇合的速度，轨迹再规划需要反复的重新规划新的局部轨迹。但每一次计算输出都重新规划轨迹，使局部轨迹始终满足式（5.200），造成控制器的部分输出无法得到充分的利用。故提出一种带有冷却的轨迹再规划方法，可以有效利用控制器中与误差成比例的输出，提高轨迹跟踪的速度与精度。

为了避免频繁的轨迹再规划，提高汇合速度，在式（5.198）的基础上加入冷却时间 t_{cd}。改进后的轨迹再规划表达式为

$$\begin{cases}\boldsymbol{\theta}_1(t)=\boldsymbol{\theta}_{\mathrm{d}}(t)-\boldsymbol{e}(t_i)\mathrm{e}^{-c(t-t_i)}\\ \dot{\boldsymbol{\theta}}_1(t)=\dot{\boldsymbol{\theta}}_{\mathrm{d}}(t)+c\boldsymbol{e}(t_i)\mathrm{e}^{-c(t-t_i)}\quad t\geqslant t_i\\ t_i=t_{\mathrm{cd}}+t_{i-1}\quad i=0,1,2,3,\cdots\end{cases}\tag{5.203}$$

在冷却时间内，局部轨迹不会刷新，控制器会暂时按照最近一次刷新的局部轨迹进行运动，因此局部误差不会始终为0，控制器与误差成正比的输出得到了更好地利用。

3. 平滑开关

轨迹再规划的目的是提高控制器应对较大误差的鲁棒性，减少超调量。但当系统当前位置与期望轨迹偏差较小或处于期望轨迹之上时，则无须进行轨迹再规划，否则会影响小误差

时的跟踪精度。为了保证轨迹跟踪的精度，应当在跟踪误差较小时停止再规划。但瞬间停止再规划会导致控制输出产生突变，因此在再规划过程中加入平滑开关函数 $\mathrm{sw}(\boldsymbol{e}(t))$，当误差变小时线性地减少轨迹再规划的作用。平滑开关函数 $\mathrm{sw}(\boldsymbol{e}(t))$ 定义为

$$\mathrm{sw}(\boldsymbol{e}(t))=\begin{cases}1 & |\boldsymbol{e}(t)|>e_{\mathrm{b}}\\ \dfrac{|\boldsymbol{e}(t)|}{e_{\mathrm{b}}} & |\boldsymbol{e}(t)|\leqslant e_{\mathrm{b}}\end{cases} \tag{5.204}$$

其中，e_{b} 为误差模长边界。当误差的模长超过 e_{b} 时，平滑开关函数 $\mathrm{sw}(\boldsymbol{e}(t))$ 不会影响轨迹再规划的过程；当误差的模长小于 e_{b} 时，开关函数 $\mathrm{sw}(\boldsymbol{e}(t))$ 会随着误差的减小逐渐削弱轨迹再规划的效果。

轨迹规划加入平滑开关后的表达式为

$$\begin{cases}\boldsymbol{\theta}_{\mathrm{l}}(t)=\boldsymbol{\theta}_{\mathrm{d}}(t)-\mathrm{sw}\boldsymbol{e}(t_i)\mathrm{e}^{-c(t-t_i)}\\ \dot{\boldsymbol{\theta}}_{\mathrm{l}}(t)=\dot{\boldsymbol{\theta}}_{\mathrm{d}}(t)+\mathrm{sw}c\boldsymbol{e}(t_i)\mathrm{e}^{-c(t-t_i)} & t\geqslant t_i\\ t_i=t_{\mathrm{cd}}+t_{i-1} \quad i=0,1,2,3,\cdots\end{cases} \tag{5.205}$$

通过使用式（5.205）所示的轨迹再规划方法，永磁球形电动机控制系统可以从较大的误差中快速平稳地汇合到期望轨迹，并且通过轨迹再规划处理后，控制器的输入为局部误差，故可将控制器的参数调节到对误差更为敏感的状态，提高轨迹跟踪控制的精度。

4. 轨迹再规划数字样例（见图5.42）

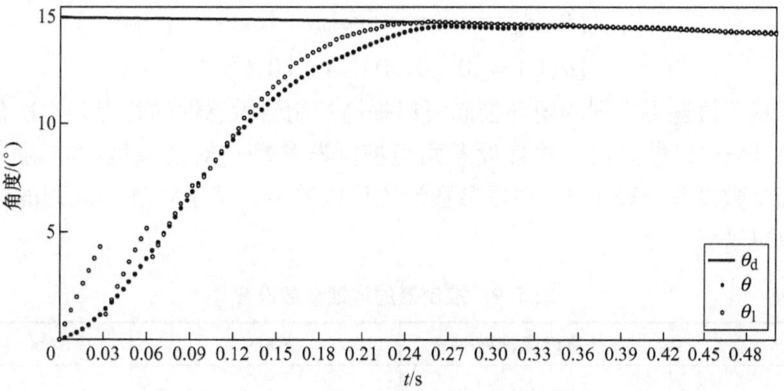

图5.42　轨迹再规划过程示意图

在此数字样例中，控制器选取了5.4.5节所设计的RASC。实际位置与期望轨迹的初始偏差为15°，再规划的冷却时间 t_{cd} 为0.03s，误差模长边界 e_{b} 为4°，图5.42中 θ_{d}、θ、θ_{l} 分别为期望轨迹、实际轨迹、再规划后的局部轨迹。由示意图5.42可以看出，在起始阶段实际位置与期望轨迹偏差较大，此时平滑开关不起作用，控制器的输入为局部轨迹，由于起始处误差较大，导致局部轨迹迅速变化，控制器无法完全跟随局部轨迹，当再规划冷却结束时，对轨迹进行了重新规划，控制器对新的局部轨迹进行跟踪。当实际轨迹与期望轨迹偏差较小时，平滑开关逐渐减少再规划的作用，在此情况下，冷却结束再规划的轨迹不会与实际轨迹重合，可以进一步提高误差较小时轨迹跟踪的快速性。当误差足够小时，局部轨迹与期望轨迹重合。

由此数字样例可以看出，本节所提出的轨迹再规划方法，可以避免敏感的控制器在误差

较大的情况下产生超调。

5. 仿真结果与分析

为了测试基于轨迹再规划的闭环控制的有效性和正常跟踪状态下的性能，本节仿真中摩擦力、不确定干扰、计算延时将沿用5.4.5节中RASC仿真中的设定，并且将轨迹再规划方法与RASC相结合，以测试基于轨迹再规划的RASC控制的可行性。

为了测试基于轨迹再规划的RASC控制在起始位置与期望轨迹偏差较大工况下的性能，本次仿真的期望轨迹选择了与5.2.5节仿真实验相同的函数，其中β轴的起始误差为15°，该轨迹可以测试控制系统在起始误差较大的工况下的控制性能。

为了更有针对性地测试所提出的控制策略在永磁球形电动机遇到故障、障碍暂时停顿，故障恢复、障碍消除后大幅偏离期望轨迹的工况下的性能，本次仿真实验在实验时间$t=1.5$s时插入了一段停顿时间，在此期间，仿真中永磁球形电动机的速度加速度降为0，但期望轨迹仍然随时间变化，停顿在$t=2.5$s时结束。在停顿期间，α轴的期望轨迹由−15°变化到15°，此时永磁球形电动机由于停顿无法改变位置，本章所提出的控制器和用作对比的控制器虽然跟踪精度不同，但在稳定时可以将误差控制在1°以内，故在$t=2.5$s时α轴的位置误差将超过29°。通过对比不同控制器在克服较大误差后进入稳定状态所需时间，超调量可以得到其应对较大误差的能力。

故本次仿真的期望轨迹设定如式（5.206）所示。取4~6s的平均误差赋值来对比不同控制策略的控制精度。

$$\begin{cases}\boldsymbol{\theta}_{\mathrm{d}}=[15\sin\pi t \quad 15\cos\pi t \quad 15t/4] \\ \boldsymbol{\theta}(0)=[0 \quad 0 \quad 0] \quad t\in[0,6]\end{cases} \tag{5.206}$$

为了体现基于轨迹再规划的闭环控制可以提高控制器敏感性的特点，本次仿真实验加入了5.4.5节的RASC以做对比，并且设置两组控制器参数（对误差敏感与对误差不敏感），控制器的详细参数设置见表5.9。根据参数设置可以看出，基于轨迹再规划的控制器的增益更大，对误差更敏感。

表5.9 控制器的详细参数设置

参数	基于轨迹再规划的RASC	RASC	RASC（误差敏感）
c	12		
t_{cd}	0.05		
e_{b}	1		
k_{s}	0.02	0.01	0.02
$\boldsymbol{\Lambda}$	diag（1.8，1.8，0.3）	diag（0.3，0.3，0.1）	diag（0.8，0.8，0.3）
$\boldsymbol{\kappa}$	$[0.06,\ 0.06,\ 0.06]^{\mathrm{T}}$		
ϕ	1		
$\boldsymbol{\Gamma}$	diag（1，1，1）		

仿真结果如图5.43~图5.46所示。

表5.10中的稳定时间定义为对应控制器轨迹跟踪误差的幅值稳定在其平均误差幅值的2倍以下所需要的时间。

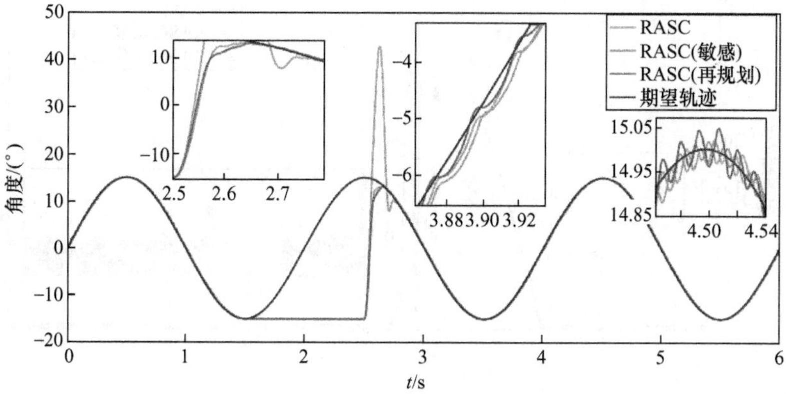

图 5.43 α 轴跟踪轨迹

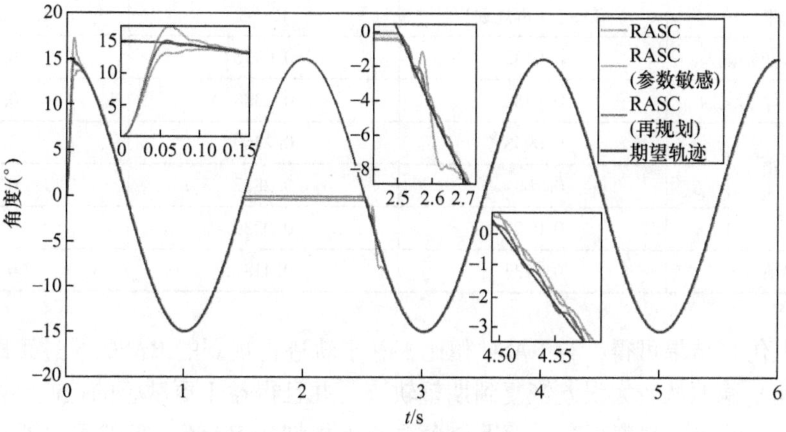

图 5.44 β 轴跟踪轨迹

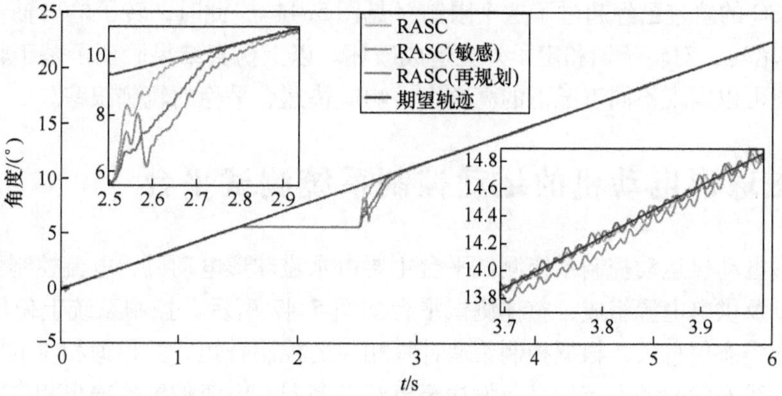

图 5.45 γ 轴跟踪轨迹

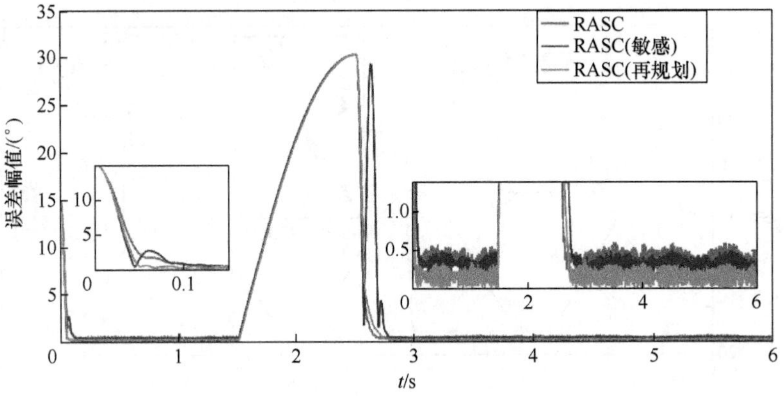

图 5.46 误差幅值对比

表 5.10 仿真结果对比

仿真结果		RASC（再规划）	RASC	RASC（敏感）
稳定时间/s	初始误差	0.0632	0.0936	0.1056
	停顿之后	0.2388	0.1388	0.2620
平均误差绝对值/(°)	α	0.0958	0.2360	0.1781
	β	0.1094	0.2823	0.2218
	γ	0.0199	0.0239	0.0423
平均误差幅值/(°)		0.1733	0.4186	0.3287

参照以上仿真结果可得，与 RASC 相比，基于轨迹再规划的 RASC 通过跟踪新的局部轨迹可以更快速平稳地从较大误差恢复到期望轨迹，并且得益于更敏感的控制参数，基于轨迹再规划的 RASC 的跟踪精度更高。而不包含轨迹再规划的 RASC，虽然可以通过调整增益来提高轨迹跟踪精度，但是在应对较大误差时会产生大幅度的超调。在永磁球形电动机实际运行中，当 α 或 β 达到 37.5°时，转子的输出轴将触碰到定子外壳。在跟踪的过程中，具有敏感增益的 RASC 的轨迹已经超过了这个限制（见图 5.44），此时，转子输出轴会撞击定子外壳并在 37.5°堵转，对转子轴和定子外壳造成破坏。以上仿真结果验证了基于轨迹再规划的闭环控制系统可以实现不同工况下的高精度、响应快速、平稳的轨迹跟踪。

5.5 永磁球形电动机的运动控制系统测试平台

永磁球形电动机运动控制系统测试平台主要由永磁球形电动机、电流控制器、姿态传感器、上位机以及供电电源组成，整体测试平台如图 5.47 所示。控制系统上位机接收到永磁球形电动机的姿态信息后，根据控制策略计算相应的控制转矩，并根据相应的驱动电流结算方法得到定子线圈的驱动电流信息，发送至电流控制器，电流控制器输出相应电流使永磁球形电动机定子线圈产生电磁力矩驱动转子转动实现运动控制。

永磁球形电动机的电磁转矩与施加于定子线圈的电流密切相关，且转矩模型也是建立在线圈通电电流的基础上。因此，需要使用恒流源实现对永磁球形电动机的控制。为了实现对

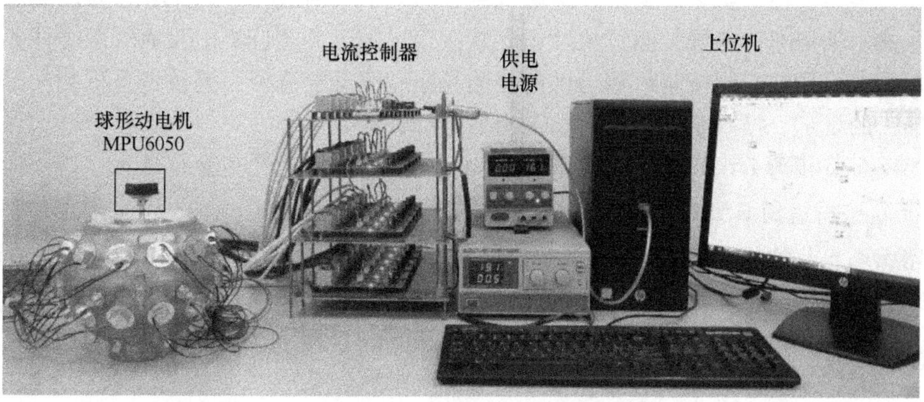

图 5.47　永磁球形电动机的运动控制系统测试平台

永磁球形电动机的驱动控制，设计了一套驱动控制电路，其主要由 24 个恒流驱动模块构成，每一个恒流驱动模块连接一个球形电动机的定子线圈。受底板 PCB 面积限制及机械结构制约，将 24 个恒流驱动模块分为 4 层，每层放置 6 个恒流驱动模块，在每一层 PCB 上的电源接口处连接一个熔断器，以保护恒流驱动模块。所有的恒流驱动模块通过通信总线连接，通过控制电路或上位机发送控制指令实现对驱动控制电路的控制，如图 5.48 所示。

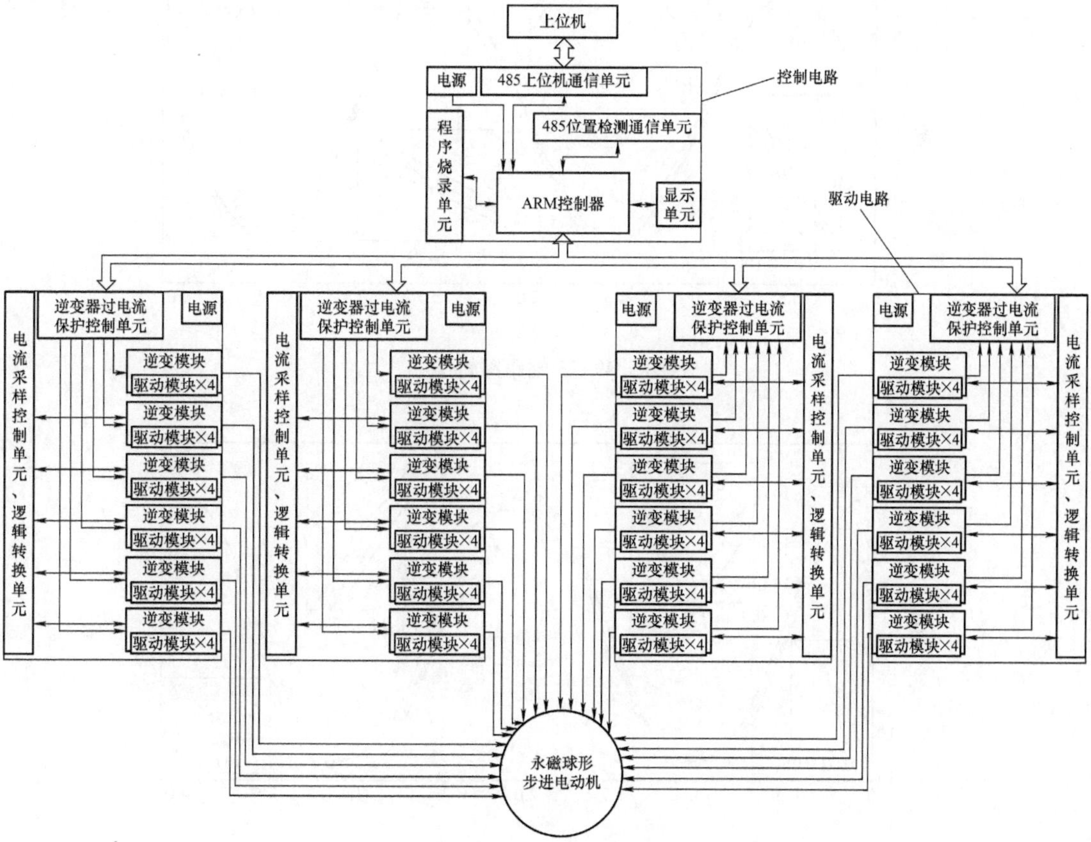

图 5.48　电流控制器结构框图

姿态传感器可根据实际需要选择接触式或非接触式，在图 5.47 所示的测试平台中，采用非接触式六轴姿态传感器，通过法兰盘安装在输出轴上。上位机主要完成两个任务，一是根据回传姿态信息和控制策略解算当前的控制力矩和驱动电流，二是负责人机交互工作，包括系统输入的设定、控制参数的求解、输出信号的查看等。

以 5.4.5 节和 5.4.6 节描述的控制器为例，在上述平台开展实验研究。

1. 无轨迹再规划 RASC

采用 5.4.5 节的无轨迹再规划 RASC 进行实验，跟踪指定轨迹的运行轨迹和误差如图 5.49 ~ 图 5.54 所示，轨迹跟踪的 MSE 见表 5.11，RASC 与 PD 控制器相比，α、β、γ 3 个方向上的 MSE 分别减少了 81.2%、50.4%、99.6%。经过补偿后的 RASC 与无补偿的 RAS 相比，3 个方向上的 MSE 分别减少了 8.3%、1.2%、25.0%，提升了轨迹跟踪的精度。在起始位置与给定位置不同时，以 β 轴为例，与 PD 控制器相比，RASC 没有超调量，并且误差收敛的速度更快。由实验结果可以看出，自适应鲁棒滑模控制器可以有效地减少摩擦和不确定干扰带来的误差，补偿哥氏力与离心力的分量。控制永磁球形电动机实现对指定轨迹的跟踪。经过延时补偿后的永磁球形电动机控制系统可以进一步减少误差，提升轨迹跟踪的精度。

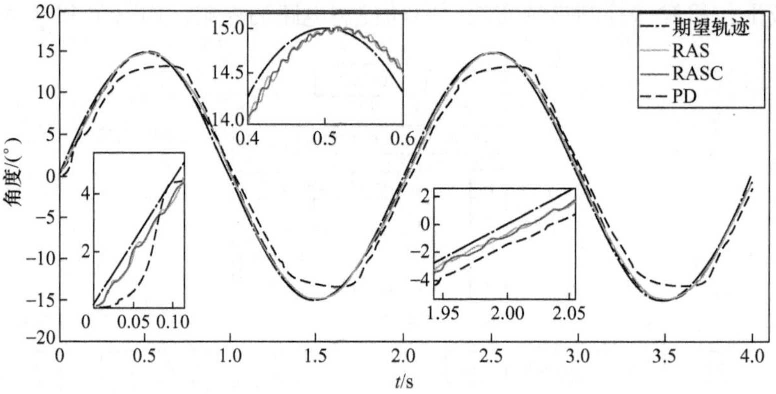

图 5.49 α 轴跟踪轨迹

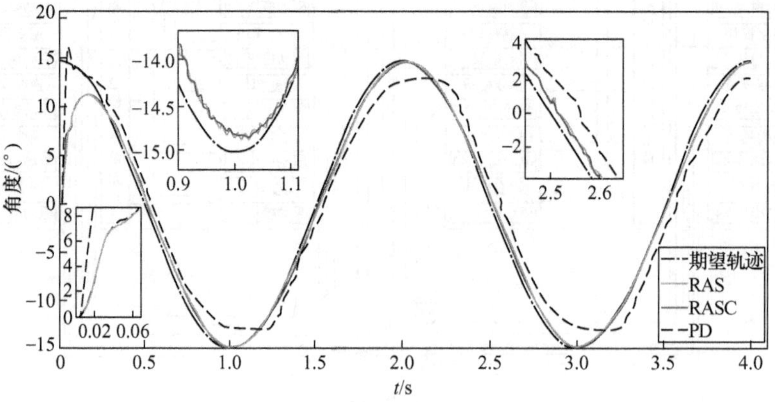

图 5.50 β 轴跟踪轨迹

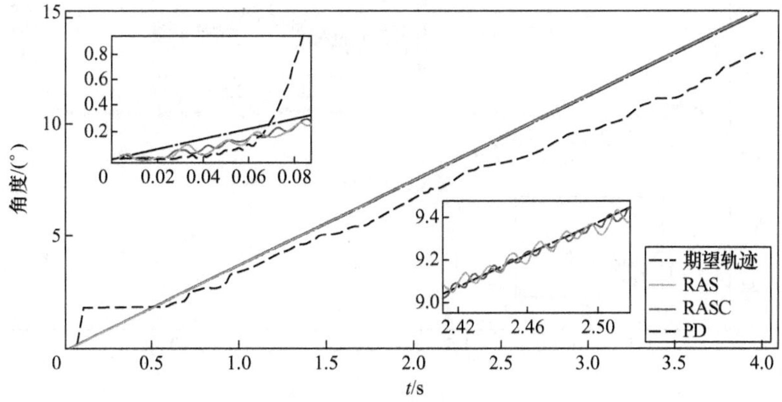

图 5.51　γ 轴跟踪轨迹

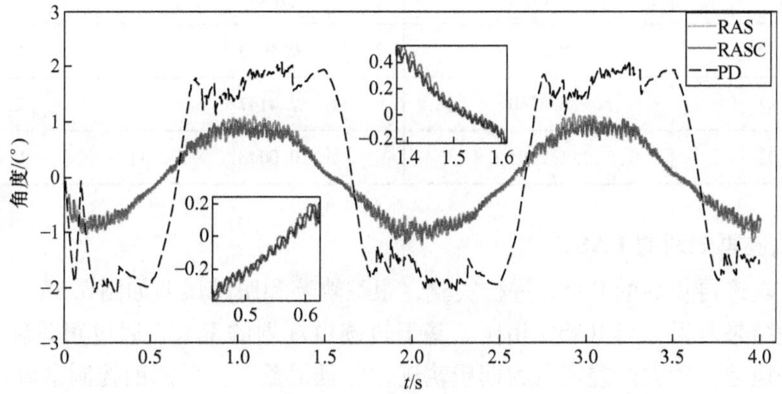

图 5.52　α 轴跟踪误差

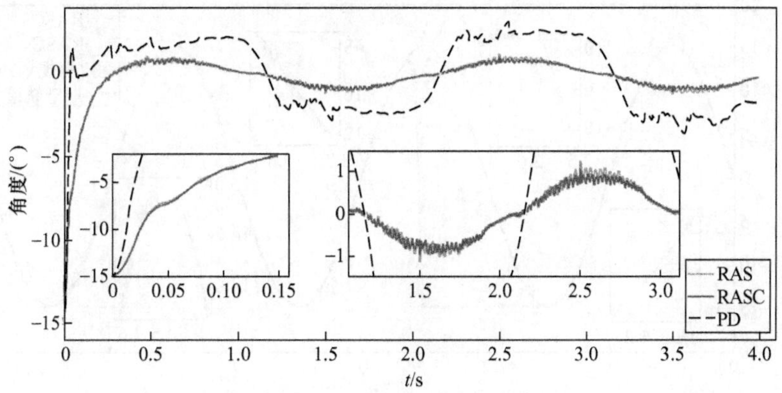

图 5.53　β 轴跟踪误差

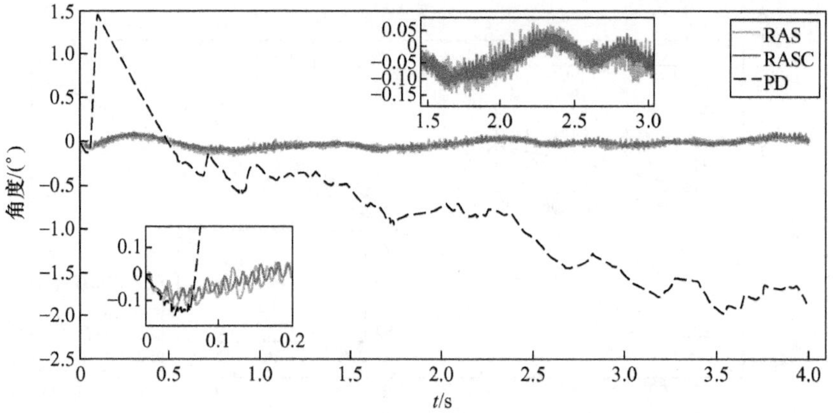

图 5.54 γ 轴跟踪误差

表 5.11 不同角度的误差二次方平均数

误差	PD	RAS	RASC
α 误差/(°)	2.6217	0.4933	0.4520
β 误差/(°)	4.8760	2.4147	2.3854
γ 误差/(°)	1.2795	0.0048	0.0036

2. 基于轨迹再规划的 RASC

采用基于轨迹再规划的 RASC 进行实验，跟踪轨迹和跟踪误差如图 5.55 ~ 图 5.58 所示。参照以上实验结果可得，与 RASC 相比，基于轨迹再规划的 RASC 通过跟踪新的局部轨迹，可以更快速平稳地从较大误差恢复到期望轨迹，并且得益于更敏感的控制参数，基于轨迹再规划的 RASC 控制器的跟踪精度更高。而不包含轨迹再规划的 RASC 控制器，虽然选取了仿真中不敏感的参数，但是在克服起始误差时仍然产生了小幅的超调。

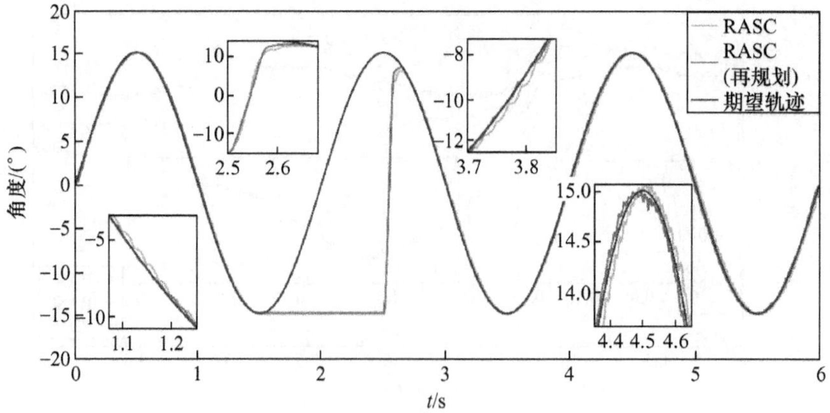

图 5.55 α 轴跟踪轨迹

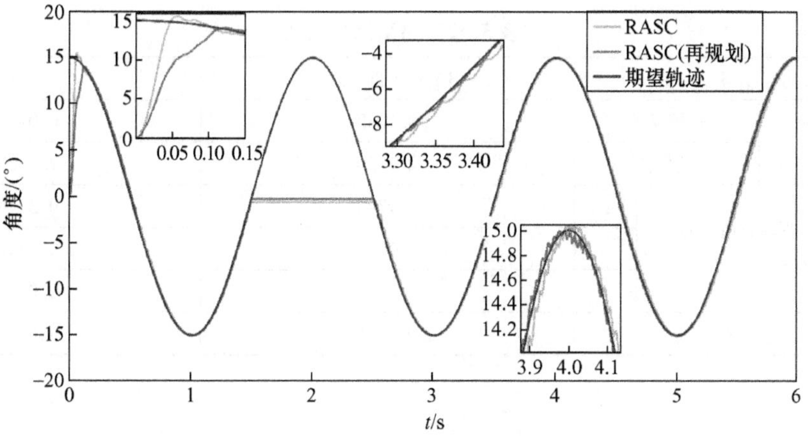

图 5.56 β 轴跟踪轨迹

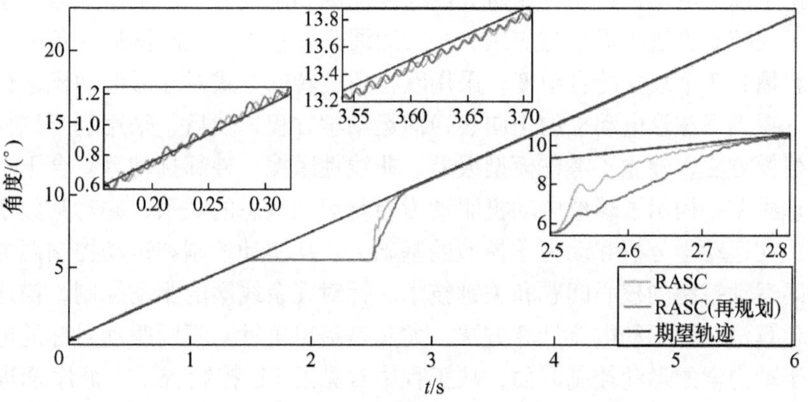

图 5.57 γ 轴跟踪轨迹

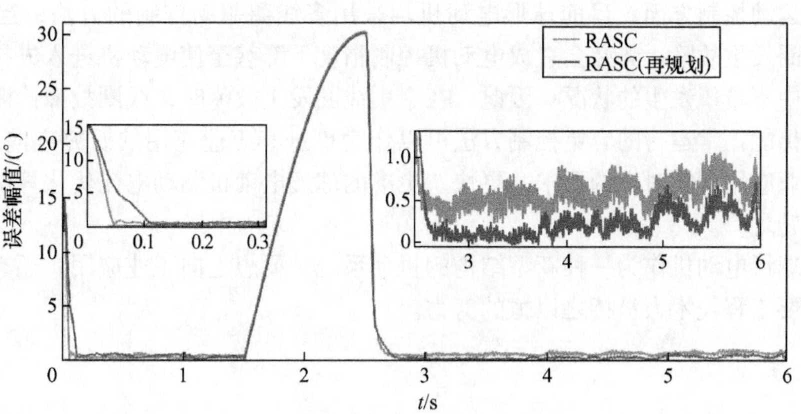

图 5.58 误差幅值对比

仿真结果对比见表 5.12。

表 5.12 仿真结果对比

仿真结果		RASC（再规划）	RASC
稳定时间/s	初始误差	0.1080	0.0424
	停顿之后	2.7124	2.6300
平均误差绝对值/(°)	α	0.1742	0.3778
	β	0.1523	0.4125
	γ	0.0543	0.0575
平均误差幅值/(°)		0.2751	0.6378

5.6 本章小结

本章讨论了球形电动机运动控制研究的关键问题和解决方法，主要从运动学分析、动力学建模以及运动控制算法的提出与应用 3 个方面展开。首先，从刚体运动角度，将球形电动机空间运动解耦到 3 个独立的自由度，采用欧拉角旋转的方式对球形电动机进行正向和逆向运动学分析，得到了球形电动机的正向、逆向运动学方程；然后，采用基于拉格朗日第二方程的动力学建模方法，建立了考虑模型误差、非线性摩擦、外部扰动等复合干扰的球形电动机动力学机理模型，揭示了球形电动机驱动力矩与运动状态的关系，并对其数学特性进行了分析；最后，在运动学分析和动力学模型的基础上，从驱动控制和运动控制两方面阐述了球形电动机空间运动控制的核心问题和关键技术。针对冗余线圈的驱动控制，描述了基于广义逆矩阵和优化算法两种驱动电流计算方法，尤其是提出了针对不同驱动目标的电流优化求解算法。在基于动力学的运动控制方面，从工程中常见的 PD 控制着手，循序渐进地提出了考虑模型误差的自适应控制算法、考虑复合干扰和延时效应的滑模控制算法，并针对电动机运行中可能出现较大误差项，创新地提出了基于轨迹再规划的滑模控制算法。

在闭环运动控制方面，目前球形电动机均采用多线圈驱动控制的方法，当电动机运行时，若有线圈发生故障，势必会造成电动机控制精度下降甚至使电动机进入失控状态，这是在工业应用中不希望发生的状况。因此，在个别线圈发生故障时，线圈故障诊断方法以及使球形电动机仍能正常运行的容错控制方法可以作为推进其工业应用的研究方向之一。此外，为了满足工业应用对实时性的要求，更快、更准的球形电动机驱动电流优化算法也是未来应当解决的问题之一。

总之，球形电动机作为一种新型结构的机动系统，要想走向工业应用，还有很多待研究的问题，需要工程技术人员持之以恒的努力。

参 考 文 献

[1] 文彦．永磁球形电动机的高斯预测建模与自适应运动控制研究［D］．合肥：安徽大学，2020.

[2] WILLIAMS F C，LAITHWAITE E R，PIGGOTT L S. Brushless variable-speed induction motors［J］. Proceedings of the IEE-Part A：Power Engineering，1957，104（14）：102－118.

[3] WILLIAMS F C，LAITHWAITE E R，EASTHAM J F，et al. Brushless variable-speed induction motors using phase-shift control［J］. Proceedings of the IEE-Part A：Power Engineering，1961，108（38）：100－108.

[4] DAVEY K，VACHTSEVANOS G，POWERS R. The analysis of fields and torques in spherical induction motors［J］. IEEE Transactions on Magnetics，1987，23（1）：273－282.

[5] FOGGIA A，OLIVIER E，CHAPPUIS F，et al. A new three degrees of freedom electromagnetic actuator［C］//Conference Record of the 1988 IEEE Industry Applications Society Annual Meeting. Pittsburgh：IEEE，1988.

[6] LEE K M，VACHTSEVANOS G，KWAN C. Development of a spherical stepper wrist motor［J］. Journal of Intelligent & Robotic Systems，1988，1（3）：225－242.

[7] SOSSEH R A，LEE K M. Finite element torque modeling for the design of a spherical motor［C］//7th International Conference on Control，Automation，Robotics and Vision. Singapore：IEEE，2002.

[8] LEE K M，WEI Z Y，JONI J. Parametric study on pole geometry and thermal effects of a VRSM［C］//IEEE Conference on Robotics，Automation and Mechatronics. Singapore：IEEE，2004.

[9] LEE K M，LONI J，SON H. Design method for prototyping a cost-effective VR spherical motor［C］//IEEE Conference on Robotics，Automation and Mechatronics. Singapore：IEEE，2004.

[10] LEE K M，SON H. Distributed multipole model for design of permanent-magnet-based actuators［J］. IEEE Transactions on Magnetics，2007，43（10）：3904－3913.

[11] LEE K M，BAI K，LIM J. Dipole models for forward/Inverse torque computation of a spherical motor［J］. IEEE/ASME Transactions on Magnetics，2009，14（1）：46－54.

[12] BAI K，JI J，LEE K M，et al. A two-mode six-DOF motion system based on a ball-joint-like spherical motor for haptic applications［J］. Computers & Mathematics with Applications，2012，64（5）：978－987.

[13] WANG J，JEWELL G W，HOWE D. A novel spherical actuator：design and control［J］. IEEE Transactions on Magnetics，1997，33（5）：4209－4211.

[14] MITCHELL J K，JEWELL G W，WANG J，et al. Influence of an aperture on the performance of a two-degree-of-freedom iron-cored spherical permanent-magnet actuator［J］. IEEE Transactions on Magnetics，2002，38（6）：3650－3653.

[15] CHIRIKJIAN G S，STEIN D. Kinematic design and commutation of a spherical stepper motor［J］. IEEE/ASME Transactions on Magnetics，1999，4（4）：342－353.

[16] KAHLEN K，VOSS I，PRIEBE C，et al. Torque control of a spherical machine with variable pole pitch［J］. IEEE Transactions on Power Electronics，2004，19（6）：1628－1634.

[17] YAN L，CHEN I M，YANG G L，et al. Analytical and experimental investigation on the magnetic field and torque of a permanent magnet spherical actuator［J］. IEEE/ASME Transactions on Magnetics，2006，11（4）：409－419.

[18] YAN L，CHEN I M，LIM C K，et al. Hybrid torque modeling of spherical actuators with cylindrical-shaped magnet poles［J］. Mechatronics，2011，21（1）：85－91.

[19] LIM C K，CHEN I M，YAN L，et al. Electromechanical modeling of a permanent-magnet spherical actuator

based on magnetic-dipole-moment principle [J]. IEEE Transactions on Industrial Electronics, 2009, 56 (5): 1640 – 1648.

[20] YAN L, CHEN I M, SON H, et al. Analysis of pole configurations of permanent-magnet spherical actuators [J]. IEEE/ASME Transactions on Mechatron, 2010, 15 (6): 986 – 989.

[21] KANG D W, KIM W H, GO S C, et al. Method of current compensation for reducing error of holding torque of permanent-magnet spherical wheel motor [J]. IEEE Transactions on Magnetics, 2009, 45 (6): 2819 – 2822.

[22] LEE H J, PARK H J, RYU G H, et al. Performance improvement of operating three-degree-of-freedom spherical permanent-magnet motor [J]. IEEE Transactions on Magnetics, 2012, 48 (11): 4654 – 4657.

[23] PARK H J, LEE H J, CHO S Y, et al. A performance study on a permanent magnet spherical motor [J]. IEEE Transactions on Magnetics, 2013, 49 (5): 2307 – 2310.

[24] KANG D, LEE J. Analysis of electric machine charateristics for robot eyes using analytical electromagnetic field computation method [J]. IEEE Transactions on Magnetics, 2014, 50 (2): 785 – 788.

[25] TSUKANO M, SAKAIDANI Y, HIRATA K, et al. Analysis of 2 – degree of freedom outer rotor spherical actuator employing 3-D finite element method [J]. IEEE Transactions on Magnetics, 2013, 49 (5): 2233 – 2236.

[26] YANO T. Proposal of a truncatedoctahedron-dodecahedron based spherical stepping motor [C] //The XIX International Conference on Electrical Machines. Rome: IEEE, 2010.

[27] DEHEZ B, GALARY G, GRENIER D, et al. Development of a spherical induction motor with two degrees of freedom [J]. IEEE Transactions on Magnetics, 2006, 42 (8): 2077 – 2089.

[28] KUMAGAI M, HOLLIS R L. Development and control of a three DOF planar induction motor [C] //2013 IEEE International Conference on Robotics and Automation. Karlsruhe: IEEE, 2013.

[29] FERNANDES J F P, BRANCO P J C. The shell-like spherical induction motor for low-speed traction: electromagnetic design, analysis, and experimental tests [J]. IEEE Transactions on Industrial Electronics, 2016, 63 (7): 4325 – 4335.

[30] LEE J S, KIM D K, BAEK S W, et al. Newly structured double excited two-degree-of-freedom motor for security camera [J]. IEEE Transactions on Magnetics, 2008, 44 (11): 4041 – 4044.

[31] 苏仲飞，刘昌旭，韦平顺，等. 机器人关节用三自由度球形直流伺服电机 [J]. 高技术通讯，1994 (8): 16 – 18.

[32] 王群京，乔元忠，鞠鲁峰，等. 一种凸极式磁阻型球形电机的结构设计 [J]. 电机与控制学报，2020, 25 (1): 1 – 11.

[33] LI H F, XIA C L. Halbach array magnet and its application to PM spherical motor [C] //2008 International Conference on Electrical Machines and Systems. Wuhan: IEEE, 2008.

[34] XIA C L, LI H F, SHI T N. 3 – D magnetic field and torque analysis of a novel Halbach array permanent-magnet spherical motor [J]. IEEE Transactions on Magnetics, 2008, 44 (8): 2016 – 2020.

[35] SONG P, XIA C L, SHI T N. Torque characteristic investigation of a permanent magnet spherical motor [C] //2007 IEEE International Conference on Robotics and Biomimetics. Sanya: IEEE, 2007.

[36] LI H F, MA Z G, HAN B, et al. Calculation of magnetic field for cylindrical stator coils in permanent magnet spherical motor [J]. Journal of Electrical Engineering and Technology, 2018, 13 (6): 2158 – 2167.

[37] LI H F, ZHAO Y F, LI B, et al. Torque calculation of permanent magnet spherical motor based on virtual work method [J]. IEEE Transactions on Industrial Electonics, 2020, 67 (9): 7736 – 7745.

[38] LI B, LI Z T, LI G D. Magnetic field model for permanent magnet spherical motor with double polyhedron structure [J]. IEEE Transactions on Magnetics, 2017, 53 (12): 1 – 5.

[39] LI B, ZHANG S, LI G D, et al. Synthesis strategy for stator magnetic field of permanent magnet spherical motor [J]. IEEE Transactions on Magnetics, 2018, 54 (10): 1 – 5.

[40] CHEN W H, ZHANG L, YAN L, et al. Design and control of a three degree-of-freedom permanent magnet spherical actuator [J]. Sensors and Actuators A: Physical, 2012, 180: 75 - 86.

[41] YAN L, WU Z W, JIAO Z X, et al. Equivalent energized coil model for magnetic field of permanent-magnet spherical actuators [J]. Sensors and Actuators A: Physical, 2015, 229: 68 - 76.

[42] LI Z, CHEN Q, WANG Q J. Analysis of multi-physics coupling field of multi-degree-of-freedom permanent magnet spherical motor [J]. IEEE Transactions on Magnetics, 2019, 55 (6): 1 - 5.

[43] BAI K, XU R Y, LEE K M, et al. Design and development of a spherical motor for conformal printing of curved electronics [J]. IEEE Transactions on Industrial Electonics, 2018, 65 (11): 9190 - 9200.

[44] GAN L, PEI Y L, CHAI F. Tilting torque calculation of a novel tiered type permanent magnet spherical motor [J]. IEEE Transactions on Industrial Electonics, 2020, 67 (1): 421 - 431.

[45] KAHLEN K, VOSS I, De DONCKER R W. Control of multi-dimensional drives with variable pole pitch [C] //IEEE Industry Applications Conference. Pittsburgh: IEEE, 2002.

[46] 傅平，郭吉丰，沈润杰，等．二自由度行波型超声波电机的驱动和运动姿态控制 [J]. 电工技术学报，2008, 23 (2): 25 - 30.

[47] 周睿，李国丽，王群京．一种三自由度球形电机姿态、力矩检测台架及检测方法：CN109828207A [P]. 2019 - 05 - 31.

[48] WANG J, JEWELL G W, HOWE D. Analysis, design and control of a novel spherical permanent-magnet actuator [J]. IEE Proceedings-Electric Power Applications, 1998, 145 (1): 61 - 71.

[49] STEIN D, CHIRIKJIAN G S, SCHEINERMAN E R. Theory, design, and implementation of a spherical encoder [C] //IEEE International Conference on Robotics and Automation. Seoul: IEEE, 2001.

[50] 李洪凤，夏长亮，宋鹏．Halbach 阵列永磁球形电动机转矩的三维有限元分析 [J]. 天津大学学报，2009, 42 (11): 7.

[51] WANG Q J, QIAN Z, LI G L. Vision based orientation detection method and control of a spherical motor [C] //2010 53rd IEEE International Midwest Symposium on Circuits and Systems. Seattle: IEEE, 2010.

[52] 吴凤英，魏章波，席金强，等．基于单目视觉的球形电机转子方位测量方法 [J]. 电测与仪表，2018, 56 (22): 1 - 12.

[53] YAN L, CHEN I M, GUO Z W, et al. A three degree-of-freedom optical orientation measurement method for spherical actuator applications [J]. IEEE Transactions on Automation Science and Engineeing, 2011, 8 (2): 319 - 326.

[54] 陆寅．永磁球形电动机转子位置检测及其驱动控制研究 [D]. 合肥：安徽大学，2019.

[55] GUO X W, LI J, WANG Q J, et al. Attitude detection for the permanent-magnet spherical motor using two optical sensors [J]. Elektrotehniski Vestnik, 2018, 85 (5): 241 - 247.

[56] RONG Y P, WANG Q J, LU S L, et al. Improving attitude detection performance for spherical motors using a MEMS inertial measurement sensor [J]. IET Electric Power Applications, 2019, 13 (2): 198 - 205.

[57] BAI K, LEE K M, LU J J. A magnetic flux model based method for detecting multi-DOF motion of a permanent magnet spherical motor [J]. Machatronics, 2016: 217 - 225.

[58] XU J Z, WANG Q J, LI G L, et al. Sensorless posture detection of reluctance spherical motor based on mutual inductance voltage [J]. Applied Sciences, 2021, 11 (8): 3515.

[59] LEE K M, PEI J. Kinematic analysis of a three degree-of-freedom spherical wrist actuator [C] //Fifth International Conference on Advanced Robotics'Robots in Unstructured Environments. Pisa: IEEE, 1991.

[60] LI Z. Intelligent control for permanent magnet spherical stepper motor [C] //2008 IEEE International Conference on Automation and Logistics Qingdao: IEEE, 2008.

[61] LI Z, WANG Q J. Robust neural network controller design for permanent magnet spherical stepper motor

[C] //2008 IEEE International Conference on Industrial Technology. Chengdu: IEEE, 2008.

[62] LI Z, WANG Q J. Neural network control schemes for PM spherical stepper motor drive [C] //2008 International Conference on Machine Learning and Cybernetics. Kunming: IEEE, 2008.

[63] LI Z, WANG Q J, LIU C Y. Research on modeling and robust adaptive control of a novel permanent magnet spherical stepper motor [C] //2008 7th World Congress on Intelligent Control and Automation. Chongqing: IEEE, 2008.

[64] LI Zheng. Robust control of PM spherical stepper motor based on neural networks [J]. IEEE Transactions on Industrial Electronics, 2009, 56 (8): 2945 – 2954.

[65] 过希文, 王群京, 李国丽, 等. 基于摩擦补偿的永磁球形电机自适应模糊控制 [J]. 中国电机工程学报, 2011, 31 (15): 75 – 81.

[66] 过希文, 王群京, 李国丽, 等. 永磁球形电机的自适应反演滑模控制 [J]. 南京航空航天大学学报, 2014, 46 (1): 59 – 64.

[67] 夏鲲, 李树广, 王群京. 永磁球形步进电动机及自适应控制方式 [J]. 上海交通大学学报, 2007, 41 (11): 1871 – 1877.

[68] XIA C L, GUO C, SHI T N. A neural-network-identifier and fuzzy-controller-based algorithm for dynamic decoupling control of permanent-magnet spherical motor [J]. IEEE Transactions on Industrial Electronics, 2010, 57 (8): 2868 – 2878.

[69] 钱喆. 三自由度永磁球形电动机及其位置检测研究 [D]. 合肥: 合肥工业大学, 2011.

[70] 程高梅. 永磁球形电机电磁分析与结构优化设计 [D]. 合肥: 安徽大学, 2019.

[71] 过希文. 多自由度新型永磁球形电机控制策略的研究 [D]. 合肥: 合肥工业大学, 2011.

[72] 鞠鲁峰. 基于支持向量机建模的永磁球形电机的优化设计研究 [D]. 合肥: 合肥工业大学, 2015.

[73] 周睿. 永磁球形电机解析建模和基于粒子群算法的优化控制研究 [D]. 合肥: 安徽大学, 2020.

[74] 何竟雄. 一种台阶式磁极永磁球形电机的磁场建模与转矩分析 [D]. 合肥: 安徽大学, 2020.

[75] 王婷婷. 圆柱台阶式永磁体的球形电机转矩建模与驱动电流优化 [D]. 合肥: 安徽大学, 2021.

[76] ZHOU S L, LI G L, WANG Q J, et al. Geometrical Equivalence Principle Based Modeling and Analysis for Monolayer Halbach Array Spherical Motor With Cubic Permanent Magnets [J]. IEEE Transactions on Energy Conversion, 2021, 36 (4): 3241 – 3250.

[77] HILTON J E, MURRY S M. An adjustable linear Halbach array [J]. Journal of Magnetism and Magnetic Materials, 2012 324 (13): 2051 – 2056.

[78] SONG S, LI B P, QIAN W, et al. 6 – D magnetic localization and orientation method for an annular magnet based on a closed-form analytical model [J]. IEEE Transactions on Magnetics, 2014, 50 (9): 1 – 11.

[79] YAN L, LIU D L, JIAO Z X, et al. Magnetic field modeling based on geometrical equivalence principle for spherical actuator with cylindrical shaped magnet poles [J]. Aerospace Science and Technology, 2016, 49: 17 – 25.

[80] LI H F, XIA C L, SHI T N. Spherical harmonic analysis of a novel Halbach array PM spherical motor, [C] //Sanya: 2007 IEEE International Conference on Robotics and Biomimetics (ROBIO), 2007.

[81] WANG Y L XU Y L, LIU X Q. Dual-stator permanent magnet synchronous generator (I) ——schematic structure and design based on response surface method [J]. Transactions of China Electrotechnical Society, 2011, 26 (7): 167 – 172.

[82] XIN J G, XIA C L, LI H F. Optimization design of permanent magnet array for spherical motor based on analytical model [J]. Transactions of China Electrotechnical Society, 2013, 28 (7): 87 – 95.

[83] RASMUSSEN C E. Gaussian processes in machine learning [C] //Summer School on Machine Learning. Berlin: Springer, 2003: 63 – 71.

[84] RASMUSSEN C E, WILLIAMS C K I. Gaussian processes for machine learning [M]. Cambridge: MIT Press, 2005.

[85] CHEN Z X, WANG B, GORBAN A N. Multivariate Gaussian and Student-t process regression for multi-output prediction [J]. Neural Computing and Application, 2020, 32 (8): 3005-3028.

[86] NEAL R M. Bayesian learning for neural networks [M]. New York: Springer Science & Business Media, 2012.

[87] LEE K M, SON H S. Torque model for design and control of a spherical wheel motor [C] //The 2005 IEEE/ASME International Conference on Advanced Intelligent Mechatronics. Monterey: IEEE, 2005: 335-340.

[88] XIA C L, LI H F, SHI T N. 3-D magnetic field and torque analysis of a novel Halbach array permanent-magnet spherical motor [J]. IEEE Transactions on Magnetics, 2008, 44 (8): 2016-2020.

[89] 李双宏. 复合驱动式三自由度运动电机的电磁分析及结构优化 [D]. 石家庄: 河北科技大学, 2017.

[90] 荣怡平. 基于 MEMS 器件的球形电机姿态检测方法研究 [D]. 合肥: 安徽大学, 2018.

[91] 李姜姜. 基于机器视觉的永磁球形电动机位置检测方法研究 [D]. 合肥: 合肥工业大学, 2009.

[92] 薛蕾. 基于机器视觉多目标跟踪方法的球形电机姿态检测研究 [D]. 合肥: 安徽大学, 2020.

[93] 李耀. 基于机器视觉的永磁球形电动机球形电机轨迹跟踪控制 [D]. 合肥: 安徽大学, 2020.

[94] 李健. 基于光学传感器的永磁球形电机转子位置检测方法研究 [D]. 合肥: 安徽大学, 2019.

[95] 王妍. 基于光学传感器的永磁球形电机转子位置检测研究 [D]. 合肥: 安徽大学, 2015.

[96] 李雪逸. 基于三维霍尔传感器的球形电机位置检测方法研究 [D]. 合肥: 安徽大学, 2019.

[97] 马姗. 永磁球形电动机位置检测以及力矩计算等相关问题的研究 [D]. 合肥: 安徽大学, 2015.

[98] 叶龙. 基于 MPU6050 传感器的方位角倾角算法研究 [D]. 长春: 吉林大学, 2015.

[99] HAN S L, WANG J L. Quantization and colored noises error modeling for inertial sensors for GPS/INS integration [J]. IEEE Sensors Journal, 2011, 11 (6): 1493-1503.

[100] 霍元正. MEMS 陀螺仪随机漂移误差补偿技术的研究 [D]. 南京: 东南大学, 2015.

[101] KALMAN R E. A new approach to linear filtering and prediction problems [J]. Journal of Basic Engineering Transactions, 1960, 82: 35-45.

[102] LIU C J, ZHANG S Z, YU S, et al. Design and analysis of gyro-free inertial measurement units with different configurations [J]. Sensors & Actuators A Physical, 2014, 214 (4): 175-186.

[103] WU J, ZHOU Z B, CHEN J J, et al. Fast complementary filter for attitude estimation using low-cost MARG sensors [J]. IEEE Sensors Journal, 2016, 16 (18): 6997-7007.

[104] 孟琭, 李诚新. 近年目标跟踪算法短评——相关滤波与深度学习 [J]. 中国图象图形学报, 2019, 24 (7): 1011-1016.

[105] BHATIA A, KUMAGAI M, HOLLIS R. Six-stator spherical induction motor for balancing mobile robots [C] //2015 IEEE International Conference on Robotics and Automation (ICRA). Seattle: IEEE, 2015: 226-231.

[106] KIM Y S, KANG D W, LEE J. Methodology of prediction the rotor position of spherical permanent magnet synchronous motor [C] //2015 18th International Conference on Electrical Machines and Systems. Pattaya: IEEE, 2015: 958-961.

[107] 李争, 王欣欣, 张玥. 基于分布式多极磁场模型的永磁多自由度电机位置检测方法研究 [J]. 微电机, 2014, 47 (3): 37-42, 55.

[108] 潘凯达. 永磁球形电机的轨迹跟踪控制与轨迹再规划研究 [D]. 合肥: 安徽大学, 2021.

[109] 李绅. 基于轨迹规划的永磁球形电机通电控制方法研究 [D]. 合肥: 安徽大学, 2018.

[110] JAZAR R N. Theory of applied robotics: kinematics, dynamics, and control [M]. 2nd ed. Springer Science & Business Media, 2010.

[111] YONG F, HAN F L, YU X H. Chattering free full-order sliding-mode control [J]. Automatica, 2014, 50 (4): 1310 - 1314.

[112] FANG X, LIU F. A finite-time disturbance observer based full-order terminal sliding-mode controller for manned submersible with disturbances [J]. Mathematical Problems in Engineering, 2018 (3): 1 - 11.

[113] CAO P F, GAN Y H, DAI X Z. Finite-time disturbance observer for robotic manipulators [J]. Sensors, 2019, 19 (8).

[114] BHAT S P, BERNSTEIN D S. Geometric homogeneity with applications to finite-time stability [J]. Mathematics of Control, Signals and Systems, 2005, 17 (2): 101 - 127.

[115] YANG B, SANG Y Y, SHI K, et al. Design and real-time implementation of perturbation observer based sliding-mode control for VSC-HVDC systems [J]. Control Engineering Practice, 2016, 56: 13 - 26.

[116] 杨博，束洪春，朱德娜，等. 基于扰动观测器的永磁同步发电机最大功率跟踪滑模控制 [J]. 控制理论与应用, 2019, 36 (2): 207 - 219.

[117] MU C, HE H. Dynamic behavior of terminal sliding mode control [J]. IEEE Transactions on Industrial Electronics, 2018, 65 (4): 3480 - 3490.

[118] CHEN X K. A nonlinear exact disturbance observer inspired by sliding mode techniques [J], Mathematical Problems in Engineering, 2015: 1 - 6.

[119] YU S H, YU X H, STONIER R. Continuous finite-time control for robotic manipulators with terminal sliding mode [J]. Automatica, 2005, 41 (11): 1957 - 1964.

[120] LIU X, ZHANG M, ROGERS E. Trajectory tracking control for autonomous underwater vehicles based on fuzzy re-planning of a local desired trajectory [J]. IEEE Transactions on Vehicular Technology, 2019, 68 (12): 11657 - 11667.